Jürgen Lauber

PROFESSIONELLE PERSÖNLICHE PLANUNG UND SELBSTMANAGEMENT

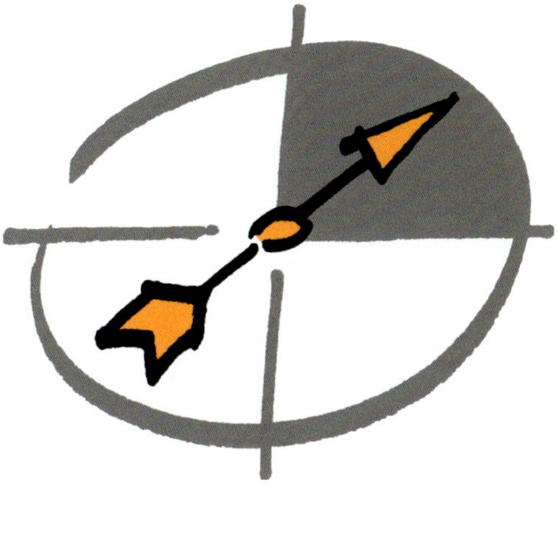

NAVIGATIONSHANDBUCH
für Arbeitsalltag und Arbeitsleben
im 21. Jahrhundert

Mit diesem Buch möchte ich Sie dazu motivieren, befähigen und anleiten, Ihre Arbeitstage, Ihre Arbeitswochen und auch Ihr Arbeitsleben im Sinne Ihres Wohlergehens zielführender zu gestalten.

Jedes einzelne der sechs Kapitel dieses Buchs wirkt für sich allein schon in diesem Sinne. Die Gesamtheit aller Kapitel deckt alle Dimensionen der professionellen persönlichen Planung und des Selbstmanagements ab, die Sie im Lauf Ihres Arbeitslebens nutzen können, um Ihr Wohlergehen auch gegen alle Widrigkeiten zu sichern. Es ist gut möglich, dass Ihnen aktuell schon die Inhalte einzelner Kapitel genügen. Dennoch ist es gut zu wissen, was noch möglich ist. Es ist beruhigend, auf ein Handbuch zurückgreifen zu können, das darauf ausgerichtet ist, für mehr Wohlergehen im Erwerbsleben zu sorgen.

Jürgen Lauber

Danke schön!

Sehr viele Menschen haben mir unentgeltlich dabei geholfen, dieses Buch zu machen, aus reiner Begeisterung für die Sache. Ihre Hilfe ist unbezahlbar wertvoll. Die nachfolgend genannten Personen haben unter ihrem Namen einen inhaltlichen Beitrag zum Buch geleistet. Allen ein herzliches Dankeschön für die Unterstützung, ohne die ein solches Buch gar nicht möglich ist.

Daniel Ernst – Leiter Produkt-Management

Heinz Hirschi – Geschäftsführer

Tim Kneusels – Personalchef

Marcel Odermatt – Senior Produktmanager

Ralf Petry – Leiter Support/Training

Martin Rohner – Angestellter Kaizen-Coach

Matthias Schaffer – Produktionsleiter

Patrick Sumi – Montage Teamleiter

Die Erwerbstätige | Der Erwerbstätige

Der Einfachheit halber habe ich in diesem Buch darauf verzichtet, bei männlichen Begriffen, zum Beispiel der Mitarbeiter, auch noch die weibliche Form zu schreiben. Das ist explizit nicht diskriminierend gemeint. Die in diesem Buch gewählte männliche Form bezieht sich immer zugleich auf weibliche und männliche Personen.

Inhalt

ES IST ZEIT FÜR PROFESSIONELLERE PLANUNG UND SELBSTMANAGEMENT

Obwohl uns bei der Arbeit immer mehr und bessere Hilfsmittel zur Verfügung stehen, brauchen wir dennoch immer größere Managementkapazitäten und werden trotzdem immer gestresster und drohen in Burn-outs zu laufen. Was genau läuft hier schief?

Die Antwort lautet: zu viel Ablenkung, zu viel Fremdsteuerung und zu wenig persönliche, zielorientierte Planung. Wir sind menschliche Wesen und nicht digitale Maschinen. Deshalb sollte unsere Arbeitsmethodik unsere menschlichen Stärken fördern und unseren menschlichen Schwächen gerecht werden. Wir müssen der Fremdsteuerung und Bewusstseinsmanipulation durch künstliche Intelligenz und Algorithmen bewusst entgegenwirken. Dazu reicht es schon aus, einige Minuten offline zu gehen, um täglich mithilfe von Stift und Papier ein Bild des neuen Tages zu entwerfen, das Ihnen vor Ihrem geistigen Auge präsent ist und so als Navigationshilfe wirkt, die Sie sicher zu einem guten Gefühl am Feierabend und Wochenende führt.

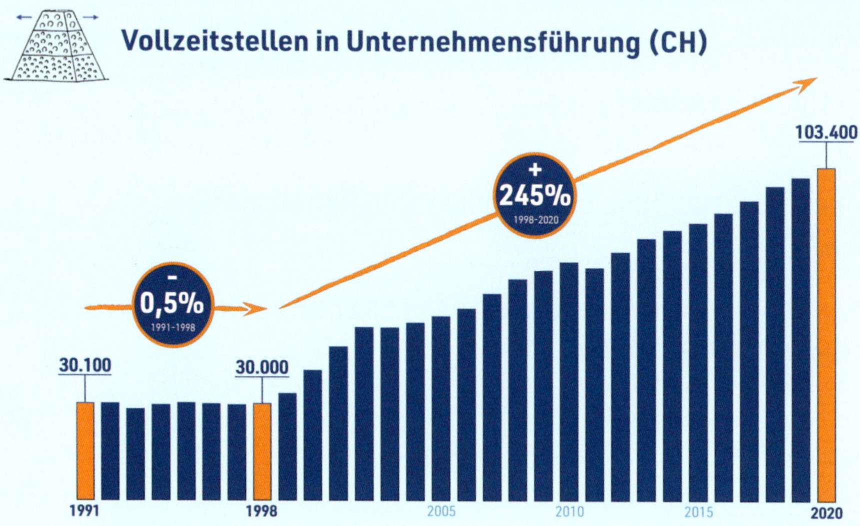

Abb. 1 Der rampenförmige Anstieg an Managementressourcen für die Führung von Unternehmen ist ein starkes Indiz für gewaltige Veränderungen im 21. Jahrhundert.

Quelle: Bundesamt für Statistik Neuchatel, Beschäftigungsstatistik (BESTA), Abschnitt 70 – Vollzeitstellen in Unternehmensverwaltung u. -führung; Unternehmensberatung.

Wenn das Bisherige nicht mehr ausreicht

Noch bevor die Corona-Pandemie die Welt heimsuchte, gab es speziell bei den jüngeren Menschen bereits viel Unbehagen und Zukunftssorgen. Das liegt daran, dass sich unser Leben und unsere Lebensperspektive stark verändert haben. Die heutige Welt wird mit der Abkürzung VUCA charakterisiert: „Volatility – Uncertainty – Complexity – Ambiguity", auf Deutsch: Unbeständigkeit, Unsicherheit, Komplexität und Mehrdeutigkeit. Die Google-Suche nach dem Begriff VUCA World – VUCA-Welt ergibt im Oktober 2020 über 1.5 Millionen Suchergebnisse. Dabei taucht der Suchbegriff VUCA erst ab 2005 in den Google-Suche-Trend-Charts auf. Ab 2015 entwickelt sich ein exponentiell wachsendes Interesse an der „VUCA-Welt", in der wir jetzt leben. Das ist ein Indiz dafür, dass immer mehr Menschen Mühe haben, sich in Alltag und Beruf zurechtzufinden.

Und diese Menschen arbeiten in Unternehmen, deren Führung auch immer mehr Mühe damit hat, ihrer Verantwortung und den Ansprüchen ihrer Mitarbeiter gerecht zu werden. Die offiziellen statistischen Beschäftigungszahlen der Schweiz machen das Beispiel erschreckend deutlich: In den 1990er-Jahren brauchte es in der Schweiz circa 30.000 Fachleute für das Management von Unternehmen. Seit der Jahrtausendwende hat sich diese Zahl bis 2020 mehr als verdreifacht. Im Schnitt hat sich damit jedes Schweizer Unternehmen mit mehr als 20 Mitarbeitern eine hochbezahlte Person zur Verstärkung der Unternehmensführung zusätzlich geleistet. Der Mehrbedarf an Managementressourcen in der neuen VUCA-Welt ist wohl enorm und scheint unersättlich zu sein.

Diese Entwicklung treibt die Kosten, das ist offensichtlich. Massiv gestiegen sind auch die Kosten, die von psychischen Erkrankungen verursacht werden. In der Schweiz machen sie mittlerweile 16 Prozent der Krankheitskosten für Unternehmen aus. Mitarbeiter auf allen Ebenen scheinen mit ihrem Arbeitsalltag immer schlechter zurechtzukommen. Die staatlichen Sozial- und Gesundheitssysteme sind alarmiert und über die Entwicklung besorgt. Europaweit wird heute erforscht, welches Ausmaß das Problem hat, welche Ursachen ihm zugrunde liegen und was Abhilfe schaffen kann.

Auch die Zahlen der bei Wohlstand und Sicherheit beneidenswerten Schweiz erschrecken: Im Februar 2020 zählten sich 30 Prozent der Erwerbstätigen zur

Gruppe der kritisch Gestressten, und 29 Prozent bezeichneten sich als emotional erschöpft. Seit Beginn der staatlich finanzierten Erhebung im Jahr 2014 stieg der Anteil der kritisch Gestressten an. (Quelle, Download 13.10.2020: https://gesundheitsfoerderung.ch/betriebliches-gesundheitsmanagement/studien-wirkung-bgm/job-stress.html)

« Psychosoziale Risiken entstehen durch unzulängliche Arbeitsgestaltung und Arbeitsorganisation und mangelndes Arbeitsmanagement sowie durch einen ungünstigen sozialen Kontext der Arbeit; sie können sich psychisch, körperlich und sozial negativ auswirken und u. a. zu arbeitsbedingtem Stress, Burnout und Depression führen. »

Zitat aus der EU-Studie: https://osha.europa.eu/de/themes/psychosocial-risks-and-stress

Die Untersuchungen belegen: Die Jüngeren zwischen 16 und 24 Jahren sind die am stärksten kritisch Gestressten aller Altersgruppen. Dabei kümmern sich doch immer mehr Menschen als Lehrer, Erzieher oder Ausbilder um sie. Allein seit 2010 ist die Anzahl der Vollzeitstellen in der Beschäftigungsstatistik-Kategorie „Erziehung und Unterricht" von 183.000 auf 240.000 gestiegen. Das sollten doch eigentlich 30 Prozent mehr Hilfe für Erfolg im Arbeitsleben sein. Diesem Wachstum steht im Übrigen keine auch nur annähernd ebenso große Zunahme an jungen Klienten in Lehre, Ausbildung und Schule gegenüber.

Irritierend ist, dass sich 25.6 Prozent der Erwerbstätigen bei der Arbeit als „nicht ausgelastet" beschreiben, während sich die bereits genannten 30 Prozent kritisch gestresst fühlen. Wie kann das sein? Wieso steigen die professionellen Ressourcen für die Unternehmensführung in einer steilen Rampenform an, wenn es gleichzeitig mit Arbeitsverteilung, Arbeitsmanagement und Arbeitsorganisation immer schlechter läuft? Die Unternehmensführung ist doch genau dafür verantwortlich. Wenn es immer mehr Profis für Unternehmensführung in der Wirtschaft gibt, sollte es doch eigentlich immer besser statt immer schlechter laufen. Es sei denn, das

Management wird der heutigen Realität der Arbeits- und Wirtschaftswelt des 21. Jahrhunderts nicht mehr gerecht. Wenden die Spezialisten für Führung vielleicht alte und unpassende Methoden und Strategien an? Werden die gängigen Managementmoden eigentlich einem Realitätstest unterzogen? Es sieht nicht danach aus. Bei den Erziehern, Lehrern und Ausbildern könnte es ganz ähnlich sein. Den Jüngeren werden mit stetig steigendem Aufwand Fähigkeiten und Kompetenzen vermittelt, Wissen und Methoden gelehrt, die ihrer Lebensrealität und dem künftigen Lebensweg allem Anschein nach nicht mehr gerecht werden. Die in einer VUCA-Welt immer wichtiger werdende Fähigkeit zur professionellen Planung und zum Selbstmanagement wird nicht genug vermittelt. Das ist ein Defizit, das in der der heutigen digitalisierten Welt besonders gravierend ist.

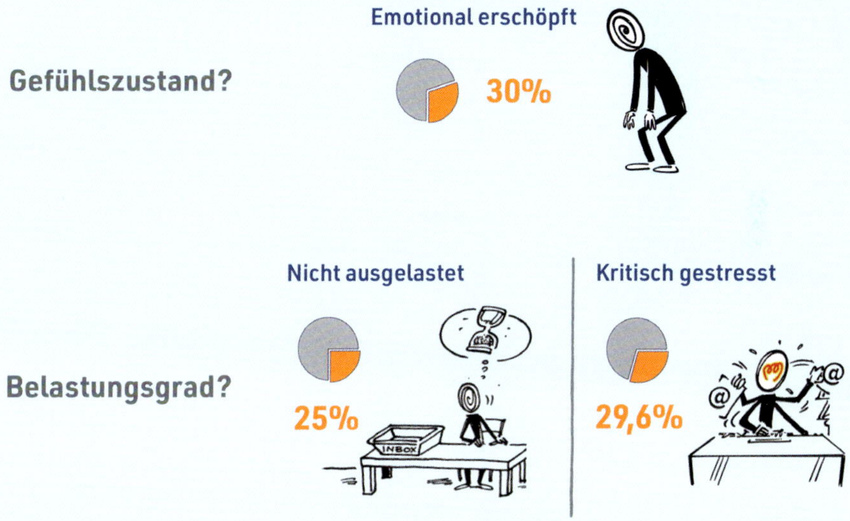

Abb. 2 Es gibt immer mehr kritisch gestresste und emotional erschöpfte Erwerbstätige, während gleichzeitig der Anteil der Menschen, die nicht genug zu tun haben, mit 25 % konstant hoch bleibt.

Digitale Naivität, Unreife und Unruhe

Die ersten smarten Geräte in den Händen von Erwerbstätigen waren um die Jahrtausendwende die Blackberry-Geräte. Führungskräfte konnten nun E-Mails jederzeit und überall senden und empfangen sowie auf Kontaktdaten zugreifen: ein gewaltiger Fortschritt. Sie legten willig ihre einfachen Mobiltelefone und Papier-Organizer zur Seite und griffen zu den neuen smarten Mobiltelefonen. Speziell die Blackberrys wurden schnell zum Statussymbol. Heute haben wir alle smarte Geräte – mit einem Vielfachen der Leistung und Funktionen der alten Blackberrys.

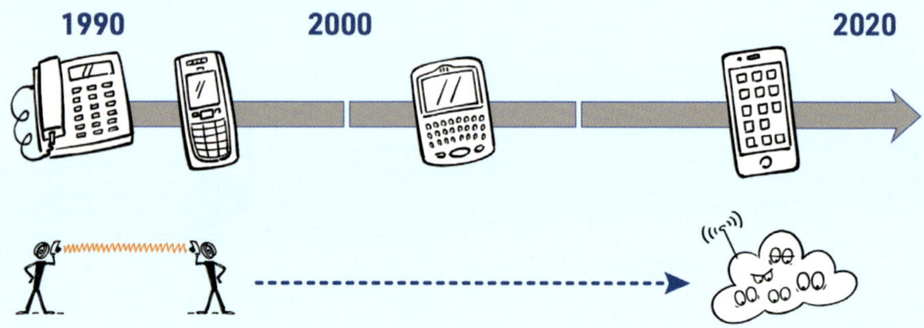

Abb. 3 Es war einmal. Ein Gerät, das Menschen zueinander brachte.

Dem einfachen Angestellten fällt es genauso schwer wie den Chefs an der Spitze, die Augen von den kleinen Screens zu lassen. Dadurch verlieren wir auch Chancen, Ziele und Mitmenschen aus dem Blick. Die Vorreiter in puncto Digitalisierung teilen ihre Aufmerksamkeit inzwischen auf mehrere digitale Geräte auf: den Laptop oder das Tablet vor sich auf dem Tisch aufgebaut, das Smartphone läutet in der Tasche, und die Smartwatch vibriert und blinkt am Handgelenk. Alle Geräte wollen unsere Aufmerksamkeit und haben immer etwas Neues für uns.

Produktivität / Wertschätzung

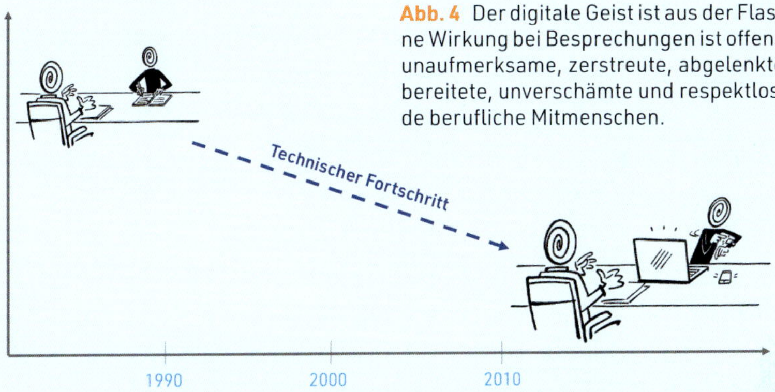

Abb. 4 Der digitale Geist ist aus der Flasche. Seine Wirkung bei Besprechungen ist offensichtlich: unaufmerksame, zerstreute, abgelenkte, unvorbereitete, unverschämte und respektlos wirkende berufliche Mitmenschen.

Diese Entwicklung scheint den Erwerbstätigen nicht gutzutun. Das Smartphone kann wie ein Messer ein nützliches Werkzeug sein. Doch wenn es in kindliche und ungeschickte Hände fällt, kann es auch Schaden anrichten. Und kindlich und naiv beschreibt unseren Umgang mit der Digitalisierung doch ganz gut. Der Reifeprozess beginnt erst jetzt. Mit der eindrücklichen eineinhalbstündigen Netflix-Doku https://www.thesocialdilemma.com/ wird ab Herbst 2020 erstmals einem großen, weltweiten Publikum vor Augen geführt, was die Plattformen hinter unseren smarten Geräten mit uns machen. Wir lassen uns von ihnen willig manipulieren, ausnützen, ablenken und sprichwörtlich in die Irre führen. Das Smartphone schadet uns, das können wir hier schon festhalten, wenn wir nicht bewusst dagegenwirken. Wenn wir uns als smarten Nutzer nicht professionell selbst steuern und unsere eigenen Pläne verfolgen.

Mind Capture

Abb. 5 Wer bestimmt über unser Tun, Denken und Fühlen? Das Smartphone wirkt wie ein digitaler Schnuller. Es hat immer Zeit und Neues für uns, genau zugeschnitten auf jeden Einzelnen. Mit unendlicher Rechenpower und KI nutzen die großen Internetplattformen alle unsere menschlichen Schwächen aus. So steuern sie unser Denken, Handeln und verändern unser Bewusstsein.

Das Wohlergehen als oberstes Ziel verfolgen – jeden Tag

Auf die Segnungen und Möglichkeiten der digitalen Welt zu verzichten, ist natürlich keine Option. Das ist weder notwendig noch sinnvoll. Wir sollten die Möglichkeiten der digitalen Welt jedoch systematischer im Sinne des eigenen Wohlergehens und des Wohlergehens der Menschen nutzen, die uns wichtig sind, privat wie bei der Arbeit.

Um die angesprochenen für unser Wohlergehen negativen Trends zu stoppen, müssen wir nur unser eigenes Denkvermögen, das heißt die Intelligenz, einige Minuten am Tag gezielt zur Förderung unseres Wohlergehens einsetzen. Wenn immer mehr negative äußere Einflüsse unserem Wohlergehen abträglich sind, müssen wir zum Ausgleich unser Wohlergehen einfach systematischer und geplanter als bisher als oberstes Ziel unseres Selbstmanagements verfolgen – Tag für Tag.

Wenn Sie ein solch lohnendes Ziel im Auge haben und geplant verfolgen, werden Sie sich weniger ablenken, steuern und manipulieren lassen. Durch dieses Buch werden Sie bei allem, was Sie denken und tun, immer die Frage im Hinterkopf haben, ob die Verwendung Ihrer Zeit und Aufmerksamkeit zielführend im Sinne Ihres Wohlergehens ist oder nicht.

Dafür reicht es aus, jeden Morgen ganz bewusst für wenige Minuten offline zu gehen und sich von jeglicher Kommunikation abzukoppeln. Setzen Sie in dieser smart-offline-Zeit auf Tools, die Sie kennen und mühelos beherrschen. Setzen Sie wieder auf eine Technologie, die uns Menschen zweifelsfrei guttut und nie belastet, nämlich Stift und Papier. Schärfen Sie in wenigen Minuten Ihr Bewusstsein und planen Sie jeden Tag systematisch, wie Sie Ihr persönliches Wohlergehen sichern und steigern können. Mit dieser Orientierung navigieren Sie sich viel geschickter durch den Arbeitsalltag und die Arbeitswelt des 21. Jahrhunderts. So werden Sie erkennen, dass die Beziehungen zu Ihren Mitmenschen das Wertvollste sind, das Sie haben. Ganz automatisch werden Sie Ihr Verhalten entsprechend zielführend anpassen. Das tut allen gut. Ihre Arbeitstage und -wochen in diesem Sinne geplanter und zielführender anzugehen, verändert Ihr Leben dauerhaft positiv. Sie werden besser, und es geht Ihnen besser.

Und genau darum, dass es Ihnen heute und auch in Zukunft besser geht, dreht sich dieses Buch. Daran misst sich sein Erfolg. Es ist eine zeitlose Navigationshilfe, die Sie konsultieren sollten, wann immer Sie sich um Ihr Wohlergehen oder das Ihrer Nächsten sorgen, seien es Mitarbeiter, Freunde, Kollegen oder Verwandte. Mit diesem Buch können Sie sich selbst und anderen sicher und schnell Gutes tun. Der positive Effekt professioneller Planung und Selbstmanagements ist sofort spürbar und dauerhaft. Versuchen Sie es einfach und verändern Sie etwas bei sich, weil sich die Welt auch ändert.

Abb. 6 Professionellere persönliche Planung und Selbstmanagement führen ganz sicher zu mehr Wohlergehen.

Nur wenige Minuten täglich Ihr Denkvermögen zielführender einsetzen.

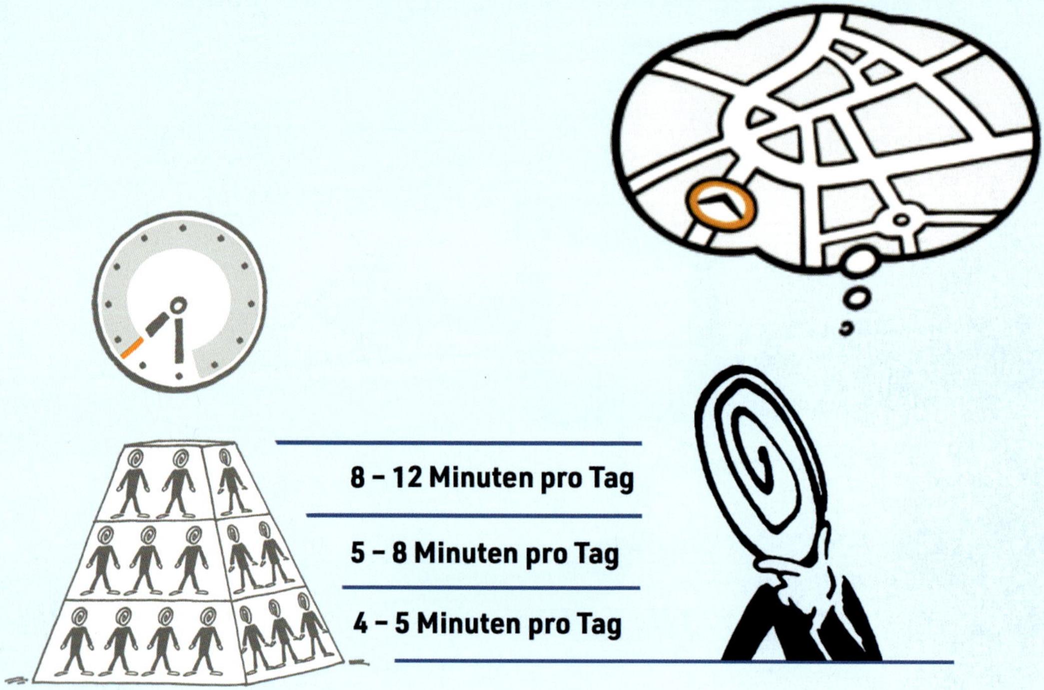

Abb. 7 Der Zeitaufwand für professionelle persönliche Planung und Selbstmanagement ist abhängig von Verantwortung und Gestaltungsfreiheit.

Abb. 8 Die wohltuende Wirkung, wenn Sie Ihr Denkvermögen wenige Minuten täglich zielführender einsetzen. Dazu will Sie dieses Buch bringen.

1.

NEUE ARBEITSWELT VERSTEHEN UND SICH AUF SIE EINSTELLEN

Abb. 1.1 Arbeitswelt des 21. Jahrhunderts

1.

NEUE ARBEITSWELT VERSTEHEN UND SICH AUF SIE EINSTELLEN

Wenn Sie über ein realistisches und ganzheitliches Verständnis der heutigen Arbeitswelt verfügen, werden Sie sich darin wohler fühlen und auch besser zurechtkommen. Viele Reinfälle und Enttäuschungen lassen sich vermeiden, wenn Sie das Verhalten Ihrer beruflichen Mitmenschen genauso in Ihre Überlegungen mit einbeziehen wie die großen strukturellen Veränderungen unserer Zeit.

Inhalt

Abb. 1.2 Sich durch Arbeitsalltag und Arbeitsleben navigieren.

Einführung

NAVIGATION IN DER ARBEITSWELT DES 21. JAHRHUNDERTS

Sich selbst zu managen, ist das Gegenteil von sich treiben zu lassen. Treiben lassen im Sinne von: sich dem Zufall, den Verführungen der Laune und dem inneren Schweinehund überlassen. Oder treiben lassen durch die Ereignisse, Termine, Kollegen und Vorgesetzten. Wer sich nicht treiben lassen will, muss etwas aktiv dagegen tun: Er muss navigieren. Damit ist navigieren ein Synonym für Selbstmanagement.

Beim Navigieren gibt es einen Plan mit Etappenzielen und Routen, die sich den gemachten Fortschritten und neuen Situationen entsprechend anpassen. Navigieren ist mit Unwägbarkeiten und Überraschungen verbunden. Zum Navigieren bedarf es möglichst guter Kenntnisse des Terrains, der aktuellen Lage, der anderen Beteiligten, der Gefahren und der kommenden Veränderungen. Geschickter navigieren bringt viel mehr als kräftiger strampeln, wilder rudern oder heftiger drängeln.

Navigation basiert immer auf einem Plan: Aber beim Navigieren ist eine Abweichung vom Plan normal, sie gehört dazu. Entscheidend ist immer die Dynamik im Anpassen der Planung. Wollen Sie sich besser durch den Arbeitsalltag und das Arbeitsleben navigieren, besteht der erste Schritt darin, ein besseres und realistischeres Verständnis für die Arbeitswelt zu bekommen. Dann treffen Sie automatisch schnellere kluge Entscheidungen über Ihre Ziele, Vorhaben und Ressourcen. Sie können das Verhalten der anderen besser einschätzen und die Entwicklung der Lage vorhersehen.

Erkennen Sie Art und Umfang der Veränderungen der Arbeitswelt und sind sich bewusst, was da noch auf Sie zukommen kann oder sicher auf Sie zukommen wird, können Sie Ihre persönliche alltägliche Navigation entsprechend anpassen. So werden Sie auch im schlimmsten Fall gut durchkommen und nicht auf der Strecke bleiben oder verunglücken. Im Normalfall kommen Sie entspannter, sicherer und schneller an. Mit besserer Navigation, das heißt professionellerem Selbstmanagement, kommen Sie besser voran und haben mehr Peace-of-Mind – nicht nur bei der Arbeit.

Wie bei der Navigation auf der Straße hängen bei der Navigation im Arbeitsalltag und Arbeitsleben Ihr Vorankommen und Wohlbefinden stark von den anderen ab. Auch dort finden sich Rücksichtslose, Plan- und Kopflose sowie Verirrte, Sonntags- und Falschfahrer. Mit ihnen müssen Sie rechnen. Auch im Arbeitsalltag machen sie Ihnen das Leben schwer, genauso wie die Engstellen, Baustellen und Verkehrsüberlastungen.

Im Auto unterstützen Sie ein Navigationssystem und Google. Im Arbeitsleben waren Sie bislang auf sich allein gestellt. Nun haben Sie mein Buch, die damit zugänglichen Ressourcen und mich als Selbstmanagement-Mentor und Vorbild zur Verfügung.

1.1 DAS VERGANGENE „KOMMT-SICHER-GUT"-ZEITALTER

Die wesentlichen Ziele von Menschen auf ihrem Berufs- und Lebensweg verändern sich kaum. Wirtschaftliche Sicherheit, Anerkennung, Familie, Freunde, Reisen, Freude, Karriere und Zufriedenheit sind heute genauso wichtig wie früher. Wenn sich das Umfeld massiv ändert, lassen sich die Ziele mit dem gewohnten Vorgehen nicht mehr erreichen oder eben später oder mit viel mehr Mühe. Deshalb ist es klug, seine eigene Vorgehensweise dem Arbeitsleben entsprechend anzupassen, damit die wertvollen Ziele des Berufslebens trotz allem erreicht und gesichert werden – trotz aller Widrigkeiten und Hindernisse. Darum geht es in diesem Buch.

Mit dem folgenden Zeitsprung von der Arbeitswelt der 1970er- und 1980er-Jahre in die Jetztzeit soll ein Veränderungswillen erzeugt werden, gerade bei den Lesern, die heute bereits gut im Arbeitsleben etabliert sind und denen es (noch) gutgeht. Mit etwas mehr Navigations-Skills können Sie das bisher Erreichte sichern, noch mehr erreichen und/oder den guten Verlauf Ihres Arbeitslebens sichern. Junge Menschen am Anfang ihres Berufswegs sollen eine gesunde Skepsis gegenüber den Erfolgsrezepten aus dem vergangenen Jahrhundert entwickeln. Gleichzeitig sollen sie aber auch erkennen, was ein gutes, förderliches Arbeitsumfeld ausmacht und wie sie sich das auch heute noch schaffen können. Das kommt aber heute nicht mehr von allein. Es ist nicht mehr als normal vorauszusetzen.

Wer als Leser unter Stress leidet oder seinen Ehrgeiz effektiver ausleben möchte, kann das Kapitel 1 überspringen. Er ist nämlich schon zur Veränderung zum Besseren motiviert.

Goldene Zeiten für Arbeitgeber und Arbeitnehmer

Das Arbeitsumfeld für Berufsanfänger der 1970er- und 1980er-Jahre war fantastisch: Wer wollte, konnte sich entwickeln und viel aus sich machen. Man wurde gefordert und gefördert. Die Industrieunternehmen blühten auf und wuchsen. Traditionsunternehmen wie AEG, Grundig, Heidelberger Druck, Thyssen, Krupp,

Es war einmal ...

Neue Realität ...

Abb. 1.3 Berufswege- und Arbeitsweltenvergleich. Nichts ist mehr sicher. Viel mehr ist möglich.

Deutsche Bank und weitere waren damals Weltspitze in ihrem Bereich und wuchsen. Doch davon ist heute leider nicht mehr viel übrig.

Die deutsche Wirtschaft wuchs zwischen 1970 und 1990 um 260 Prozent und war Europas Paradebeispiel für Erfolg. Dieser Umstand hat sich auch in den Biografien der Beschäftigten niedergeschlagen. Im Vergleich zu den 260 Prozent Wirtschaftswachstum in den 20 Jahren bis 1990 lag es in den knapp 20 Jahren bis 2018 lediglich bei 65 Prozent und fiel bescheiden aus. Die hohen Wachstumsraten der 1970er- und 1980er-Jahre bildeten in Deutschland die wirtschaftliche Grundlage für eine menschliche, fürsorgliche Art des Kapitalismus, der als Rheinischer Kapitalismus bezeichnet wurde. Entsprechend konnten sich die Einzelnen entwickeln, und entsprechend hoch war das Vertrauen in das Wirtschaftssystem und in die eigene gute berufliche Zukunft.

Sicherer Berufsweg. Viele Chancen. Kaum Absturzstellen

Die Anzahl der Ausbildungsberufe und Studiengänge war überschaubar. Es war eine berechtigte Erwartung, mit seinem erlernten Beruf auch in Rente zu gehen. Ab und zu eine vom Arbeitgeber organisierte und bezahlte berufliche Weiterbildung galt als ausreichend. Ein boomender Arbeitsmarkt und Arbeitgeber, die sich um ihre Mitarbeiter kümmerten, gaben den Arbeitnehmern ein gutes Gefühl der Sicherheit. Bei stockender Karriere oder einem unvermeidlichen beruflichen Flop bestand immer die Möglichkeit, zu einem der vielen wachsenden Unternehmen zu wechseln, die bei großem Personalbedarf nicht sehr wählerisch sein konnten. In der Schweiz waren das typischerweise die Banken.

Viele Hierarchieebenen: viele voll verantwortliche Chefs

In den 1970er- und 1980er-Jahren waren die Organisation eines Betriebs in flache Hierarchien und die Aufspaltung der Führungsverantwortung für einen einzelnen Mitarbeiter auf mehrere Führungspersonen, auch Matrix-Organisation genannt, noch nicht üblich. Es war die Regel, nur einen einzigen Vorgesetzten zu haben. In Unternehmen existierten damals viele Hierarchieebenen und damit auch viele Chefs. Relativ viele Chefs in einer Organisation bedeutete: Ein Vorgesetzter musste sich nur um eine überschaubare Anzahl von Mitarbeitern kümmern, für die er dann aber voll verantwortlich war. Arbeiteten seine Mitarbeiter gut und entwickelten sich deren Fähigkeiten weiter, so wurde das dem Chef zugeschrieben. Das förderte seine Karriere oder schadete ihm im negativen Fall. Ein Mitarbeiter konnte davon ausgehen, dass sein Chef als Führungsvorgesetzter tatsächlich Führung übernahm und ihm in beruflicher Erfahrung sowie fachlichem Know-how voraus war. Damit konnte er ihm in allen wichtigen Belangen helfen und ihn unterstützen. Dazu hatte der Chef Zeit und auch ein eigenes Interesse, sich um „seine" Mitarbeiter zu kümmern. Speziell in der von einer Milizarmee geprägten Schweiz wurden Führungspositionen in der Wirtschaft mit Personen besetzt, die im Militär erfolgreich Führungsqualitäten gezeigt hatten und damit beweisen konnten, dass sie Menschen führen können.

Arbeitsplätze in Reichweite von allem Nötigen und Hilfreichen

Die Aufbauorganisationen der Unternehmen bildeten sich auch in der räumlichen Anordnung von Abteilungen und der Anordnung von Arbeitsplätzen ab. Jeder Mitarbeiter konnte mit einem festen ihm zugeordneten Arbeitsplatz rechnen. Dort konnte er sich individuell einrichten und war für die anderen sichtbar und greifbar. Die räumliche Abbildung der Abteilungen und die Arbeitsplatzanordnung schufen einen festen Kollegenkreis im Umfeld eines jeden Mitarbeiters. In diesem Umfeld saßen gewöhnlich die Kollegen, die für die Bewältigung des operativen Tagesgeschäfts nötig waren. In diesem aus realer räumlicher Nähe definierten Kollegenkreis fanden sich Know-how-Träger und -Ratgeber, die für die eigene berufliche Weiterentwicklung nötig waren. Dieser nahe Kollegenkreis bildete auch automatisch den eigenen Ressourcen-Pool. Er gab Hilfestellung in fachlicher oder zeitlicher Hinsicht, wenn sie notwendig war.

Outsourcing und verteilte Wertschöpfungsketten über mehrere Standorte waren in den 1970er- und 1980er-Jahren noch sehr unüblich. Hingegen waren voll integrierte Unternehmen an einem einzigen Standort die Regel. Die Verlagerung in Richtung Osten war noch keine Lösung für die Unternehmensführung. Die hohe Integration aller Unternehmensfunktionen an einem Standort und das beschriebene Arbeits-, das heißt Kollegenumfeld, machten den Mitarbeitern ihre Arbeit einfach. Es war der Normalfall, 80 bis 90 Prozent der Kollegen, die für das Tagesgeschäft gebraucht wurden, in Hör- und Sichtweite oder in ein paar Schritten Reichweite zu haben.

Wissensmanagement fand greifbar in der Nähe statt

Ein großer Teil des Wissensmanagements beruhte auf guten Kollegen, die man unmittelbar um Rat fragen konnte. Wer sich mit seinen Kollegen gut stellte, hatte mehr Wissen sowie besseren und schnelleren Rat zur Verfügung. Das sorgte unterschwellig für ein diszipliniertes Miteinander bei der Arbeit in einem sehr positiven Sinn: Man brauchte einander. Firmenlaufwerke als Wissensspeicher waren in Unternehmen noch nicht üblich. Für Berufsanfänger bildeten Vorlesungsmanuskripte und die eigene Fachbüchersammlung die wichtigste Wissensquelle. Am Arbeitsplatz wurde der persönliche Wissensvorrat in Ordnern und Hängeregistern organisiert. Was dort an Wissen vorhanden war und wie es strukturiert wurde, war für jeden im Arbeitsumfeld sichtbar. Das schaffte Transparenz und soziale Kontrolle im Sinne von Ordnung.

Die Fachzeitschriften des 20. Jahrhunderts waren recht verlässliche Quellen von Wissen, für deren Abos zu bezahlen noch üblich war. Die Journalisten arbeiteten entsprechend auch im Interesse der Abonnenten. Die hohen Werbeeinnahmen des vordigitalen Medienzeitalters ermöglichten es, auch qualitativ hochwertige Journalisten für die Aufbereitung und Vermittlung von Fachwissen anzustellen. Das große Wissen der Welt lag in Fachbibliotheken. Um darauf zuzugreifen, musste man sich persönlich vor Ort begeben und recht viel Zeit mitbringen. Somit gab es während des operativen Tagesgeschäfts keine Möglichkeit, auf einen allumfassenden Wissenspool zuzugreifen. Was man an Wissen nicht selbst organisierte und über Kollegen oder durch den Chef lokal zugreifbar hatte, stand für die Arbeit einfach nicht zur Verfügung.

Post (Mail) war langsam, getaktet und voll transparent

Reale physische Posteingangs- und Ausgangskörbchen bildeten die Kommunikationsschnittstelle für Texte und Bilder zum Rest der Welt. Eine Hauspost organisierte in der Regel ein oder zwei Mal pro Tag die Zustellung und Abholung der Kuverts. Wer eine schnellere Zustellung wollte oder brauchte, musste sich auf den Weg machen, um selbst zu Fuß zuzustellen. Die Kommunikation war aber nicht nur langsam, sondern auch sehr transparent und nachvollziehbar. Die In- und Outbox waren offen zugänglich und einsehbar. Die Absender und Adressaten

Abb. 1.4 Arbeitsauslastung und Arbeitsinhalte waren früher sehr transparent. Sichtbar für alle.

waren auf den Kuverts der Hauspost für alle ersichtlich, bei einem Fax war sogar der Inhalt für alle sichtbar.

Ob eine Postsendung beim Adressaten ankam, war über einen kurzen Blick in das Eingangskörbchen schnell erkennbar. Solange es darin lag, kam es beim Adressaten noch nicht an. Stapelte sich die Post im Eingang, war dies ein für alle sichtbares Zeichen, dass ein Kollege hilfsbedürftig war.

Werbesendungen im Posteingang waren einfach zu erkennen und konnten schon von der Poststelle oder der Sekretärin aussortiert werden. Die Kosten einer Werbesendung machten Spamming wirtschaftlich unattraktiv. Das unspektakuläre Eintreffen der Werbung als Teil des gesamten Pakets des täglichen Posteingangs verhinderte eine Ablenkung von der operativen Arbeit. Vor dem digitalen Zeitalter war Werbung auch bei Weitem nicht so attraktiv, da sie nicht auf den einzelnen Nutzer zugeschnitten und zeitgenau abgeliefert werden konnte.

Kurzum: Früher verursachte Werbung bei der Arbeit keine zeitliche oder mentale Belastung beziehungsweise Ablenkung.

Große Verteiler sind mühsam für Absender

Wer mit einem Informationspaket viele Personen erreichen wollte, musste entweder für jeden eine Kopie und ein Kuvert erstellen oder einen sequenziellen Verteiler anstoßen, bei dem jeder in der Kette entscheiden konnte, wann oder ob er etwas weiterleitet. Unnützes verschwand schnell im Mülleimer. Das wirkte auf die Verteilung von Informationen sehr disziplinierend. Wer sich selbst als Absender als letzter Adressat auf einen Verteiler setzte, hatte am Ende einen Beleg, wann sich wer mit der Postsendung befasst hatte.

Die systembedingte Transparenz der Hauspost förderte den vernünftigen Umgang mit interner Kommunikation. Das Problem der Arbeitswelt der 1970er- und 1980er-Jahre bestand nicht in zu viel Information, sondern eher in zu wenig oder zu später Information. Es gab keine Überlastung durch den Posteingang, und was reinkam, war systembedingt nicht brandneu.

Nicht gründlich vordenken ist mühsam für den Absender

Der Hausposttakt von einem halben oder sogar ganzen Tag unterband Ping-Pong-Mailsendungen wirksam. Es lag im eigenen Interesse, vernünftig und gut durchdacht zu kommunizieren. Dringende Dinge konnten nicht per Mail/Post kommuniziert werden. Es brauchte dafür ein persönliches Gespräch per Telefon oder am Tisch, bei dem der Adressat gleich zurückfragen konnte, wenn etwas unklar war. Unüberlegt zu arbeiten, war viel mühsamer als heute. Hektik oder Stress per Mail, das heißt Post, gab es nicht.

Meetingenthaltsamkeit aus Bequemlichkeit

Für Mitarbeiter ohne eigene Sekretärin war es mühsam und zeitaufwendig, Meetings einzuberufen. Dagegen war es viel leichter, Themen auf Zuruf im Kollegenkreis zu erledigen oder in den standardisierten Abteilungsmeetings oder Gremien unterzubringen. Denn wer ein Meeting organisieren wollte, musste mit jedem einzelnen potenziellen Teilnehmer den Termin absprechen. Über die Hauspost ging das nur recht umständlich, langwierig und nicht sicher genug. Der persönliche Kontakt beim Absprechen der Meetingteilnahme führte automatisch zu Rückfragen: „Worum geht es?" – „Was sind die Ziele?" – „Braucht es mich wirklich?" Daher mussten Meetings natürlich recht gut begründet und wirklich notwendig sein.

1.2 DAMIT MÜSSEN ARBEITNEHMER IM 21. JAHRHUNDERT RECHNEN

Fleiß und Zielstrebigkeit galten schon immer als Garant für beruflichen Erfolg und Aufstieg. Das galt auch für die goldenen Zeiten der zweiten Hälfte des 20. Jahrhunderts. Die wachsende Wirtschaft und die aufblühenden Unternehmen wirkten wie ein Sog, der es den Berufsanfängern einfach machte, sich zu etablieren und Karriere zu machen. Es gab viele Chancen und wenige gravierende Risiken. Das Arbeitsumfeld war wohlgeordnet, recht stabil und förderte ganz natürlich eine sinnvolle und produktive Arbeitsweise. Der Berufsweg war früher eher ein breiter, einladender Berufsboulevard: breite Auffahrten, gute Beschilderung, keine Staus und klare, respektierte Verhaltensregeln für alle. Im Strom mitschwimmen und auf Sicht fahren reichte aus, um mit gutem Gefühl sicher und schnell ans Ziel zu kommen. Dem ist heute nicht mehr so. Heute können Berufswege zu Situationen führen wie im Verkehrsgewimmel in Neu-Delhi, in dem überwältigenden Times Square von New York oder auch in gefährlichen Gegenden wie in die Townships von Johannesburg. All das ist heute möglich. Damit müssen Menschen, die noch viele Jahre arbeiten müssen, heute rechnen.

Wer heute als Berufsanfänger in seinem Arbeitsleben Erfolg haben oder in der Mitte des Berufslebens weiter Karriere machen möchte, findet wohl keinen Berufsboulevard mehr vor, auf den man einbiegen könnte. Er muss sich auch durch das Gewimmel und Durcheinander der Arbeitswelt des 21. Jahrhunderts gegen alle Widrigkeiten ans Ziel navigieren können. In diesem Kapitel wird deutlich gemacht, mit was ein Erwerbstätiger beim Navigieren im Arbeitsalltag rechnen muss.

Unsicherere Führung von oben

Chefs, die einfach auch überfordert sind

Chefs sind Menschen die mit ihrer Arbeit Erfolg und Anerkennung erzielen wollen. Sie wollen von ihren Mitarbeitern genauso möglichst geschätzt sein. Dazu gehört, Mitarbeitern ein Gefühl von sicherer Führung zu geben. Deshalb wollen Chefs auch souverän wirken. Und genau das wird im 21. Jahrhundert für Chefs immer schwieriger. Sie müssen nicht nur sich selbst durch eine anspruchsvollere

Arbeitswelt navigieren, sondern auch ein ganzes Unternehmen in einer sich radikal verändernden Wirtschaftswelt steuern. Das geht an den Chefs und ihren Beziehungen zu den Mitarbeitern nicht spurlos vorbei. Chefs werden überforderter sein. Sie werden mehr Fehlentscheidungen treffen, weil es keine Präzedenzfälle gibt, von denen sie lernen konnten. Sie müssen entscheiden, weil keine Entscheidung schlimmer ist als eine schlechte Entscheidung. Chefs werden mehr unpopuläre Entscheidungen treffen müssen, weil aufgrund der Situation und des Umfelds keine angenehme Entscheidung zur Wahl stand.

Gehen Sie besser nicht mehr davon aus, dass Chefs in der Geschäftsleitung wissen, wohin die Reise geht, und einen Königsweg kennen. In einem neuen und unbekannten Terrain sind Irrwege und Holpern nicht zu vermeiden. Jeder Vorgesetzte ist in schwierigen Zeiten und Krisen mehr mit sich selbst beschäftigt und kann weniger individuell führen und fördern. Die Führungslücke müssen Sie selbst füllen, indem Sie sich professionell selbst managen.

Unternehmensführung in völlig neuem Umfeld

Unternehmensführungen konnten früher immer mit einer langfristigen wirtschaftlichen Aufwärtsentwicklung rechnen. Der technische Fortschritt war gewaltig und der Nachfragezuwachs hoch. Dafür exemplarisch ist das Bruttoinlandsprodukt Deutschlands, das wie erwähnt von 1970 bis 1990 um 260 Prozent wuchs.

Die zyklischen Abschwung- und Rezessionsphasen wirkten als sinnvolle Abkühlungs- und Korrekturphasen. Es gab die Gewissheit, dass es irgendwann wieder mit dem Wachsen weitergehen würde. Von dieser beruhigenden Gewissheit können Geschäftsführungen heute nicht mehr ausgehen, ganz im Gegenteil: Wenn ein Unternehmen „nur" weiter so gut und produktiv arbeitet wie bisher, kann das künftig nicht mehr gut genug sein, weil die Wirtschaft nicht mehr wie bisher funktioniert.

Das sind die großen bekannten Game-Changer des Wirtschaftslebens:

- **Null- oder Minuswachstum**
  Das nur relativ schwache Wachstum der vergangenen 20 Jahre wurde von einem aufblühenden China und der hohen privaten Überschuldung in den USA getragen. Beides hat ein Ende, und es ist kein Ersatz der Nachfrage in Sicht. Eine alternde Gesellschaft und eine stagnierende Bevölkerung ohne Einkommenszuwächse bei breiten Bevölkerungsschichten drosseln die Nachfrage. War der Wettbewerb im Markt bisher ein Wettbewerb, wer wie viel vom Wachstum bekommt, wird der Wettbewerb nun in vielen Branchen und Regionen zu einem Überlebenswettbewerb: Wer kann einem anderen erfolgreich das Geschäft wegnehmen?

- **Globaler Wettbewerb – Wegfall von strukturellen Wettbewerbsvorteilen**
  Logistikketten sind global geworden, jeder kann heute überall praktisch alles bekommen. Informationen sind ist fast überall auf der Welt gleichzeitig im Überfluss vorhanden. Es gibt keinen natürlichen Zeit- und Wissensvorsprung mehr. Kapital ist überall auf der Welt unbegrenzt verfügbar, wenn nur gute Geschäfte winken. Damit bringt eine gute geografische Lage weniger gesicherte Vorteile als früher. Unternehmen in den alten Industrieländern haben inzwischen sogar einen Wettbewerbsnachteil, den sie ausgleichen müssen, weil woanders eine effizientere und modernere Infrastruktur aufgebaut wurde.

- **Weniger Ressourcenverbrauch**
  Bisher galt als Fortschritt, mit mehr Aufwand an Ressourcen mehr Nutzen zu erzeugen. Es gehörte zum Fortschritt, immer mehr Müll zu „produzieren". Die Abfallberge wachsen. Das ist jedoch kein tragfähiges Zukunftsmodell mehr. Aber wie das neue Modell aussieht und wie der Übergang aussehen wird, das weiß niemand. Es ist unvermeidlich, ressourcensparender zu wirtschaften, sonst wird es katastrophal. Genauso bei der Vorbereitung auf eine Pandemie wie Corona: Es war wissenschaftlich gesichert, dass eine solche Pandemie kommt: Dennoch waren wir unvorbereitet – mit katastrophalen wirtschaftlichen und finanziellen Folgen.

Führungskraft allein reicht nicht aus

Strategisch gesehen, werden die Herausforderungen für Unternehmen im 21. Jahrhundert so groß sein, dass selbst die Führungskraft der besten Chefs nicht ausreicht, um sie erfolgreich zu bewältigen. Sie haben bisher schon 50–60 Stunden pro Woche für ihre Führungsarbeit benötigt. Da ist wenig Leistungsreserve vorhanden.

Im 21. Jahrhundert sollten Chefs in ihrer Führungsarbeit effizienter und effektiver werden. Dazu müssen das Führungssystem und damit die Führungskultur verändert werden. Wie das aussieht und wirkt, wird in Kapitel 5 beschrieben. Professionelle persönliche Planung und Selbstmanagement auf allen Hierarchieebenen und in allen Bereichen bildet dafür die Voraussetzung. Ein Unternehmen wird damit organisch von innen heraus produktiver, schneller und robuster, das heißt fitter für das anspruchsvolle 21. Jahrhundert. Das ist ein neuer, unbekannter Weg, genauso neu wie die Herausforderungen.

Eigentlich wäre es logisch, neuen Herausforderungen auch in neuer innovativer Art zu begegnen. Aber die Entscheidung, das Führungssystem und damit die Führungskultur eines Unternehmens grundlegend zu verändern, ist sehr schwierig zu fällen. Es ist für die Verantwortlichen mit großem persönlichen Risiko verbunden. Es macht sie angreifbar und verlangt viel Erklärung. Die externen Stakeholder wie Banken und Investoren werden sehr skeptisch und kritisch sein. Das Führungssystem zu verändern, um Unternehmen wertvoller zu machen, ist etwas Neuartiges und Ungewohntes. Bei den internen Stakeholdern, den Mitarbeitern, werden sich manche sicher auch gegen Veränderungen wehren, speziell wenn diese zu mehr Transparenz und Verantwortlichkeit führen. Es wird einen gewissen Widerstand geben. Es kann auch schnell heißen, die Chefs seien einfach zu schwach, das heißt eine Fehlbesetzung. Zweifel an der Führung ist speziell in Krisenzeiten sehr gefährlich. Deshalb können Sie davon ausgehen, dass eine Unternehmensführung, wenn sie nicht sehr stark und selbstbewusst ist, sich lieber für alt etablierte Wege entscheidet, um Herausforderungen zu meistern. Das braucht kaum eigene Führungskraft. Für die alten bekannten Managementlösungen gibt es überall große, renommierte, gut vernetzte Unternehmensberatungen, die auch gerne dauerhaft einspringen.

Statt Effizienz und Effektivität der Führungskräfte im Unternehmen zu steigern, wird auf die Sprengkraft von radikalen Veränderungen an der Organisation selbst gesetzt. Es wird einfach die Mannschaftsaufstellung verändert und/oder das Team verkleinert.

Corona-Effekt auf die Führung von Unternehmen

Das Auftreten einer weltweiten Pandemie im 21. Jahrhundert galt als höchstwahrscheinlich. Und dennoch traf Corona die Unternehmensführungen unvorbereitet. Sie verließen sich auf die Pandemieplanung des Staates. Bei Ausbruch der Pandemie sahen sie sich jedoch von der staatlichen Führung im Stich gelassen. Diese Situation brachte auch gute, starke Unternehmensführungen an ihre Grenzen. Plötzlich ging es darum, persönliche Verantwortung für lebensgefährliche Entscheidungen zu übernehmen. Das eigene Leben, das der Mitarbeiter und Geschäftspartner stand auf dem Spiel.

Mitarbeiter zu führen, die massiv verunsichert und verängstigt sind, wenn man selbst überfordert und ratlos ist, braucht enorme Führungskraft. Das Corona-Frühjahr 2020 war damit eine extrem schwierige Zeit für Chefs – und es bleibt schwieriger als vor der Pandemie. Denn die Corona-Folgeeffekte sind auch mittel- und langfristig gravierend: Sie nehmen Arbeitnehmern Zukunftssicherheit und erhöhen den Leistungs- sowie Veränderungsdruck.

Das erfolgreiche Führen von Unternehmen wird in einer „Mit-Corona-ohne-Impfstoff"-Arbeits- und Wirtschaftswelt noch anspruchsvoller. Die COVID-19-Maßnahmen verursachten einen Produktivitätsrückgang und bringen Mehrkosten. Diese können nicht durch Umsatzwachstum kompensiert werden. Ganz im Gegenteil muss über längere Zeit mit einem Umsatzrückgang gerechnet werden.

Ein bestehendes Unternehmen mit weniger Umsatz im Corona-Modus profitabel zu betreiben, ist eine große Herausforderung für die Unternehmensverantwortlichen. Dazu kommt der Druck, auf dem geringeren Umsatzniveau auch noch mehr Cash als vor Corona generieren zu müssen, wenn Verluste aus dem 2020er-Corona-Jahr wieder ausgeglichen werden müssen. Die aufgenommenen Zusatzkredite wollen bedient werden. Die Corona-Krise hat den Unternehmensführungen bewusst gemacht, wie überlebenswichtig substanzielle Geldreserven sind. Die Kreditwürdigkeit bei Banken wird bei Entscheidungen noch höher gewichtet. Damit setzt Corona die Führungen von Unternehmen noch mehr unter finanziellen Erfolgsdruck als bisher.

In einer Welt mit Corona werden Unternehmensentscheidungen auf Grundlage von pessimistischeren und vorsichtigeren Annahmen getroffen als vorher. Chefs müssen auf Grundlage noch höherer Unsicherheit und Unwägbarkeit entscheiden. Das wird ganz automatisch zu mehr Fehlentscheidungen führen, die sich negativ auf die Arbeitnehmerschaft auswirken. Das wird auch bei sehr guten und wohlwollenden Chefs unvermeidbar sein. Darauf müssen sich Arbeitnehmer einstellen.

Umbau- und Unsicherheitszeit – Unternehmen als Dauerbaustelle

Das Umstrukturieren, Fusionieren und Aufkaufen von Firmen sind klassische Erfolgsstrategien der Unternehmensführung. Sie sind in einer gesunden Wirtschaft auch notwendig und sinnvoll. Wohldosiert und gezielt eingesetzt, können sie im Sinne aller Stakeholder positiv wirken. Die offene Nachfolgefrage bei eigentümergeführten Unternehmen ist dafür ein gutes Beispiel.

Im 21. Jahrhundert werden das Umstrukturieren, Fusionieren und Umbauen von Unternehmen tendenziell noch häufiger und weiter verbreitet sein als bisher. Es wird für Arbeitnehmer normal sein, so etwas im Lauf des Berufslebens zu erleben. Damit müssen Sie rechnen und damit sollten Sie souverän umgehen können.

Andere Firmen aufzukaufen, Bestehendes zu restrukturieren und aufwendige Verschlankungsprogramme waren schon immer das probate Mittel überforderter Unternehmensführungen, um Stärke und Entschlossenheit zu demonstrieren sowie Zeit zu gewinnen. Und Zeit zu gewinnen, war gerade in Zeiten einer wirtschaftlichen Abschwungphase wichtig. Bisher ging es zyklisch immer wieder bergauf, und es stellten sich damit automatisch auch wieder neue Erfolge für das Unternehmen ein.

Im 21. Jahrhundert geraten Geschäftsführungen unter einen viel stärkeren Druck und sehen sich mit völlig unbekannten und sehr anspruchsvollen Herausforderungen konfrontiert. Viele Unternehmen haben enorm viel Cash angehäuft, mit dem Firmen gekauft oder Restrukturierungsprogramme bezahlt werden können. Banken drängen in Zeiten der Null- oder Negativzinsen den Unternehmensführungen Geld für Unternehmenstransaktionen förmlich auf. Und Consultingunternehmen können bei großen Umbau- und Verschlankungsprogrammen lukrative 08/15-Programme ausrollen.

Bringen Unternehmensumbauten oder Restrukturierungen jedoch keinen Erfolg, wird, bevor der Misserfolg sichtbar ist, die nächste Transaktion beziehungsweise Umstrukturierung angegangen. Damit werden Reporting und Verantwortlichkeit wieder verändert. Die Spuren schlechter Führung werden verwischt, die negativen Effekte für die Belegschaft bleiben beziehungsweise verstärken sich mit jedem neuen Programm. Wenn sich durch Umbau, Fusion oder Aufkauf kein substanzieller Erfolg einstellt, ist die Gefahr groß, dass die Dosis erhöht wird und noch stärkere und damit auch riskantere Aktionen durchgeführt werden oder dass ein Unternehmen zu einer Dauerbaustelle wird. Es wird so lange saniert, bis nichts mehr Wertvolles da ist.

Maximale Verunsicherung, Unklarheit und Durcheinander

Alle großen Umbau-, Fusions- und Verschlankungsprogramme haben eines gemeinsam: Sie schaffen bei allen Mitarbeitern massive Verunsicherung und Unklarheit. Alles wird infrage gestellt, und nichts ist mehr sicher. Loyalitäten, vertraute Kollegenkreise und bewährte Arbeitsbeziehungen verschwinden. Neue Chefs mit neuen unbekannten Rollen sollen eine neue Organisation am Laufen halten und für sie neue Mitarbeiter führen.

Bei der Gelegenheit eines Generalumbaus im Unternehmen wird gerne zeitgleich auch noch auf eine neue Unternehmens-Betriebssoftware (ERP-Software) gewechselt. Alles einmal rundum neu gemacht. Was dabei herauskommt, soll besser, schneller oder kostengünstiger sein als vorher.

Vertrautheit mit Prozessen, Kollegen, Vorgesetzten und Lieferanten stellt genauso wie die Sicherheit im betrieblichen Ablauf einen nicht greifbaren Firmenwert (intangible Asset) dar. Es kostet Zeit, das heißt Geld, das aufzubauen. Umstrukturierungen zerstören diesen Wert unter der Generalannahme, die neuen Prozesse und Strukturen seien produktiver als die alten und würden zu einer höheren Wertschätzung des Unternehmens führen.

Abb. 1.5 Die Folgeerscheinungen von Umstrukturierungen.

Wenn ein Unternehmen während des Umbaus systematisch neu geordnet wird und diese Ordnung allen Mitarbeitern klar und verständlich ist, dann kann das auch funktionieren. Es wird aber normal sein, dass nach Umbau, Fusionen und Verschlankungsprogrammen die Mitarbeiter lange in einem unklaren Umfeld mit wenig Führung und geringer Vertrautheit mit den Abläufen und Kollegen arbeiten müssen. Neben Unklarheit bringen große Veränderungen auch Unsicherheit und Befürchtungen ins direkte Arbeitsumfeld. Das erschwert die Zusammenarbeit und belastet emotional. Dadurch sinkt die persönliche Produktivität und die Zufriedenheit.

Solche temporären Ausnahmezeiten gehören zur Normalität eines Arbeitslebens im 21. Jahrhundert. Mit einem professionelleren Selbstmanagement können Sie sich darauf vorbereiten. Sie werden dann auch bei großen Veränderungen Ihres Umfelds weder den Kopf noch die Orientierung noch die Freude an der Arbeit verlieren. Sie gewinnen an beruflicher Resilienz und coolness-on-the-job.

Diese Coolness braucht es, wenn Ihr Unternehmen durch unglückliche Umstände zu einer organisatorischen Dauerbaustelle wird. In solchen Dauerbaustellen herrschen kein stabiler geordneter Normalbetrieb, keine verlässlichen dauerhaften Führungsstrukturen und kaum noch Verantwortlichkeit. Alles ist ständig im Fluss. Solche Organisationen können wohlwollend auch als hyperagil bezeichnet werden.

Für jemanden, der professionell planen und sich selbst professionell managen kann, bieten Dauerbaustellen auch Chancen: Wenn die Organisation nicht gut oder gar nicht durchdacht sind, muss der Einzelne mehr mit- und vordenken. Das macht ihn als Arbeitnehmer auch wertvoller und unersetzlicher. Es bieten sich mehr Aufstiegs- und Entwicklungsmöglichkeiten als in stationären, eingelaufenen Strukturen.

Kostensenkung – Stellenabbau, Verlagerung und Verschlankung

Unternehmen steigern durch Wettbewerbsvorsprung, gute Konjunktur oder auch Erschließung neuer Märkte über viele Jahre hinweg fortlaufend ihre Einnahmen. Die Anzahl der Mitarbeiter steigt, und die Gehälter der Belegschaft steigen ebenfalls. Geht der Wettbewerbsvorsprung durch den technologischen Wandel oder das Aufholen anderer Anbieter verloren, kommt es zur wirtschaftlichen Rezession. Sind verfügbare Märkte voll erschlossen, geht das Geschäftsvolumen zurück. Die Erlöse eines Unternehmens sinken und mangels Volumen auch die Unternehmensproduktivität. Die Gewinne brechen ein. Die Eigentümer als eigentliche Machthaber über das Unternehmen wollen Taten sehen.

Als Erstes wird an Reisen und Schulungen/Fortbildungen gespart. Reisestopps werden verhängt. Das ist ein gutes Mittel, um die Belegschaft auf eine ernste Lage aufmerksam zu machen und wachzurütteln. Es ist üblich, so auf eine Verschlechterung der Zahlen zu reagieren. Faktisch sind die möglichen Einsparungen sehr gering. Die absolute Höhe dieser Kosten ist einfach zu niedrig, um das Ergebnis zu retten. Wenn die Reise- und Fortbildungseinschränkungen in Kraft sind, hofft jeder, dass es von allein schnell wieder besser wird. Vielleicht war es nur eine Flaute und nichts Ernsthaftes. Aber wenn sich die wirtschaftliche Lage nicht bald erholt, wird es unangenehm.

Als Nächstes wird deutlich, dass die Personalkosten zu hoch sind. Die Organisation hat zu viele beziehungsweise zu teure Mitarbeiter. Es gäbe wohl einen Wasserkopf im Unternehmen, und man habe zu viel Speck angesetzt, lautet die Diagnose. Leider hilft diese leicht verständliche bildhafte Beschreibung des Problems nicht bei dessen Beseitigung. Anders als bei einem Körper sind in Unternehmen Speck und Wasserkopf eben nicht abgrenzbar. Es gibt keine Stellen im Unternehmen, die klar dem

Speck und dem Wasserkopf zugeordnet werden. Jeder operative Mitarbeiter macht im Unternehmen für den Betrieb auch eine sinnvolle und notwendige Arbeit. Es sitzt kaum jemand als Leistungsreserve irgendwo im Unternehmen, der gar nicht gebraucht wird. Und wenn, sitzt er meist sehr nahe bei der Geschäftsleitung und wird als strategisch wichtig deklariert. Und strategisch wichtig waren Fettreserven schon immer. Speck und Wasserkopf stehen nicht nur für unnütze Mitarbeiter, sondern auch für diejenigen, die durch eine ineffiziente Organisation, chronische Unklarheiten und mangelnde Führung nicht produktiv genug sind.

Das gesamte Unternehmen ist organisch nicht produktiv genug, um ohne Wettbewerbsvorsprung, gute Konjunktur oder auch Erschließung neuer Märkte ausreichende Gewinne zu machen. Das ist nicht an einzelnen Stellen festzumachen.

Diese Situation ist für die Mitarbeiter besonders hart: Es müssen Leute gehen, obwohl sie einen guten Job verrichtet haben. Es ist einfach nicht mehr genug Geld für alle da. Alle sind verunsichert. In dieser Situation als Unternehmensführung für Personalabbau zu sorgen, ist sehr anspruchsvoll und menschlich sehr belastend. Es wäre das Beste, die unproduktiven und wenig kompetenten Leute würden von selbst gehen. Gewöhnlich gehen bei Verunsicherung aber eher die produktiven, hochkompetenten und dynamischen Mitarbeiter; genau diejenigen, die man bräuchte, um als Unternehmen besser zu werden.

Die Abhilfe für mangelnde Unternehmensproduktivität erfolgt klassisch über die folgenden Strategien:

- **Volumen durch Zukauf und Fusionen steigern (Merger & Akquisition)**
  Das ist das ideale Mittel zum Überleben auch ineffizienter Organisationen, ohne sich ändern zu müssen. Man braucht nur ein großes und risikobereites Finanzinstitut, mit dessen Geld man ein anderes Unternehmen kauft, wenn möglich ein vitales und frisches Unternehmen. Das bringt nicht nur Geschäftsvolumen, sondern wirkt auch wie eine Jungzellenkur für das kaufende Unternehmen. Dann wird aus den zwei Unternehmen langsam, aber sicher eines gemacht. Alle Doppelfunktionen, zum Beispiel in Logistik, Verwaltung und Verkauf, werden eliminiert. Es braucht weniger Chefs,

weniger Leute und vielleicht nur noch ein IT-/ERP-System. Die Einkaufsvolumina werden gebündelt, und man lässt einen Teil der bisherigen Lieferanten leer ausgehen. Aber das gekaufte Unternehmen bekommt üblicherweise zwei bis drei Jahre nach dem Besitzerwechsel ein Profitproblem. Sein ausgewiesener Gewinn sinkt durch zusätzliche Abschreibungskosten, die ihm der neue Eigentümer aufbürdet. Das verkaufte Unternehmen muss zusätzlich zum vorherigen normalen Profit einen großen Teil des Kaufpreises, den sogenannten Good-Will, abverdienen.

Realistisch gesehen, sind die Käufer eines Unternehmens wie Eroberer: Sie haben die Macht. Sie sind Gewinner. Sie ziehen aus dem gekauften Unternehmen, das heißt der Eroberung, den maximalen Nutzen.

M&A-Transaktionen bedeuten für die Mitarbeiter eine maximale Verunsicherung. Alle Positionen stehen plötzlich zur Disposition. Alle gemachten Versprechen und Zusagen gelten nichts mehr, solange sie nicht vertraglich fixiert sind. Karrieren können aber auch starten. Es ist alles möglich und nichts sicher. Die Strategie der Käufer lautet deshalb oft, die wunderbarste Zukunft zu beschreiben, an die alle gerne glauben wollen, die Änderungen sehr langsam auszuführen und die Gehälter gleich massiv anzuheben. Wenn man sowieso Stellen abbaut, kann man auch gerne etwas über dem Marktniveau bezahlen. Damit wird erreicht, dass die neuen Mitarbeiter so lange bleiben, wie sie noch gebraucht werden. Wer wechselt schon mit Gehaltseinbußen den Arbeitgeber? So gut wie niemand. Die Haltetaktik funktioniert sehr einfach und sicher. Sie wird besonders bei den bisherigen Vorgesetzten des aufgekauften Unternehmens angewandt. Sie sind als beruhigende Referenzpersonen anfänglich besonders wichtig und werden mit großzügigem Bleibebonus noch ein oder zwei Jahre bei der Stange gehalten. Solche „Retentions-Programme“ sind völlig normal und als Teil des Kaufpreises mit einkalkuliert.

- **Auslagern – outsourcen**
  Statt eine Infrastruktur selbst zu betreiben, eine interne Dienstleitung mit eigenen Leuten zu erbringen oder den ineffizienten beziehungsweise qualitativ schlechten Teil der Wertschöpfung zu sanieren, können Unternehmensleitungen das einfach nach außen abgeben. Auf dem Markt finden sich immer Anbieter, die preislich solche attraktiven Angebote machen, dass das finanziell attraktiv aussieht. Das sind Spezialisten im preislichen Tiefstapeln, die sich später im jahrelangen Betrieb durch Abhängigkeit des Auftraggebers wieder bei ihm bedienen können. Ob sich ein Outsourcen wirklich „gelohnt" hat, wird nie herauskommen. Den Erfolg kann sich jede Geschäftsleitung hinrechnen. Die Wahrheit nach zwei bis drei Jahren Einschwingphase herauszubekommen, bringt deshalb keinen Vorteil. Es birgt für die Unternehmensführung nur das Risiko von unerwünschten Ergebnissen.

  Für die Mitarbeiter, der von der Auslagerung betroffenen Funktionen, schneidet eine Outsourcing-Entscheidung die Zukunftsplanung ab. Man wird noch gebraucht, aber nicht mehr geschätzt und gehört nicht mehr dazu. Für die restlichen Mitarbeiter des Unternehmens bedeutet das Auslagern einfach eine Schnittstelle mehr nach außen und mehr Arbeitsbeziehungen zu Menschen, die woanders hingehören.

- **Verlagern**
  Um aus einem bestehenden Geschäft mehr herauszuholen, wird ein Teil der Wertschöpfung oder Dienstleitungen dorthin verlagert, wo Kosten geringer sind. Wo Löhne, Steuern, Mieten, Energie weniger kosten, kommt am Ende rechnerisch mehr Profit heraus. Oder man kann ein Produkt günstiger verkaufen und damit wieder konkurrenzfähiger werden.

  Auch diese Optimierungsstrategie kann von einer Unternehmensführung für zwei bis drei Jahre sicher als Erfolg dargestellt werden. Größere Verlagerungen werden als Investitionen in die Zukunft behandelt und haben meist ein großzügiges Investitionsbudget. Von der Entscheidung bis zum runden Dauerbetrieb nach Verlagerung werden dorthin auch gerne Betriebskosten gebucht, die nicht direkt mit der Verlagerung zu tun haben. Das fördert die Profitabilität der laufenden Jahreserfolgsrechnungen. So lässt sich durch kostspielige und aufwendige Verlagerungsprojekte schnell und sicher die rechnerische Produktivität des Unternehmens erhöhen. Die aktuellen Aktionäre, Geldgeber und das Management fühlen sich gut dabei, denn die Rechnung kommt erst später.

Die aufgelaufenen Verlagerungsinvestitionskosten werden über viele Jahre abgeschrieben. Es sind einfach Kosten, die in die Zukunft verlagert wurden. Und gestiegene Komplexitätskosten tauchen in keiner Unternehmenserfolgsrechnung als eigene Posten auf. Auch der Mehraufwand der Mitarbeiter in der Zusammenarbeit mit nun entfernten und eher fremden neuen Kollegen geht unter. Die Reisekosten und Reisezeiten sorgen für eine Mehrbelastung. Irgendwann organisiert dann ein Manager die Beziehungen zum neuen Standort. Und am neuen Standort braucht es für einen guten Betrieb doch mehr Führungskräfte und lokale Verwaltung als geplant. Verlagerungen nehmen für eine lange Zeit die Aufmerksamkeit von wichtigen Personen im Unternehmen in Beschlag, die machen einfach andere sinnvolle Dinge nicht. Im Angelsächsischen spricht man dann von Missed-Opportunity Costs.

Verschlankungsprogramme – Synergien

Das Wort Verschlankung bringt automatisch die Assoziation fett mit sich. Daher wird auch oft von Dynamisierung gesprochen. Die damit verbundene Assoziation Träg- und Lahmheit ist für die Mitarbeiter auch nicht schmeichelnd. Die klassische Verschlankung schafft einen internen Wettbewerb und entsolidarisiert die Belegschaft: Jeder muss plötzlich um seine Zukunft kämpfen, weil die gesamte Organisation und alle ihre Stellen auf den Kopf gestellt werden.

Meist wird mithilfe einer einschlägig erfahrenen Unternehmensberatung für einen Teil des Unternehmens eine neue Struktur entworfen. Diese Struktur basiert auf den erkannten Synergien und der überlegenen Managementkompetenz des beauftragten Beratungsunternehmens. Es wurde erkannt, dass es weniger Chefs und eine kleinere Belegschaft braucht. Allen Mitarbeitern der bestehenden Organisation wird erklärt, dass ab Stichtag X die neue Organisationsstruktur gilt. Jeder hat damit seine alte Stelle verloren, selbst wenn er diese im Rahmen eines Jobwechsels gerade erst angetreten hat. Jeder ist nun gezwungen, sich intern bei den neu nominierten

Abb. 1.6 Die Wirkung von Verschlankungsprogrammen: Es gibt einfach zu wenig Plätze für alle. Dann kämpft jeder für sich.

Chefs um deren offene Stellen zu bewerben. Da rein rechnerisch weniger neue Stellen da sind, als es alte gab, bleiben einige Mitarbeiter ohne Stellen übrig. Wer übrig bleibt, wird nicht mehr gebraucht. Er bekommt dann noch eine Gnadenperiode auf Parkpositionen ohne feste Aufgaben und ohne Bonusziele. In der Gnadenfrist soll dann intern oder extern eine neue Stelle gesucht werden. Ist diese abgelaufen, startet der Outplacement-Prozess. Diese gesamten Übergangskosten wurden beim Start des Restrukturierungsprojekts bereits in einem großzügigen Investitionsbudget eingerechnet. Es geht ja um eine Investition in die Sicherung der guten Unternehmenszukunft. Als solche läuft die Abschreibung über viele Jahre hinweg. Die Kosten sind wieder in die Zukunft verlagert. Die Verschlankungsprogramme können manche Mitarbeiter zu Gewinnern machen. Sie können damit kurzfristig attraktivere Positionen innerhalb des Unternehmens erreichen. Diese Programme erzeugen aber immer viele Verlierer. Es braucht weniger Leute. Und niemand ist individuell verantwortlich dafür, wer herausfällt. Es gibt keine Gerechtigkeit oder Ungerechtigkeit. Es hat einfach der interne Arbeitsmarkt gesprochen und sein Urteil gefällt, wer zum Mitarbeiter-Zombie wird, sich noch im Unternehmen bewegt, Geld kostet, aber nicht mehr nützlich ist und keine Zukunft hier hat.

Mehr Belastung meistern – selbst produktiver und resilienter werden

Bei Verschlankungsprogrammen wird die Wertschöpfung einer Organisation auf weniger Mitarbeiter verteilt. Die verbleibende Belegschaft muss im Mittelwert mehr individuellen Wertbeitrag leisten. Die Mitarbeiter der neuen Organisation müssen produktiver sein als vorher. Wer neue Aufgaben sowie Rollen angenommen hat, wer mit anderen Kollegen zusammenarbeiten muss und vielleicht noch mehr Themenfelder als vorher abdecken muss, ist – individuell gesehen – sicher durch die Verschlankung nicht produktiver geworden. Es dürfte eher das Gegenteil der Fall sein. Speziell in der Startphase einer neuen Organisation kann das zur effektiven Überlastung und Überforderung führen. Das Stressniveau steigt. Bei der Denkarbeit sinkt dann die Produktivität, und die Fehlerrate erhöht sich. Wer überfordert ist, lässt seine Kollegen mehr hängen und macht diese wiederum unproduktiver. Es entsteht eine Spirale nach unten.

Da lässt sich durch professionellere Planung und Selbstmanagement effektiv gegensteuern. Das steigert bei jedem sicher und schnell die Produktivität und bringt „Peace-of-Mind", wie die Erfahrungsberichte in Kapitel 2 auch belegen. 20–40 Prozent Produktivitätszuwachs und damit Entlastung sind bei Personen unter hoher Arbeitslast üblich.

Weniger Zugehörigkeit, Sicherheit und Vertrauen

Die vorhergehend beschriebenen klassischen Managementstrategien für unter Druck stehende Unternehmensleitungen führen oft zu einer größeren Verteilung von Wertschöpfung auf mehrere Standorte. Unterschiedlichere Arbeitskulturen müssen operativ und kooperativ zusammenarbeiten. Das können Outsourcing-Partner sein, zugekaufte Firmen oder verlagerte Unternehmensteile in Low-Cost-Ländern. Gleichzeitig wird die Wertschöpfung immer feiner zergliedert. Die Arbeit ist immer stärker funktionalisiert. Der Mitarbeiter wird zum flexiblen Funktionsträger.

Der Kollegenkreis für die tägliche Arbeit bestand früher aus Menschen, die einem räumlich und damit kulturell nahe waren. Was und wen man brauchte, war nur wenige Schritte oder Stockwerke entfernt. Nun kann der Kollegenkreis virtuell und global werden. Er kann sich schnell ändern. Langfristigkeit und Beständigkeit sind nicht mehr die Regel. Ein ganz natürlicher Kollegenkreis, zu dem man selbstverständlich gehört und der auch helfen und emotional stützen kann, ist nicht mehr so üblich. Im Extremfall gehört der Mitarbeiter auch räumlich nirgends mehr hin im Unternehmen. Er ist überall zu Hause und nirgendwo. Das sind die

Arbeitsnomaden des 21. Jahrhunderts. Die eigentlich gute Option, auch einmal zu Hause im Homeoffice arbeiten zu können, nutzen viele Unternehmen für Kostenreduktion bei Büroflächen aus. Mitarbeiter haben keinen festen Arbeitsplatz mehr. Sie haben die Freiheit, überall dort zu arbeiten, wo das Unternehmen präsent ist, und können sich einen Platz frei wählen.

Abb. 1.7 Der moderne Arbeitsnomade ist mobil und braucht keinen eigenen Platz mehr.

Wenn Sie als Mitarbeiter keinen wirklichen Arbeitsplatz mehr haben, kann auch niemand mehr an Ihrem Arbeitsplatz vorbeikommen und Sie rat- oder hilfesuchend von Ihrer Arbeit abhalten. Wenn Sie keinen Arbeitsplatz mehr haben, müssen Sie ihn bei einer Kündigung auch nicht mehr räumen. Sie können einfach zu Hause bleiben. Unbesetzte Büroplätze sind normal und fallen gar nicht mehr auf. So wird der Personalabbau viel eleganter und unauffälliger möglich.

Im Zuge von Umstrukturierungen wird oft das klassische Führungsmodell, dass ein Mitarbeiter nur einen voll verantwortlichen Chef hat, durch ein Modell mit verteilter Führung in einer Matrixstruktur mit zwei bis drei Teilchefs abgelöst. Der Mitarbeiter hat dann auch keine feste Bezugsperson als Anker mehr. Jeder Teilchef kann ihm auf einem bestimmten Teilaspekt seiner Arbeit Vorgaben machen. Keiner fühlt sich mehr voll für die Entwicklung und das Wohlbefinden eines Mitarbeiters verantwortlich. Zeit und Geduld in seine Untergebenen zu investieren, lohnt sich nicht mehr. Er ist Diener mehrerer Herren. Und bei der nächsten Reorganisation kann sich sowieso wieder alles ändern. Mit zwei oder drei Teilchefs kann ein Mitarbeiter noch gut auskommen. Kommen aber noch Projektchefs oder Prozess-Owner mit Vorgaben und Anforderungen hinzu, kann der Arbeitsalltag eines Mitarbeiters schon aufgrund der Komplexität und Volatilität in der Führung auch ohne Arbeitslast mental schon sehr belastend sein.

Abb. 1.8 Co-Working
Nebeneinanderarbeit s
Zusammenarbeit.

In der neuen Arbeitswelt sollten Arbeitnehmer besser fähig sein, auch ohne festen Arbeitsplatz und ohne den sicheren Rückhalt eines Chefs und Kollegenkreises produktiv und gut drauf zu sein. Sie sollten selbst für Ihr Wohlbefinden und Wohlergehen sorgen können. Denn in der Arbeitswelt des 21. Jahrhunderts ist es eben nicht wie früher automatisch so, dass ein Arbeitsumfeld mit Menschen existiert, die sich um einen kümmern. Selbst wer nahe bei anderen sitzt, ist auf sich allein gestellt. Mit professionellem Selbstmanagement kommen Sie auch damit gut zurecht.

Homeoffice-Effekte

In der Corona-Krise wurde Homeoffice zum geflügelten Wort der Arbeitswelt und zur weitverbreiteten täglichen Praxis. Es war für alle eine fantastische Erfahrung, was mit Webmeetings via Internet alles möglich ist. Die Digitalisierung hat sich hier als absoluter Segen erwiesen. Sie hat die Wirtschaft papierlos und mit Social Distancing am Laufen gehalten. Es wird sicher noch mehr darin investiert, dass Mitarbeiter überall arbeiten können und damit auch keinen Büroplatz mehr benötigen. Ein Arbeitgeber stellt keinen Arbeitsplatz mehr zur Verfügung, sondern nur noch Arbeitsmittel und einen IT-Zugang.

Homeoffice wird normaler und noch viel häufiger werden als vorher. Als Mitarbeiter löst sich für Sie die Zugehörigkeit zu einem Kollegenkreis weiter auf. Dafür kommen Sie Ihren Nächsten noch näher. Denn Trennung von Arbeit und Privatleben wird faktisch aufgehoben: Der Arbeitgeber zieht mit zu Hause ein. Wer über kein spezielles Arbeitszimmer für sich verfügt, muss im privaten Umfeld arbeiten. Das bedeutet auch eine Hör- und Erreichbarkeit seiner Familie beziehungsweise Mitbewohner. Der Weg zur Arbeit fällt zwar dann öfters weg, was Zeit und Geld spart. Aber dafür muss jeder sich nun viel mehr selbst disziplinieren, fokussieren

Abb. 1.9 Homeoffice-Herausforderungen.

und organisieren. Es gibt zu Hause kein professionell stimulierendes Umfeld; ganz im Gegenteil: Die Versuchung und Ablenkung sind allgegenwärtig.

Mit mehr Menschen im Homeoffice werden Meetings noch herausfordernder und ineffizienter. Es ist damit zu rechnen, dass weniger Teilnehmer zu Meetings persönlich erscheinen und sich stattdessen von zu Hause zuschalten. Automatisch bestehen zwei Klassen von Teilnehmern. Die Interaktion der Anwesenden ist durch Rücksichtnahme auf die Remote-Teilnehmer eingeschränkt. Die mentale Präsenz und Aufmerksamkeit der Remote-Teilnehmer sind nicht gesichert. Geistige Abwesenheit und Desinteresse sind über die Webcam nicht mehr erkennbar. Bei Präsenzmeetings sehen Sie, was die Teilnehmer machen, über das Web können Sie nur noch hoffen, dass die Remote-Teilnehmer tatsächlich konstruktiv mitdenken und mitwirken sowie das Wesentliche des Meetings aufgenommen und verstanden haben. Mangels nonverbaler Kommunikation merken Sie erst viel später, wenn Missverständnisse und Informationslücken zutage treten oder Ihr Meeting schlechte Entscheidungen gefällt hat, weil ein Remote-Teilnehmer geistig abwesend beziehungsweise von seinem privaten Umfeld abgelenkt war.

Digitalisierung und Automatisierung – Fluch und Segen zugleich

Im digitalen 21. Jahrhundert existieren immer mehr, immer vielfältigere und leistungsstärkere Angebote, um Wertschöpfung zu standardisieren und zu automatisieren. Das macht Sinn und entlastet von Routineaufgaben. Jedoch müssen Arbeitnehmer damit rechnen, dass mit der Automation von Büroarbeit übertrieben wird. Der Druck der großen IT-Anbieter und der von ihnen finanzierten Medien und verbundenen Beratungsunternehmen auf Unternehmensführungen und Kapitalgeber ist hoch. Es ist schwer, den verlockenden Heilversprechungen zu widerstehen.

Die ERP- und CRM-Systeme werden immer mächtiger und höher integriert. Damit werden diese Systeme aber auch immer unflexibler und schlechter zu beherrschen. Der Arbeitsalltag wird von den Notwendigkeiten dieser Systeme bestimmt. Was darin an Wertschöpfungsabläufen korrekt abgebildet ist, läuft sehr effizient und sicher ab. Was nicht darin enthalten ist, funktioniert dafür umso mühsamer oder gar nicht mehr. Das IT-System bestimmt den Arbeitsalltag im positiven oder negativen Sinne.

Viele Arbeitsabläufe werden in Form digitaler Workflows abgebildet. Damit läuft kooperative, sequenzielle Wertschöpfung ortsunabhängig und sicher teilautomatisiert ab. Wenn die Implementierung aber nicht wirklich gut ist, sorgen solche Flows für häufige Staus im Arbeitsablauf. Dann können Mitarbeiter daran verzweifeln.

Die Krux mit all diesen beeindruckenden digitalen Systemen zeigt sich bei der nächsten Umstrukturierung, Verschlankung oder Reorganisation. Sie lässt sich nicht einfach an das Neue anpassen. Der Aufwand ist gewaltig und die Kompetenz dafür sehr knapp oder im eigenen Unternehmen gar nicht vorhanden. Damit ergeben sich Defizite in der Soll- und Ist-Funktion dieser Systeme. Im Ergebnis kann es gut vorkommen, dass mit viel menschlicher Nacharbeit und Flexibilität um IT-Hilfsmittel herum gearbeitet werden muss. Das ist mühsam und keine geschätzte Arbeit. Denn diese Arbeit dürfte es gar nicht geben.

Die grundlegenden Fähigkeiten heutiger IT-Systeme und IT-Services sind begeisternd. Das kann einen wesentlichen Unterschied für den Erfolg eines Unternehmens ausmachen, leider auch im negativen Sinne. Wirken professionell spezifizierte und eingeführte IT-Systeme Wunder in puncto Effizienz und Fehlerrate, so können unprofessionell spezifizierte und schlecht eingeführte IT-Systeme auch das krasse Gegenteil bewirken. Sie stellen eine teure und dauerhafte Belastung für die Mitarbeiter dar. Den Unterschied macht nicht die Qualität oder Funktion des IT-System selbst oder die Exzellenz der IT-Leute und Projektleiter aus. Der Unterschied liegt in einer unprofessionellen Planung auf Führungsebene. Es werden aus guten Absichten einfach zu viele und zu große Projekte ohne ausreichende IT-Personalressourcen gestartet. Es wird nicht mit einer Lernkurve und notwendigen Reifungs-Anpassungsphasen gerechnet. Den Nutzern wird dann beim Live-Schalten ein unausgereiftes IT-System als neues Zwangsarbeitsmittel übergeben, teilweise verbunden mit Hochdruckschulungen.

Wer als Anwender danach nicht zurechtkommt, beginnt völlig unnötig an sich selbst zu zweifeln. Und bitte hadern Sie auch nicht mit den IT-Leuten im Unternehmen, sie wollen auch nur im Rahmen ihrer Möglichkeiten einen guten Job machen wie im Grunde alle Ihre Kollegen. Es ist ratsam, eine abgeklärte professionelle Haltung gegenüber schlechten IT-Projekten zu entwickeln. Bitte ärgern Sie sich nicht und reiben Sie sich nicht auf. Machen Sie einfach professionell das Beste aus dem Vorhandenen.

Weniger Ruhe, Kontrolle und Übersicht

Veränderungen und Unklarheiten im Arbeitsumfeld und in den Arbeitsabläufen machen es erforderlich, bei der Arbeit mehr nachzudenken, weil eben weniger aus Gewohnheit oder Routine erledigt werden kann. Eigentlich bräuchten Mitarbeiter dann mehr Zeit für sich, um einen klaren Kopf zu bekommen. Jedoch wird in Organisationen, die sich stark wandeln beziehungsweise unter starkem Druck stehen, dem einzelnen Mitarbeiter viel Aufmerksamkeit, Konzentration und Zeit von anderen „geraubt". Dadurch wird er eigentlich völlig unverschuldet unproduktiver. Sein Kollegenkreis zieht ihn mit seiner eigenen Unsicherheit und Überforderung nach unten. Je enger die Mitarbeiter durch IT-Tools verkoppelt sind und je mehr Tools als Hilfe eingesetzt werden, desto stärker kann sich der negative Effekt auf die Produktivität auswirken.

E-Mail-Eingang – von anderen forciertes Denken

Jede E-Mail von Kollegen oder Geschäftspartnern kostet Aufmerksamkeit und Zeit. Um das Wichtige nicht zu verpassen, müssen Sie sich mit dem Inhalt aller Mails befassen. Damit forciert jeder, der Ihnen eine Mail schickt, Ihr Denken in eine vom Sender bestimmte Richtung. Das kann Sie mental und emotional belasten. Das belastet Sie sicher zeitlich. Sie können sich kaum dagegen wehren. Für jeden, der nicht genug Selbstdisziplin besitzt, um den E-Mail-Eingang nur zu geplanten Zeiten anzuschauen, bedeutet er eine laufende Störung der Aufmerksamkeit und Ablenkung: Hurra, jemand will etwas von mir! Ich werde gebraucht. Ich werde wahr- und wichtig genommen. Auch mir fällt es schwer, eine eingegangene Mail nicht gleich zu öffnen. Die Neugier ist zu groß. Es ist urmenschlich, sofort auf Reize zu reagieren. Es kostet mentale Kraft, es nicht zu tun.

E-Mails zu schreiben und auch an viele zu verschicken, ist für den Absender recht mühelos. Der Absender zwingt alle Empfänger dazu, sich mit seinen Gedanken auseinanderzusetzen, um die Mail einzuschätzen und weiterzuverarbeiten. Im Worst Case heißt weiterverarbeiten einfach nur in den Mülleimer damit.

Je unsicherer die Kollegen sind und je unklarer die gültigen Abläufe, Organisation und Standards, desto mehr E-Mails werden sie verschicken. Das erhöht die zeitliche und mentale Grundlast in der Belegschaft. Darunter leidet die Produktivität. Viele Unterbrechungen und viele verschiedene Themen im Kopf sorgen auch für mehr Denkfehler und führen zu mehr Vergesslichkeit beim Wesentlichen.

In der dynamischen, herausfordernden Arbeitswelt des 21. Jahrhunderts ist mit mehr Phasen von Unsicherheit und Veränderung zu rechnen, die auch größer und länger sein können als früher. Das führt zu mehr E-Mail-Last bei jedem Einzelnen, die zeitlich und mental gemeistert werden muss.

E-Mails bei der Arbeit wissenschaftlich betrachtet

Mein Buch soll persönliche Erfahrungen vermitteln. Es ist bewusst nicht wissenschaftlich, das heißt akademisch, ausgerichtet. Jeder soll es verstehen können und gerne lesen. Das trifft aber auf wissenschaftliche Publikationen kaum zu. Als persönliches Buch brauche ich nicht auf fremde Quellen zurückzugreifen, die im Text zu referenzieren sind. Das macht das Buch lesbarer. Dennoch ist es interessant und wichtig, den Stand der Wissenschaft zu kennen. Es ist beruhigend zu wissen, wenn persönliche Erfahrungen und Sichtweisen sich mit wissenschaftlichen Erkenntnissen decken. Aufgrund der Wichtigkeit des Themas habe ich eine kleine Sammlung von Schlüsselaussagen aus drei Studien gemacht, die für jedermann kostenlos und barrierefrei über Google Scholar Suchmaschine zu finden sind. Bei den Aussagen ist zu beachten, dass die Forschung zu E-Mails keine durchweg schlüssigen Ergebnisse liefert und die Datenlage für E-Mail-Nutzung bei der Arbeit recht dürftig ist, obwohl viel darüber geschrieben wird. Auch beim Thema E-Mails liefert die Wissenschaft keine ultimative Wahrheit. Aber sie bildet immer nur einen Teil der Realität ab.

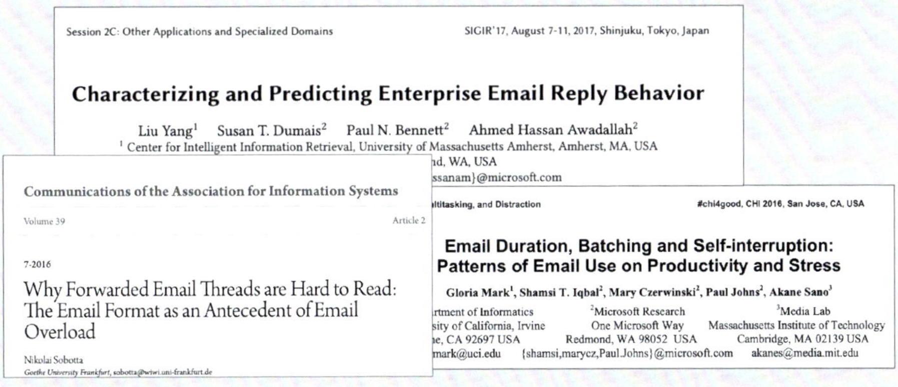
Session 2C: Other Applications and Specialized Domains — SIGIR'17, August 7-11, 2017, Shinjuku, Tokyo, Japan

Characterizing and Predicting Enterprise Email Reply Behavior

Liu Yang[1] Susan T. Dumais[2] Paul N. Bennett[2] Ahmed Hassan Awadallah[2]
[1] Center for Intelligent Information Retrieval, University of Massachusetts Amherst, Amherst, MA, USA
…nd, WA, USA
…ssanam}@microsoft.com

Communications of the Association for Information Systems
Volume 39 — Article 2
7-2016
Why Forwarded Email Threads are Hard to Read: The Email Format as an Antecedent of Email Overload
Nikolai Sobotta
Goethe University Frankfurt, sobotta@wiwi.uni-frankfurt.de

…ltitasking, and Distraction — #chi4good, CHI 2016, San Jose, CA, USA
Email Duration, Batching and Self-interruption: Patterns of Email Use on Productivity and Stress
Gloria Mark[1], Shamsi T. Iqbal[2], Mary Czerwinski[2], Paul Johns[2], Akane Sano[3]
…rtment of Informatics, …sity of California, Irvine, …e, CA 92697 USA, …mark@uci.edu
[2]Microsoft Research, One Microsoft Way, Redmond, WA 98052 USA, {shamsi,marycz,Paul.Johns}@microsoft.com
[3]Media Lab, Massachusetts Institute of Technology, Cambridge, MA 02139 USA, akanes@media.mit.edu

Abb. 1.10 Sammlung wissenschaftlicher Arbeiten zum Thema E-Mail.

Zusammenfassung der wissenschaftlichen Betrachtung von E-Mail-Überlastung

- Es gibt Studien, die zeigen, dass Nutzer den E-Mail-Eingang ungefähr 11 Mal in der Stunde überprüfen und 70 % der E-Mails innerhalb von 6 Sekunden nach dem Eingang geöffnet werden.
- „Wir fanden heraus, je mehr Zeit mit E-Mails verbracht wird, desto niedriger war die empfundene Produktivität und desto höher das gemessene Stresslevel ..."
- „Es ist durch viele Studien eindeutig nachgewiesen, dass Menschen sich durch E-Mails kognitiv überlastet fühlen. Das wird auch in der allgemeinen Presse ausgiebig thematisiert. Eine Google-Abfrage ergab 166.000 Artikel alleine für das Thema E-Mail-Überlastung am Arbeitsplatz."
- Bei einer Testgruppe von 40 Büroarbeitern lag die mittlere Zeit für E-Mail-Bearbeitung pro Tag bei einer Stunde und 23 Minuten. Der E-Mail-Eingang wurde im Mittel 77 Mal pro Tag abgefragt.
- „Eine neue Studie zeigt, dass Angestellte für das Lesen und Beantworten von E-Mails zirka 28 % der Arbeitszeit aufbringen. [...] Für die Erledigung der eigentlichen stellenspezifischen Arbeit wird 39 % der Zeit aufgewendet"
- "[...] Die mittlere Antwortzeit für E-Mails während der Arbeitszeit liegt unter einer Stunde."
- „Wir fanden auch heraus [...], dass die Antwortzeit kürzer ist, je länger der Text in der Betreffzeile ist".
- „Bisherige Studien zur E-Mail-Überlastung haben gezeigt, dass die E-Mail-Überlastung trotz der großen Forschungsanstrengungen nicht signifikant zurückging. [...] Diese Ergebnisse legen den Schluss nahe, dass technische Maßnahmen [...] zur Reduzierung der Anzahl der E-Mails im Posteingang nicht entlastend sind."

Link zu einer Studie zu diesem Thema: https://dl.acm.org/doipdf/10.1145/2858036.2858262
Download 14.10.2020

Meetinghochbetrieb

Abb. 1.11 Im Meeting findet jeder Gehör.

Die Zahl der E-Mails nimmt bei Unsicherheiten und Veränderungen im Arbeitsumfeld genauso zu wie die Meetings. Wenn Umstrukturierungen weniger Vertrautheit mit gewohnten Abläufen und Kollegen erzeugen, bedarf es mehr persönlicher Abstimmung. Bei Unsicherheit ist es wichtig und richtig, den Halt einer Gruppe zu haben. Damit werden automatisch auch für das operative Tagesgeschäft mehr Meetings zur Abstimmung, Motivation, Überprüfung, Lösungsfindung oder Deeskalation nötig sein.

Abb. 1.12 Ohne Augenkontakt fühlt sich jeder etwas weniger angesprochen.

Mit der Einsicht in die Kalender der Kollegen und dem direkten Eintragen der Meetingevents in deren Kalender ist es sehr einfach geworden, Meetings zu organisieren. Im Endresultat entstehen eine hohe zeitliche Fremdbestimmung und eine höchst unproduktive zeitliche Zerstückelung der Arbeitstage und Arbeitswoche.

Es gibt viel weniger ruhige Zeiten, um konzentriert anspruchsvolle geistige Arbeit zu leisten. Stattdessen sitzt man öfter und längere Zeit unproduktiv in Meetings, die mental belasten und einen unzufrieden mit dem Tag beziehungsweise mit der Woche machen.

Der Umstieg von Anwesenheits- auf Webmeetings im Rahmen des Corona-Lockdowns hat gezeigt, dass speziell lange Meetings mit vielen Teilnehmern anstrengender und weniger angenehm sind. Eine Entlastung vom Meetinghochbetrieb stellt es wohl nicht dar. Es könnte ganz im Gegenteil noch zu mehr Meetings führen. Die Hürde, ein Meeting zu veranstalten, ist viel geringer geworden. Es braucht keinen knappen Raum mehr, und die Teilnehmer müssen nirgends hingehen. Der einzige Engpass ist noch die Verfügbarkeit der Teilnehmer gemäß Outlook-Kalender.

Projektflut

Alles, was im operativen Tagesgeschäft nicht ordentlich erledigt wird, staut sich auf und muss dann später in Form eines Projekts bewältigt werden. Größere Veränderungen in Organisation, Abläufen und Standards, die viele Personen in einem Unternehmen betreffen, werden in Form von Projekten bewerkstelligt. Damit führen alle großen strategischen Umbauten und Optimierungsprogramme zu einer Vielzahl von Projekten – zusätzlich zu den bereits existierenden Projekten für reguläre Service- oder Produktinnovationen.

Jedes Projekt involviert mehrere Personen, die sich treffen und miteinander per E-Mail kommunizieren müssen. Das wiederum belastet die operative Tagesarbeit. Je mehr Projekte ein Mitarbeiter gleichzeitig verfolgen muss, desto ineffizienter und ineffektiver wird er, nicht nur wegen der drückenderen Kommunikationslast, sondern auch wegen der unproduktiven Zeit zum jeweiligen Ein- und Umdenken. Unser Kopf ist einfach langsam und vergesslich. Er ist nicht für parallele Bearbeitung gemacht.

Digitale Verwirrung und Verirrung

Für die operative Wertschöpfung eines Unternehmens im 21. Jahrhundert ist es absolut erstrebenswert, Papier als Medium des Informationstransports und der Nachweisführung komplett zu ersetzen. Das macht in vielerlei Hinsicht absolut Sinn, denn IT als Hilfsmittel der operativen Zusammenarbeit zwischen Menschen ist super. Das Verschicken von Ausgedrucktem per Hauspost passt sicher nicht mehr ins 21. Jahrhundert.

Leider kommt es im Zuge einer falsch verstandenen Digitalisierung von Unternehmen häufig zur abstrusen Idee eines komplett papierlosen Büros. Papier wird als veraltet gebrandmarkt und der Papiereimer aus dem Arbeitsumfeld verbannt. Die Menschen werden dazu verleitet, nur noch über digitale Geräte und Apps zu arbeiten.

Abb. 1.13 Meetings bei voll digitaler Unternehmenskultur. Alle sind da. Aber wer ist wirklich dabei?

Das passt leider nicht zu dem Wesen des Menschen, der Funktion seines Denkens und den Formen seines Bewusstseins. Das Schreiben und Skizzieren mit dem Stift ist etwas, was jeder Mensch von Kindesbeinen auf lernt und ohne jede Mühe blitzschnell ohne Ablenkung einer Geräte-/App-Bedienung beherrscht. Üblicherweise werden Vokabelhefte genauso mit der Hand geschrieben wie Spickzettel. Wichtige Informationen kommen und bleiben uns per Hand wohl besser im Kopf. Papier erlaubt es, Gedanken einen festen Ort zu geben. Papier erlaubt Übersicht und Schnelligkeit – ohne jede Schulung und Updates. Stift und Papier fördern Kreativität. Sie fördern Konzentration und lenken nie ab.

Versuchen Menschen, ihr Arbeitsleben komplett ohne Papier zu organisieren, ist das gut vergleichbar mit dem Verzicht auf Fahrräder und Fußmarsch nach Erfindung des Automobils. Natürlich geht es mit Auto weiter und schneller. Aber darauf kommt es manchmal nicht an. Wer Papier und Stift nicht mehr nutzt, ist weniger produktiv und weniger kreativ. Er wird zum professionellen App-Bediener. Er ist stolz darauf, alle Informationen nur einmal eingeben zu müssen und überall abrufbar zu haben. Dabei wird er viele dieser Informationen einfach vergessen. Welch eine Vergeudung. Denn Informationen sind Input und Output für die Arbeit im 21. Jahrhundert.

Aufschreiben per Hand und verkürzt formulieren verankert Informationen im Bewusstsein. Und es ist das Bewusstsein, was das Tun eines Menschen bestimmt, und nicht abgespeicherte Informationen im GByte-Speicher. Mangelnde Übersicht und Vergesslichkeit sind typisch für die digitale Verwirrung der Papierlosen. Mit eingeengtem Screen-Blickfeld und ständiger Anregung ihrer Apps ist es normal, auch einmal das Wesentliche aus den Augen zu verlieren. Dann werden als Abhilfe noch bessere Apps installiert.

Die Arbeitswelt 4.0 – einfach Gehirn ausschalten

Die digitale Welt schafft in der Kombination von Start-up-Förderung und viel Venture-Capital sowie mit der Unterstützung von Heerscharen von Programmierern aus günstigen fernen Ländern ein Lösungs- und Toolüberangebot. Es werden digitale Lösungen für jeden und alles angeboten; selbst für Probleme, die noch gar nicht bestehen. Oder für Probleme, die damit zu tun haben, dass Menschen irrational handeln, sich gegenseitig misstrauen, dass sie eitel und egozentrisch sind, keinen klaren Kopf haben sowie ziel- und planlos durch den Tag gehen.

Abb. 1.14 Digitalisierung der Arbeitswelt: Immer mehr Tools und bessere Tools erleichtern die Arbeit.

Es wäre so schön, wenn man diese alten Probleme digital lösen könnte. Also wird es auf jeden Fall versucht. Die IT-Leute werden zu den Medizinern des 21. Jahrhunderts. Wann immer ein Problem auftritt, wird es erst einmal digital behandelt. Es könnte doch klappen. Und lieber digital probieren als nichts dagegen tun. Die Hoffnung auf digitale Abhilfe gibt sofort ein gutes Gefühl. Der Kauf einer App oder von Gadgets fühlt sich an wie der erste große Schritt zur Besserung: Man war aktiv und hat etwas gemacht. Wenn es nicht wirkt, war es wohl das falsche Mittel. Dann braucht es wohl noch etwas Besseres.

Systematisches Führungsdefizit – Vorgesetzte im Blindflug

Die neue Arbeitswelt des 21. Jahrhunderts macht es Vorgesetzten viel schwerer, Mitarbeiter gut zu führen. Dabei wäre gute Mitarbeiterführung angesichts der vielen Veränderungen, Unsicherheiten und großen Herausforderungen sogar noch wichtiger als je zuvor. Mit sich allein gelassen, geht ein Mitarbeiter in der neuen Arbeitswelt leicht verloren und irrt herum. Bei den vielen Themen, Anforderungen und Informationen, die im Arbeitsalltag be- und verarbeitet werden müssen, fehlt es sehr schnell an Überblick und Fokus. Entscheidungen werden unüberlegt oder gar nicht getroffen. Wesentliches wird übersehen oder vergessen. Denkblockaden und Tunnelblick sind gerade bei großem Engagement ein großes Risiko.

Heute können Mitarbeiter ein Durcheinander im Umgang mit Informationen haben und die elementaren Werkzeuge ihrer Arbeit nicht gut beherrschen, ohne dass es dem Vorgesetzten auffällt. Er kann es nicht sehen, selbst wenn er sich anstrengt. Denn die Arbeitswelt des 21. Jahrhunderts ist geprägt von Hinter-dem-Bildschirm-Arbeit, die irgendwo erbracht werden kann. Für den Vorgesetzten stehen keine offensichtlichen Führungshilfen zur Verfügung wie früher: Da sah jeder, was sich auf dem Schreibtisch und den Handablagen eines Kollegen befand. Benutzte er seinen obligatorischen Tischrechner, war er wohl am Kalkulieren. Die Eingangs- und Ausgangskörbchen eines Mitarbeiters waren ein offener, für jeden sichtbarer Hinweis über dessen Arbeitssituation und Arbeitsbeziehungen. Faxverkehr war vom Inhalt praktisch firmenöffentlich: Jeder konnte ein Fax einsehen und lesen.

Unsere heutigen IT-Systeme in Unternehmen erfassen und speichern automatisch viel mehr und viel detaillierter, wie jemand arbeitet, an was und wann jemand wie arbeitet und mit wem jemand arbeitet. Nur für die operative Mitarbeiterführung ist es nicht nutzbar. Das wäre ein als illegitim empfundener Eingriff in die Persönlichkeitsrechte von Mitarbeitern. Damit können Mitarbeiter in der digitalen Arbeitswelt systembedingt nicht so gut und sicher geführt werden wie früher. Vorgesetzte, die gut in Menschenführung sind, verlieren so an Wirkung und Wert. Ihnen fehlt der Blick auf die konkrete Arbeit und Arbeitsweise der Mitarbeiter hinter ihren Bildschirmen. Es gibt zu wenig operative/taktische Steuerungs- und Regelmöglichkeiten. Es bleiben der gute Zuspruch, das Hinterfragen und die große, grobe Ausrichtung bei den Jahresgesprächen.

Ohne „Kontrolle" durch Chef und Kollegenumfeld einfach nach Belieben zu arbeiten, ist im Grunde etwas Positives. Aber für die meisten hat dieser technologisch und strukturell bedingte Verlust an Führung durch ein wohlgesonnenes Umfeld gravierende Nachteile. Für engagierte und verantwortungsbewusste Vorgesetzte können die natürliche Intransparenz und fehlende Nachvollziehbarkeit der neuen Arbeitswelt eine gute Führung zur Mission Impossible machen.

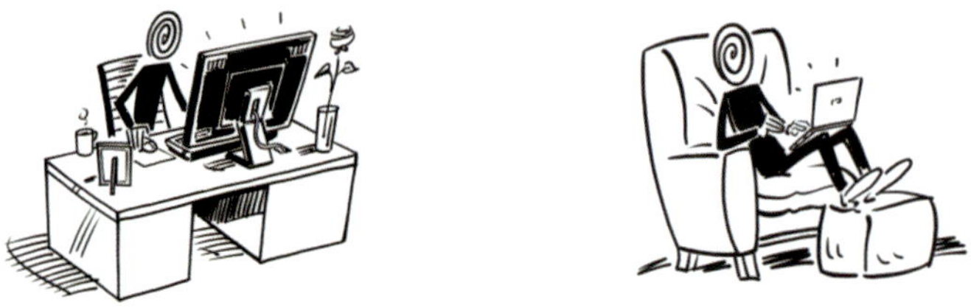

Abb. 1.15 Hinter-dem-Bildschirm-Arbeiter sind operativ kaum zu führen. Die Arbeit läuft außerhalb des Blickfelds des Vorgesetzten ab.

Die heute üblichen Führungsindikatoren bestehen aus der Einsicht in den Outlook-Kalender und eventuell noch aus groben Daten zum E-Mail-Verkehrsaufkommen eines Mitarbeiters. Damit sind Mitarbeiter daran interessiert, für einen mit Meetings dicht besetzten Kalender und viel E-Mail-Verkehr zu sorgen. So lassen sich eine volle Auslastung und ein Engagement belegen, mit denen sie sicher gut wegkommen. Wer jedoch noch viel Luft für Meetings im Kalender und wenig E-Mail-Verkehr hat, dem droht Erklärungsnotstand. Er erscheint nicht so wichtig im Unternehmen.

Es wäre erstrebenswert, Mitarbeiter nicht nach Anschein und Geschäftigkeitseindruck zu bewerten. Viel besser wäre es zu sehen, was Mitarbeiter an Arbeit planen und wie sie ihren Plan umsetzen. Dann kann ein Vorgesetzter auch konkret beraten, fördern und unterstützen. Das ist planbasierte Führung und wird in Kapitel 5 anhand eines eindrücklichen Fallbeispiels erklärt. Was es aufseiten eines Mitarbeiters dazu braucht, wird in Kapitel 4 beschrieben.

Abb. 1.16 Sie müssen sich auf andere verlassen. Sie sind abhängig.

Alles hängt immer enger zusammen – führe dich selbst und andere!

Technologischer Fortschritt, Zerlegung von Wertschöpfungsketten zur Kostensenkung und zunehmende kollektive Arbeit in Projekten schaffen für den einzelnen Mitarbeiter bei der operativen Arbeit immer mehr Abhängigkeiten von anderen.

Fehlende Beiträge, verspätete Beiträge und schlechte Qualität kann der Mitarbeiter gar nicht oder nur mit viel Mühe kompensieren. Es macht ihn unverschuldet unproduktiver.

Mit zunehmender Delokalisierung und Funktionalisierung steigen die Abhängigkeiten außerhalb des räumlichen Kollegenkreises und des Einflussbereichs des eigenen Vorgesetzten: Sie sind von mehr Menschen abhängig, die in fremden Kulturkreisen leben, in anderen Organisationen arbeiten oder von Drittfirmen angestellt sind. Wenn diese Zuarbeiter demotiviert, überlastet, inkompetent oder verunsichert sind, merkt man das erst sehr spät. Austauschen lassen sie sich nicht.

Abb. 1.17 Nicht greifbare - intangible Wertschöpfung durch kollektive, interaktive Zusammenarbeit über Abteilungs-, Unternehmens- und Ländergrenzen hinweg.

In solchen Fällen sollten Sie, um Ihre eigene Produktivität und Erfolg zu sichern, diese entfernten Personen selbst in Ihrem Sinn beeinflussen, das heißt führen, können. Die neue digitalisierte Arbeitswelt bietet viele technische Möglichkeiten für solch eine informelle Führung. Da es heute weniger starke hierarchische Führung von oben gibt als früher, lassen sich Kollegen viel leichter und effektiver informell führen. Für Menschen, die im 21. Jahrhundert zunehmend alleingelassen arbeiten und keinen engeren Kollegenkreis um sich haben, sind Aufmerksamkeit, Wohlwollen, Klarheit und Anerkennung eines beruflichen Kontakts sehr viel wert.

Abb. 1.18 Jeder ist von jedem abhängig. Es brauchen alle die ganze Zeit bis ins Ziel. Das kommt nicht von allein. Das müssen Sie sicherstellen.

Nur wer sich und seine Arbeit voll im Griff hat, besitzt genug Souveränität, andere auch ohne Weisungsbefugnis und finanzielle Lock-/Druckmittel informell zu führen. Das ist cool. Das ist möglich mit der professionellen persönlichen Arbeitsplanung in Kapitel 4. Sie werden damit geschickter darin, sich selbst in Abstimmung mit anderen durch Arbeitstage und Arbeitswoche zu navigieren. Was Top-Down-Führung nicht leisten kann, wird durch mehr kollegiale Peer-to-Peer-Führung ausgeglichen.

Systematische Planungsdefizite in Unternehmen

Es ist normal, dass Unternehmensplanungen sehr ambitioniert sind, dass Unternehmen sich mehr vornehmen, als machbar ist. Wenn das offensichtlich wird, wird der Druck von oben erhöht. Irgendwie muss das Management auf die Abweichung reagieren. Mehr Druck von oben auf den schon übervollen Arbeitstrichter führt eher zu weiteren Verstopfungen, das heißt Verzögerungen und Ineffizienzen. Es werden noch mehr Projekte und Vorhaben parallel gestartet. Es werden noch ambitioniertere Ziele gesetzt.

Dieses Phänomen ist bekannt und weitverbreitet. Das liegt daran, dass sich systematische Planungsdefizite in Unternehmen mit klassischen Managementmethoden nicht beheben lassen. Sie zielen auf eine Optimierung der Planungen auf der Ebene von Organisationseinheiten wie Abteilungen und Projektteams ab. Dafür existieren viele Tools. Es gibt dafür viel Schulung, Training und Fachliteratur. Somit kann die Lösung des Problems nicht daher kommen, auch wenn noch so viele Ressourcen dafür eingesetzt werden.

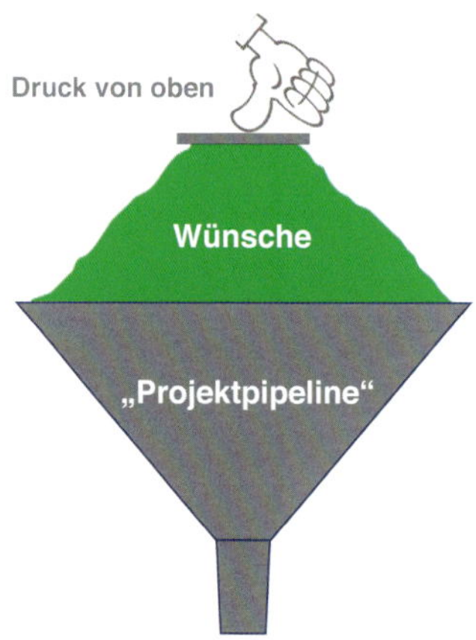

Abb. 1.19 Systematische Verstopfung der Projektpipeline.

Lückenhaft: Organisationsplanungen im Arbeitsalltag verwirklichen

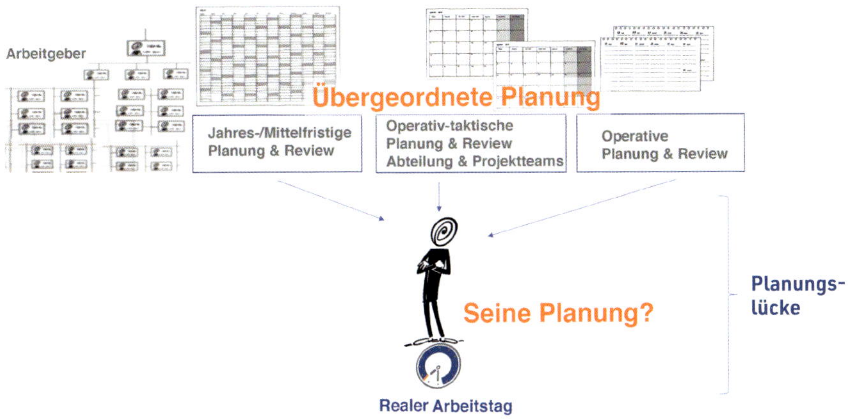

Abb. 1.20 Für operative individuelle Arbeit zur Realisierung der Unternehmensplanung fehlen Planung und Review. Persönliche Arbeitsplanung wird als Privatsache behandelt, ohne jede Qualitätssicherung. Wer keine Arbeitsplanung macht, zieht alle anderen runter, die von ihm abhängen.

Mehr als verplant von allen Seiten

Abb. 1.21 Die verschiedenen Teams, zu denen ein Mitarbeiter gehört, machen unabhängig voneinander ihre Planungen und setzen Termine. Irgendwie wird jeder Mitarbeiter die dafür notwendige Arbeit schon bewältigen.

Was machen Sie wann, wie, womit, wie lange und mit wem?

Abb. 1.22 Es kommt im Arbeitsalltag viel auf Sie zu. Mehr, als in Ihren Arbeitstag passt. Also sollten Sie besser geplant vorgehen, damit Sie das Richtige auch zur richtigen Zeit machen und nicht das Falsche zur Unzeit erledigen.

Das Defizit in der Planung in Unternehmen besteht in der effektiven Arbeitsplanung: Es werden Projekte zum Beispiel mit Zielen und Meilensteinen geplant. Aber die dafür nötige Arbeitsplanung der an der Realisierung beteiligten und benötigten Personen bleibt jedem selbst überlassen. Erst wenn diese transparent wäre, könnte das Management die Überlastung erkennen und eingreifen.

Bei der Planung in Unternehmen wird der effektiven Arbeitsplanung keine Beachtung geschenkt. Die Arbeitsplanung auf der Ebene der Mitarbeiter wird als Privatsache behandelt. Es ist jedem selbst überlassen, wie er sich und seine Arbeit managt.

Abb. 1.23 Sie navigieren nicht alleine durch Ihren Arbeitstag. Es gibt viele Kollegen, die Ihnen in die Quere kommen können.

1.3 VON DEN ANDEREN HÄNGT AB, WIE GUT ES IHNEN ERGEHT

Sie streben hohe Ziele an, einen Plan und alle nötigen Ressourcen und Kompetenzen. Die Personen, die Sie brauchen, haben Sie hinter sich. Deren Hilfe ist Ihnen sicher. Sie beherrschen das professionelle Selbstmanagement. Damit können Sie auch dynamisch auf Veränderungen reagieren und Ihr Ziel auch gegen Widrigkeiten erreichen. Die Frage ist nur: Wie viel Kraft, Zeit und Mühe kostet Sie das? Wie haben Sie sich bei Ihrer Navigation am Ziel gefühlt? Sicher, wohl und souverän oder gestresst, müde und genervt?

Das kommt im Wesentlichen auf die anderen Kollegen an, die im gleichen und für das gleiche Unternehmen arbeiten. Sie sind Teil Ihrer Arbeitswelt, in der Sie sich jeden Tag bewegen und bewähren müssen. Die Kollegen nehmen massiven Einfluss darauf, wie gut Sie vorankommen und was Sie täglich erleben. Die Kollegen sind wie die anderen Verkehrsteilnehmer, wenn Sie hinter dem Lenkrad sitzen. Wie sich die anderen verhalten, ist für Sie sehr wichtig. Je besser Sie das kennen und berücksichtigen, desto sicherer sind Sie und desto effizienter und effektiver können Sie sich ans Ziel navigieren.

Die Grundmotivation der 70er-, 80er- und 90er-Jahre

Abb. 1.24 Arbeitgeberfreundliche Motivation war bei allen ausgeprägt. Das machte Führung einfach und das Verhalten der Kollegen berechenbar.

Motivationsstrukturen in der Belegschaft des 21. Jahrhunderts

Abb. 1.25 Mehr Selbstverwirklichung, mehr Work-Life-Balance, mehr Abwechslung und Sattheit, weniger Fokus auf Geld. Heterogene Motivationsstrukturen in Teams machen Führung anspruchsvoller und das Verhalten von Kollegen weniger vorhersehbar.

Der Vergleich zwischen dem Verhalten der anderen in den goldenen 1970er-/1980er-Jahren und heute macht die Grenzen von individuellem professionellen Selbstmanagement deutlich. Es macht verständlich, was den Unterschied zwischen einem guten Arbeitgeber und einem besseren Arbeitgeber im 21. Jahrhundert ausmacht.

Unberechenbare und egoistische Kollegen

Früher war es recht einfach, das Verhalten der anderen einzuschätzen, und das Verhalten der anderen war für einen selbst eher förderlich. Denn die Belegschaft war in Alterszusammensetzung, kultureller Herkunft und den geteilten Zielen und Werten homogener. Die Belegschaften waren geprägt durch junge, hungrige Männer der geburtenstarken Nachkriegsjahrgänge, die Karriere machen wollten, um ihrer Familie mehr Konsum, Mobilität, ein eigenes Haus und Reisen zu ermöglichen. Alle waren stark an einem besseren Einkommen, das heißt an Geld, interessiert. Wachsende Unternehmen im Kontext einer wachsenden Wirtschaft boten für jeden viele Möglichkeiten für Karriere und Gehaltszuwachs. Niemand brauchte dafür dem Kollegen etwas wegzunehmen oder streitig zu machen. Hohes Pflichtbewusstsein, Zuverlässigkeit und Verbundenheit mit dem Unternehmen waren normal.

Inzwischen hat sich die Situation drastisch verändert: Die Belegschaften von Unternehmen sind viel inhomogener geworden. Das Verhalten und die Motivationsstrukturen der Menschen in ihrem Arbeitsumfeld sind vielfältiger und unberechenbarer geworden. Die Belegschaften sind heute im Schnitt viel älter. Es gibt im Schnitt viel weniger hungrige, tatkräftige Kollegen im Umfeld, dafür mehr satte, müde Kollegen in der Vorruhestandsphase des Arbeitslebens. Sind solche Menschen beruflich ausgereift, fällt sogar der Ehrgeiz als Motivationsfaktor weg. Für sie ist der Arbeitsplatz eine Möglichkeit zum unterhaltsamen Zeitvertreib und geregeltem, gut organisiertem Socialising. Entsprechend ist ihr Verhalten. Sie haben auch kein Problem, anderen, die vorwärtsmachen wollen, im Weg zu stehen und durch fruchtlose Diskussionen, prinzipielle Bedenken oder schwerwiegende „Missverständnisse“ für Verzug zu sorgen. Mehr Geld zu verdienen, wird heute auch noch angestrebt. Aber das ist eher sekundär. Selbstverwirklichung und Work-Life-Balance sind oft wichtiger. Heute ist es normal, junge Menschen in der Belegschaft zu haben, die als Teil der Erbengeneration eigentlich schon ausgesorgt haben. Sie sind nicht mit einem „Ich-habe-schon-ausgesorgt“-Sticker gekennzeichnet. Es wäre aber sicher hilfreich, die Ausgesorgten gleich zu erkennen, weil diese Kollegen etwas anders ticken. Arbeiten hat für Menschen, die ausgesorgt haben, primär soziale und emotionale Gründe: Sie stehen unter keinem relevanten wirtschaftlichen Leistungsdruck. Mehr Wechsel zu einer interessanteren, das heißt neuen Arbeitsstelle sind die Folge. Über Geld sind Menschen weniger leicht im Unternehmen zu halten.

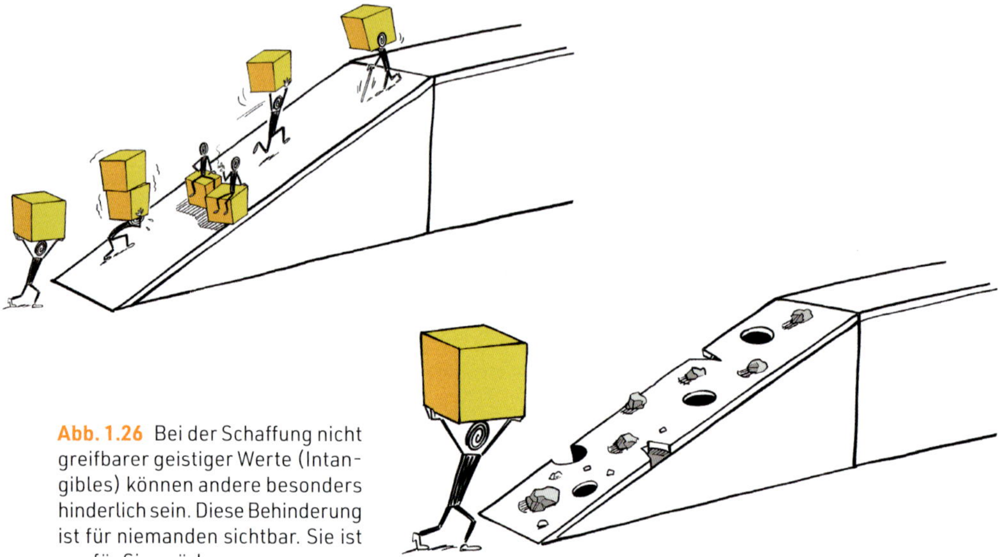

Abb. 1.26 Bei der Schaffung nicht greifbarer geistiger Werte (Intangibles) können andere besonders hinderlich sein. Diese Behinderung ist für niemanden sichtbar. Sie ist nur für Sie spürbar.

Berufswege mit vielen Wechseln sind im 21. Jahrhundert normal. Mitarbeiter verhalten sich mehr als temporärer Gast denn als langfristiger Stakeholder eines Unternehmens. Das Wohl des Unternehmens muss nicht mehr an oberster Stelle stehen.

Führungslose und ziellose Kollegen

Bei einer inhomogenen Belegschaft mit divergierenden, teilweise auch gegensätzlichen Interessen und Werten bräuchte es in der Arbeitswelt des 21. Jahrhunderts eine effektivere Führung als früher. In der Praxis ist eher das Gegenteil der Fall: Jeder muss sich immer mehr selbst seinen Weg durch den Arbeitsalltag suchen. Regeln dabei sind oft nicht klar und wenn, können Sie nicht eingefordert werden. Es gibt zu wenig Ordnungshüter beziehungsweise zu wenig Autorität oder Interesse, Regeln auch durchzusetzen. E-Mail- oder Meetingregeln sind dafür die klassischen Beispiele. Arbeitsplanung wird jedem selbst überlassen. Das wird als Privatsache behandelt.

Weniger Führungskraft pro Person

Die heute propagierten flacheren Hierarchien sorgen für größere Organisationseinheiten. Auch durch funktionale Strukturierung lassen sich immer mehr Menschen in eine Einheit zusammenfassen. Es braucht weniger Vorgesetzte. Damit haben die Vorgesetzten immer weniger Führungszeit pro Mitarbeiter übrig. Sich um sie kümmern, ist schwierig und auch nicht geplant. Der heutige Mitarbeiter sei lieber selbstständig und wolle gar nicht geführt werden, lautet der Grundtenor. Führung wird auf periodische Reviews von KPI Dashboards (Key-Performance-Indicators) und Management-by-Objectives (MBO) reduziert. Dabei können KPI Dashboards in einer Welt der kollektiven, kooperativen Wertschöpfung durch geistige Arbeit die Leistung eines Mitarbeiters gar nicht gut genug abbilden. Und das in den 1970er-/1980er-Jahren in Mode gekommene MBO passt für die Arbeitswelt des 21. Jahrhunderts nicht.

Den Unternehmen fällt es immer schwerer, sinnvolle, motivierende Ziele zu setzen. Vorgesetzte sehen und wissen immer weniger von der geleisteten Arbeit der einzelnen Mitarbeiter. Früher konnten sich Vorgesetzte auch dank der zwangsläufigen operativen Transparenz der Papierbürowelt und der integralen Wertschöpfung an einem Ort noch recht gut sinnvolle und bedeutsame Ziele setzen. Heute ist das nicht mehr Fall. Heute haben viele Mitarbeiter mehrere Chefs gleichzeitig über sich. Diese Chefs müssten sich eigentlich untereinander abstimmen. Das ist aber mühsam und kostet Zeit.

Als Ausweg werden recht pauschale Ziele gesetzt, die völlig unkonkret sind und oft genauso wenig beeinflussbar scheinen wie das Wetter. Oder die Zielsetzung wird zur alljährlichen komplexen akademischen Übung, die dazu passende Führungskräfte verlangt.

Wer schlechte Zielvorgaben erhält, wählt als klügste Strategie, sich möglichst zu schonen und auf glückliche Umstände zu hoffen. Damit wird die Arbeit der Führungskraft wirkungslos beziehungsweise bewirkt das Gegenteil. Es ist Zeit, die Führungsarbeit von Zielen auf Pläne zu verlagern. Wer als Mitarbeiter einen Plan hat und ihn verfolgt, ist sicher immer schon produktiver als Planlose. Schauen Vorgesetzte auf die Planung, erkennen sie auch die Probleme und den Unterstützungsbedarf besser. Sie sehen, was sich ihre Mitarbeiter vornehmen und wie sie ihre Planung verfolgen.

Digital verirrte und verwirrte Kollegen

Früher waren die Medien dazu da, menschliche Schwächen (zum Beispiel Vergesslichkeit), begrenzte Lebenszeit (Know-how/Wissen) oder geografische Reichweite (zum Beispiel Briefe) auszugleichen. Die Mediennutzung hat dem Menschen nur Nutzen und Vorteile gebracht. Das hat sich mit den digitalen Medien ganz langsam komplett geändert und teilweise ins Gegenteil verkehrt. Denn die digitalen Medien nutzen nun die Menschen und ihre Schwächen hemmungslos aus. Die Mediennutzung steigt, und die Nutzer werden dabei immer unzufriedener.

Abb. 1.27 Jeder Klick, jeder Tastendruck und jedes Wischen wird zur besseren Fremdsteuerung benutzt. Die Aufmerksamkeit wird gekapert und das Denkvermögen in Beschlag genommen. Für Wertschöpfung bleibt weniger übrig. Das stresst.

Digitale Medien spielen ihren Nutzern genau auf sie individuell zugeschnittene Inhalte zu, die sie unzufrieden und unsicher machen. Es soll ein Bedürfnis zum Konsum ausgelöst werden. Menschen vergleichen sich mit medial fabrizierten Persönlichkeiten, die scheinbar schöner, gesünder und erfolgreicher sind als man selbst. Rational ist jedem klar, dass die Gesichter und Körper in Medien geschönt werden, genauso wie deren Lebensgeschichten. Aber es übt dennoch eine emotionale negative Wirkung aus. Es macht chronisch schlechte Laune, sich ständig im Hintertreffen oder bedroht zu sehen. Es bringt Menschen dazu, in ihrem Leben Ziele zu verfolgen, die keinen Sinn machen und für sie schädlich sind.

Menschen beginnen dank digitaler Medien, auch ganz fest an kompletten Unsinn zu glauben und ihr Leben entsprechend zu verändern. Das bekannteste Beispiel ist die über YouTube-Algorithmen erzeugte große Community der Flat-Earther, die an eine flache Erdscheibe glauben und sich vom Rest der Welt um die Wahrheit betrogen und nicht ernst genommen fühlen. In USA bildet sich über soziale Medien schon eine starke Bewegung von Preppern (https://de.wikipedia.org/wiki/Prepper), deren Denken und Handeln völlig darauf ausgerichtet ist, sich auf den bevorstehenden Weltuntergang vorzubereiten.

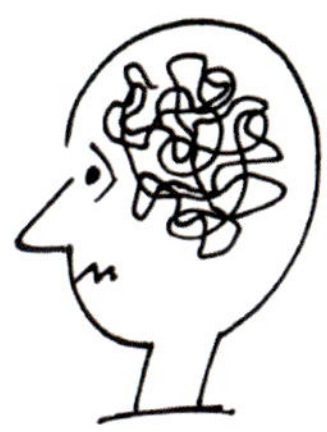

Abb. 1.28 Von digitalen, sozialen Medien konfus und irregemacht.

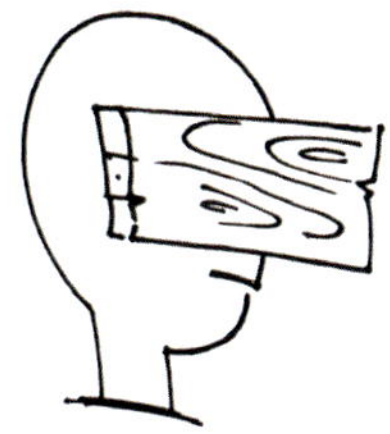

Abb. 1.29 Das Brett vor dem Kopf ist heute ein Smartphone-Bildschirm. Er verstellt den Blick auf die Realität und die Mitmenschen.

Es gab schon immer etwas schräge und spezielle Menschen im Kollegenkreis. Mit solchen Menschen musste man schon immer umgehen können. Heute gibt es dank der Manipulation durch digitale Medien immer mehr davon. Auch normale Menschen werden verrückt gemacht und verhalten sich gegenüber Kollegen sowie Arbeitgebern unerklärlich irrational. Und die schrägen Typen, die früher in einem Team eine Art Bereicherung waren, werden durch die Algorithmen noch schräger und damit zu einer Belastung ihres Arbeitsumfelds gemacht.

Worst-Case- und Best-Case-Teams

Der Großteil Ihrer operativen Wertschöpfung erfolgt kooperativ, kollaborativ und interaktiv in Teams. Da sind Sie vollkommen von den anderen abhängig. Und Sie haben sich die anderen nicht ausgesucht. Das hat Ihr Arbeitgeber für Sie erledigt. Er ist auch verantwortlich dafür, wie die Kollegen, von denen Sie abhängig sind, geführt werden und wie gut oder schlecht diese bei der Arbeit drauf sind.

Normalität in den 70er-, 80er- und 90er-Jahren

Abb. 1.30 Das macht Arbeiten leicht und effizient: wenn Arbeit innerhalb einer Abteilung stattfindet, wenn ein einzelner Chef das Sagen und die Gesamtübersicht hat.

Das gehört zur Normalität des 21. Jahrhunderts

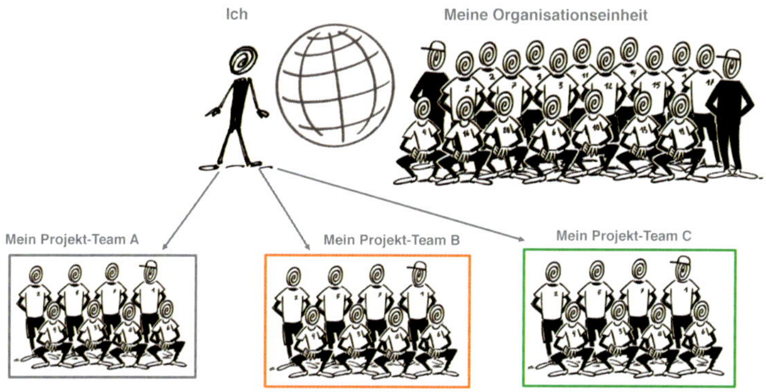

Abb. 1.31 Belastet enorm und senkt Ihre Effektivität. In viele Teams eingebunden sein. Viele Schnittstellen und viele Abhängigkeiten haben. Mangel an Verantwortlichkeit und Führung. Die anderen kaum beziehungsweise schlecht kennen.

Die Teamleistung und der Teamerfolg hängen wie beim Sport von allen ab. Einer allein kann den Teamerfolg nicht sichern. Aber einer allein kann ihn verhindern. Einer kann das gesamte Team aus der Fassung und aus dem Zeitplan bringen. Das macht niemand mit böser Absicht. Das ergibt sich einfach aus der Überforderung und der Überlastung Einzelner. Das kann auch Folge eines unheiligen Teamgeists sein, der sich durch zu viele Demotivierte, Satte, Unzufriedene, Ängstliche und Desorientierte im Team ergibt.

Mannschaftsgeister

Abb. 1.32 Worst-Case-Team: geballte Fachkompetenz und Erfahrung um Sie herum. Aber alle sind schlecht drauf.

Alle sind gut drauf und haben ein gemeinsames Ziel vor Augen

Abb. 1.33 Das Dream-Team: vielleicht nicht eine Mannschaft von Meistern, aber eine Meistermannschaft, weil alle gut drauf sind und einen klaren Kopf haben. Weil alle Übersicht haben und sich gegenseitig unterstützen können und wollen.

Erleichtert es Ihnen der Arbeitgeber, Freude und Erfolg im Job zu haben?

Projekte, die in Kosten und Zeit aus dem Ruder laufen und unkontrollierbar vor sich hin schlittern, sind heute normal. Bei größeren Projekten ist das vielerorts schon die Regel. Wenn in vielen Unternehmen die erfahrenen und robusten alten Mitarbeiter in großer Zahl in Rente gehen, wird das sicher noch üblicher. Ärgerlich ist das für die verantwortlichen Führungskräfte schon. Sie unternehmen auch viel dagegen: bessere Projektmanagement-Tools, modernere Projektmanagementmethoden, stärkere Projektleiter, mehr Ressourcen, mehr Leute im Team stellen die gängigsten „Abhilfen" dar. Sie tragen sicher zu einer Besserung bei, beseitigen aber nicht die Wurzeln des Übels, das heißt die Wurzeln des Misserfolgs von Teamarbeit. Die Menschen, die da zusammenarbeiten sollen, verbindet zu wenig. Sie haben zu wenig gemeinsam, um die wachsende Inhomogenität der Teammitglieder auszugleichen. Die Teammitglieder können völlig ungestört planlos, kopflos und lustlos arbeiten. Wie jedes Teammitglied die vielen Anforderungen an sich bewältigt, ist Privatsache. Mit dem Gehalt kauft sich der Arbeitgeber scheinbar von der Verantwortung frei, sich um all das kümmern zu müssen.

Freuen Sie sich, wenn Ihr Arbeitgeber nicht so handelt und sich darum kümmert, dass mehr Ihrer Teammitglieder mit klarem Kopf, hoher Motivation und erkennbaren verbindlichen Plänen arbeiten. Das trägt zu Ihrer Freude und Ihrem Erfolg im Job bei. Es macht Ihre eigene Planung und Selbstmanagement effektiver und effizienter, wenn sich die anderen auch professionell selbst managen und Sie sich voll auf sie verlassen können, ohne sich selbst um sie sorgen zu müssen.

Wenn in einem Unternehmen professionelle persönliche Planung und Selbstmanagement, wie in diesem Buch beschrieben, ein fester Bestandteil der Arbeitskultur werden, dann besitzen Sie etwas, was alle im Team verbindet: das tägliche Smoffen und die Art, wie sie Planung und Reviews machen.

1.4 BEGEISTERNDE NEUE MÖGLICHKEITEN DES 21. JAHRHUNDERTS NUTZEN

Abb. 1.34 Die Arbeitswelt des 21. Jahrhunderts ist fantastisch, wenn Sie sich selbst navigieren können und sich nicht treiben lassen.

In der alten Arbeitswelt des 20. Jahrhunderts war vieles mehr geordnet und automatisch vorhanden. Es war üblich, einen überschaubaren und festen Kollegenkreis zu haben, der sich bei Bedarf um einen kümmerte und einem wohlgesinnt war. Es gab ganz natürlich in seinem Arbeitsumfeld Menschen, deren Fähigkeiten, Wissen und Hilfe bei Bedarf zur Verfügung standen. Die alte Arbeitswelt war bequem und sicher. Sie hatte aber gleichzeitig enorme Begrenzungen. Waren Wissen, Fähigkeiten oder Beziehungen im Unternehmen nicht vorhanden, waren sie praktisch unerreichbar. Zusätzliches Wissen und Fähigkeiten wurden über Bildungsabschlüsse erworben und entsprechend honoriert. Bildung war knapp und teuer. Zugang zur Bildung gab es nur vor Ort in Bildungseinrichtungen. Alle diese Begrenzungen hat die Digitalisierung aufgehoben.

Es ist nun möglich, ohne jeden Unternehmenskontext Vertrauens- und Arbeitsbeziehungen zu einer großen Zahl fremder Menschen neu aufzubauen und zu unterhalten. Es ist möglich, Erfahrungen, Wissen und Einfluss von Menschen zu nutzen, ohne deren Kollege oder zahlender Kunde zu sein. Mit Fremden lässt sich über große Distanzen sogar etwas sehr Anspruchsvolles und Ungewöhnliches zu erreichen. Als Musterbeispiel dafür dient meine Sabbatical-Auszeit 2014/2015. Durch professionelles Selbstmanagement und mithilfe der neuen digitalen Möglichkeiten konnte ich als in der Schweiz wohnender Elektro-Ingenieur zu Deutschlands bekanntestem Bauexperten werden (www.bauwesen.co). Mit den Mitteln und Medien des 20. Jahrhunderts wäre das nicht möglich gewesen.

Das Internet bietet heute alles, was es braucht, um sich selbstständig und kostenlos jedwede Fähigkeit anzueignen, auch solche, für die gar keine formellen Ausbildungswege vorliegen. Digitale Lernplattformen bieten webbasierte Ausbildungen sehr individualisiert für wenig Geld an. Wenn kein Zeugnis gebraucht wird, ist die Ausbildung oft sogar kostenlos (zum Beispiel Coursera). Auf YouTube und in Foren bekommen Sie neben unterhaltsam aufbereiteten Lerninhalten zu Problemstellungen jeder Art sogar individuelle Hilfe in einem unglaublichen Umfang. Wer als YouTuber einem Follower ohne Bezahlung weiterhilft, zeigt neben seiner Fachkompetenz auch sein hochsoziales Verhalten. Das bringt ihm die gesteigerte Wertschätzung von jedem, der diese Hilfestellung sieht. Daraus entstehen mehr Follower und, wenn diese Bedarf haben, auch ein Geschäft.

Dass dieses Sich-kostenlos-Aneignen von wertvollen, neuen Fähigkeiten via Internet funktioniert, habe ich auch an mir selbst gezeigt: Durch professionelles Selbstmanagement habe ich mich ohne formale Kurse und ohne Lehrer von einem grauhaarigen Industrie-CEO mit altersbedingten Digitalkompetenz-Defiziten zum Web-/Digitaltrainer entwickelt.

Neue Fähigkeiten entwickeln und auch anspruchsvolle Aufgaben via Webbrowser mithilfe anderer, auch Unbekannter lösen ist im 21. Jahrhundert sehr wichtig. Für diese Life-Skills existiert kein Ausbildungsprogramm und keine Schule. Wenn Sie sich dafür mich als Vorbild nehmen und das gleiche professionelle Selbstmanagement praktizieren, bildet sich dieser Life-Skill automatisch bei Ihnen aus. Die Möglichkeiten, sich beruflich und persönlich zu entfalten und zu entwickeln, sind im digitalen 21. Jahrhundert fantastisch. Aber diese Möglichkeiten besitzen Milliarden Menschen auf der Welt mit einem Internetzugang. Das schafft Konkurrenz. Wer die neuen Möglichkeiten zu nutzen versteht, hat einen Vorteil. Wer das nicht kann oder macht, fällt zurück. Arbeitnehmer haben durch fortschreitende Verbreitung von künstlicher Intelligenz und strukturellem Wandel, zum Beispiel durch Demografie, zusätzlichen Druck, sich in ihren Fähigkeiten zu wandeln und sich selbst weiterzuentwickeln.

Die Erwartung, unter der Regie des Arbeitgebers effektiv weitergebildet zu werden, ist im 21. Jahrhundert noch unrealistischer und unerfüllbarer als bisher. In der Arbeitswelt des 21. Jahrhunderts ist jeder Arbeitnehmer viel mehr auf sich allein gestellt als bisher. Es läuft viel weniger von selbst gut für ihn. Für ihn kann viel mehr völlig schieflaufen. Gleichzeitig kann er heute viel mehr erreichen und kann vieles schneller erreichen als je zuvor. Es eine wunderbare Zeit für clevere und engagierte Menschen mit dem Willen und der Fähigkeit, sich selbst durch

Arbeitsleben und Arbeitsalltag zu navigieren, statt sich treiben zu lassen. Sie werden die sich bietenden Chancen systematisch besser erkennen und mehr aus ihnen machen. Dann macht es wenig aus, wenn eine stagnierende Wirtschaft insgesamt weniger Chancen bietet. Die gleiche Logik gilt gegenüber den größeren Risiken und mehr Gefahren in der Arbeitswelt des 21. Jahrhunderts. Wer im Leben vorausschauend navigiert, wird sie früher erkennen und besser mit ihnen umgehen können.

Abb. 1.35 Ohne professionelle persönliche Planung und Selbstmanagement wird Ihnen die Arbeitswelt des 21. Jahrhunderts viel unnötige Kopfschmerzen und Mühen bereiten.

Wer sich den Veränderungen und Anforderungen des 21. Jahrhunderts nicht anpasst, wird unzufriedener, erfolgloser und/oder gestresster sein. Er wird eher vom beruflichen „Unglück" heimgesucht, das er auf sich zukommen ließ.

Er wird die Schuld bei anderen und den widrigen Umständen suchen. Dabei liegt die Lösung nur bei ihm selbst. Die Welt lässt sich nicht ändern, die Kollegen und Chefs auch nicht. Ändern lässt sich nur, was man aus sich und seinem Leben macht. Damit das Bestmögliche daraus wird, genügt es, Ihr Denkvermögen für 30 bis 60 Minuten pro Woche systematisch zielführender einzusetzen. Alles, was Sie dafür brauchen, bekommen Sie über dieses Buch. Es tut Ihnen sicher gut. Es sorgt für mehr „Peace-of-Mind at Work".

2.

DENKVERMÖGEN ZIELFÜHRENDER EINSETZEN

SMOFFEN

Abb. 2.1 Das ist Life-Changing: Wenige Minuten täglich sein Denkvermögen zielführender einsetzen.

2.
DENKVERMÖGEN ZIELFÜHRENDER EINSETZEN

SMOFFEN

Es bedarf nur relativ wenig, um sich besser fühlen und besser zu wirken. Dafür genügen wenige Minuten tägliches Smoffen. Das spart Ihnen viel Zeit und Mühe. Was Smoffen genau ist und wie eindrücklich sowie dauerhaft wohltuend es wirkt, wird mit vielen Charts und mit persönlichen Erfahrungsberichten verdeutlicht.

Inhalt

Die Arbeitswelt können Sie nicht ändern. Ihre Mitmenschen können Sie auch nicht ändern. Ihren Charakter, Ihre Erziehung und bisherigen Lebenserfahrungen können Sie auch nicht mehr verändern. Was haben Sie also noch für Möglichkeiten, um positiv zu beeinflussen, wie viel Freude und Erfolg Sie in Ihrem Arbeitsleben noch haben?

Sie können frei entscheiden, wie und wofür Sie Ihr Denkvermögen einsetzen. Wohin gehen Ihre Zeit und Aufmerksamkeit? Wenn Sie das verändern, verändert sich Ihr Leben.

Es genügt schon, nur für wenige Minuten des Tages Ihr Denkvermögen zielführender einzusetzen, um sicherzustellen, dass es Ihnen und Ihren Nächsten auch in der anspruchsvollen Arbeitswelt des 21. Jahrhunderts gut geht.

Nur wenige Minuten am Tag Ihr Denkvermögen anders, das heißt rentabler, zu nutzen, macht einen enormen Unterschied aus, wenn es darum geht, Ihr Wohlergehen allen Widrigkeiten, Herausforderungen und Risiken zum Trotz zu sichern – kurz-, mittel- und langfristig.

Was es mit diesen wenigen Minuten der Smoff-Time auf sich hat und wie Sie diese Minuten systematisch zielführender für sich nutzen sollten, lesen Sie in diesem Buch: dem Navigationshandbuch für Ihren Arbeitsalltag und Ihr Arbeitsleben im 21. Jahrhundert. Die Basis jeglicher Navigation bildet die Routenplanung. Und die Routenplanung der Arbeitswelt ist persönliche professionelle Planung. Dafür sind ein paar ruhige Minuten erforderlich, bevor es mit dem Tag oder der Woche losgeht.

2.1 LIFE-CHANGING-MINUTEN EINES TAGES: SMOFF-TIME

Wenn Sie einen Plan haben und ihn auch verfolgen, lassen Sie sich im Arbeitsalltag und Arbeitsleben weniger treiben, weniger fremdsteuern und kommen Ihrem Ziel näher. Sie sollten einen Plan haben, der berücksichtigt, was war, was sein wird und was sein soll. Ihr Plan sollte auf Ihrem aktuellen Vorankommen, Ihrer Position und Ihren Zielen basieren und er sollte die anderen in Ihrer Arbeitswelt mit berücksichtigen.

Für einen Plan bedarf es vorher einer Planung. Und Planung ist geistig anspruchsvoll. Sie benötigt die volle Konzentration und Systematik. Nur so nebenbei daran gedacht, ist für einen vernünftigen Plan zu wenig. Der Versuch, seine Planung ab und zu, nebenbei oder zwischendurch zu erstellen, führt zu keinem wirklichen Plan, sondern zum belastenden Sinnieren, Grübeln und Sich-Sorgen-Machen.

Im Auto legen Sie vernünftigerweise auch nicht erst unterwegs die Routenplanung fest, wenn Sie mitten im Verkehrsgetümmel unter Druck stehen und vielleicht schon genervt sind. Menschen, die ohne Plan und Ziel einfach drauflosfahren, irren oftmals ziellos umher und stellen für andere ein Hindernis dar. Sie können ein unberechenbares Risiko sein, das man aus dem Verkehr ziehen sollte.

Was für die Navigation im Verkehr gilt, gilt auch für die Navigation durch die Arbeitstage und die Arbeitswoche. Sie sollten nicht ohne Planung loslegen. Erstellen Sie erst einen Plan und verschaffen Sie sich Klarheit darüber, was Sie sich wie, wann mit wem und warum vornehmen. Dafür sind nur wenige Minuten erforderlich, die kostbarsten Minuten des Tages, die Ihr Leben verändern. Diese wenigen Minuten sind „Life-Changing".

Mein Ziel ist es, Sie dazu zu bringen, jeden Tag und jede Woche mit einer professionellen Planungsphase zu beginnen. Erstellen Sie vor dem Start in den Tag beziehungsweise in die Woche in Ruhe erst einen persönlichen Review und eine Neuplanung. Diese Zeitspanne von wenigen Minuten für den persönlichen Review und die Neuplanung heißt Smoff-Time. Dafür schalten Sie sich selbst für kurze

Zeit von jeglicher Kommunikation ab. Sie nehmen keine neuen Informationen auf und geben keine ab, weder verbal, visuell noch digital. Sie gehen für professionelle, persönliche Planung wenige Minuten offline von Ihrem Umfeld.

Diese grundlegende Fähigkeit für professionelles Selbstmanagement in der Arbeitswelt des 21. Jahrhunderts kann eben nicht effizient und effektiv so nebenbei funktionieren. Dafür ist das menschliche Gehirn nicht gemacht. Es macht nur eine Sache auf einmal gut, wenn es sich eingedacht hat.

Abb. 2.2 Mind-Switch, um das Gehirn für Reflexion, Bewusstseinsbildung und Planung von Arbeitstag oder Arbeitswoche freizumachen.

Unglaublich starke und unerwartet positive Wirkung

Wenn Sie einmal täglich morgens in der Frühe Ihr Denkvermögen für wenige Minuten bewusst nur zum persönlichen Review und zur Planung, das heißt für das Smoffen, einsetzen, werden Sie auch den anspruchsvollen Arbeitsalltag und das Arbeitsleben des 21. Jahrhunderts souveräner meistern. Mehr Zeit bedarf es nicht. Smoffen ist unglaublich begeisternd in der Wirkung und erscheint viel zu einfach, um wahr zu sein.

Vor einigen Jahren hätte ich mir das auch nicht vorstellen können. Ich dachte auch, es sei doch normal, im Arbeitsalltag geplant vorzugehen. Ich war gewohnt, jeden Tag und Woche mit einer Review- und Planungsphase, das heißt einer Smoff-Time, zu starten. Ganz natürlich nahm ich an, dass andere das auch machen. Darum führte ich ein merkwürdiges Verhalten von beruflichen Mitmenschen nie auf Plan- und Kopflosigkeit zurück, sondern vermutete eher einen bösen Plan, Unwillen oder ein Missverständnis als Ursache.

Dass es an Defiziten in der persönlichen Planung liegt, habe ich erst gemerkt, als ich für eine professionelle persönliche Planung in meinem Arbeitsumfeld gesorgt und es nicht mehr dem Zufall beziehungsweise jedem nach Gutdünken selbst überlassen habe. Der Unterschied war für alle Beteiligten frappierend. Wer Planlosigkeit gewohnt ist, dem fallen die negativen Folgen gar nicht mehr auf. Er kann sich kaum vorstellen, um wie viel besser es mit Planung für einen selbst und seine beruflichen Mitmenschen läuft. Weil es so verblüffend in der Wirkung ist und sich schwer vorstellen lässt, kommen in diesem Kapitel viele Menschen zu Wort, die ihre persönliche Planung gemäß den Inhalten dieses Buchs professionalisiert haben und täglich smoffen, das heißt mit sich einen Review und eine Neuplanung machen.

2.2 SMOFFEN ALS UNGEWÖHNLICHE, WOHLTUENDE PERSÖNLICHE ARBEITSKULTUR

Sinnvoll, aber nicht normal

Es ist zweifellos sinnvoll und erstrebenswert, vor dem Start in den Tag eine professionelle Routenplanung zu erstellen. Es bedarf ja nur weniger Minuten, um das gute Gefühl zu haben, den Tag geplant und mit geschärftem Bewusstsein anzugehen von dem, was war und was sein muss, sein kann, sein soll und was nicht sein darf.

Die Vernunft und die Erfahrung sprechen dafür, sich am Morgen mit wenigen ruhigen Minuten Smoffen, das heißt mit Review und Neuplanung, auf den neuen Tag vorzubereiten. Und dennoch wird es kaum gemacht. Es ist in der heutigen Arbeitswelt (noch) nicht normal, das zu tun. Darum entstehen unnötig viel Stress, Verdruss und Ineffizienz. Jeden Arbeitstag einfach dasitzend mit scheinbarer Untätigkeit zu beginnen, wirkt besonders befremdlich in einem übereifrigen Umfeld, in dem es als gutes Zeichen gilt, keine Zeit zu haben, um einige Minuten in Ruhe zu überlegen.

Abb. 2.3 Die übliche, ungute, aber normale persönliche Arbeitskultur (links). Und die ungewöhnliche, rational sinnvolle und erstrebenswerte Arbeitskultur (rechts). Wie lässt sich eine Veränderung erreichen? Wie kann man jemanden dazu bringen, sein Denkvermögen wenige Minuten täglich zielführender zu nutzen?

Die hoch Engagierten, Motivierten und Ehrgeizigen wollen morgens keine Zeit «verlieren» und lieber sofort loslegen. Sie wollen das aufholen, was sie gestern nicht geschafft haben. Ein Vorgesetzter will seinen Mitarbeitern ein Vorbild in Eifer und Engagement sein. Er will sie quasi mitreißen. Dazu passt es nicht, offline zu gehen und sich auszukoppeln.

Wer sich dennoch gegen seinen inneren Schweinehund durchsetzt und sich gegen den allgemeinen Erwartungsdruck in der Frühe erst einmal kurz eine ruhige Denkauszeit (Smoff-Time) nimmt, läuft Gefahr, schräg angeschaut zu werden. Die Menschen im Umfeld können nicht nachvollziehen, wenn jemand scheinbar teilnahmslos dasitzt und nichts tut, das heißt nicht am PC oder Telefon hantiert. Er scheint etwas Besonderes zu sein. Er hat wohl eine Schwäche, die er kompensieren muss. Er benötigt mehr Zeit zum Denken als die anderen.

Es gibt noch andere Gründe, nicht zu smoffen, als das Arbeitsumfeld, zum Beispiel die aktuelle Arbeitssituation. Für jemanden, der keine lohnenden Ziele (mehr) hat oder unterfordert beziehungsweise unterbeschäftigt ist, macht es keinen Sinn zu planen. Ungeplant geht der Tag auch gut vorbei. Er kann ja darauf zählen, dass sich seine Zeit mit unterhaltsamer Beschäftigung via PC und Smartphone sowie Meetings von ganz alleine füllt. Einen Vortagesreview zu erstellen, ist sicher frustrierend, falls das zur Erkenntnis führt, wieder keinen wertvollen Arbeitstag gehabt zu haben, wieder einmal sein Geld nicht verdient oder sich nur geärgert zu haben.

Verändern, was normal ist

Und weil so viele Gründe und Einflüsse existieren, etwas so Wünschens- und Erstrebenswertes wie eine Routenplanung vor dem Start in den Tag sein zu lassen, stellt die Routenplanung über den Tag und die Woche in der Arbeitswelt die Ausnahme statt die Regel dar. Unreflektiert und ungeplant loszulegen, ist normal. Aus diesem Umstand ergibt sich ein enormes Verbesserungspotenzial für Unternehmen, die besser werden müssen und sonst schon das Übliche versucht haben und bei denen das Übliche aber nicht gepasst oder nicht ausgereicht hat.

Und genau in dieser Situation befand sich das international tätige Schweizer Industrieunternehmen Saia-Burgess Controls AG kurz nach der Finanzkrise 2007/2008. Seit 2001 trug ich als Hauptgeschäftsführer (CEO) für das Wohl dieses Unternehmens die Verantwortung. Mit über 80 Prozent des Umsatzes in Euro fakturiert, hatte der laufende Wertzuwachs des Schweizer Franken ab 2006 zu einem chronischen, massiven Einnahmerückgang in der Heimwährung CHF geführt. Dazu kam als weitere Belastung die Finanzkrise.

Es war klar, dass wir irgendwann den Punkt erreichen, an dem wir mit Outsourcing und Verlagerung in Low-Cost-Länder die Kosten in Schweizer Franken senken müssen. Aber das hätte einen massiven Stellenabbau und den Verlust der Vorteile eines vollintegrierten mittelständisch organisierten Unternehmens bedeutet. Verteilt auf mehrere Standorte und mit hoher Abhängigkeit von Lieferanten, wären bisherige Differenzierungsfaktoren wie Zuverlässigkeit, Flexibilität und Schnelligkeit nicht mehr vorhanden gewesen. Das wollten wir, solange es geht, verhindern. Darum haben wir das strategische Ziel verfolgt, den Zeitpunkt für Verlagerungen und Outsourcing so weit wie möglich nach hinten zu verschieben. Die gesamte Belegschaft war motiviert, dafür nichts unversucht zu lassen und auch Dinge zu versuchen, die ungewöhnlich waren. So kam es, dass die frühmorgendliche Smoff-Time für persönlichen Review und Neuplanung (Smoffen) als Unternehmstandard für gute persönliche Arbeitskultur erklärt, etabliert und dauerhaft gelebt wurde.

Wir waren überzeugt, dass wir als Unternehmen umso besser werden, je mehr Mitarbeiter täglich einen persönlichen Review und eine Neuplanung erstellen, das heißt je mehr Mitarbeiter erst eine Smoff-Time machen, bevor sie vor den Bildschirmen oder in Meetings loslegen. Wir wollten erreichen, dass die hoch Engagierten, Motivierten und Ehrgeizigen jeden Tag reflektierter und geplanter angehen. Das macht sie wirksamer.

Abb. 2.4 Illustration einer Denkecke für das Smoffen in der Früh. Die Ecken wurden durch Starbucks Kaffee attraktiv gemacht. Außerhalb der Kernarbeitszeit war in den Denkecken und Denkräumen verbale Kommunikation, das heißt die Störung anderer, untersagt.

Wenn die Kollegen, von deren Zuarbeit sie abhängen, auch nicht mehr ungeplant an die Arbeit gehen, werden sowohl die Zuträger als auch die Leistungsträger des Unternehmens sicher effektiver und effizienter.

Um das zu erreichen, haben wir im Unternehmen Smoff-Räume und Smoff-Ecken eingerichtet mit Hinweisschildern und Anleitungen überall. Aufenthalts- und Pausenräume wurden bis 8.30 Uhr und nach 16.30 Uhr als Denkräume designiert, in denen Gesprächsverbot galt.

Leider konnten wir in der Art, wie wir das Smoffen als Standard im Unternehmen etabliert haben, die Gruppe der Nicht-Smoffer nicht zuverlässig ausmachen.

Das Smoffen als gelebte und geförderte Arbeitskultur wirkt sich auf die Mitarbeiter und das Unternehmen positiv aus. Es hat maßgeblich dazu beigetragen, dass zu bis zu meinem Ausscheiden 2014 kein Personal abgebaut wurde und es zu keinen Verlagerungen und zu keinem Outsourcing kam. Die Profitabilität konnte in einem guten zweistelligen Prozentbereich gehalten werden, und wir verzeichneten ein gutes Wachstum.

Dabei sind wir mit der Etablierung des Smoffens als Unternehmensstandard nicht so weit gekommen, wie wir als Führungsteam wollten. Es gab auch noch viel Verbesserungspotenzial. Die Idee, mit Smoff-Ecken und Smoff-Räumen die Mitarbeiter dazu zu bringen, einige Minuten am Tag ihr Denkvermögen für den professionellen persönlichen Review und die Planung, das heißt für das Smoffen, zu nutzen, hatte seine Grenzen und Nachteile.

Im Stammwerk in der Schweiz mit circa 250 Mitarbeitern hatten wir mit der Einführung des Smoffens ein klares Ziel vor Augen: Wir wollten den Abbau beziehungsweise die Verlagerung von Arbeitsplätzen vermeiden. Aber dieses Argument zog in den Länderniederlassungen kaum. Speziell in kleinen Organisationen weit weg, zum Beispiel Hongkong oder Shenzhen, lässt sich die persönliche Arbeitskultur kaum verändern. Wenn lokal der Umsatz stimmt, ist es schwer, aus Solidarität Veränderungen der persönlichen Arbeitskultur zu erreichen. Auch bei den Mitarbeitern mit Homeoffice, die auf sich allein gestellt sind, ist es schwierig, aus der Ferne sinnvolle Veränderungen zu bewirken. In unserem Fall waren die Mitarbeiter mit Homeoffice Vertriebs- und Supportingenieure im Außendienst; genau solche Mitarbeiter, die wertvoll und entscheidend für den Erfolg sind. Wenn sie ungeplant und ohne klaren Kopf arbeiten, führen sie zu Ineffizienz auch im Stammhaus, mit dem sie tagtäglich zusammenarbeiten müssen.

Im Stammhaus hatten wir ebenfalls noch viel Verbesserungspotenzial bei der Implementierung mit Smoff-Ecken und Smoff-Räumen. Da war zum einen die rein räumliche Begrenzung. Es gab einfach nicht genug Platz in den Smoff-Bereichen für 250 Mitarbeiter. Zum anderen war unsere Zeitabschätzung für das Smoffen viel zu hoch, wie sich herausstellte. Wir rechneten mit einer Viertelstunde täglich. Aber es braucht effektiv viel weniger. Je nach Tag und Job genügen 4–8 Minuten völlig. Für so kurze Zeit macht es wenig Sinn, eine Smoff-Ecke oder einen Smoff-Raum aufzusuchen. Die Wege sind zu weit. Es wäre unzumutbar und ineffizient, das zu verlangen.

In der Folge war der soziale Gruppendruck zum Smoffen viel geringer, und das Smoffen wurde weniger zur Gewohnheit und Ritual, weil es nicht an einen Ort gebunden war. Als Führungskräfte hatten wir auch keinen Überblick, wer nicht smofft. Das war für uns aber eine Art der minimalen Qualitätssicherung von Hinter-dem-Bildschirm-Arbeit. Wir wollten gerne erkennen, wer trotz Vorgabe ohne persönliche Arbeitstagvorbereitung, das heißt plan-, ziel, orientierungs- und oft auch kopflos, an die Arbeit ging. Wir konnten nicht erkennen, ob jemand ausnahmsweise nicht smoffte, weil es ihm schlecht ging beziehungsweise er Hilfe oder Entlastung brauchte, oder weil jemand glaubte, er brauche das nicht, weil er intuitiv alles im Griff hat.

Nach einem Sabbatical-Jahr machte ich mich 2016 daran, mithilfe von Web-IT-Technik solche Schwachstellen und Problemfelder anzugehen. Den Anstoß dazu gab mir Sven Herbert, der geschäftsführende Hauptgesellschafter einer der besten und größten Kunden von Saia-Burgess Controls AG. Nach der positiven

Selbsterfahrung in der Geschäftsleitung mit Smoffen sollte es überall in der Unternehmensgruppe Herbert als gelebte persönliche Arbeitskultur und damit als Teil der Unternehmenskultur etabliert werden. Die Mitarbeiter sollten sicher davon abgehalten werden, ohne professionelle persönliche Planung den Tag anzugehen.

In meinem gleichaltrigen Freund Daniel Rentsch fand ich den «Seniorentwickler», der mir helfen konnte, ein System aufzubauen, mit dem Smoffen in Unternehmen als Standard vollständig etabliert und qualitätsgesichert gelebt werden kann – ohne großen Aufwand. Was dazu erforderlich war, lernten wir über mehrere Jahre mit Trial and Error. Dazu gehörte auch, den anfänglichen Irrweg einer IOs App zu verlassen und stattdessen eine universelle Web-App zu entwickeln: die 2ease Smoff-Time App. Neben den Anwendern bei Firmenkunden stellten wir die Web-App kostenlos jedem Interessierten zur Verfügung, um Erfahrungen zu sammeln. Das brachte uns zusätzliche Betatester, die keinerlei Firmenbezug zum Smoffen hatten.

Smoffen-Web-App-Support für Veränderungen zum Besseren

Rituale und Orte sind ideal, um neue Gewohnheiten anzunehmen und auch in schwierigen Umständen beizubehalten. Der Besuch von Smoff-Ecken oder Smoff-Räumen mit frischem Kaffee ist kein Ritual, das sich überall und jederzeit umsetzen lässt. Die Frage war: Wie bringt man Menschen dazu, gegen ihre natürliche Neigung und erlernte Intuition sowie alten Gewohnheiten das operative Kommunizieren und Interagieren sein zu lassen und stattdessen in einen persönlichen Review- und Planungsmodus zu gehen? Und das auch in einer Umgebung voller hektischer Betriebsamkeit?

Die Lösung bestand im Smoff-Start-Button. Sie drücken ihn, um einen „Mind-Switch" in den Review- und Planungsmodus zu machen. Es hat sich gezeigt, dass ein Knopfdruck als Ritual genügt, um sich selbst auch in hektischen, lärmenden Großraumbüros in den ruhigen Smoff-Modus zu bringen. Sie schalten auf Knopfdruck die Umgebung für kurze Zeit aus – Sie gehen vom Umfeld offline. Gleichsam schalten Sie sich bewusst mit einem zweiten Knopfdruck wieder in den normalen Arbeitsmodus zurück. Das ist der Smoff-Stop-Button.

Damit das funktioniert, muss Ihnen der Knopf erst einmal vor die Augen kommen. Deshalb bekommen Sie einen Smoffen-Anstupser per E-Mail geschickt, der diesen Knopf in Ihr Blickfeld rückt: die SMups-Mail. Die Sende-Uhrzeit können Sie frei wählen.

Zusätzlich empfiehlt es sich, sich das Smoffen-Icon als Favoriten auf den Homescreen aller Ihrer digitalen Geräte zu legen. Damit werden Sie immer subtil an das erinnert, was Sie sich vorgenommen haben. Das ist besonders hilfreich, wenn während der Arbeit die Lieblings-App auf dem gleichen Screen unwiderstehlich lockt. Die hoch Selbstdisziplinierten schalten die morgendliche automatisierte Anstups-Mail ab und nutzen nur das Smoffen-Icon auf dem Homescreen als Smoffen-Start-Button.

Nachdem nun das Umschalten in den Smoffen-Modus gesichert ist, wäre noch ein Feedback nötig, wie gut Sie darin sind, den sinnvollen und erstrebenwerten Review und die Planung Ihrer Arbeitstage zu machen. Dafür gibt es die Smoffen-Wochenberichte und Smoffen-Peergroups.

Sie bekommen jeweils am Montag, am Start der neuen Woche, einen aktualisierten Bericht der vergangenen 52 Wochen geliefert mit Eckzahlen und Visualisierung Ihrer Review- und Planungszeiten. Dazu gehört auch eine Einschätzung in 5 Farbstufen, wie gut Sie es schaffen, sich grundlegend selbst zu managen. Denn smoffen können ist grundlegend für professionelles Selbstmanagement. Es zeigt, dass Sie sich im Griff haben und sich selbst steuern können. Es gilt auch als eine Voraussetzung, Mitarbeiter und Projekte zu führen.

Wenn Sie den Mind-Switch in den persönlichen Review- und Planungsmodus gemacht haben, ist es hilfreich, gleich einen gedanklichen roten Faden für die kommenden Minuten parat zu haben. Deshalb befindet sich unter dem Smoff-Button eine Folge von Reflexionsfragen, die alles in sinnvoller Reihenfolge abdecken, was in der Smoff-Time zu bedenken ist.

Erfahrungen mit dem Smoffen

Zu den positivsten Überraschungen bei der Entwicklung von Web-IT-Hilfsmitteln für das Smoffen zählten die Erfahrungen mit Menschen, die nur mit der automatisierten Hilfe der Smoffen-Mentoring-Plattform mit dem Smoffen begonnen haben und bei denen es schnell zu einer täglichen Gewohnheit wurde. Viele

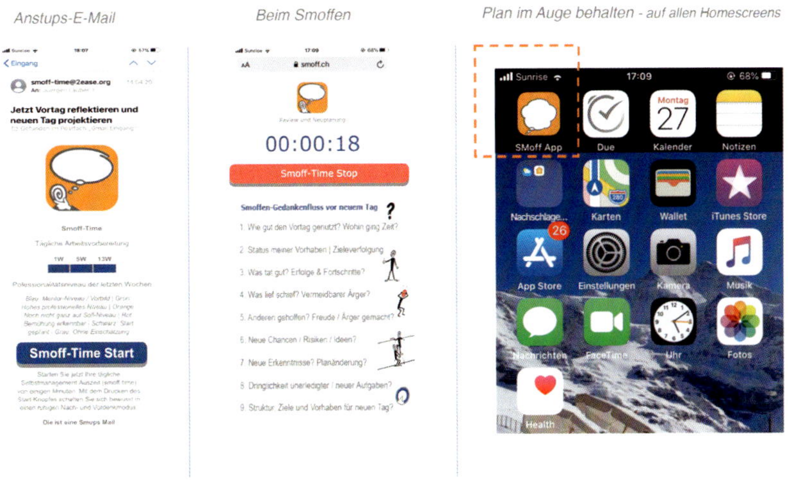

Abb. 2.5 Sorgt für bessere persönliche Navigation im Arbeitsalltag: die Smoffen-Mentoring-Web-IT-Plattform (www.smoff.ch).

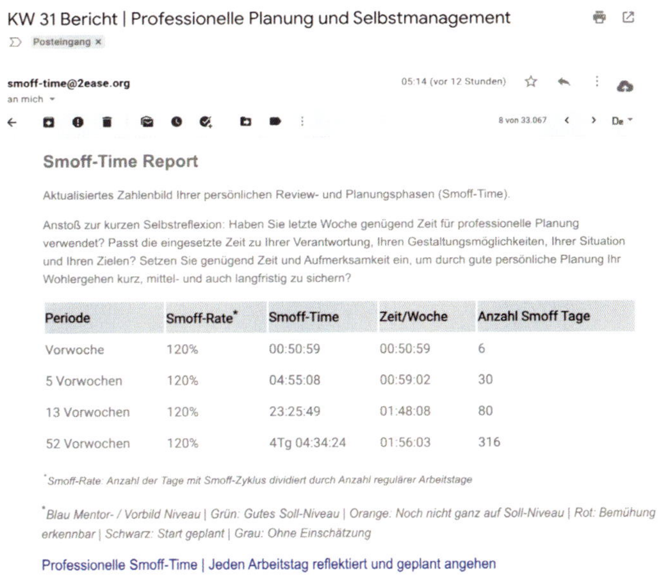

KW 31 Bericht | Professionelle Planung und Selbstmanagement

Posteingang ×

smoff-time@2ease.org

an mich

05:14 (vor 12 Stunden)

8 von 33.067

Smoff-Time Report

Aktualisiertes Zahlenbild Ihrer persönlichen Review- und Planungsphasen (Smoff-Time).

Anstoß zur kurzen Selbstreflexion: Haben Sie letzte Woche genügend Zeit für professionelle Planung verwendet? Passt die eingesetzte Zeit zu Ihrer Verantwortung, Ihren Gestaltungsmöglichkeiten, Ihrer Situation und Ihren Zielen? Setzen Sie genügend Zeit und Aufmerksamkeit ein, um durch gute persönliche Planung Ihr Wohlergehen kurz, mittel- und auch langfristig zu sichern?

Periode	Smoff-Rate*	Smoff-Time	Zeit/Woche	Anzahl Smoff Tage
Vorwoche	120%	00:50:59	00:50:59	6
5 Vorwochen	120%	04:55:08	00:59:02	30
13 Vorwochen	120%	23:25:49	01:48:08	80
52 Vorwochen	120%	4Tg 04:34:24	01:56:03	316

*Smoff-Rate: Anzahl der Tage mit Smoff-Zyklus dividiert durch Anzahl regulärer Arbeitstage

*Blau Mentor- / Vorbild Niveau | Grün: Gutes Soll-Niveau | Orange: Noch nicht ganz auf Soll-Niveau | Rot: Bemühung erkennbar | Schwarz: Start geplant | Grau: Ohne Einschätzung

Professionelle Smoff-Time | Jeden Arbeitstag reflektiert und geplant angehen

Abb. 2.6 Mein persönlicher Smoff-Time-Wochenbericht zeigt mein Niveau an und gibt die Eckzahlen zum Smoffen in den letzten 52 Wochen. Meine letzten 5 Vorwochen waren relative ruhige Juni- und Juliwochen, die primär von der Fertigstellung des vorliegenden Buchs bestimmt waren. Die hohen Smoff-Zeiten pro Woche in den 13 und 52 Vorwochen ergeben sich aus dem Sonderfall, dass ich im Smoff-Modus alle 2 Monate in mehreren Stunden Smoff-Time meine gesamte Arbeitslebensplanung komplett überarbeite.

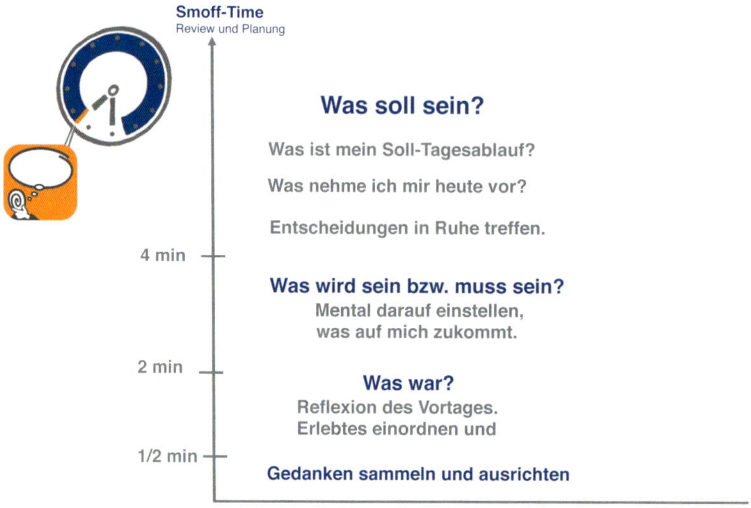

Abb. 2.7 Die typische Zeitverwendung beim Smoffen.

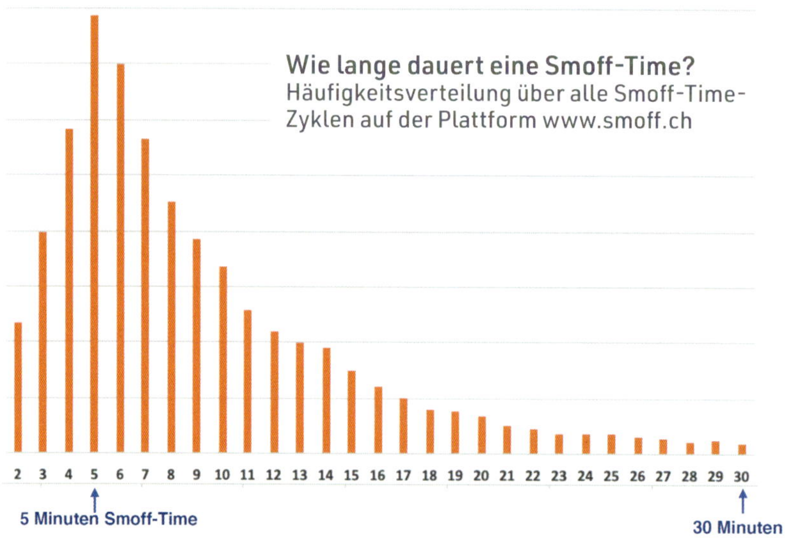

Abb. 2.8 Die häufigste Smoff-Time beträgt 5 Minuten. Die Zeiten über 10 Minuten entstehen zu über 80 Prozent für Wochenreviews und Wochenplanung.

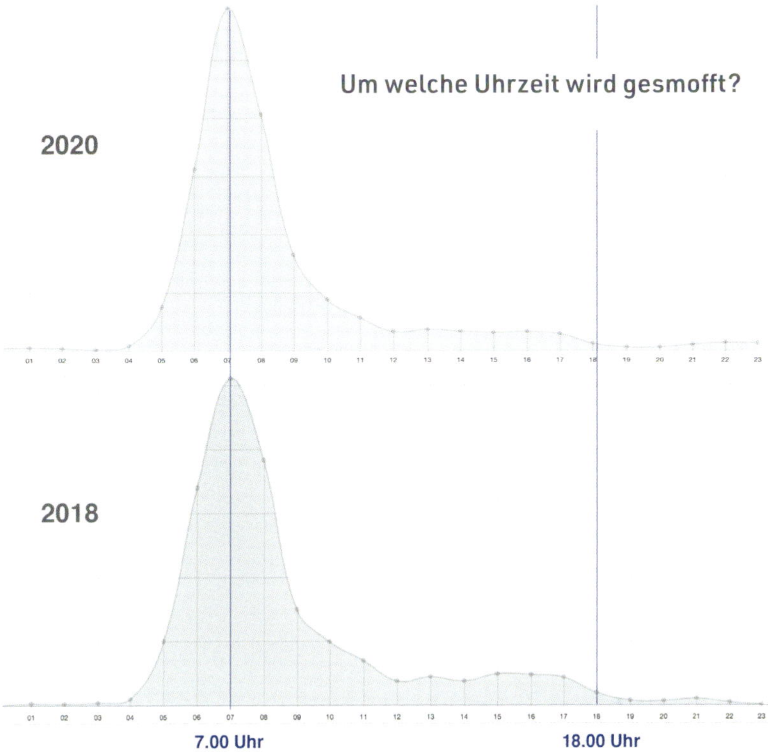

Abb. 2.9 Um 7 Uhr wird am meisten gesmofft. Früh am Morgen hat Smoffen den besten Effekt. Die Nachmittags- und Abend-Smoff-Times kommen meist von Führungskräften, die übers Wochenende ihre persönliche Wochenreview- und Wochenplanung machen. Ab und zu wird auch am Nachmittag eine zweite Smoff-Time durchgeführt.

Menschen auf der Plattform lassen sich seit Jahren nur, weil es Ihnen guttut, zum Smoffen bringen, ohne dass ein Arbeitgeber das fördert oder fordert.

Anhand der vorgestellten Smoff-Time-Profile lernen Sie interessante Beispiele kennen. Sie können den Beispielen gerne folgen. Das kostet Sie nichts, da für Privatpersonen die automatisierte Unterstützung der App gratis ist, wenn es darum geht, das morgendliche Smoffen zur neuen Gewohnheit zu machen.

2.3 SMOFF-TIME-PROFILE ALS PROFESSIONELLER PULSSCHLAG DES 21. JAHRHUNDERTS

Abb. 2.10
Smoff-Time-Profilbild-Symbol.

Die gewachsene Arbeitskultur einzelner Menschen oder gesamter Organisationen zum Besseren zu verändern, gilt als eine sehr anspruchsvolle Aufgabe und stellt kein gewöhnliches Unterfangen dar. Damit das sicher und dauerhaft klappt, gibt es die Smoff-Time Web-App. Mit diesem notwendigen Hilfsmittel entwickelt auch wirklich jeder, der möchte, ganz sicher die neue gute Gewohnheit, die zu einer wertvolleren persönlichen Arbeitskultur führt.

Die rein technische Hilfe ist allein für sich nicht immer ausreichend, weil die Menschen und deren Situationen sowie Umfelder sehr verschieden sind. Sind sie günstig, reichen automatisierte Funktionen aus. Aber um zu gewährleisten, dass Sie dauerhaft möglichst wirkungsvoll smoffen, empfiehlt es sich, einen Menschen zu haben, der sich wohlwollend darum kümmert. Es ist besonders am Anfang sehr hilfreich, einen Smoffen-Mentor hinter sich zu wissen, dem daran liegt, dass es Ihnen gut oder noch besser geht. Auch auf längere Sicht tut ein Smoffen-Mentor gut, weil es jemand merkt, falls Sie wieder in alte Gewohnheiten zurückfallen. Es wirkt wundersam motivierend und befriedigend zu wissen, dass sich jemand um einen kümmert.

Für das Mentoring muss der Mentor etwas vom Verhalten seines Mentees sehen. Eine grobe Niveaueinschätzung mit Farbstufen oder Kennzahlen der 52 Vorwochen reicht dafür nicht aus. Das ist nicht konkret genug, um Auffälligkeiten zeitnah zu erkennen, und zu pauschal, um Rat, Rückenstärkung und Unterstützung zu geben, wenn es erforderlich ist.

Für ein Smoffen-Mentoring sind die Smoff-Time-Profilbilder erforderlich. Für einen Mentor sind sie so hilfreich und aussagekräftig wie für einen Kardiologen das Elektrokardiogramm. Die Smoff-Time-Profile sind so etwas wie ein

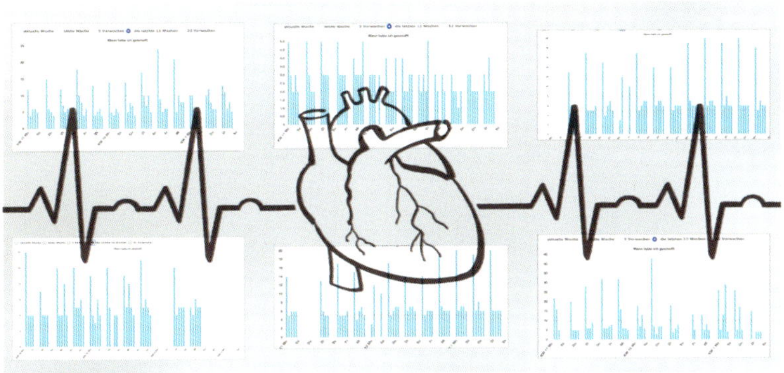

Abb. 2.11 Smoff-Time Profilbilder haben eine enorme Aussagekraft.

professioneller Herzschlag. Darin sind über längere Zeit die Häufigkeit und Intensität Ihrer persönlichen Review- und Neuplanungsphasen, das heißt der Smoff-Time, aufgezeichnet. Was das bedeutet, wird nachfolgend schematisch und an konkreten Beispielen erklärt. Damit können Sie Ihr eigenes Smoff-Time-Profil selbst einschätzen. Sie verstehen, was ein Mentor von Ihnen sehen kann, wenn Sie ihm Zugriff auf Ihr Smoff-Time Web-App-Konto gewähren. Und Sie erkennen, wie Sie als Smoff-Time-Mentor andere unterstützen und fördern können, deren berufliches Wohl Ihnen am Herzen liegt.

Smoff-Time-Profil von Selbststartern

Die Smoff-Time-Profilbilder zeigen Ihnen über einen Zeitraum von Wochen, wie viel Zeit pro Tag für persönlichen Review und Neuplanung Sie verwendet haben. Jeder Balken entspricht einem Tag. Der erste Balken rechts des Nullpunkts stellt den Vortag des Abfragezeitpunkts dar. Je weiter rechts die Balken sind, desto weiter liegen sie in der Vergangenheit. Die vertikale Achse zeigt die Smoff-Time pro Tag in Minuten an. Durch diese Achse verläuft parallel zur horizontalen Achse eine gestrichelte Linie: die Soll-Mittelwert-Linie. Deren Position errechnet sich aus der Zeit, die Sie pro Woche für Ihre persönlichen Reviews und Planungen als sinnvoll und erstrebenswert erachten. Der Wochenwert wird durch die Anzahl Ihrer Wochenarbeitstage dividiert, um auf Ihren individuellen Soll-Mittelwert an täglicher Smoff-Time zu kommen. Der Default-Mittelwert beträgt, ausgehend von 50 Minuten Planungszeit pro Woche, 10 Minuten für jeden Tag. Das ist auch für Führungskräfte eine guter Wochen-Sollwert.

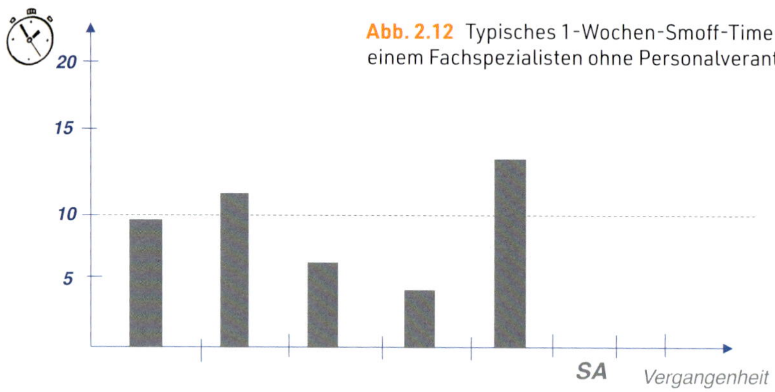

Abb. 2.12 Typisches 1-Wochen-Smoff-Time-Profil von einem Fachspezialisten ohne Personalverantwortung.

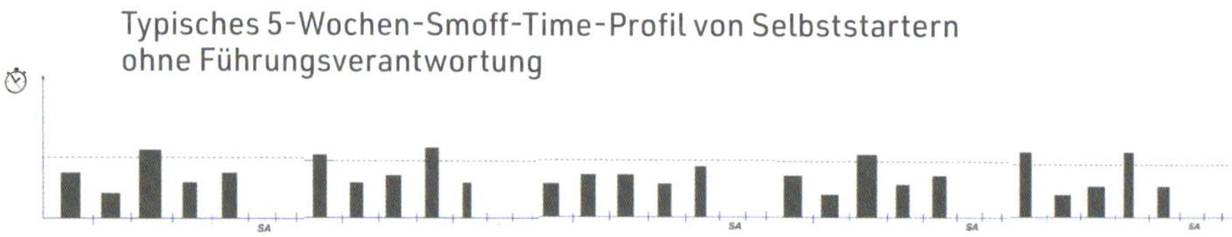

Abb. 2.13 Das ist ein gutes Bild. Kein Tag wurde ungeplant angegangen. Die minimal 4 Minuten Smoff-Time sind gerade noch ausreichend, um sich auf den neuen Tag auszurichten. Ab und zu wurde auch mit mehr als 10 Minuten etwas mehr reflektiert beziehungsweise sich etwas mehr vorgenommen.

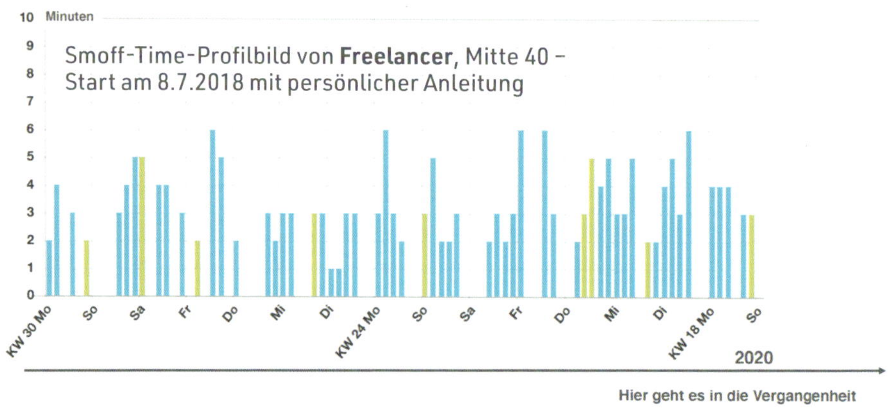

Abb. 2.14 Die Smoff-Time ist recht kurz. Die Smoff-Time-Web-App bewirkt bei diesem Nutzer wohl „nur", dass täglich eine kurze Selbstreflexion und mentale Ausrichtung auf das Kommende erfolgen. Es sichert, dass der Tag nicht überlegt angegangen wird. Für eine echte Tagesplanung bräuchte es im Durchschnitt eine 2–3 Minuten längere Smoff-Time.

Smoff-Time-Profilbild von **Senior Projektleiter**, 30 Jahre Berufserfahrung – Selbststart im Oktober 2018

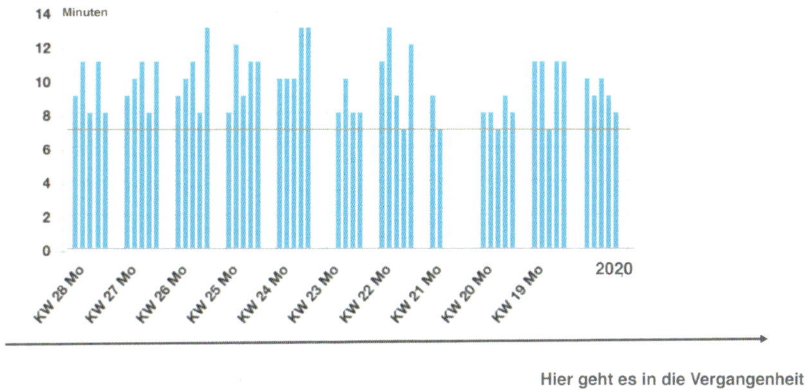

Abb. 2.15 Sehr konsistentes Smoff-Time-Profilbild eines Senior Projektleiters. Er kommt mit 50 Minuten persönlicher Rewiew- und Planungszeit pro Woche gut aus. Das Fehlen von zeitlichen Ausreißern und Lücken zeigt, dass die Person im abgebildeten Zeitraum sich selbst und ihr Projekt souverän im Griff hatte.

Smoff-Time-Profilbild von **Assistentin Geschäftsleitung**, Teilzeit – Start im September 2018

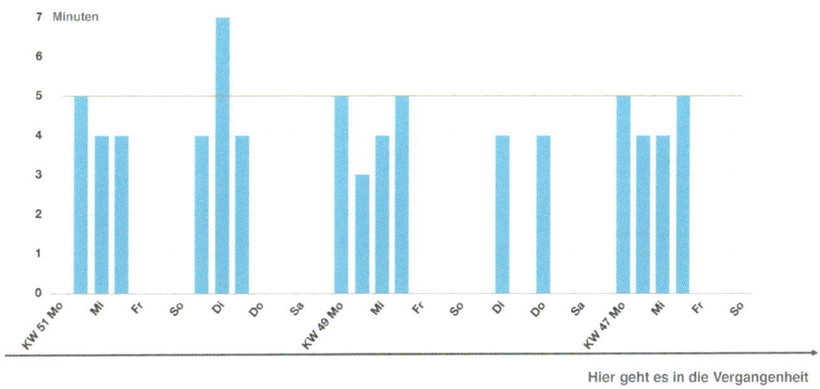

Abb. 2.16 Die junge Dame mit 60 % Teilzeit macht eher klassische Sekretariatsarbeit und weniger Projektsupport für Vorgesetzte. Deshalb kommt sie mit 4–5 Minuten Smoff-Time gut aus.

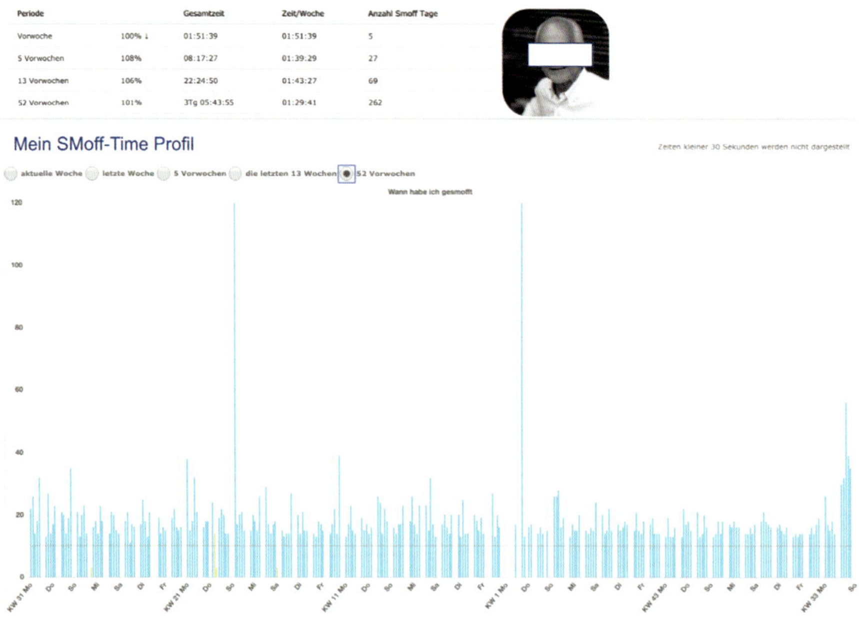

Abb. 2.17 Das 52-Wochen Smoff-Time-Profilbild eines Selbststarters um die 60 Jahre, den ich bei einem Google Event im September 2017 nur einmal getroffen und kurz gesprochen habe. Seither smofft er mit der Smoff-Time Web-App sehr intensiv jeden Tag.

Smoff-Time-Profilbild von Züricher **Senior Manager** – Selbststarter am 10.9.2017

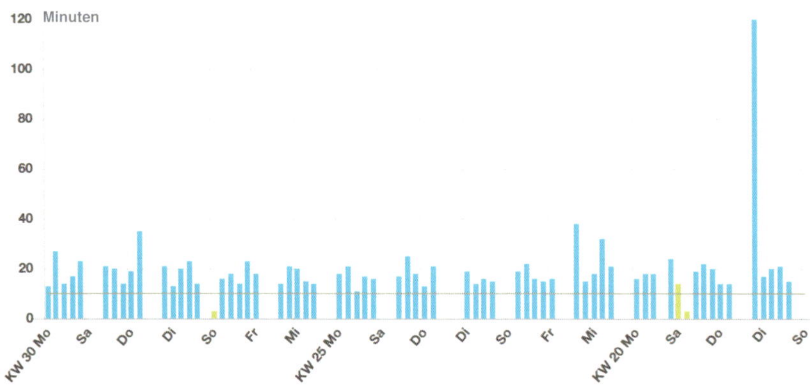

Abb. 2.18 Die Dauer der Smoff-Time bei diesem Smoffen-Selbststarter ist ungewöhnlich hoch. Entweder hat er ungewöhnlich große Verantwortung in der 1. Führungsebene eines Unternehmens in schwieriger Lage oder ein ineffizientes persönliches Planungssystem.

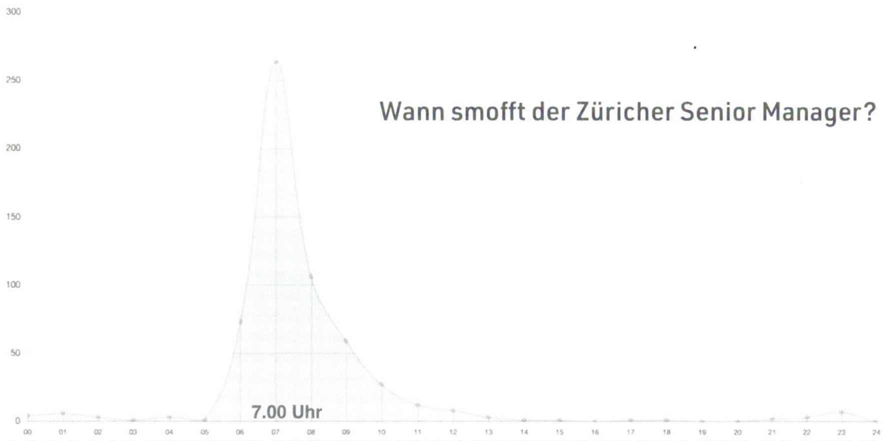

Abb. 2.19 Eine typische Kurve für erfolgreiche Führungskräfte: Der Tagesplan steht, bevor es mit dem operativen Tagesgeschäft losgeht.

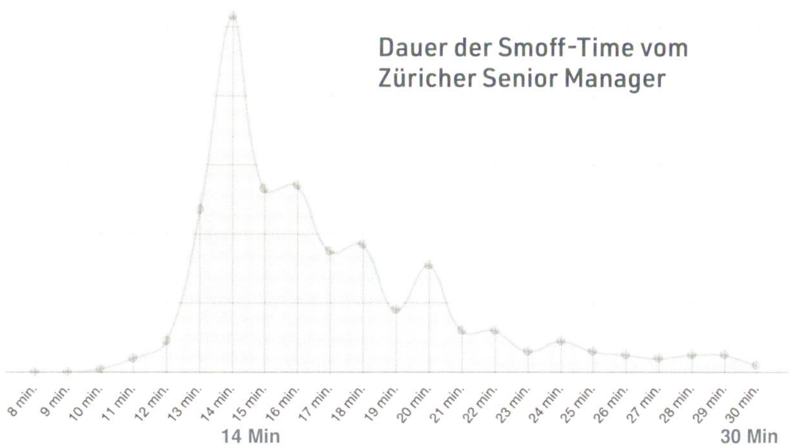

Abb. 2.20 Der Smoffen-Selbststarter nimmt sich sehr viel Zeit für seine professionelle persönliche Planung. Er benutzt seine individuelle selbst entwickelte Systematik.

Smoff-Time-Profilbild von **Unternehmer**, Ende 40 – Selbststarter auf www.smoff.ch in 2016

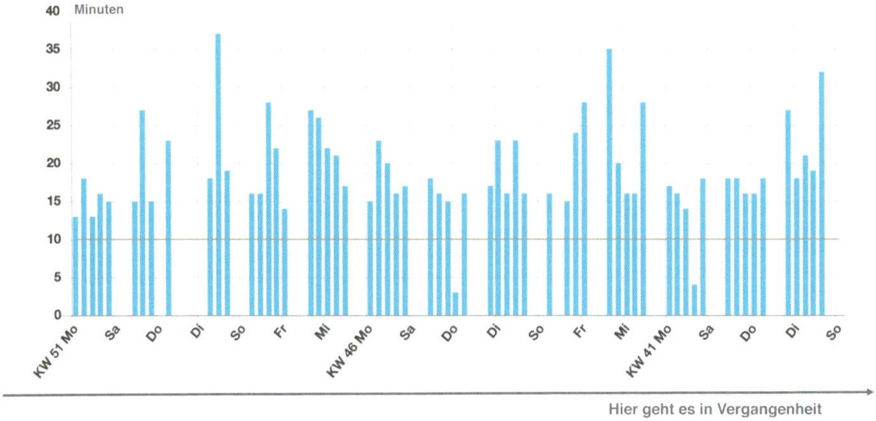

Abb. 2.21 Der Herr smofft sehr intensiv. Er trägt viel Verantwortung, hat viel Ehrgeiz und große Gestaltungsfreiheiten.

Smoff-Time-Profilbild von **Leiter Ausbildung und QM**, Ende 40 – Selbststarter am 23.10.2017

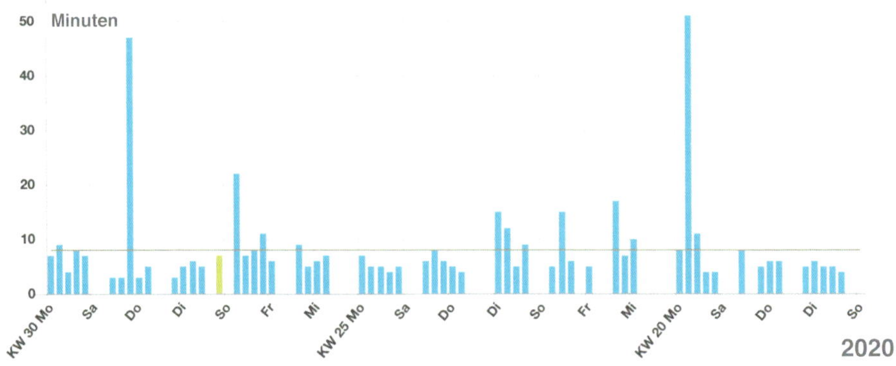

Abb. 2.22 Ein gutes Smoff-Time-Profilbild. Der Herr scheint monatlich einen größeren Review und längerfristige persönliche Planung zu erstellen. Er kommt auch sichtlich gut mit der plötzlichen Homeoffice-Situation des ersten Lockdowns in 2020 zurecht.

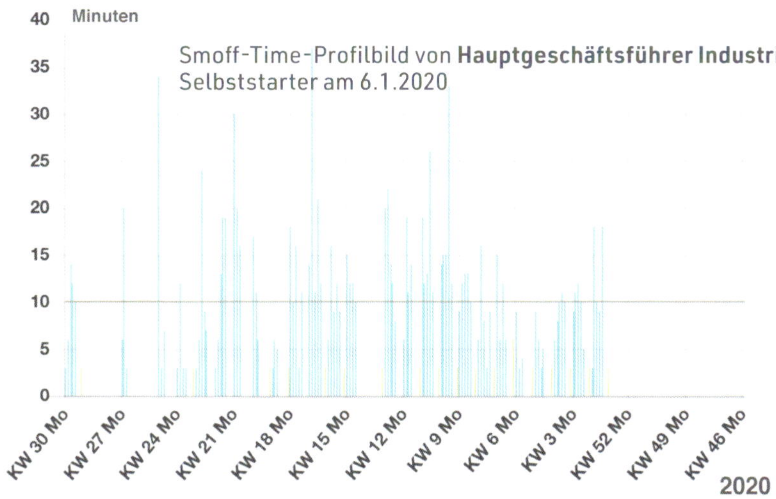

Abb. 2.23 Mit dem guten Vorsatz zu smoffen ins neue Jahr gestartet. Smoffen ist zur Gewohnheit geworden. Die mit einer neuen täglichen Routine verstärkten persönlichen Arbeitskultur hat dem Geschäftsführer eines großen Industrieunternehmens besser durch die Turbulenzen des Lockdowns geholfen.

Smoffen-eMentoring als Zeichen von Professionalität und Vernunft

Weil morgens gerade bei engagierten und ehrgeizigen Menschen der natürliche Drang so groß ist, entgegen allen rationalen Überlegungen doch ohne bewusste persönliche Review- und Planungsphase loszulegen, nutzen viele Selbststarter die Smoff-Time Web-App dauerhaft über viele Jahre als ihr eMentoringsystem. Sie lassen sich systematisch dazu bringen, das rational Sinnvolle und Erstrebenswerte auch dauerhaft zu tun. Es hilft gerade bei viel Ablenkung, bei Druck und in Phasen mit geringer Motivation, die richtige Entscheidung für einige ruhige Minuten Smoff-Time zu treffen. Dass sie sich dabei unterstützen lassen, spricht für sie selbst und ihre Professionalität. So etwas machen gewissenhafte, respektvolle Menschen, die nie kopf- und planlos wirken wollen. Und es machen Menschen, die alles ihnen Mögliche tun, um im Arbeitsleben besser und sicherer voranzukommen.

Erfahrungen mit Smoffen-Mentoring

Die gezeigten Smoff-Time-Profile stammen von der 2ease Smoffen-Mentoring-Plattform (www.smoff.ch). Sie ist aus den Smoffen-Selbsterfahrungen von Geschäftsführern heraus entstanden. Diese Führungskräfte der ersten Leitungsebene haben den

Technischer Projektleiter, Mitte 30

2018 - Smoffen vor dem persönlichen Mentoring. Smoff-Phasen verstreut über den ganzen Tag.

2019 - Smoffen nach dem persönlichen Mentoring für 3 Monate. 90 % der Smoff-Phasen zwischen 7.30 und 8.30 Uhr.

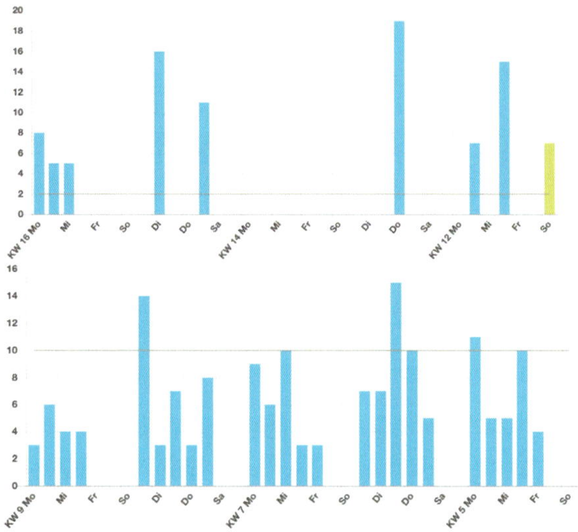

Abb. 2.24 Projektleiter Anlagenbau, der ständig am Rotieren und in Hektik war. Durch enges tagesaktuelles Smoffen-Mentoring wurde er dauerhaft zu einem überlegteren und geplanteren Vorgehen gebracht.

Nachwuchsführungskraft - Techniker Ende 20

Anfang August 2019 vor dem persönlichen Smoffen-Mentoring von Peer.

Anfang August 2020, vier Monate nach dem persönlichen Smoffen-Mentoring und nach Übernahme der Abteilungsleitung am 1.Juli 2020

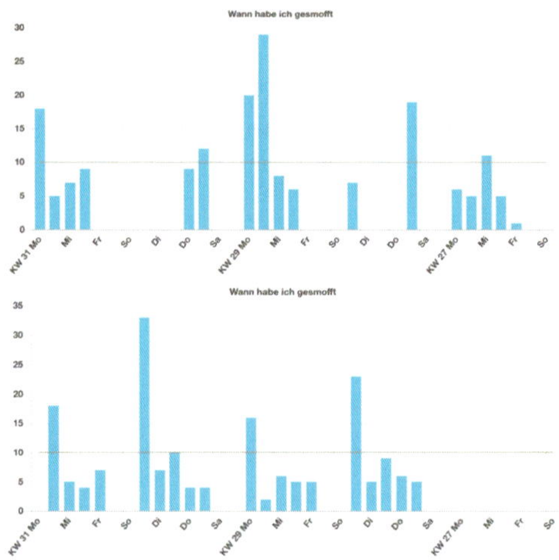

Abb. 2.25 Profil eines jungen Servicetechnikers im Außendienst, der sich innerhalb eines Jahres zum Serviceleiter entwickelt hat. Mit dem automatisierten eMentoring kam er sicher zum täglichen Smoffen. Nach einigen Monaten persönlichem Smoffen-Mentoring hat er sich ein fast ideales Smoff-Time-Verhalten angewöhnt. Er hat vier Monate nach Ende des Peer-to-Peer-Mentorings erfolgreich den Schritt zum Abteilungsleiter gemacht.

Schritt zu bewussten, ruhigen persönlichen Review- und Planungsphasen gemacht. Der Mind-Switch in den Smoffen-Modus tat ihnen gut, und dennoch fiel es auch den Chefs nicht leicht, jeden Morgen mit einer Smoff-Time zu starten. Auch sie erlagen ab und zu der Versuchung, einfach nur mit dem übervollen Terminplan als Grundlage in den Tag zu starten. Um das zu vermeiden und den Mind-Switch am Morgen eines jeden Tages zu machen, ist ein Smoffen-Mentoring hilfreich: systematisch durch die Smoff-Time Web-App automatisiert und wenn nötig auch systematisch persönlich durch einen Menschen, der die «Smoffen-Aussetzer» verfolgt. Bei Geschäftsführern habe in der Regel ich selbst die Smoffen-Mentorrolle eingenommen.

Ein menschlicher Smoffen-Mentor erleichtert Ihnen auch, die professionelle persönliche Planung zur gelebten Arbeitskultur eines Unternehmens zu erstellen. Um eine 100%-Durchdringung zu erreichen, das heißt, um sicherzustellen, dass kein Mitarbeiter mehr den Tag planlos angeht, bietet es sich an, neben dem automatisierten Mentoring der Smoff-Time Web-App den Mitarbeitern über die Smoffen-Mentoring-Plattform auch einen Mentor an die Seite zu stellen, dem sie vertrauen, den sie als wohlwollendes Vorbild sehen und der idealerweise auch deren Arbeit, Branche und Arbeitsumfeld kennt.

Aus den praktischen Erfahrungen während der Begleitung Hunderter Menschen, die Smoffen wollten und/oder sollten, hat sich gezeigt, dass sich ein kleiner Prozentsatz sehr schwer damit tut. Bei ihnen reicht die automatisierte Hilfe durch die Smoff-Time Web-App nicht aus, um sie sicher davon abzuhalten, den Tag unüberlegt und planlos anzugehen. Und da hilft auch nicht, wenn der Arbeitgeber noch schriftlich Druck macht und das tägliche Smoffen als Anforderung in die Stellenbeschreibung aufnimmt. Das steigert nur die Verzweiflung darüber, sich so wenig um Griff zu haben.

Diese Mitarbeiter wollen sich ändern, schaffen es aber nicht von allein. Es sind keine schlechten Mitarbeiter, ganz im Gegenteil, wie meine Erfahrung zeigt. Ich habe viele als fachlich hoch kompetent erlebt, die jedoch zu wenig anerkannt und in ihrer Rolle unsicher sind. Das drückt sich durch Hyperaktivität und Hektik aus. Eine typische Begleiterscheinung ist sehr hoher E-Mail-Verkehr speziell auf der Eingangsseite. Kopf- und planloses Vorgehen bringt die Arbeitsumgebung in einen Zustand der Verunsicherung. Die Kontaktpersonen verstehen nicht, wo der andere hinwill, und trauen ihm nicht. Als Folge ist ein hoher Kommunikationsbedarf für Rückfragen, zu Abstimmungen und zur Klärung von Missverständnissen notwendig.

Aus dem angewöhnten Overdrive-Arbeitsmodus von allein herauszufinden, ist kaum möglich. Der übliche Ausweg ist ein Arbeitsplatzwechsel und Neustart. Eine Alternative dazu stellt das Smoffen-Mentoring dar.

Smoffen verbindet

In der Praxis hat sich die positive Wirkung einer Smoffen-Community gezeigt, die aus einer Peergroup oder einem gleichgesinnten Kollegenkreis besteht. Smoffen verbindet über alle Firmen- und Abteilungsgrenzen hinweg. Eine gute Smoffen-Community ersetzt den individuellen Smoffen-Mentor.

Problemfrüherkennung

Eine der interessanten Nutzungen der Smoff-Time-Profilbilder ergibt sich aus ihrer Bedeutung als „Elektrokardiogramm (EKG) des Berufslebens“. Wenn Mitarbeiter, die in der Regel jeden Arbeitstag smoffen, plötzlich aus dem Takt kommen und viel länger beziehungsweise kürzer als für sie normal smoffen, liegt meist ein schwerwiegendes Problem vor.

Interessanterweise zeigt die Veränderung der Smoff-Time-Profilbilder sogar Probleme an, wenn die Person selbst diese noch nicht wahrnimmt oder es sich nicht eingestehen will. Wenn gute, bewährte Mitarbeiter durch berufliche oder private Umstände überfordert und überlastet sind, zeigt sich das unweigerlich an ihrem persönlichen Review- und Planungsverhalten. Wenn ein Mentor das im Auge hat, kann er genau zur rechten Zeit helfend eingreifen und dadurch auch Burn-out oder Probleme für das Unternehmen verhindern.

Das Smoff-Time-Profilbild ist ein guter Indikator, ob es Menschen im Arbeitsalltag gut geht.

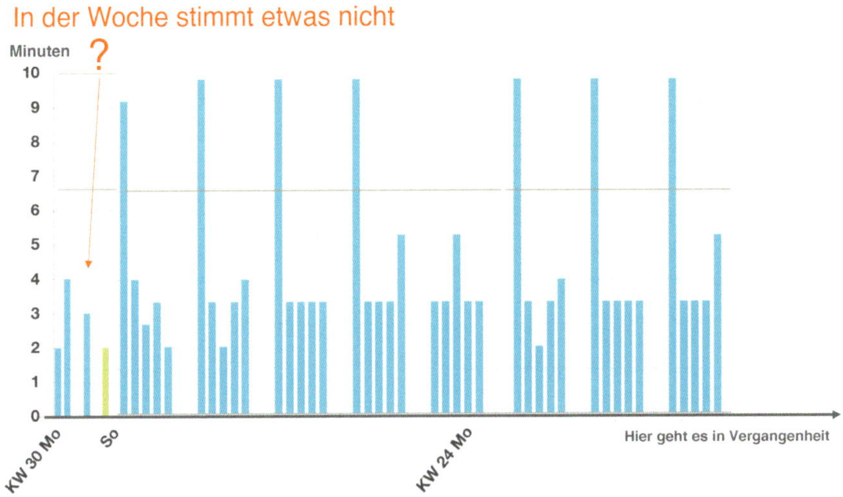

Abb. 2.26 Profil eines Bauprojektleiters, der in Vorwoche sichtbar aus dem Takt kam. Ist da in der Familie, Gesundheit oder im Projekt etwas in Schieflage geraten? Braucht er Hilfe oder Entlastung? Wenn ein guter Vorgesetzter das Smoff-Time-Profilbild sehen und lesen könnte, wäre eine zeitnahe Unterstützung oder Entlastung möglich.

Nicht nur ein Arbeitsleben von Tag zu Tag

Wer große oder längerfristige Ziele verfolgt und schwierige Herausforderungen meistern muss oder eine Organisationseinheit führt, sollte nicht von Tag zu Tag leben. Ihm genügt der Zeithorizont Tag für ein Review und eine Planung nicht. Für ein taktisches und strategisches Vorgehen sind Planung und Review über einen längeren Zeitraum als nur für einen einzelnen Tag erforderlich, da geht es um Wochen, Monate und Jahre. Diese Art der Planung ist komplexer und anspruchsvoller als die Planung von Tag zu Tag, sie benötigt damit auch mehr Zeit. Wird im Arbeitsalltag nicht nur von Tag zu Tag geplant, sondern auch über längere Zeiträume hinweg, ist das am Smoff-Time-Profilbild zu sehen. Wer bei seiner persönlichen Planung eine Systematik verfolgt, sieht naheliegend und logischerweise in regelmäßigen Abständen im Smoff-Time-Profilbild zeitliche Ausschläge nach oben. Dann werden für einen längeren Zeitraum Review und Planung erstellt. Der natürlichste längere Zeitabschnitt nach dem Tag ist die Woche.

Entsprechend sollte die Smoff-Time einmal pro Woche für den Wochenreview und die Wochenplanung länger dauern. Es sollte periodisch ein Peak beim

Wochenübergang zu sehen sein, wie ein Puls. So logisch und naheliegend das ist, so wenig ist das in der Realität der Fall. Die vorher gezeigten Smoff-Time-Profilbilder sind dafür typische Beispiele, obwohl erfolgreiche, gestandene Führungskräfte darunter sind. Die Smoff-Time-Profilbilder zeigen keinen ruhigen, regelmäßigen professionellen Herzschlag, sondern eher ein Herzflimmern mit zeitweisem Herzklopfen. Im Vergleich zu den Sachbearbeitern ist bei den Chefs die Smoff-Time doppelt oder dreifach so lang, und die Ausschläge bei Review- und Planungszeiten sind viel höher. Das sind dann wohl Reaktionen auf besondere Ereignisse oder eine temporäre Überlastung. Wenn dann wieder zu viel auf einmal zusammenkommt, ist zwangsläufig mehr Zeit für Reflexion und Planung erforderlich. Diese zeitlichen Ausschläge haben dann weniger mit der systematischen Umsetzung einer taktisch-strategischen mittel- und langfristigen Planung zu tun, sondern vielmehr mit aufwendiger akuter Problembewältigung. Aus meiner Erfahrung mangelt es nicht am Willen, neben der Planung Tag für Tag auch eine professionelle persönliche Planung über längere Zeiträume zu erstellen, sondern an der dafür notwendigen Systematik.

Würden gute Bekannte von Ihnen über eine gute professionelle Planungssystematik verfügen, würden sie aus Stolz oder als Unterstützung für Sie mit Ihnen über ihre Methodik sprechen und anbieten, Sie darin anzuleiten. Aber das werden Sie kaum erlebt haben und auch wahrscheinlich nie erleben.

Denn aus meiner Erfahrung besteht das Defizit an professioneller Planung im 21. Jahrhundert nicht nur darin, sich keine Zeit, das heißt keine Smoff-Time, dafür nehmen, sondern auch am Fehlen einer bewährten, universell nutzbaren persönlichen Planungssystematik.

Darum habe ich in diesem Buch in Kapitel 4 eine integrale Planungssystematik vom Tag über Wochen, Monate und Jahre publiziert, die jeder für seine Smoff-Time nutzen kann. Sie umfasst und verzahnt die operative, taktische sowie strategische persönliche Planung. Es braucht dafür im Schnitt nur wenige Minuten pro Tag. Mit dem hier publizierten SMan-System ist für Review und Planung viel weniger Zeit erforderlich als ohne System. Wenn sich Smoffen-Selbststarter nach einiger Zeit dieses System zu eigen machen, sinkt die Smoff-Time pro Woche, und die Ausschläge werden kleiner und dafür regelmäßiger. Es entsteht, systembedingt, ganz von selbst ein harmonisches Smoff-Time-Profilbild. Es ist weniger Zeit erforderlich und gibt ein besseres Gefühl und mehr Sicherheit sowie Effizienz, die jede Routine und Systematik mit sich bringt.

Wer sich das in Kapitel 4 beschriebenen Planungssystem zu eigen macht, wird ein Smoff-Time-Profilbild wie nachfolgend dargestellt haben. Es entspricht einem kräftigen und gesunden professionellen Herzschlag, der für hohe Leistungsfähigkeit und Ausdauer steht ohne bedrückende Stress- und Überlastungsgefühle.

Smoffen-Idealprofil: Projekt-& Teamleiter mit Wochenreview und Wochenplanung

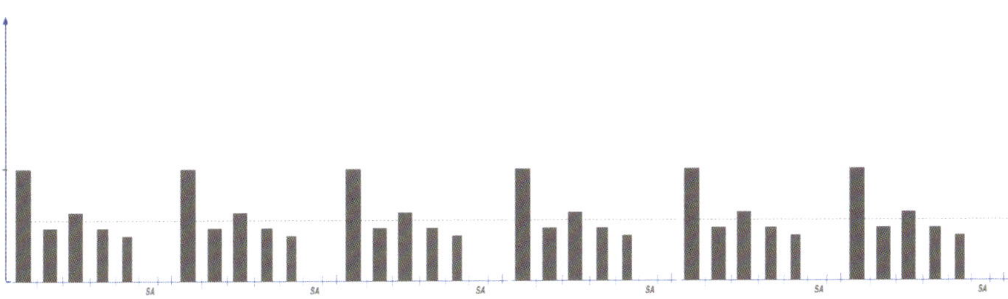

Abb. 2.27 Das wäre ein Idealprofil. Montags zur taktisch-operativen Wochenplanung circa 15-20 Minuten Smoff-Time und dann täglich nur noch 5-7 Minuten für die operative Planung. In der Mitte der Woche ein kleiner Höcker für den Halbzeitreview und die Wochenzieleinlauf-Planung.

Smoff-Time-Profilbild von **Projektleiter**, Anfang 30 –
hat im Herbst 2018 an Kurs teilgenommen

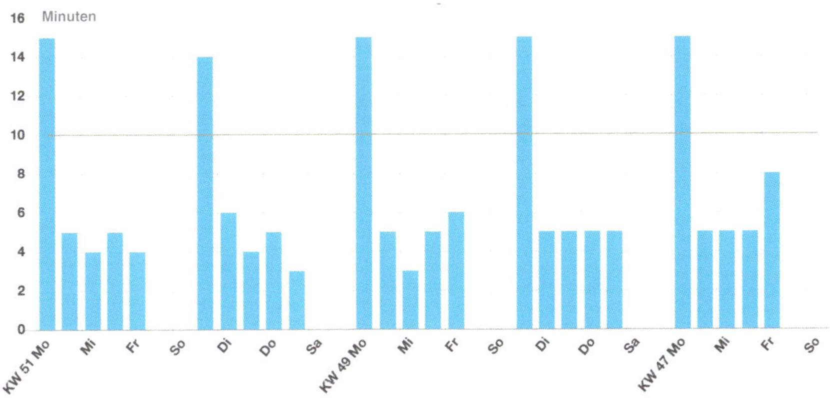

Abb. 2.28 Absolut cooles Profilbild: erkennbare taktische Wochenplanung und nicht nur eine operative Planung von Tag zu Tag.

Smoffen-Idealprofil - 1. Führungsebene mit Wochenreview und Wochenplanung am Wochenende

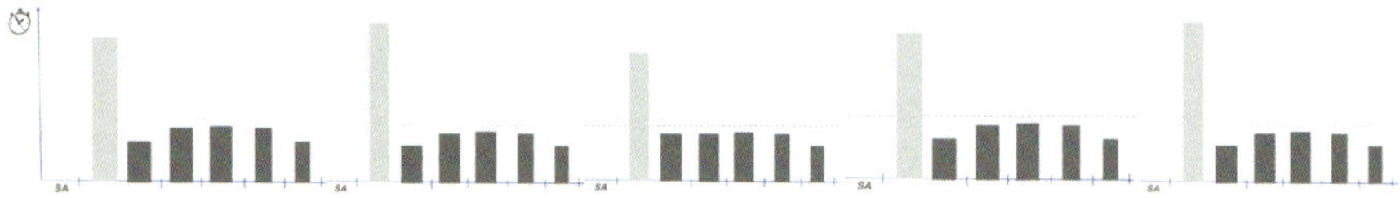

Abb. 2.29 Das ist ein typisches Smoff-Time-Profilbild für die 1. und 2. Führungsebene eines Unternehmens. So hat mein Profil als CEO/Hauptgeschäftsführer ausgesehen. Am Samstag komplett planlos leben und einfach treiben lassen. Am Sonntag dann die neue Woche taktisch-strategisch vorplanen. Die neue persönliche Planung des Chefs ist Montagfrüh für alle Mitarbeiter als Orientierung und zur eigenen Wochenplanung verfügbar. Das war eine planbasierte Grundabstimmung ohne Meetings, Mails und über Grenzen hinweg (siehe auch Kapitel 5).

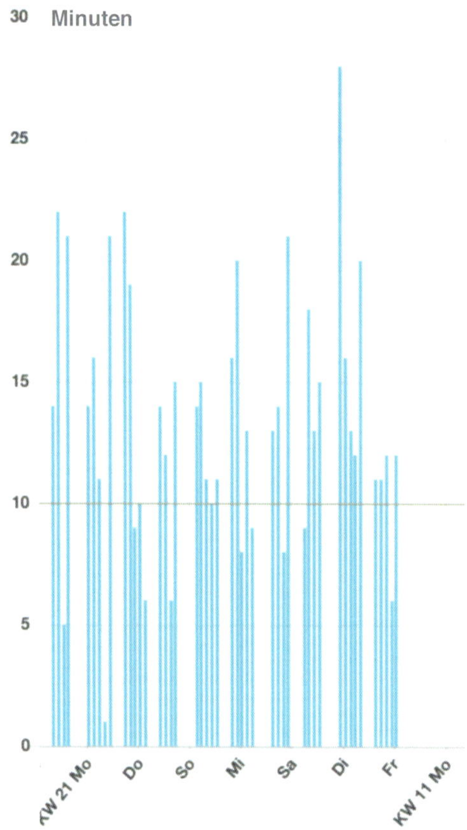

Abb. 2.30 Smoff-Time-Profilbild eines Senior Compliance Managers eines großen Industrieunternehmens ohne Personalführung. Er erstellt seine Arbeitsplanung mit Outlook, wofür er sehr viel Zeit benötigt. Im Zeitaufwand liegt er damit eher auf Geschäftsführer-Niveau.

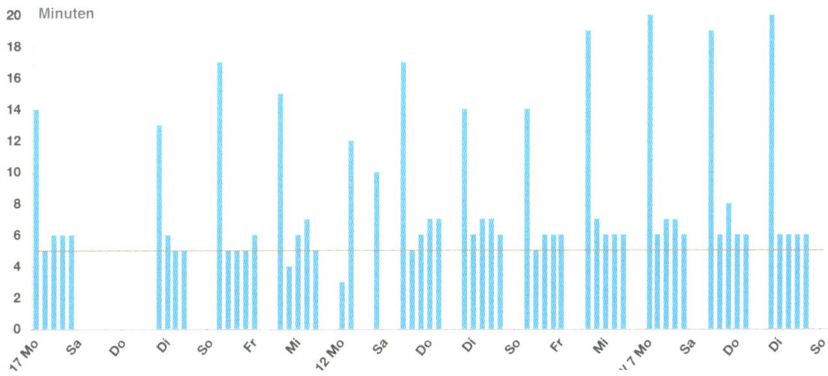

Abb. 2.31 Hauptabteilungsleiter im technischen Service, der, Mitte 40, mit 2-3 Stunden Zeitaufwand im 1:1-Mentoring zum Smoffen und zur persönlichen SMan Planung gekommen ist, wie in Kapitel 4 beschrieben.

Bei Führungskräften, die mit den üblichen Planungshilfsmitteln wie Outlook und Notes Apps arbeiten, habe ich so schöne Verläufe noch nicht gesehen. Aber harmonische Smoff-Time-Profile sind schließlich auch nicht unbedingt erforderlich. Auch ohne periodische, systematische Wochen- und Tagesplanung kann man Erfolg im Job haben. Das braucht vielleicht nur etwas mehr Mühe und Glück.

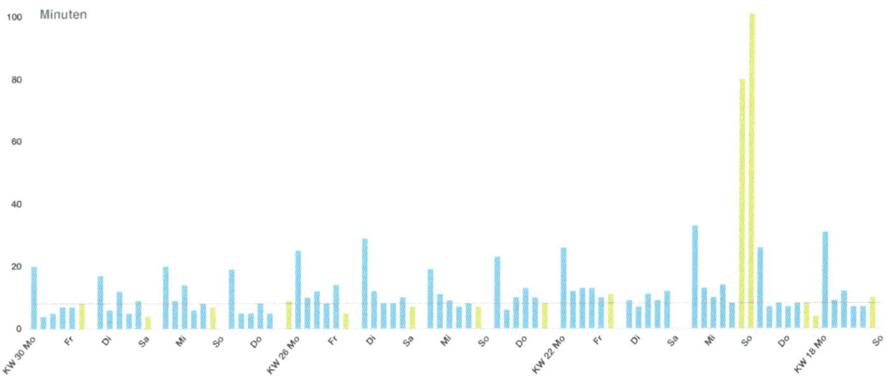

Abb. 2.32 Das ist mein eigenes Smoff-Time-Profil. Den Wochenreview und die Wochenplanung erstelle ich erst am Montagmorgen sehr früh. Samstags arbeite ich einige Stunden, und sonntags ist mein planloser Durchhängetag. Alle zwei Monate entstehen ein hoher Peak für den taktisch-strategischen Review und ein Peak für die professionelle persönliche Neuplanung der nächsten Monate und Quartale.

2.4 DAS SYSTEMATISCHE PROFESSIONELLE PLANUNGSDEFIZIT DES 21. JAHRHUNDERTS

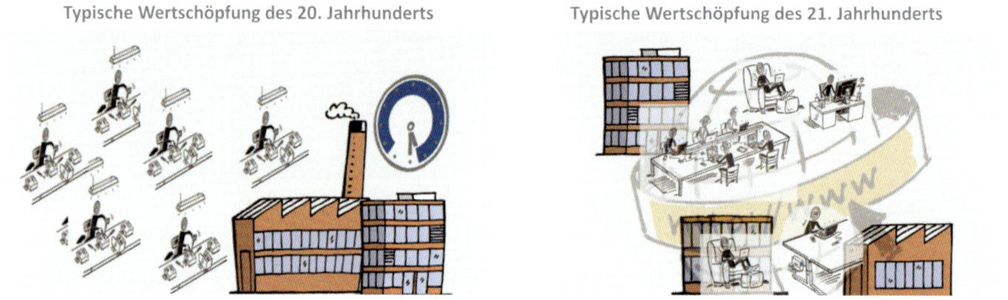

Abb. 2.33 Früher war jeder nur für seine eigenen klar definierten und kontrollierten Wertschöpfungsschritte verantwortlich. Alles war sichtbar gut geordnet und greifbar. Die typische Wertschöpfung des 21. Jahrhunderts ist unsichtbar, ungreifbar und von kollektiver Denkarbeit mit hoher Interaktion und Abhängigkeit geprägt. Dafür wären eigentlich mehr Planung und Review aller Beteiligten erforderlich.

Die Produktivität und Qualität eines Unternehmens hängen primär von der Arbeit seiner Mitarbeiter und nicht von Maschinen oder Software ab. Es sind Menschen, die sie beantragen, auswählen, anschaffen, integrieren und nutzen. Menschliche Arbeit ist der Motor der Wertschöpfung, sorgt für Antrieb und bestimmt die Richtung. Entsprechend professionell sollte geplant, gemanagt und die Qualität gesichert werden.

Wo Menschen physische Produkte herstellen, ist das genauso: Dort wird großer Wert auf Arbeitsplanung, Arbeitsvorbereitung und Qualitätssicherung gelegt. Wer manuell arbeitet, kann nicht einfach machen, was er will, wie er will und wann er will. Die Unternehmen kümmern sich intensiv und systematisch darum, dass die Mitarbeiter morgens nicht einfach drauflos werkeln. Hektik, Stress und Überforderung werden vermieden, weil die negativen Folgen sofort im Arbeitsergebnis messbar sind: Es wird weniger produziert, und was herauskommt, hat schlechtere Qualität. Statt zu hetzen, wird systematisch versucht, die Produktion zu takten.

Bei Hinter-dem-Bildschirm-Arbeitern sind Produktivität und Qualität der täglichen oder wöchentlichen Arbeit praktisch nicht messbar. Was nicht messbar und zudem noch von sehr persönlicher Natur ist, ist für das Management in

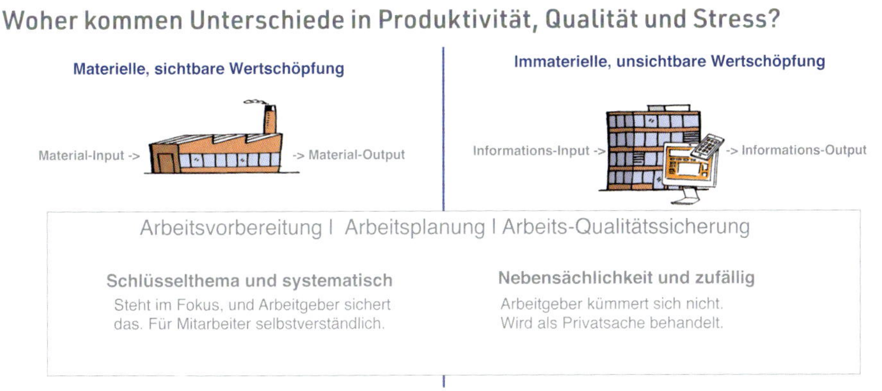

Abb. 2.34 Die fundamentalen Voraussetzungen für professionelle, effiziente Wertschöpfung bei industrieller oder gewerblicher Arbeit sind bei Hinter-dem-Bildschirm-Arbeit nicht mehr gegeben. Entsprechend gibt es bei Schreibtischarbeit mehr Durcheinander und Stress.

Unternehmen ein sehr undankbares und delikates Thema. Darum werden Produktivität und Qualität des einzelnen Mitarbeiters als Privatsache behandelt. Die Verantwortung dafür ist jedem selbst überlassen. Es ist für die Unternehmen einfacher und sicherer, sich nicht darum zu kümmern. Dabei bedürfte die Wertschöpfung des 21. Jahrhunderts besonders viel Aufmerksamkeit auf professionelle Arbeitsplanung und Reviews. Jeder hängt schließlich in seiner Produktivität und Qualität von so vielen anderen ab. Und den Führungskräften fehlt beim Hinter-dem-Bildschirm-Arbeiten jegliche operative Kontrollmöglichkeit.

Auch wenn sich die Produktivität und Qualität von Hinter-dem-Bildschirm-Arbeitern nicht messen lassen, kann dennoch für die notwendigen Grundvoraussetzung gesorgt und und können diese systematisch gefördert werden. Negative Einflüsse können vermindert und auf alarmierende Signale reagiert werden. Das zu tun, ist nicht üblich, sondern das Gegenteil ist heute Normalität. Psychische Erkrankungen wie Burn-out werden deshalb ein immer größeres Problem. Die Krankentage steigen. Psychische Erkrankungen bei Hinter-dem-Bildschirm-Arbeitern sind so typisch wie die Staublungen bei Bergarbeitern.

Hinter-dem-Bildschirm-Arbeiter verrichten Denkarbeit: Konzentration, Ruhe, Fokus, Übersicht und ein klarer Kopf sind für individuelle Produktivität und Qualität förderlich. Im Gegensatz dazu sorgen Produktivitätskiller wie Hektik, Stress, Ablenkung, Multitasking und Überforderung für Fehler und Frust.

Und dennoch ist es in Unternehmen des 21. Jahrhunderts üblich, sich für gestresst und überlastet zu erklären. Das fördert das Ansehen noch und hält zusätzliche Arbeit fern. Stress und Überlastung sind akzeptierte Erklärungen für verpasste Termine, nicht gelesene E-Mails und unvorbereitete Meetings. Wer hektisch und im Overdrive-Modus arbeitet, zeigt für alle sichtbar hohen Einsatz und Fleiß. Wer das tut, ist als Arbeitnehmer auf der sicheren Seite.

Wer hingegen ruhig und überlegt arbeitet sowie nicht beständig auf der Tastatur hantiert, wenn er gerade nicht kommuniziert, fällt auf und wird misstrauisch beäugt. Er hat wohl nicht genug zu tun. Er schont sich, bringt sich nicht genug ein.

Außer in Unternehmen, in denen es um Menschenleben geht, oder im technischen Notdienst dürfte es im Normalfall keinen Stress, keine Hektik und keine Überforderungen geben. Es gibt keinen wirtschaftlich sinnvollen Grund dafür. Ganz im Gegenteil bringt ein ruhiges, geplantes, stressfreies Arbeiten das Optimum an Qualität und Produktivität, gerade bei Hinter-der-Bildschirm-Arbeit.

Und das ist nur möglich, wenn die Mitarbeiter ihre Arbeitstage und -wochen professionell planen. Dafür brauchen sie jeden Tag einige ruhige Minuten für den persönlichen Review und die Planung. Sie brauchen Smoff-Time. Das sollten Arbeitgeber fördern. Sie sollten gestresste, überforderte Mitarbeiter zur unrühmlichen Ausnahmeerscheinung machen. Arbeitgeber sollten sich um individuelle persönliche Planungslücken und -defizite kümmern. Sicherzustellen, dass Arbeitnehmer ein gesichertes Mindestmaß an Arbeitsvorbereitung und Nacharbeit in Form persönlicher Planung und Review machen, ist nichts anders als Qualitäts- und Produktivitätssicherung in der Hinter-dem-Bildschirm-Arbeitswelt des 21. Jahrhunderts.

Aktuell ist die professionelle persönliche Planung im Normalfall reine Privatsache. Jeder muss sich selbst darum kümmern. Wer darin schwach ist, wird allein gelassen. Er erkennt die Wurzel seiner Probleme und Unzufriedenheit im Arbeitsalltag vielleicht nicht einmal selbst. Es fehlt ihm schließlich ein Spiegel. Niemand ist fähig und niemand fühlt sich berufen, ihm diesen Spiegel vorzuhalten. Das macht auch wenig Sinn, wenn keine Abhilfe angeboten wird. Dabei würden gerade die Leistungsträger und starken Mitarbeiter des Unternehmens auch davon profitieren, wenn die Schwachen stärker würden. Jeder hängt bei seiner Arbeit von vielen ab.

Und die Stärke von Wertschöpfungsketten wird vom schwächsten Glied bestimmt. Die Schwachstellen begrenzen die erreichbare Leistung und Qualität.

Wirtschaftlicher Druck und knappe Ressourcen sorgen für Innovation

Wenn Menschen unter Druck geraten, steigt die Bereitschaft für Veränderungen: Sie werden innovativ. Bei Unternehmen ist es genauso. Wenn der Druck groß ist und perspektivisch noch wächst, werden Veränderungen angegangen. Dann kümmert sich die Unternehmensleitung darum, Defizite und Lücken in der professionellen Planung systematisch zu vermeiden. Sie betreibt Planungsqualitätssicherung und macht professionelle Planung zum Teil der Arbeitskultur im Unternehmen.

Die deutsche Unternehmensgruppe Herbert (www.herbert.de) ist diesen Weg schon gegangen. Für Unternehmen im Baugewerbe sind die Margen relativ niedrig. Es ist leicht, auch in die Verlustzone zu rutschen, wenn große Projekte schiefgehen oder die Baukonjunktur einbricht. Zudem ist die Nachfrage nach der Technik in Gebäuden größer als die am Arbeitsmarkt verfügbaren Personalressourcen, die zu deren Planung, Realisierung und Service nötig sind. Und diese Situation verschärft sich. Die Personalknappheit wird größer und nicht kleiner.

Beim Baugewerbe kommen eine hohe Abhängigkeit vom Wetter und hohe saisonale Schwankungen erschwerend hinzu. Es lässt sich nichts auf Lager vorproduzieren. Das Endprodukt einer Anlage ist bei Produktionsbeginn nicht klar definiert und kann sich im Lauf des Bauprojekts ändern. Dazu kommen noch erschwerend wirkliche Notfälle, wenn zum Beispiel die Belüftung in einer Pharmaproduktion ausfällt.

Damit die Mitarbeiter und damit auch das Unternehmen systematisch besser mit all diesen Widrigkeiten zurechtkommen, hat das Unternehmen mit über 500 Mitarbeitern das Smoffen als Standard der Arbeitskultur eingeführt. Das Management kümmert sich aktiv darum und smofft selbst. Wer möchte, bekommt eine Anleitung und ein Mentoring im professionellen, persönlichen Planungssystem SMan, das im Kapitel 4 beschrieben wird. Niemand wird allein gelassen. Jedem wird – soweit möglich – damit geholfen, Peace-of-Mind bei der Arbeit zu haben, auch wenn es viel Druck vom Kunden und von Baustellen gibt.

Homeoffice-COVID-Erfahrungen bei Herbert aus Sicht des Personalleiters Tim Kneusels

Abb. 2.35 Mit Postern in den Büroräumen appelliert die Unternehmensgruppe Herbert (www.herbert.de) an ihre Mitarbeiter, jeden Arbeitstag mit einigen ruhigen Minuten des persönlichen Reviews des Vortages und der Planung des neuen Tages zu beginnen. Arbeitstage sollen immer wohlüberlegt mit einem professionellen persönlichen Plan angegangen werden. Das vermeidet Stress und Fehler.

Wie ist Ihr Unternehmen damit umgegangen, dass Mitarbeiter, die bislang nur in einer gut strukturierten betrieblichen Umgebung in Reichweite von Kollegen und Aufsicht eines Chefs arbeiteten, nun schlagartig zu Homeoffice-Arbeitern wurden?

T. K.

Wie bei vielen mittelständischen Unternehmen war das Thema Mobiles Arbeiten nicht sehr verbreitet im Unternehmen und somit dezentrales Arbeiten in der Kultur nicht verankert. Es war uns besonders wichtig, dass die fehlende Struktur des gewohnten Büroumfelds aufgefangen wird. Für die soziale Nähe von Kollegen und Führungskräften haben wir tägliche Teamcalls verpflichtend gemacht, aber darüber hinaus mussten sie lernen, sich selbst, aber auch Kollegen zu organisieren, koordinieren und zu führen, und das auf Distanz.

Wie haben Sie das gemacht? Wie geht das?

T. K.
Seit vielen Jahren ist ein besonderes Anliegen unseres Geschäftsführers Dr. Sven Herbert, unsere Führungskräfte und Mitarbeiter im Bereich des professionellen Selbstmanagements zu fördern. Sich die Zeit zu nehmen, um den Arbeitstag zu strukturieren, gehört zu unserer Unternehmenskultur. Durch 2–3 Workshops und laufendes on-the-job-eMentoring werden unsere Mitarbeiter gefördert, sich selbst und andere systematisch zu koordinieren und zu führen. Die zugrunde liegende Systematik haben wir in unseren Regeln zum Mobilen Arbeiten zum Standard gemacht. Die Workshops haben wir nun via Microsoft-Teams organisiert, und das Mentoring läuft sowieso schon über eine teilautomatisierte Web-IT-Plattform von 2ease ohne direkten Kontakt.

Braucht es für die Umstellung nicht lange? Ist das nicht aufwendig?

T. K.
Die Systematik zu vermitteln, geht sehr schnell. Durch die Mentoring-Plattform können wir sicherstellen, dass der Mitarbeiter regelmäßig seinen Tag damit beginnt, sich eine Struktur zu schaffen. Der Start in den Tag besteht aus einem Review des vergangenen und der Planung des aktuellen Tages, die beide nur wenige Minuten benötigen. Im nächsten Schritt entwickeln die Mitarbeiter die Fähigkeit, ihre Wochenplanung zu optimieren. Die Planung und der Review der Tage und Wochen selbst sind standardisiert und dokumentiert. Es gibt dafür ein bewährtes und einfaches Planungssystem, mit dem eigentlich jeder schnell zurechtkommt.

Wie stellen Sie bei den Remote arbeitenden Mitarbeiter sicher, dass es ihnen gut geht und sie produktiv bei der Arbeit sind?

T. K.
Das Profil gibt eine sehr gute Rückmeldung über das Wohlbefinden der Mitarbeiter. An meinem eigenen Profil kann man genau sehen, wann die Corona-Krise unser aller Alltag auf den Kopf gestellt hat. Aber gerade die Erkenntnis hat mir geholfen, schnell wieder in einen strukturierten Arbeitsablauf zurückzufinden.

Bei unseren Mitarbeitern außerhalb des Unternehmens verfolgt ein eMentor die Planungsaktivitäten und kann bei Bedarf unterstützen. Er kann sehr gut erkennen, wie gut die Mitarbeiter sich in ihrem ungewohnten Arbeitsumfeld zurechtfinden.

Wie sind Ihre Erfahrungen mit Mobilem Arbeiten? Werden Sie diese Form der Arbeit als Teil der normalen Arbeitskultur auch nach Corona fortführen?

T. K.
Die Corona-Krise war ein Katalysator, die unsere Art und Weise, wie wir Arbeiten außerhalb des Unternehmens betrachten, völlig verändert hat. Dank unserer geschaffenen Standards konnten wir unseren Mitarbeitern eine Struktur geben, die es ihnen ermöglicht hat, sich schnell umzustellen und effektiv zu bleiben. Für alle, die das transparente, nachvollziehbare professionelle Selbstmanagement mit dem SMan-System praktizieren, werden wir sicherlich Mobiles Arbeiten ermöglichen. Dank dieses Systems können wir die Vorteile der Flexibilität gezielt nutzen, ohne deren Nachteile und Risiken zu haben.

2.5 „CHANGE FOR THE BETTER" ALS VORBILD, MENTOR UND AKTIVIST

Was haben wir bisher thematisch behandelt?

In Kapitel 1 habe ich habe die Entwicklung der Arbeitswelt auf ungewöhnliche Weise aus der Praxis für die Praxis beschrieben. Darin flossen die Erfahrungen meines Arbeitslebens und die meiner Selbstmanagement-Mentees aus vielen verschiedenen Unternehmen, Rollen und Hierarchieebenen zusammen. In Kapitel 1 ging es mir darum, Ihnen die gravierenden Veränderungen der Arbeit bewusst zu machen. Sie wurden dafür sensibilisiert, mit was Erwerbstätige in ihrem Arbeitsleben rechnen können und müssen, wenn sie noch Jahrzehnte Geld verdienen müssen oder wollen. Damit das sicher gut geht, müssen Sie sich besser selbst durch den Arbeitsalltag navigieren und dürfen sich weniger durch Umstände, Zufälle oder Dritte treiben lassen.

Die Grundlage besserer Navigation durch Arbeitsalltag und Arbeitsleben bildet das Smoffen. Der Begriff steht dafür, sich täglich zur rechten Zeit einige Minuten Zeit für professionellen persönlichen Review und Planung nehmen. Es bedeutet, früh am Morgen als Tagesvorbereitung einen Mind-Switch zu einigen Minuten Smoff-Time zu machen. Das ist nicht nur gut für Sie selbst, sondern auch für alle, die bei ihrer Arbeit von Ihnen abhängen, das heißt für alle, die auf Sie zählen und sich auf Ihre Zuarbeit verlassen müssen. Je professioneller geplant Sie vorgehen, desto besser für Sie und die anderen.

Je reflektierter und geplanter die Menschen in Ihrem Arbeitsumfeld vorgehen, desto besser für Sie und desto weniger Mühe, Stress und Hektik haben Sie. Desto weniger werden andere Ihnen in die Quere kommen oder Sie unabsichtlich hängen lassen. Sie werden automatisch produktiver und zufriedener. Es ist unglaublich einfach und sicher in der Wirkung. Und dennoch ein völlig ungewöhnlicher Gedankengang: Sein Denkvermögen nur wenige Minuten täglich zielführender nutzen, das heißt für Review und Planung, und allen geht es dadurch besser. Keiner verliert etwas. Smoffen als Arbeitskultur zu etablieren, ist eine Win-win-Situation für alle.

Vorbilder, Mentoren und Fürsprecher für Veränderung zum Besseren

Damit möglichst viele Menschen vom Smoffen erfahren und es dauerhaft praktizieren, habe ich dieses Buch geschrieben und die Smoffen-Mentoring-Plattform erstellt. Das Buch ist das notwendige Medium, um mit Kollegen oder guten Bekannten in Ihrem Umfeld über professionellere persönlichere Planung zu sprechen und sie dafür zu begeistern. Über die Smoffen-Mentoring-Plattform (www.smoff.ch), können Sie selbst als Mentor für dauerhaft positive Entwicklungen bei Menschen sorgen, deren Wohl Ihnen wichtig ist.

Ich wünsche mir sehr viele Menschen, die das Smoffen nicht nur praktizieren, sondern auch offen thematisieren und andere darin fördern. Um mein großes strategisches Ziel zu erreichen, eine positive Wirkung in der heutigen Arbeitswelt zu bewirken, reicht bei Weitem nicht das aus, was ich selbst oder mein Unternehmen durch Mentoring und Workshops erreichen kann. Wenn Sie das Smoffen als neue Gewohnheit annehmen und davon begeistert sind, bin ich einen kleinen Schritt weiter. Wenn Sie andere damit anstecken und als Mentor begleiten, habe ich das maximal Mögliche mit diesem Buch erreicht. Wenn Sie mich als Ihr Vorbild für professionelle persönliche Planung und Selbstmanagement sehen und anderen darin ein Vorbild geben, wird die Arbeitswelt für viele Menschen besser, ohne dass wir die Arbeitswelt selbst ändern müssen. Wir verändern mit Smoffen die gelebte Arbeitskultur. Und Kultur entsteht eben nicht von allein, sondern muss aktiv gepflegt werden.

Das Mindeste, was ich mit dem Buch erreichen möchte: Sie persönlich zu einer spürbaren positiven Veränderung führen. Dazu müssen Sie eine oder mehrere meiner ungewöhnlichen Gedanken und Konzepte aus dem weiteren Verlauf des Buches annehmen und zu den Ihren machen.

Sie kennen mich nicht persönlich. Sie sind sicher skeptisch. Es wird viel verlangt, die Denk- und Sichtweisen von einem Fremden wie mir anzunehmen. Je offener und empfänglicher Sie dafür sind, desto besser wirkt das Buch auf Sie und desto mehr Freude und Erfolg haben Sie bei der Arbeit. Und das wiederum ist mein Erfolg, wenn Sie das Smoffen vielleicht doch weitertragen und ein Fürsprecher werden.

Damit Sie mich als Vorbild annehmen und als einen wohlwollenden Mentor für sich empfinden, sind Glaubwürdigkeit und Begeisterung erforderlich. Darum gebe ich Ihnen etwas Hintergrund, warum und wie ich zu meiner Art des professionellen Selbstmanagements gekommen bin und was es für mich bewirkt hat. Es folgen Erfahrungsberichte von Menschen, die sich mich als ihr Vorbild und Mentor angenommen haben. Sie haben Inhalte dieses Buches genutzt, um ihren Arbeitsalltag und ihr Arbeitsleben zum Besseren zu verändern. Sie leben die im Buch vermittelte Art des Selbstmanagements teilweise schon über ein Jahrzehnt täglich.

Selbstmanagement Lebensweg – Veränderung zum Besseren bei sich und in seinem Umfeld bewirken

Dafür Sorge zu tragen, dass Menschen, die mir vertrauen sowie produktiver, wertvoller und zufriedener werden, ist mein Beruf und wurde inzwischen zur Berufung. Dieses Streben bildet den Kern meines professionellen Selbstverständnisses, seit ich als Jüngster und Unerfahrenster der Kollegen mit 28 Jahren zum Chef einer Abteilung befördert wurde.

Drei Jahre später kam ich wie durch Zufall in die Geschäftsleitung eines mittelständischen Industrieunternehmens in einer mir völlig fremden Branche, die gerade in eine existenzielle Krise gerutscht war. Wieder war ich jünger und unerfahrener als alle meine neuen Mitarbeiter und Kollegen.

Mit Erfahrung und Seniorität zu führen, war somit nicht möglich. Eine enge persönliche Führung ließ sich bei den vielen Mitarbeitern mit Homeoffice beziehungsweise in weltweiten Serviceeinsätzen auch nicht durchsetzen.

Es gab damit nur die Lösung, dass meine Mitarbeiter meine faktische Führungslücke beziehungsweise Führungsdefizite selbst ausgleichen mussten. Sie mussten sich selbst und dabei auch ihre Kollegen Peer-to-Peer systematisch besser führen. Dazu mussten sie ihre persönliche Planung und Selbstmanagement professionalisieren.

Und genau dazu haben ich sie hingeführt. Ich habe sie zu professionellerer Planung und mehr Selbstmanagement gebracht. Das war das Einzige, was ich systematisch besser konnte als meine viel älteren und erfahreneren Mitarbeiter.

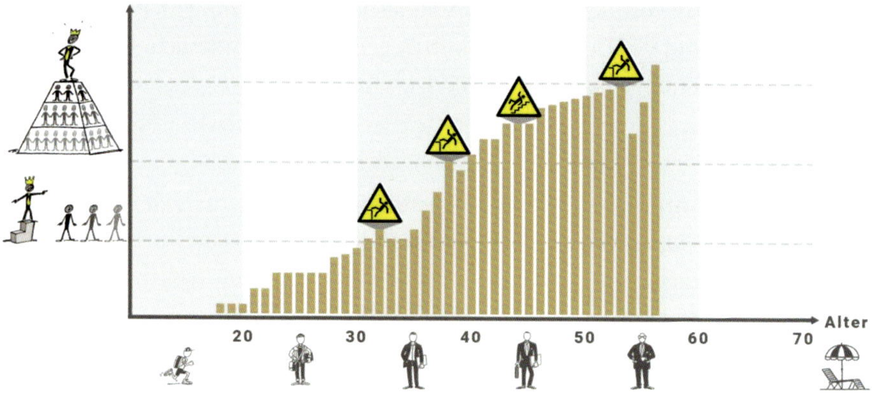

Abb. 2.36 Ich habe mit professioneller Planung und Selbstmanagement Karriere gemacht und konnte mehrere Beinahe-Abstürze verhindern.

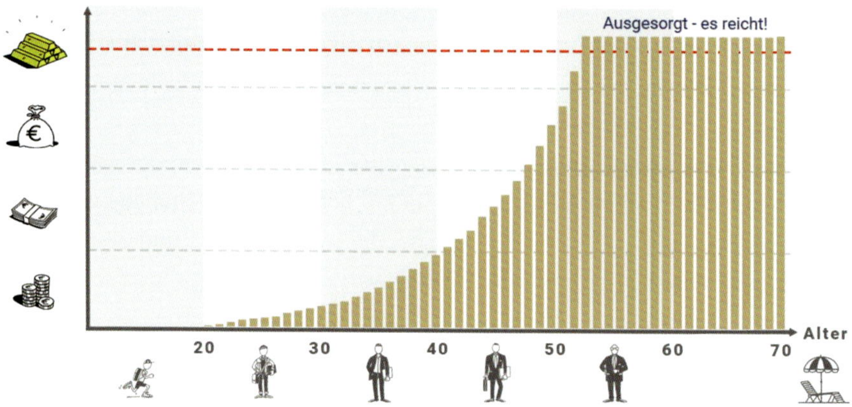

Abb. 2.37 Mitarbeiter über professionellere persönliche Planung und Selbstmanagement wertvoller und produktiver zu machen, zahlte sich für mich als Chef aus. Es hat auch für mich zu mehr Wohlstand geführt.

Denn meine Kompetenz im Selbstmanagement, das heißt anspruchsvolle Ziele zu setzen, zu verfolgen und auch gegen Widrigkeiten zu erreichen, hatte ich schon als Kind begonnen zu entwickeln. Ich hatte mir in den Kopf gesetzt, einmal Turnierreiter zu werden. Das war vermessen, wenn man aus einer einfachen Arbeiterfamilie kommt und in einem Ort aufwächst, wo es fast keine Pferde hat. Da kann man sich nicht auf Glück und Zufall alleine verlassen. Als Teenager war ich dann

Turnierreiter und Anfang 20 auch noch Jagdreiter. Ich wurde Teil der Equipage einer Hundemeute (Badische Dragoner Meute). Meine Kindheitsziele hatte ich aus eigener Kraft und mit geplantem Vorgehen erreicht.

Mit professionellem Selbstmanagement habe ich auch mein eigenes berufliches Leben entwickelt und für das Wohlergehen meiner Familie und der mir anvertrauten Menschen, das heißt Organisationen, gesorgt.

Das fand in einem Arbeitsumfeld statt, das durch Unternehmensverlagerungen, Fusionen und Firmenübernahmen geprägt wurde, genauso wie sie in Kapitel 1 als Normalfall für das 21. Jahrhundert ausführlich beschrieben sind. Die Fähigkeit, sich selbst systematisch persönlich weiterentwickeln zu können, war dabei wichtig. Dazu gehörte das Erlernen von fließend Französisch und Italienisch ohne Schulbesuche oder formelle Kurse. Auch das Erlernen von Fremdsprachen habe ich selbst gemanagt.

Unternehmens- und Wirtschaftskrisen sowie Umwälzungen und Unsicherheit haben mein Arbeitsleben geprägt und dafür gesorgt, dass ich meine professionelle Selbstmanagementsystematik mit meinen jeweiligen Mitarbeitern immer weiterentwickeln und leichter an neue Mitarbeiter vermittelbar machen musste.

Die wichtigste Phase dafür war in meiner Zeit als Alleingeschäftsführer eines in der Schweiz beheimateten internationalen 350-Mitarbeiter-Unternehmens (Saia-Burgess Controls AG).

Als neuer Chef hatte ich das Unternehmen Anfang der 2000er-Jahre konsequent auf die damals neuartige Webtechnik und digitale Kommunikationsfähigkeit ausgerichtet. Der Anstieg des chronischen Wertverlusts des Euro gegenüber dem Schweizer Franken ab 2006 von 1:1.6 bis kurzzeitlich fast 1:1 brachte das hoch exportabhängige Unternehmen in eine potenziell existenzbedrohende Lage. Als 2007/2008 noch die Finanzkrise die Wirtschaftswelt erschütterte, wurde allen klar, dass die altbekannten konventionellen Mittel nicht mehr ausreichend sind. Zeit und Geld waren sehr knapp und die Zukunft am nun extrem teuren Standort Schweiz sehr unsicher. Not macht erfinderisch. In unserem Fall haben wir auf ungewöhnliche Innovationen gesetzt.

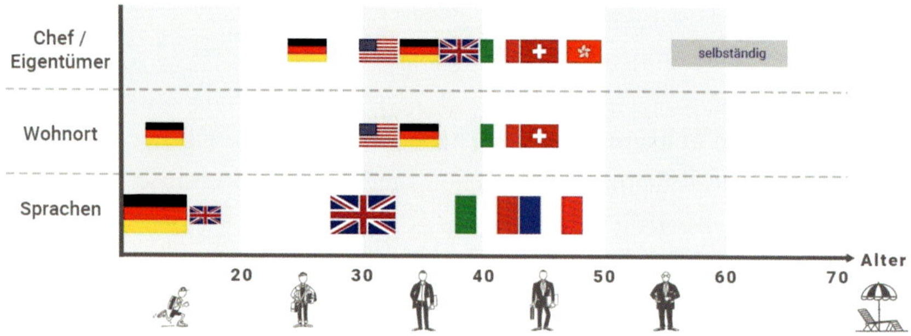

Abb. 2.38 Das Prägende meines Erwerbslebens auf einen Blick: ein Lebensweg mit vielen Überraschungen, Veränderungen und Herausforderungen. Die Fähigkeit zur professionellen persönlichen Planung und Selbstmanagement entwickelt sich dabei zwangsläufig weiter. Das war entscheidend für den Erfolg. Damit konnte ich mir auch Fremdsprachen on-the-job aneignen, ohne Schulbank.

Wir haben die professionelle persönliche Planung und das Selbstmanagement unternehmensweit gefördert und auch gefordert. Das bedeutete für die Mitarbeiter einen beruflichen Kompetenzzuwachs. Sie wurden wertvoller. Dieses Plus blieb ihnen für ihre Zukunft erhalten, wie nachfolgend deutlich wird.

2.6 BEGEISTERNDE ERFAHRUNGSBERICHTE VON NEUEN UND LANGJÄHRIGEN SMOFFERN

Nachwuchsführungskräfte, die Smoffen als Unternehmenskultur erlebt haben

Unter meiner Führung wurde Ende der 2000er-Jahre bei der Saia-Burgess Controls AG das Smoffen und damit die professionelle persönliche Planung als Unternehmensstandard eingeführt. Die drei nachfolgend aufgeführten Personen haben bei Saia-Burgess Controls AG gearbeitet. Dabei haben sie bei sich und bei den Kollegen erlebt, wie Smoffen in Verbindung mit dem in Kapitel 4 beschriebenen SMan Planungssystem wirkt. In seinen Anfängen bei Saia-Burgess Controls AG hieß das System SEMAN. Die drei Personen arbeiten seit einigen Jahren nicht mehr bei Saia-Burgess Controls AG und sind in drei komplett verschiedene Industriefirmen gewechselt. Sie sind auch in der neuen Arbeitsumgebung beim Smoffen und dem bei Saia-Burgesss Controls AG on-the-Job erlernten professionellen Selbstmanagement geblieben. In den Interviews wird verständlich, warum das so ist.

Vom Berufseinsteiger zum Chef von Chefs werden
DANIEL ERNST

Herr Ernst ist Anfang 30. Er hat 2012 sein Studium beendet und bei der Saia-Burgess Controls AG seine „Lehrjahre" im Produktmanagement absolviert. Seit 2015 arbeitet er in der deutschen Zentrale eines US-Konzerns. Dort hat er, obwohl branchenfremd, schnell Karriere gemacht. Er leitet inzwischen das gesamte Produktmanagement und hat 15 Mitarbeiter sowie zwei Abteilungsleiter unter sich.

Sie haben nach Abschluss Ihres Studiums im Jahre 2012 Ihren Berufsweg bei einem Unternehmen begonnen, in dem die Urform des professionellen Selbstmanagementsystems SMan entwickelt und als Unternehmensstandard gelebt wurde. Könnten Sie bitte beschreiben, wie Sie den Arbeitsalltag und die Führungskräfte dort erlebt haben?
#00:00:22-0#

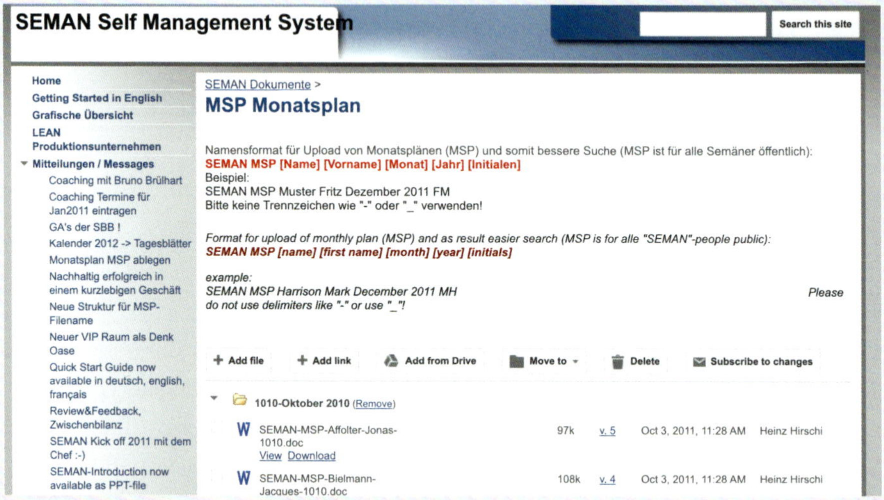

Abb. 2.39 Das war die Smoffen-Community-Plattform bei Saia-Burgess Controls AG.

D. E.: Motiviert. Es war sehr angenehm für die Mitarbeiter, dass man immer eine Vorstellung davon hatte, was der Vorgesetzte oder Abteilungsleiter in den nächsten ein, zwei Wochen oder Monaten vorhat, auf dem Programm hat, damit man sich selbst darauf einstellen kann, eventuell vorarbeiten kann und nicht überrascht wird, wenn etwas passiert oder kommt. Am eindrucksvollsten für mich war es, die Übernahme zu sehen, als Honeywell diese Firma gekauft hat. Das Management wurde ausgetauscht, und es gab viele neue Leute, die keine Ahnung von dem Business hatten. Ich glaube, einer der Faktoren, warum es so gut weitergelaufen ist, war, dass alle ihren Plan für die Zukunft hatten, zumindest fürs nächste halbe oder dreiviertel Jahr, und nicht alles sofort in sich zusammengefallen ist.

Gut. Wie haben Sie als Berufsanfänger in diesem Umfeld – damals, als die Firma noch selbstständig war – Ihre professionelle Selbstmanagementkompetenz entwickelt? Haben Sie Kurse gemacht? Hat es lange gedauert? Wie lief es für Sie, da reinzukommen? #00:01:41-0#

D. E.: Ich hatte Kurse, zwei oder drei Kurse anfangs, und später noch ein, zwei einzelne Begleitungen, um den Plan durchzusprechen, aber es ging relativ schnell. Ich glaube, ich war nach drei, vier Wochen einigermaßen lauffähig, würde ich sagen. Es hat geholfen, dass ich als Nachzügler dazugekommen bin. Das heißt, das ganze Team hat das bereits praktiziert. Daher war es für mich einfach, ich konnte meine Teamkollegen oder meinen Teamleiter fragen: „Wie habt ihr das gemacht?" „Wie macht ihr das?" Das hat geholfen. Ich glaube, es dauert ein bisschen länger, wenn alle es von null auf machen.

Was glauben Sie, wie lange brauchen wir dann? #00:02:24-0#

D. E.: Für die normale Tages- und Wochenplanung, würde ich sagen, vier oder acht Wochen, Monatsplanung geht ein bisschen länger.

Sie haben dann das Unternehmen nach der Übernahme verlassen. Wann war das? 2014? #00:02:44-0#

D. E.: Ende 2014, fast 2015.

Und Sie haben woanders Ihren Berufsweg fortgesetzt. Wie haben Sie den Wechsel zu einem anderen Unternehmen erlebt? Was hat sich durch diesen Wechsel an Ihrem Arbeitsleben verändert? Und was fiel Ihnen im neuen Unternehmen im Vergleich zum vorigen auf? #00:03:03-0#

D. E.: Im neuen Unternehmen hat es mir unglaublich viel geholfen, da ich die spezielle Situation hatte, dass alle, die mich eingestellt haben, nicht mehr da waren, als ich angefangen habe. Der Präsident, mit dem ich ein Interview hatte, war ein anderer, der Abteilungsleiter war ein anderer, und der Chef, den ich dann hatte, hat die Abteilungsleitung interim übernommen und hatte keine Zeit für mich. Und dann war ich in dem Business, von dem ich keine Ahnung hatte, mit Leuten, die ich nicht kannte, und da hat es mir geholfen, zu überlegen, zu strukturieren: Wen muss ich jetzt kennenlernen? Wen frage ich: „Was sind eure größten Probleme?", um irgendwie – ich war führungslos in einem Business, von dem ich keine Ahnung hatte – voranzukommen. Ich glaube, sonst hätte ich das nicht hinbekommen.

Sie glauben, ohne dieses professionelle Selbstmanagement wären Sie abgesoffen? #00:03:55-0#

D. E.: Ja, ziemlich sicher. Es gab keinen, der mir gesagt hat: „Pass auf, so haben wir das gemacht. Führe das so weiter." Ich bin in ein Vakuum geschmissen worden.

Sie haben es (Professionelles SMan Selbstmanagement) weiter praktiziert und sind damit über Wasser geblieben. #00:04:10-0#

D. E.: Genau.

Gut. Und anschließend, nachdem Sie sich eingelebt hatten, welchen Einfluss hatte diese Fähigkeit, diese Fertigkeit, die Sie hatten, des professionellen Selbstmanagements auf die Weiterentwicklung Ihrer Karriere? Sind Sie inzwischen aufgestiegen? #00:04:23-0#

D. E.: Ich leite mittlerweile die ganze Abteilung des Produktmanagements. Vorher hatte ich nur eine Produktgruppe, die kleinste der drei Produktgruppen, die wir haben, und jetzt leite ich alle drei Teams des Produktmanagements für das gesamte Produktportfolio.

Der, der reinkam und von nichts wusste, ist heute der Chef. #00:04:49-0#

D. E.: Der Einzige in dem Unternehmen, der nicht Kältetechniker, sondern Elektroingenieur ist, leitet Kältetechnik-Produktmanagement.

Gut. Wie relevant schätzen Sie die Professionalität des Selbstmanagements in Ihrem Arbeitsumfeld für Ihren eigenen beruflichen Erfolg ein? Ist es für Sie wichtig, dass die anderen das ebenfalls auf einem hohen Niveau machen? Oder...? #00:05:16-0#

D. E.: Die Kollegen?

Ja, Kollegen, Mitarbeiter. #00:05:18-0#

D. E.: Im jetzigen Unternehmen kann ich es nicht beurteilen, weil niemand es macht. Ich kann es nur im vorigen Unternehmen beurteilen, und da hat es sehr geholfen, weil alle auf dem gleichen Nenner waren und man bei jedem wusste, dass der das strukturiert macht und man sich mehr drauf verlassen konnte. Dass man gesehen hat, wenn jemand etwas anderes priorisiert hat, wie man selbst das Gefühl hat, und dann konnte man mit dem drüber reden. Jetzt passiert es oft, dass etwas nicht gemacht ist, dann fragt man, und dann „Ah, da war etwas anderes wichtiger.", aber ohne, dass man darüber gesprochen hat.

Was streben Sie bezüglich professionellem Selbstmanagement für Ihre jetzigen Mitarbeiter und Arbeitskollegen an? Haben Sie da Pläne? #00:06:06-0#

D. E.: Ja, ich würde das gerne einführen und einen (SMan) Kurs machen. Ich möchte es ungern selbst machen, weil es nicht vom Chef kommen soll, sondern von jemand Unabhängigem.

Aber Sie würden sich zutrauen, es selbst zu machen? #00:06:18-0#

D. E.: Ja, ich würde es mir zutrauen. Es ist keine große Sache.

Haben Sie eine Empfehlung für andere junge Leute, die wie Sie beruflich weiterkommen möchten und sich in der heutigen Wirtschafts- und Arbeitswelt behaupten möchten? #00:06:36-0#

D. E.: Mein voriger Chef, der nicht mehr da war, als ich angefangen habe, hat mir gesagt: Früher war es wichtig, dass man einen langen Plan macht und den über drei, vier, fünf, sechs Jahre einhält. Mittlerweile ist die Welt durch E-Mails so schnelllebig, jeder kann sich irgendwo Informationen beschaffen, dass man gezwungen ist, seinen Plan ständig anzupassen. Ich glaube, wenn man so etwas macht, hilft es, sich stetig zu hinterfragen: „Passt das, was ich mir vor drei Monaten vorgenommen habe, noch? Muss ich es ändern? Muss ich es anpassen?" Man wird von so vielen Informationen zugebombt, dass es wichtig ist, dass man sich immer wieder die wichtigsten drei Dinge herauszieht.

Grundfertigkeit für Karriereweg

PATRICK SUMI

Herr Sumi, Sie haben im Jahr 2012 nach Abschluss Ihres Studiums des Wirtschaftsingenieurwesens Ihren Berufsweg bei der Saia-Burgess Controls AG begonnen. In diesem Unternehmen wurde die Urform des professionellen Selbstmanagementsystems SMan (siehe Kapitel 4) entwickelt und als Unternehmensstandard gelebt. Können Sie bitte beschreiben, wie Sie den Arbeitsalltag und die Führungskräfte dort als Berufsanfänger erlebt haben? #00:00:25-8#

P. S.: Für mich war es interessant zu sehen, dass die Führungskräfte organisiert waren. Sie wussten, was sie in der Woche und am Tag machen und haben nicht einfach in den Tag hinein gelebt. Das war für mich zugleich sehr angenehm, da dementsprechend der Chef organisiert war. Daher war der Start sehr angenehm für mich.

Und wie haben Sie dort als Berufsanfänger Ihr Selbstmanagement in diesem Unternehmen entwickelt? Wurden Sie geschult, gab es Kurse, oder war das lange? Wie sind Sie selbst da reingekommen? #00:01:00-9#

P. S.: Kurse gab es, aber da ich später in die Firma hineingekommen bin, habe ich das von meinem Chef abgeschaut und den Nutzen gesehen.

Rein on-the-Job? #00:01:12-1#

P. S.: Genau ja.

Im Jahr 2015 haben Sie das Unternehmen verlassen, um woanders Ihren Berufsweg fortzusetzen. Haben Sie anschließend das professionelle Selbstmanagementsystem SMan weiter praktiziert? #00:01:26-8#

P. S.: Genau, das habe ich weitergemacht, da ich den Nutzen darin gesehen habe.

Bis heute? #00:01:31-0#

P. S.: Bis heute.

Inzwischen sind Sie Führungskraft geworden und haben in einem weltweit bekannten Unternehmen Karriere gemacht. Was fiel Ihnen denn in puncto Führung besonders auf? Was läuft da anders als bei Ihrem ersten Arbeitgeber? #00:01:44-8#

P. S.: Der Hauptunterschied bezüglich Führung und Selbstmanagement ist meiner Meinung nach, dass es viele Trainings gibt. Dennoch gibt es nichts, das langfristig angewendet wird. Das, würde ich sagen, ist so der Hauptunterschied.

Es wird viel versucht zu verbessern #00:02:04-1#

P. S.: Genau. X-Trainings in Führung, Zeit- und Selbstmanagement, aber nichts, das langfristig jeder anwendet.

Wie groß sehen Sie den Bedarf in der heutigen Arbeitswelt an Selbstmanagement, dass das systematisch gemacht wird? #00:02:20-0#

P. S.: Ich denke, da gibt es einen hohen Bedarf, da die Leute täglich in den Tag hineinleben. Aber sie planen wenig bis nichts und wirklich, dass man da etwas Professionelles aufsetzen kann und das auch langfristig angewendet wird, indem die Leute auch den Nutzen sehen.

Wem würden Sie denn empfehlen, sein Selbstmanagement zu professionalisieren? #00:02:49-8#

P. S.: Ich denke, jedem, der Spielraum hat, seinen Tag zu organisieren. Das heißt, jeder, der seinen Tag selbst organisieren kann und muss in einem professionellen Rahmen.

Ist das schwer zu erlangen und ist das mühsam aus Ihrer Erfahrung? #00:03:10-1#

P. S.: Nein, denn am Ende des Tages sind es nicht irgendwelche komplexen oder komplizierten Konzepte. Es ist wirklich einfach anzuwenden.

Ein Profilbild von Marcel Odermatt sagt mehr als tausend Worte

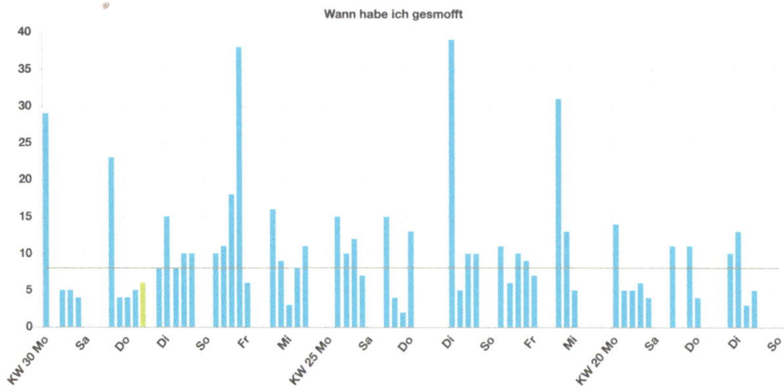

Periode		Gesamtzeit	Zeit/Woche	Anzahl Smoff Tage
Vorwoche	80% ↓	00:43:46	00:43:46	4
5 Vorwochen	96%	04:27:12	00:53:26	24
13 Vorwochen	91%	09:18:43	00:42:59	59
52 Vorwochen	99%	2Tg 06:01:20	01:02:20	257

Ingenieur, Mitte 40,
smofft seit über 10 Jahren,
arbeitet in Industrieunternehmen

Abb. 2.40 Marcel arbeitete als Entwicklungsgruppenleiter bei der Saia-Burgess Controls AG, wo er Ende der 2000er-Jahre mit dem Smoffen begann. Mehr als zehn Jahre später gehört das weiter fest zu seiner Tagesroutine.

Erfahrungsberichte: Begeistert vom Smoffen und von den Buchinhalten

Jeder, der Smoffen als neue Arbeitsgewohnheit annimmt, spürt sehr schnell einen sehr positiven Effekt. Er fühlt sich besser. Das ist unglaublich in der Wirkung und einfach zu erreichen.

Diese Wirkung ist unabhängig vom Hierarchieniveau und vom Verantwortungsumfang immer vorhanden. Je höher die Überlast beziehungsweise Überforderung vorher war, desto stärker wird die Wirkung wahrgenommen.

Die nachfolgenden Aussagen dazu stammen von Menschen, denen in Workshops oder beim 1:1-Mentoring die Inhalte dieses Buches vermittelt wurden. Was ihnen davon zugesagt hat, haben sie aufgenommen und umgesetzt. Der Lern-Zeit-Aufwand beim Zeitpunkt der Befragung lag zwischen einer Stunde bis maximal zehn Stunden. Mehr braucht es nicht, um seine persönliche Planung und Selbstmanagement substanziell und dauerhaft zu professionalisieren.

Das Professionalisieren der persönlichen Planung und des Selbstmanagements ist kein klassisches Lernen von Stoff oder Aneignen von Wissen, sondern ein „learning-by-doing" nach Anleitung und vorbildgebenden Beispielen. Dazu reichen auch schon dieses Buch und automatisiertes eMentoring aus. Jedoch mit persönlichem Mentoring kommen sie schneller und sicherer voran sowie etwas weiter.

Abb. 2.41 Smoffen-Wirkung: Tut einfach gut.

Wenn Sie nach dem Lesen dieses Buches damit beginnen, Ihre Art der persönlichen Planung und Ihr Selbstmanagement weiterzuentwickeln und den Anforderungen der neuen Arbeits- und Wirtschaftswelt anzupassen, kommen Sie auch allein sehr weit.

Wenn Sie einen Smoffen-Mentor wollen und brauchen, aber keinen kennen, vermittelt Ihnen die Smoffen-Mentoring-Plattform (www.smoff.ch) gerne jemanden, der zu Ihnen passt.

Nachfolgend finden Sie Auszüge aus einigen Interviews mit Menschen, die systematisch professioneller planen, das heißt smoffen. Die vollständige Audio- und Textdokumentation vieler Interviews (D/E) mit unterschiedlichsten Menschen, die jeden Tag mit wenigen Minuten professionelles Review und Neuplanung initialisieren, finden Sie auf www.2ease.org/smoffen-erfahrungsberichte.

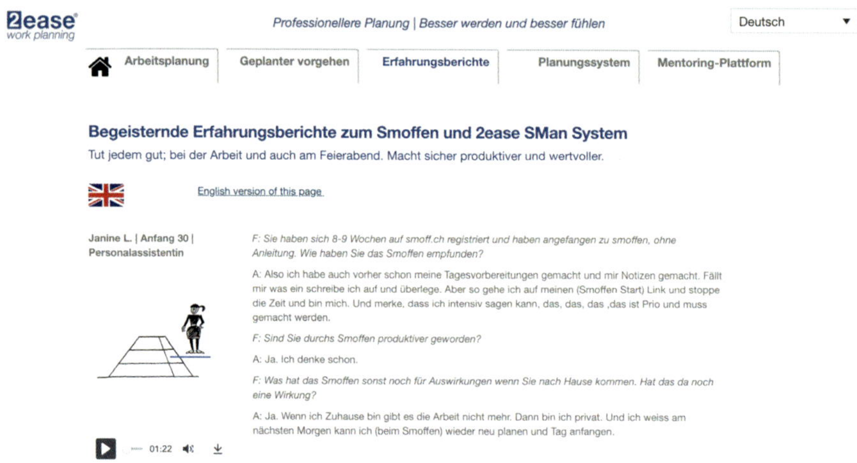

Abb. 2.42 Jeder, der smofft, fühlt sich besser und ist besser – unabhängig von Alter, Job und Hierarchiestufe.

„Vorher schon top organisiert. 30–40 Prozent Produktivitätszuwachs. Kann nun pünktlich heim und fühlt sich sicher und wohl."

Andrea, Mitte 30, führt große Vertriebsabteilung

„Ist verblüfft von sofortiger substanzieller Wirkung. Kann nun Chef beeindrucken und hat mehr Wohlbefinden, bei der Arbeit und daheim."

Thomas, um die 40, Abteilungsleiter IT

„Habe endlich inneren Schweinhund im Griff und bin ehrlicher sowie disziplinierter mit mir selbst."

Markus, Ende 30, Abteilungsleiter Technik, EVU

„Es gehen weniger Sachen vergessen. Du gehst mit einem wesentlich zufriedeneren Gefühl aus dem Tag raus."

Niederlassungsleiter, Mitte 40

„Ich mache das Smoffen bis heute und ich muss sagen, es hat mir mehr geholfen als jedes Antidepressivum."

Biochemikerin, Anfang 60

„Und [ich] habe dann relativ schnell das effektivere Arbeiten gesehen."

Kaufmännischer Abteilungsleiter, Ende 40

„An dem Smoffen gefällt mir jetzt eindeutig, dass es nun deutlich strukturierter ist, wie ich es zum Beispiel hatte, auch detaillierter..."

Geschäftsbereichsleiter, Mitte 40

„Ich denke schon, dass man produktiver wird, zumal man auch nichts vergisst. Und ich glaube, man ist ausgeglichener."

Führungskraft in Konzernzentrale, Mitte 30

„Und das Smoffen hat mir den Umstieg nicht nur massiv erleichtert, noch dazu hat es mir sogar geholfen, meinen Kollegen immer ein bisschen voraus zu sein."

Leiter Automation, Ende 30

„Wenn ich morgens nicht smoffe, habe ich das Gefühl, ich gehe wie ein Friseur los. Sagt man ja bei uns so, so ohne Werkzeug."

Senior Software Engineer, Mitte 30

„Ich sehe, was habe ich an einem Vortag geschafft, was habe ich nicht geschafft, und nehme mir dann auch vor, es möglichst zeitnah dementsprechend abzuarbeiten. Und ich weiß einfach, dass mir nicht irgendwo etwas verloren geht."

Angestellte Innenarchitektin, Mitte 40

„Es hilft mir unglaublich dahin gehend, dass der Tag nicht mehr an mir vorbeirauscht, sondern dass ich mir kurz Gedanken mache: Was hast du zu tun?"

Niederlassungsleiter, Mitte 40

„Ich fühle mich auf jeden Fall produktiver und wertvoller."

Technischer Vertriebsassistent, Mitte 20

„Ich habe meistens ein gutes Gefühl nach dem Feierabend, aber das Smoffen macht auf jeden Fall noch mal sicherer und man hat ja auch ein besseres Gefühl, weil man weiß, man vergisst nichts."

Kaufmännischer Abteilungsleiter, Ende 30

Erfahrungen als Smoffen-Mentor und -Kursleiter für Kollegen im Konzern

In 2018 lief der erste professionelle Selbstmanagementkurs in diesem Unternehmen. Ich habe ihn selbst geleitet. In der 2. Jahreshälfte 2019 hat der erste Kurs als rein interne Veranstaltung ohne mich stattgefunden. Der Kursleiter spricht über seine Erfahrungen damit.

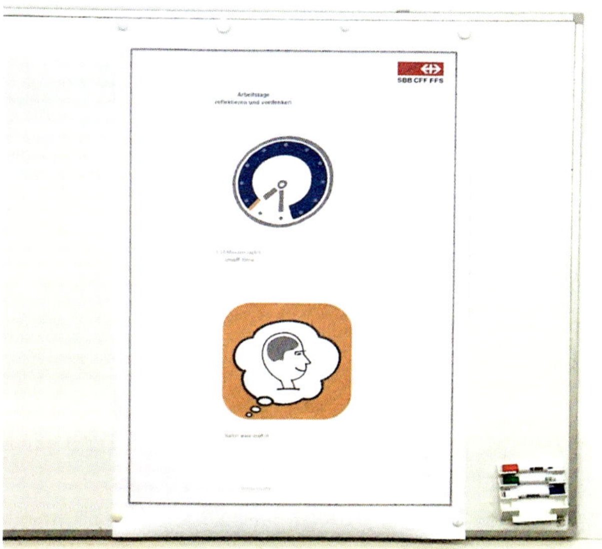

Abb. 2.43 Die Erinnerung für SBB-Kursteilnehmer, jeden Tag mit einer Smoff-Time zu initialisieren.

Bericht von Kaizen Head Coach Martin Rohner (vor dem Ausbruch der Corona-Krise)

Wie die Jungfrau zum Kinde zum Thema professionelles Selbstmanagement (PSM) gekommen

Es war gleich an meinem ersten Arbeitstag als Head Coach für Kaizen bei einem bedeutenden Schweizer Transportunternehmen, an dem ich mit dem Konzept des professionellen Selbstmanagements in Berührung kam – durch einen Vortrag von Jürgen Lauber.

Inhaltlich ging es um die Herausforderung, wie eine stetige Verbesserung realisiert werden kann, obwohl es keine typischen Kennzeichen gibt, wie man sie aus der Produktion kennt (zum Beispiel sichtbare Bestände vor Arbeitssystemen). Der Vortrag zeigte nicht nur die Herausforderung von immateriellen Werten auf, sondern auch die Probleme mit bekannten Hilfsmitteln, die ständige Erreichbarkeit und Verfügbarkeit ermöglichen. Man kennt sie, seien es die E-Mails, die umgehend um Antwort zu bitten scheinen, oder die zahllosen Meetings, verwaltet durch Outlook. Egal ob elektronisch oder Face-To-Face: Ständig wird man abgelenkt, werden produktive Gedankengänge unterbrochen.

Mit klassischen Lean-Management-Ansätzen ist in solchen Arbeitsumgebungen oft schwierig zu arbeiten, sind Transfers auf die eigenen Prozesse und Arbeiten (typischerweise aus der Produktion) für die Betroffenen häufig nur mit Mühe machbar und bei der Anwendung von Methoden, wie zum Beispiel 5S, wird mehr Widerstand als Kooperation erzeugt. Den Mitarbeitern ist dann meistens nicht geholfen, der Mehrwert für sie nicht erkennbar.

Der Ansatz von professionellem Selbstmanagement greift auf einer ganz anderen Ebene: der persönlichen eines jeden Mitarbeitenden. Im Kern geht es darum, den Tag mit all seinen Umständen und Möglichkeiten so effektiv und effizient zu nutzen und für sich und die Firma damit Mehrwert zu schaffen. Voraussetzung dafür ist, dass man weiß, wo man hinwill, die eigenen Ziele kennt und sich deren stets bewusst ist. Wenn man dann vor dem eigentlichen Arbeiten sich deren bewusst macht und überlegt, wie man die Möglichkeiten, die einem der Tag bietet, optimal nutzt, um genau diese Ziele zu erreichen, wird man effektiv. Es ist die perfekte Ergänzung zu Lean-Management-Ansätzen. Für mich als Lean-Management-Experte eine tolle

Win-win-Situation und der Start für unsere Organisation, professionelles Selbstmanagement auf freiwilliger Basis einzuführen.

Wir starteten mit einer Pilotschulung, und die Begeisterung und die Effekte waren so überzeugend, dass eine Weiterführung und vertiefte Auseinandersetzung mit professionellem Selbstmanagement ein Selbstläufer wurde. Heute führen wir zwei Schulungen pro Jahr für Interessierte durch und unterstützen diejenigen mithilfe einer Community, die bereits die Einführung und Trainings zum professionellen Selbstmanagement durchliefen.

Wie hat das bei anderen gewirkt?

Uns interessierte, wie sich professionelles Selbstmanagement – einmal eingeführt und trainiert – auf die Teilnehmer der Kurse auswirkt. Dazu haben wir Interviews durchgeführt und verblüffend ähnliche Rückmeldungen bekommen. Grundsätzlich sind die Anwender von PSM viel entspannter unterwegs, weil sie genau wissen, wo sie stehen. Sie sind zielorientierter und bemerken eine signifikante Steigerung sowohl ihrer Effektivität als auch ihrer Effizienz. Die Mehrheit berichtet auch, dass ihnen das „Nein"-Sagen zu zufälligen, spontanen Anfragen viel leichter fällt. Ein riesiges Plus für die Teilnehmer ist die wahrgenommene Wertschätzung von ihnen seitens des Unternehmens. Denn im Zentrum stehen sie mit ihren Anliegen und Zielen und wie sie diese besser und sicherer erreichen können. Das entspannt.

Eigene Erfahrung als Trainer und Mentor für professionelles Selbstmanagement

Wie bei vielen Kaizen-Methoden ist es bei deren Einführung immer hilfreich, möglichst einfach und schnell erste sinnvolle Ergebnisse zu erhalten. PSM ist dazu geradezu ein wunderbares Mittel. Schon nur durch das tägliche Smoffen ohne größeren Plan in der Hinterhand sind Ergebnisse leicht zu erzeugen. Das spüren die Teilnehmer und auch der Trainer unmittelbar.

Mithilfe der Online-Unterstützung ist es als Mentor ein Einfaches nachzuvollziehen, wie die Teilnehmer unterwegs sind. Das Tool erlaubt es auch, dem Teilnehmer schnell eine Rückmeldung zu geben. Dies wird im Übrigen sehr geschätzt.

Was auffällt als Trainer, sind insbesondere zu Beginn zwei Effekte: Erstens wird zu Beginn des Smoffens oft der Vortag vernachlässigt, viele sind zu schnell auf das Hier und Jetzt fokussiert. Es ist allerdings sehr hilfreich, eine Rückmeldung sich selbst zu ermöglichen, was gut lief und wo Aufpassfelder liegen. Darauf kann man in der Folge sehr gut aufbauen und läuft je länger, desto sicherer im Hier und Jetzt.

Zweitens wird bei der Bewertung des Vortages zu Beginn oft die „Nicht-Zielerreichung“ als negativ beurteilt. Der Fokus jedoch liegt explizit nicht auf der Zielerreichung, sondern auf den Ausnutzungsgrad der Möglichkeiten bezüglich der Ziele und ihrer Hinarbeit, die der Tag einem bot. Hin und wieder gibt es Tage, die schlicht keine Möglichkeit bieten, an seinen Vorhaben zu arbeiten, schlicht weil eine Fremdsteuerung dies verunmöglichte (das wichtige und spontane Gespräch mit Kunden, ein wichtiges Anliegen vom Chef et cetera). Dieser Groschen fällt nicht so schnell und muss immer wieder betont werden.

Je weiter das Training voranschreitet, desto wichtiger werden strategische Belange bei der Planung. Auch hier zeigt sich, dass probieren und insbesondere sich austauschen enorm wichtig ist. Sei es bei der Entwicklung der Fähigkeit, Ziele in mehrere, verarbeitbare Unterziele zu unterteilen und planen, oder wie das persönliche Netzwerk aufgebaut und geschickt für seine Zwecke genutzt werden kann.

3.

IDEELLE GRUNDLAGEN FÜR PROFESSIONELLE PLANUNG UND SELBSTMANAGEMENT

Abb. 3.1 Der In-und Output der täglichen Smoff-Time-Phase.

3.

IDEELLE GRUNDLAGEN FÜR PROFESSIONELLE PLANUNG UND SELBSTMANAGEMENT

Welche Strategien und welche Ziele mit welchen Vorhaben Sie wie verfolgen sollten, darum geht es in Kapitel 3. Es befasst sich damit, was Sie sich für Ihre Arbeitstage und Arbeitswochen vornehmen sollten, um Ihr Wohlergehen zu sichern. Es stellt die zielführende Denklogik für kurz-, mittel- und langfristige Planungen vor.

Inhalt

Einführung

DIE DENKLOGIK, UM ZIELE UND WEGE ZU FINDEN

Wenn Sie sich konsequent jeden Morgen in der Früh einige Minuten Smoff-Time nehmen, um einen Review des Vortags und einen Plan für den neuen Tag zu erstellen, sind Sie schon recht professionell. Sie sind damit sogar schon außergewöhnlich. Jetzt geht es darum, diese wenigen ruhigen Minuten des Smoffens für Sie möglichst effizient und effektiv zu machen. Das bedeutet zu verändern, was Sie in diesen kostbaren Minuten der Smoff-Time denken.

Beim Smoffen nehmen Sie wahr, was in der Vorperiode abgelaufen ist und wo Sie jetzt stehen, und legen fest, was Sie vorhaben: Sie planen Ihren Arbeitstag. Sie wägen ab, Sie entscheiden, Sie entwickeln eine Vorstellung davon, was geschehen soll, bereiten sich mental auf das Kommende vor und nehmen sich vor, was Sie wie wann mit wem machen beziehungsweise erreichen wollen.

Beim Smoffen setzen Sie Ihr Denkvermögen nur für die Navigation durch den Arbeitsalltag und das Arbeitsleben ein. Alles Weitere ist temporär ausgeblendet. Sie legen Kurs, Wege, Events und Etappen fest. Sie bereiten sich auch auf Überraschungen und Widrigkeiten vor und optimieren sich in puncto Sicherheit und Fortschritt. In den wenigen Minuten des Smoffens am Morgen initialisieren Sie Ihr persönliches Navigationssystem für den neuen Tag.

In diesem Kapitel geht es darum, welche Gedanken Sie sich beim Smoffen machen sollten. Sie erhalten einen ideellen Rahmen und Leitlinien für professionelles Selbstmanagement in der von COVID und Digitalisierung geprägten Arbeitswelt des 21. Jahrhunderts.

3.1 NUTZE DEN TAG – MAKE YOUR DAY

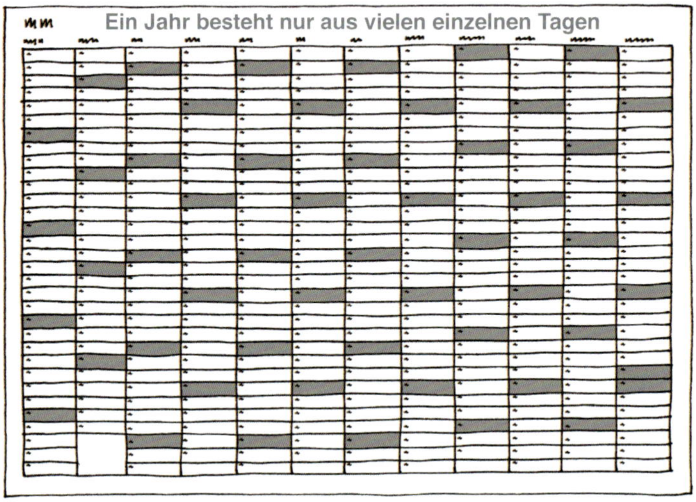

Abb. 3.2 Mehr aus jedem einzelnen Tag machen bedeutet mehr aus seinem Leben machen.

Die kleinste und natürlichste Etappe in Ihrem Berufs- und Lebensweg ist der einzelne Arbeitstag. 220 solcher Etappen machen ein Jahr aus. Ein Berufsleben besteht aus 7.000 bis 8.000 Arbeitstagen. Wie gut Sie vorankommen und wie wohl es Ihnen auf Ihrem Weg ergeht, hängt primär davon ab, wie gut und souverän Sie darin sind, sich durch die Arbeitstage zu navigieren.

Abb. 3.3 Erstellen Sie in wenigen Minuten morgendlicher Smoff-Time für jeden neuen Tag immer zuerst eine persönliche Arbeitsplanung.

Wenn Sie es nicht beherrschen, sich durch einen einzelnen Tag zu navigieren, wird das für die Arbeitswoche oder das Arbeitsjahr noch viel weniger klappen. Was an einem Tag an Fortschritt verloren geht, lässt sich anschließend nur mühsam oder oft gar nicht mehr aufholen. Wenn Sie für einen einzelnen Tag keine Route festlegen oder sich vom Kurs abbringen lassen, so können Sie zwar große Ziele anvisieren, aber Sie verfügen nicht über die Fähigkeit, diese Ziele auch im Alltag zu verfolgen. Dann stellen diese vermeintlichen Ziele einfach nur Hoffnungen und Wünsche dar. Sie benötigen dann viel Glück und günstige Umstände, um Ihre Ziele doch noch zu erreichen.

Wenn Sie im Gewühl des Arbeitsalltags nicht Übersicht, Richtung und Nerven behalten, ist das Unglück bereits vorprogrammiert. Egal ob Sie ein Auto oder sich selbst steuern: Bleiben Sie immer ruhig und haben Sie den Weg möglichst im Kopf. Dann treffen Sie auch unter Zeitdruck und bei Überraschungen die besseren Entscheidungen.

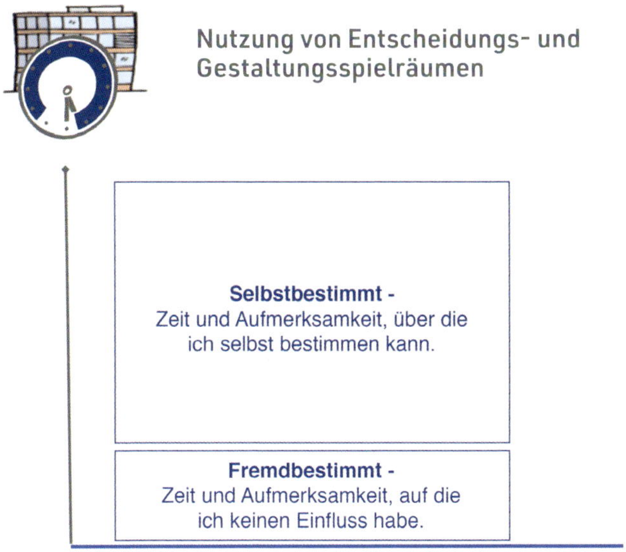

Abb. 3.4 Wenn Sie den selbst bestimmbaren Anteil nicht mit eigenen Zielen und Vorhaben füllen, machen das der Zufall oder Dritte für Sie.

Die fundamentale Fähigkeit professioneller persönlicher Planung und Selbstmanagements besteht darin, jeden einzelnen Tag möglichst zielführend zu gestalten. Sie nehmen sich vor, was Sie wann wie und mit wem tun wollen. Sie haben einen Plan und gehen folglich automatisch geplanter vor.

Für professionelle Planung und Selbstmanagement nutzen Sie Ihre Gestaltungs- und Entscheidungsspielräume systematisch in Ihrem Sinne aus. Dazu sollten Sie sich jeden Tag bewusst machen, über welche Spielräume Sie verfügen. Sie sollten sich zudem bewusst machen, was genau Ihre Zeit und Aufmerksamkeit absorbiert. Denn Zeit und Aufmerksamkeit bilden Ihre knappen und wertvollen „Human Ressources". Für deren Einsatz werden Sie bezahlt. Wofür nutzen Sie Ihre Zeit und Aufmerksamkeit?

Schlüsselfragen und Gedankengänge professioneller Planung und Selbstmanagements

1. Welche Zeit und Aufmerksamkeit sind zwangläufig fremdbestimmt? Über den Rest des Tages haben Sie Verfügungsgewalt. Nutzen Sie sie!

2. Wie viel Zeit und Aufmerksamkeit eines Tages verwenden Sie geplant? Je mehr, desto besser für Sie. Je geplanter, desto weniger lassen Sie sich durch Zufall und Launen steuern.

3. Wie viel Zeit und Aufmerksamkeit verwenden Sie für persönliche Ziele, akute Probleme, absehbare Herausforderungen, Projekte und das reaktive Tagesgeschäft? Das Bewusstsein darüber beeinflusst Sie, was Sie sich für die Zukunft vornehmen. Damit verändert es auch Ihr Arbeitsleben.

4. Wie viel Zeit und Aufmerksamkeit verwenden Sie dafür, dass es Ihnen auch mittel- und langfristig gut geht? Was investieren Sie in Ihre Zukunft?

5. Wie viel Zeit und Aufmerksamkeit sind nicht zielführend, das heißt nutzlos für Sie? Die Frage zielführend oder nicht sollten Sie immer im Hinterkopf behalten, bevor Sie etwas Neues beginnen oder annehmen. Das schafft automatisch mehr zeitlichen Freiraum und mentale Entlastung von Unnützem.

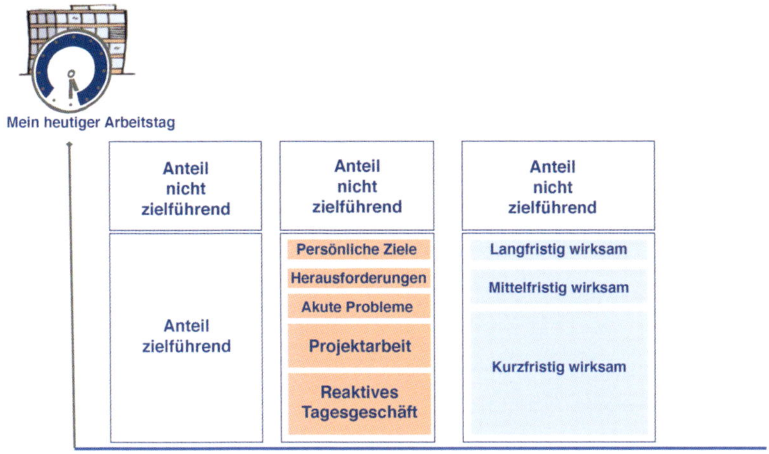

Abb. 3.5 Machen Sie sich bewusst, welche Teile des Tages nicht zielführend für Sie sind. Damit finden Sie ganz automatisch Luft für mehr Zielführendes.

Unwägbares und Überraschendes gehören zum Job

Sie entwickeln am Morgen eine klare Vorstellung von Ihrem Tag, von der nächsten Etappe Ihres Arbeitslebens. Sie haben für den neuen Tag sinnvoll und geschickt den Ablauf sowie Ihre Vorhaben und Ihre Ziele definiert, die Sie verfolgen wollen. Die Aktivitäten, die Sie sich vorgenommen haben, decken nicht nur reaktive Pflichtaufgaben ab, sondern bringen Ihnen auch mittel- und langfristig etwas. Sie tun damit auch etwas für die Sicherung Ihrer beruflichen Zukunft. Sie haben bewusst alles nicht Zielführende aus Ihrem Tag ferngehalten und sich damit Luft verschafft, geplanter vorzugehen und weniger getrieben zu sein. Und dennoch läuft der Tag dann ganz anders als geplant: Sie schaffen vieles nicht. Ist das ein Problem? Haben Sie versagt? Nein, überhaupt nicht. Ganz im Gegenteil: Sie sollten es als normal ansehen, dass sich Ihr morgendlicher Plan nicht erfüllt. Und Sie sollten froh sein, dass sich Ihre Arbeit, das heißt Ihre Wertschöpfung, nicht akkurat vorplanen lässt.

Wie bei jedem Navigationssystem stellen Route und Routendaten beim Start nur eine erste grundlegende Orientierung dar. Es berücksichtigt den aktuellen Stand der verfügbaren Informationen. Und dieser wiederum ist immer lückenhaft und verändert sich. Genauso verhält es sich mit Ihrer Arbeitsumgebung und

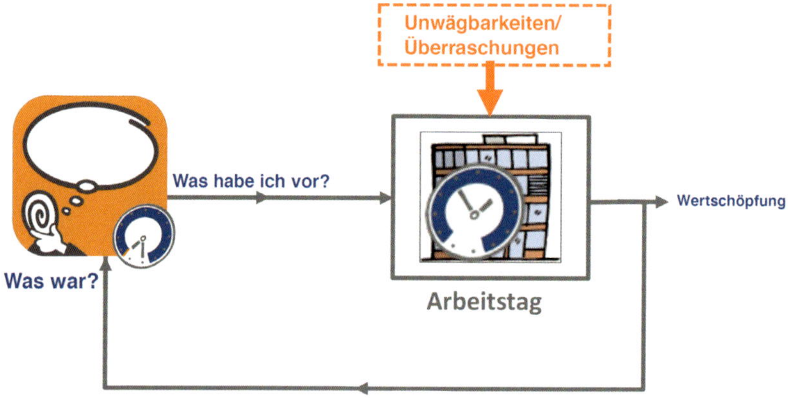

Abb. 3.6 Unwägbarkeiten und Überraschungen sind Teil eines jeden Jobs. Damit müssen Sie professionell umgehen können, weil es einfach dazugehört und normal ist.

Arbeitssituation. Das Verhalten der anderen ist ebenso unberechenbar. Abweichungen, Störungen und Überraschungen sind beim Navigieren durch den Arbeitstag genauso normal wie beim Navigieren durch die Stadt: Dennoch gibt es Staus wegen Verkehrsüberlastung, Tagesbaustellen, Umleitungen und zugeparkte Straßen, die für Verzug sorgen, obwohl Ihr guter Plan anfänglich alle Sackgassen, Einbahnstraßen und Tempo-30-Zonen berücksichtigt hat.

Nehmen Sie die Unberechenbarkeit Ihrer Arbeitssituation und Arbeitsumgebung als normal wahr. Verschwenden Sie besser keine Zeit und Aufmerksamkeit, um damit zu hadern. Halten Sie sich besser von Leuten fern, die darüber jammern. Setzen Sie Ihr Denkvermögen lieber dafür ein, mit dem Unberechenbaren souverän umzugehen. Freuen Sie sich, dass Ihre Arbeit nicht planbar und vorhersehbar ist. Je unplanbarer und unvorhersehbarer sie ist, desto mehr werden Sie mit Ihrer menschlichen Intelligenz gebraucht. Eine Arbeit, die vorhersehbar ist und geplant ablaufen kann, ist von Automation und künstlicher Intelligenz bedroht. Je besser Sie professionelle persönliche Planung und Selbstmanagement beherrschen, desto sicherer ist Ihr Job in der Zukunft. Denn es ist eine einzigartige urmenschliche Fähigkeit, sich selbst Ziele zu setzen, zu verfolgen und gegen alle Widrigkeiten zu erreichen. Smoffen bildet dafür die Grundlage: Es ist „Human Intelligence at Work".

Professionelle Wochenplanung | Taktisch-strategisches Selbstmanagement

Die Ziele, die Sie innerhalb eines Tages erreichen können, und die Vorhaben, die Sie an einem Arbeitstag umsetzen können, sind relativ klein. Im Arbeitsalltag bleibt Ihnen neben den reaktiven Pflichtaufgaben und üblichen Überraschungen relativ wenig freie verfügbare Arbeitszeit übrig. Und in der wenigen Zeit werden Ihre Effizienz und Effektivität noch durch Unterbrechungen und Ablenkungen verringert. Es ist unvermeidlich, dass Sie Unerledigtes für Folgetage noch einmal einplanen müssen. Wenn Sie größere Ziele verfolgen oder umfangreichere Vorhaben realisieren wollen, müssen Sie die Gestaltungsspielräume mehrerer Tage zusammennehmen und geschickt kombinieren. Und selbst wenn Sie sich einen Tag lang nur auf eine Sache konzentrieren könnten, bedarf es meist einer Planung und Zielverfolgung über mehrere Tage hinweg. Denn für umfangreichere Projekte müssen Sie sich mit mehreren Personen abstimmen und/oder sind in einer bestimmten Reihenfolge auf deren Zuarbeit angewiesen. Sie hängen von anderen ab und müssen deren Verhalten in Ihrer Vorgehensweise mit einplanen.

Verfolgen Sie ein weit entferntes Ziel, existieren viele Wege, um es zu erreichen. Sie müssen also abwägen und entscheiden, welchen Weg Sie einschlagen wollen. Sie benötigen damit nicht mehr nur die alltägliche operative Planung, sondern sollten auch taktisch-strategisch planen. Das ist ungewohnt und mental anspruchsvoll. Dafür findet sich im Lauf der Arbeitswoche weder Zeit noch Ruhe. Es bedarf dafür auch Übersicht und Abstand, damit sich ein konsistenter sinnvoller Gesamtplan über mehrere Ihrer Arbeitstage hinweg ergibt. Sie verfolgen schließlich nicht nur eine Sache auf einmal, sondern müssen auch an vielen Zielen, Vorhaben und Pflichtaufgaben gleichzeitig arbeiten. Die Planung über mehrere Tage hinweg sollten Sie nur am Wochenübergang erstellen, das heißt noch vor dem operativen Start der neuen Woche. Das ist weniger aufwendig und wirksamer als im Lauf einer Arbeitswoche. Beim Planen zwischendurch im Lauf der Woche kommen taktisch-strategische Überlegungen zu kurz, denn Ihr Kopf ist zu stark auf das operative Tagesgeschäft ausgerichtet. Für eine gute Planung fehlen Ihnen der Abstand und die mentale Ruhe.

Die ideale taktische und strategische Planungszeitspanne zur Verfolgung größerer Ziele und Vorhaben umfasst ein bis zwei Wochen. Planen Sie so, dass Sie im Best Case in einer Woche am Ziel sein können und im Worst Case in zwei Wochen.

Plädoyer für Wochenplanung – in jedem Fall

Auch wenn Sie in den Folgewochen keine größeren Ziele oder Vorhaben einplanen müssen, sollten Sie trotzdem immer eine Wochenplanung erstellen. Sehen Sie die nächsten vor Ihnen liegenden ein bis zwei Arbeitswochen einfach als eine größere Reise mit vielen Tagesetappen an. Wenn Sie eine Reise unternehmen, geschäftlich wie privat, fahren Sie auch nicht einfach los: Sie planen die Reise. Sie entwickeln eine Vorstellung, was Sie wann wie wo und mit wem machen. Sie planen Ihre Reise genau, und zwar schon lange vorher. Sie stellen sicher, einen Plan zu haben, wenn es losgeht. Sie wollen schließlich das Beste aus Ihrem Urlaub machen. Dafür

Abb. 3.7 Eine Routenplanung über eine ganze Woche ist anspruchsvoll. Es bringt Sie aber noch weiter, da Sie nicht mehrmals in die gleiche Ecke gehen/fahren müssen und weniger Leerlauf haben.

planen Sie vorab, obwohl Sie wissen, dass vieles auf Reisen nicht planbar ist und Abweichungen eintreten werden. Obwohl Sie wissen, dass Sie nicht präzise, detailliert und genau planen können, starten Sie Ihre Reise dennoch nicht planlos, auch wenn es möglich wäre und Sie es sich leisten könnten. Beim Planen stellen Sie sich auf das ein, was Sie erwarten könnte beziehungsweise sollte. Ihren Plan können Sie mit anderen teilen – und damit auch die Vorbereitung und den Ablauf mit ihnen abstimmen.

Was für Ihre Urlaubswochen gilt, trifft auch auf Ihre Arbeitswochen zu: Statt eines Reiseplans sollten Sie auch für Arbeitswochen einen persönlichen Plan vorliegen haben, bevor Sie loslegen. Damit können Sie sich besser und leichter durch den Trubel des Alltags navigieren.

Ein persönlicher Arbeitsplan ist wie ein Reiseplan ebenfalls nicht präzise, starr und allumfassend. Unschärfen können auftreten, und nichts ist sicherer als Abweichungen. Sie planen etwas Neues und noch nie Dagewesenes. Dann sind Abweichungen und Überraschungen normal. Bei einer Reise kommt das Ziel nicht automatisch auf Sie zu. Ein Mindestniveau an Planung ist nötig. Bei der Arbeit ist das anders: Der Feierabend kommt von ganz allein auf Sie zu.

Weil eine persönliche Arbeitsplanung nicht zwingend nötig ist, wird sie kaum erstellt. Wenn Sie es dennoch tun, verfügen Sie über einen enormen Vorteil in der Arbeitswelt des 21. Jahrhunderts: Sie kommen sicherer, besser und schnell an Ihr Ziel. Professionelles Selbstmanagement am Wochenübergang benötigt in der Regel das Zwei- bis Dreifache der Zeit für die Tagesplanung. Je nach Job und Situation sind dafür aber nur 10–30 Minuten aufzuwenden. Wenn Sie sich diese Zeit nehmen, leben Sie nicht von Tag zu Tag. Sie lassen weder Arbeitstage noch Arbeitswochen einfach auf sich zukommen. Mit dem Smoff-Time-Profil können Sie das auch zeigen: Es belegt Ihre Professionalität.

3.2 DAS OBERSTE STRATEGISCHE ZIEL – WOHLERGEHEN IM ARBEITSLEBEN!

Wenn Sie eine Urlaubreise planen, verfolgen Sie Ihre Erholung als oberstes Ziel. Es ist das strategische Urlaubsziel. Den Weg dorthin beschreitet jeder anders. Es gibt viele Möglichkeiten, sich zu erholen. Es bedeutet nicht für jeden das Gleiche. Viele Unwägbarkeiten und Einflussfaktoren machen die Zielerreichung unsicher.

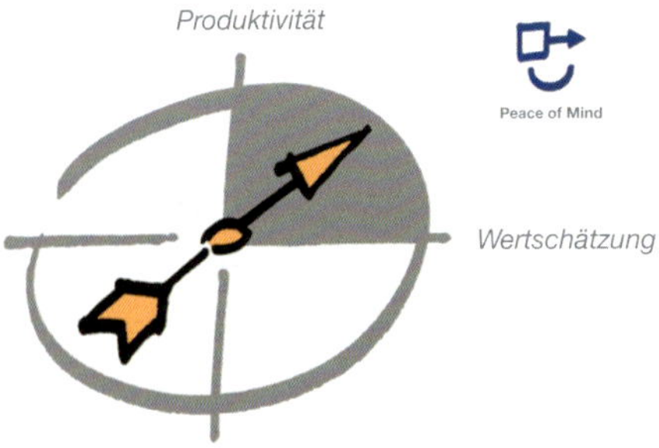

Abb. 3.8 Strategische Ziele stellen wichtige Navigationshilfen durch Arbeitsalltag und Arbeitsleben dar.

Wenn Sie sich nicht im Urlaub, sondern im Arbeitsalltag befinden, sollten Sie auch ein strategisches Ziel haben und verfolgen; ein Ziel, von dem Sie die Vorhaben und Ziele Ihrer Arbeitswochen und Arbeitstage ableiten können. Diese Vorhaben und Ziele geben Ihrem Arbeitsleben eine Ausrichtung und stellen die grundlegende Orientierung Ihres Tuns dar. Sie bestimmen, wie Sie Ihre Freiheitsgrade und Gestaltungsspielräume nutzen sollten. Die Entscheidung, ob etwas zielführend oder nicht ist, können Sie in jedem Fall von Ihrem obersten strategischen Ziel ableiten. Dazu benötigen Sie gar keine konkreteren Ziele. Strategische Ziele sind bei der Navigation durch das Arbeitsleben wie Fixsterne.

Als oberstes strategisches Ziel für das Arbeitsleben im 21. Jahrhundert empfehle ich Ihnen die „Sicherung des eigenen Wohlergehens – kurz-, mittel- und langfristig". Dieses Ziel zu verfolgen und auch gegen Widerstände zu erreichen, sollte den Kern Ihres professionellen Selbstmanagements bilden. Es stellt das strategische Smoffen-Ziel dar. Weil das Wohlergehen im Kontext der Arbeitswelt des 21. Jahrhunderts nicht sicher, nicht dauerhaft und nicht mehr normal ist, sollten Sie Ihr Denkvermögen beim täglichen Smoffen einige Minuten dafür einsetzen, sich die Dinge vorzunehmen, die Ihrem Wohlergehen zuträglich sind. Dadurch werden Sie ganz automatisch versuchen, an einem neuen Tag oder in einer neuen Woche alles zu vermeiden, was Ihrem Wohlbefinden abträglich ist. Ein paar Minuten Einsatz Ihres Denkvermögens ist das sicher wert. Das stellt die elementarste Form der Navigation durch den Tag und die Woche dar. Sie lenken Ihre Aufmerksamkeit darauf, zu erkennen und zu definieren, was Ihnen guttut: eigentlich ganz einfach und dennoch sehr ungewöhnlich. Üblich ist der Vollgasstart in den Tag, um keine Zeit zu verlieren. So wird intuitiv das Falsche gemacht, weil es eben naheliegend und üblich ist.

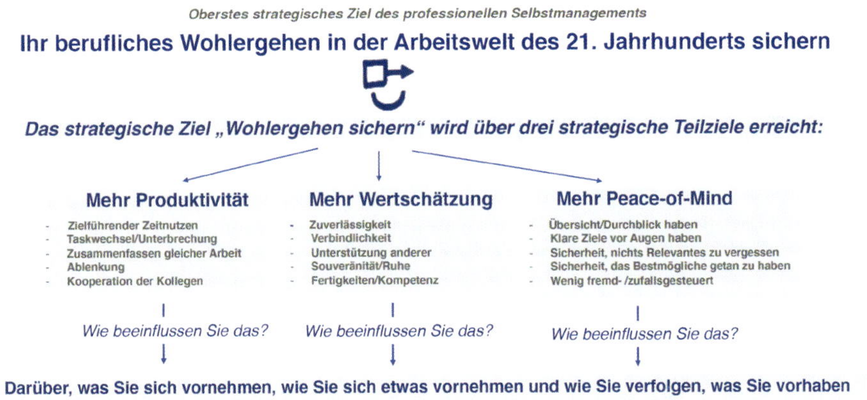

Abb. 3.9 Verfolgen Sie einfach jeden Tag primär Ihr berufliches Wohlergehen. Darauf richten Sie aus, was Sie sich beim Smoffen wie und für wann vornehmen.

Vom obersten strategischen Ziel zu strategischen Eckpfeilern

In der Wikipedia-Definition für Selbstmanagement steht unter Punkt 1 ganz lapidar: „Selbstständig sinnvolle und authentische Ziele setzen". Unter Punkt 2 die Empfehlung: „Einen Plan und Strategie für die effiziente Umsetzung der Ziele zu erarbeiten."

Das oberste Ziel ist jetzt gesetzt. Nun benötigen Sie noch eine Strategie zur Verfolgung dieses Ziels. Setzen Sie doch einfach auf die Smoffen-Wohlergehen-Strategie. Dabei versuchen Sie jeden Tag beim Smoffen, Ihre Arbeitsplanung daran auszurichten, was Ihre Attraktivität als Kollege und Arbeitnehmer steigert. Sie gestalten Ihre Tage und Wochen so, dass Sie produktiver, wertvoller und besser gestimmt sind als normalerweise. Bedenken Sie beim Smoffen immer, was am neuen Tag oder in der neuen Woche gut für Ihre Produktivität, für die

Wertschätzung der anderen und für Ihre Zufriedenheit ist. Machen Sie sich täglich bewusst, was dem abträglich ist. Wenn Sie dieses Denken verinnerlicht haben, navigieren Sie sich ganz von selbst in eine immer bessere berufliche Position. Dann verfügen Sie über Peace-of-Mind. Denn mehr können Sie für Ihr Wohlergehen – realistisch gesehen – gar nicht tun. Sie streben nämlich täglich danach und tun, was möglich ist.

Selbstmanagement

WIKIPEDIA
Die freie Enzyklopädie

1. selbständig sinnvolle und authentische Ziele zu setzen,
2. einen Plan und eine Strategie für die effiziente Umsetzung der Ziele zu erarbeiten,
3. diesen Plan konsequent umzusetzen und
4. regelmäßige Fortschritts- und Ergebniskontrollen durchzuführen und
5. daraus Maßnahmen zur Effizienzsteigerung abzuleiten .

Abb. 3.10 Zum Selbstmanagement gehört recht viel dazu. Es sieht einfach aus. Beim Tun ist es allerdings recht anspruchsvoll. Quelle: https://de.wikipedia.org/wiki/Selbstmanagement

In Sinne von hoher Professionalität verschwenden Sie bitte keine Zeit und mentale Energie für Jammern, Ärgern und Lamentieren über das Arbeitsumfeld oder die schlechten Umstände. Denn das stellt genau das Gegenteil von zielführend dar. Das macht Sie nämlich nicht produktiver, nicht wertvoller, sondern erzeugt nur schlechte Laune. Sie fokussieren sich professionell auf Ihre Fähigkeit, das Vorhandene beziehungsweise Gegebene systematisch besser zu nutzen, seien das Ihre persönlichen Ressourcen, Mittel des Unternehmens, Ihre Kollegen oder Ihre Chancen.

Wer hochproduktiv, wertgeschätzt und gut drauf ist, dem wird es auch in der schwierigen Arbeitswelt des 21. Jahrhunderts gut gehen. Wie Sie Produktivität, Wertschätzung und Wohlbefinden taktisch-strategisch fördern, erfahren Sie nachfolgend. Dort geht es um die Planung und Reviews des operativen täglichen Tuns.

Disclaimer: Es kann auch einmal schlecht für Sie laufen!

Allerdings ist auch professionelle Planung und Selbstmanagement keine Garantie, dass es für Sie immer rund und glatt läuft. Auch die professionellste Einstellung und Systematik sind kein 100-Prozent-Schutz gegen die negativen Phänomene und Gefahren der Arbeitswelt des 21. Jahrhunderts. Falls Sie beziehungsweise Ihre Organisationseinheit davon betroffen sind, ist die beste Gewähr für Sie, um gut aus der Sache herauszukommen, wenn Sie zu den hochproduktiv, allseits wertgeschätzten und wohlgestimmten Mitarbeitern zählen. Das ist die Arbeits-Lebensversicherung der heutigen Zeit. Selbst wenn Sie einmal einen beruflichen Unglücksfall erleiden, werden Sie mit professionellem Selbstmanagement schneller wieder auf die Beine und hochkommen.

Win-win-Strategie

Sie persönlich gewinnen ganz sicher, wenn Sie konsequent Ihr Wohlergehen mit der beschriebenen Smoffen-Strategie verfolgen – und niemand verliert dadurch etwas. Ihr Zugewinn geht nicht zulasten beziehungsweise auf Kosten anderer. Ganz im Gegenteil profitieren Ihre Kollegen und Ihre Arbeitgeber enorm, wenn Sie im Job (noch) wertvoller, produktiver und besser drauf sind. Die Smoffen-Strategie ist eine Win-win-Strategie für alle Stakeholder. Dazu gehören auch die Familie und Freunde.

3.3 PERSÖNLICHE ZIELKULTUR ALS BEREICHERUNG IHRES LEBENS

Wertschöpfung im 21. Jahrhundert als Zielverfolgung

Jedes definierte Ziel stellt für Sie einen materiellen und ideellen Wert dar. Mit dem Erreichen dieses Ziels haben Sie den mit dem Ziel verbundenen Wert geschaffen. Um dorthin zu kommen, mussten Sie das Ziel aber vorher auch verfolgen. Die Zielverfolgung ist somit wertschöpfend. Ein Ziel zu erreichen, bildet den Abschluss der Wertschöpfung. Die Zielerreichung stellt den Output von Arbeit im postindustriellen 21. Jahrhundert dar.

Abb. 3.11 Jedes Ziel hat einen Wert. Wenn Sie wertvolle Ziele verfolgen, sind Sie wertschöpfend.

Die Zielerreichung ist das Produkt von Arbeit in einer Arbeitswelt, in der keine greifbaren Rohteile, Halbfertigprodukte und Endprodukte existieren. Ziele zu setzen, stellt eine Art Produktdefinition dar. Ziele sagen aus, was erschaffen beziehungsweise erreicht werden soll. Die Festlegung, wann Ziele verfolgt werden, ist die Produktionsplanung des 21. Jahrhunderts. Die Verfolgung eines Ziels zu ermöglichen und vorzubereiten, ist die Arbeitsvorbereitung des 21. Jahrhunderts.

Da Selbstmanagement per Definition die Fähigkeit zur Zielsetzung und Zielverfolgung ist, ist die Fähigkeit zum professionellen Selbstmanagement entscheidend für die Produktivität in der Arbeitswelt des 21. Jahrhunderts. Das gilt für einzelne Personen genauso wie für Organisationen.

Unprofessionelles Selbstmanagement ist im 21. Jahrhundert gleichbedeutend mit schlechter Produktivität und Qualität der Arbeit. In der manuellen Produktion von Sachgütern fiel das noch auf. Ohne Arbeitsplanung und Arbeitsvorbereitung durch den Tag zu gehen, das war undenkbar. Heute kommen Sie auch ohne professionelles Selbstmanagement durch. Es genügt, einfach immer digital in Bewegung zu sein oder an Meetings teilzunehmen.

Wenn Sie als Hinter-dem-Bildschirm-Arbeiter Ihre Zielverfolgung planen, gleicht das dem Aufbau einer Wertschöpfungskette oder Produktionslinie. Nur eben mit einer Umgebung, die sich ständig ändert und intangible, das heißt nicht mehr greifbar, und nicht immer logisch rational ist. Idealerweise sollten Ihre Mitarbeiter zur gleichen Zeit am gleichen Ziel mit der gleichen Art der Zielverfolgung arbeiten. Dann würde es für alle wie geschmiert laufen. Anderenfalls wirkt das wie Sand im Getriebe.

Sinnvolle Ziele setzen und verfolgen

Ziele sind für das gesamte Leben eines Menschen von höchster Bedeutung. Sie spornen ihn an. Die Verfolgung von Zielen und die erzielten Fortschritte machen Freude. Neue Ziele helfen aus Krisen. Mit einem Ziel vor Augen lassen Sie sich schwerlich ablenken und können ungeheure Energie und Willenskraft freisetzen.

Menschen, die ihre Ziele verfolgen, sind unaufhaltsam und finden immer einen Weg. Das Fehlen von Zielen im Leben eines Menschen stellt das krasse Gegenteil dazu dar.

Wer sinnvolle Ziele für seine Tage, Wochen und Jahre vor Augen hat, wird sein ganzes Wissen, seine Zeit und Kreativität einsetzen, um diese auch zu erreichen. Er wird ganz natürlich mit anderen kooperieren, auf die er für seine Ziele angewiesen ist. Er wird mit seinem Umfeld „automatisch“ besser umgehen und kommunizieren. Er macht das aus Eigennutz, nicht weil er eine Schulung oder Ermahnung dazu erhalten hat. Auch nicht, um den anderen einen Gefallen zu tun, sondern um sich selbst gutzutun.

Abb. 3.12 Der Feierabend kommt auch ohne jede persönliche Arbeitsplanung auf Sie zu. Sie müssen dafür nichts tun. Der Tag geht auch so rum.

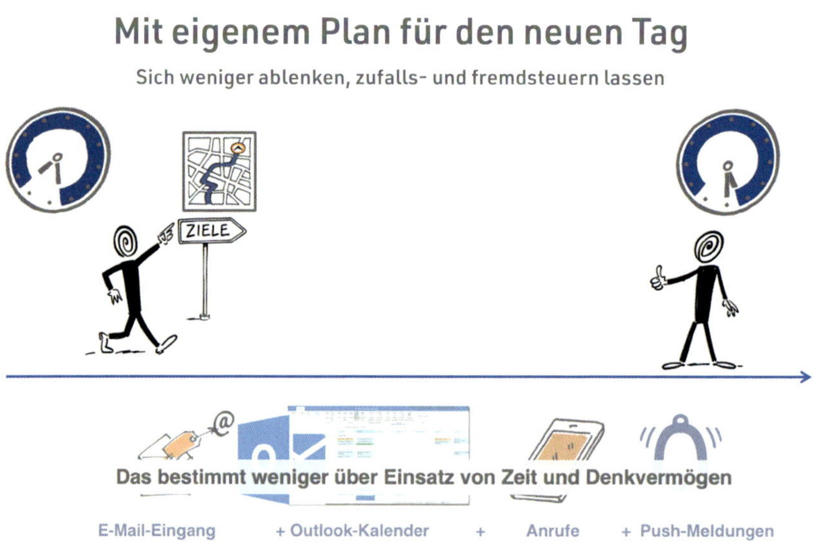

Abb. 3.13 Wenn Sie geplanter und zielführender vorgehen, kommen Sie besser voran. Es tut gut, einen Plan zu haben und ihn zu verfolgen.

Genauso wie Ziele eine wunderbare Wirkung entfalten können, haben sie auch das Potenzial für absolut negative Effekte. Gegensätzliche Ziele oder konkurrierende Ziele bringen Frust und Ermüdung ohne entsprechende Wertschöpfung.

Abb. 3.14 Konträre Ziele verfolgen. An Willen und Engagement mangelt es nicht.

Das schädlichste aller Ziele im Kontext der Arbeitswelt des 21. Jahrhunderts besteht im Tages- oder Wochenziel, alles erledigen zu wollen, was Sie sich vorgenommen haben. Ein solches Ziel hat in Zeiten stupider Büroarbeit in einer wohlgeordneten und übersichtlichen Arbeitsumgebung des 20. Jahrhunderts vielleicht noch Sinn gemacht und motivierend gewirkt. Es passt aber überhaupt nicht mehr in die heutige Arbeitswelt und Arbeitsrealität. Und dennoch ist dieses unsinnige Ziel geradezu in den Köpfen heutiger Arbeitnehmer eingebrannt. Im Kontext des Wandels des Arbeitsalltags und Arbeitsinhalts des 21. Jahrhunderts wirkt ein solches Ziel zwangsläufig deprimierend. Es bestehen heute bei der Arbeit hohe wechselseitige Abhängigkeiten mit Menschen und Funktionen, die Sie kaum kennen und nicht im Griff haben. Bis zum Feierabend kommen immer neue Themen und Anforderungen von vielen Quellen hinzu. Das ist unvorhersehbar. Kreatives Arbeiten und intellektuelle Leistungen lassen sich auch nicht zeitlich budgetieren. Wenn Sie es dennoch tun, frustrieren Sie sich selbst. Wenn Sie großzügig budgetieren, spüren Sie das negative Gefühl von akuter Zeitknappheit, weil die Summe der budgetierten Arbeit die 40-Stunden-Arbeitswochen sprengt. Budgetieren Sie zu knapp, so liegen Sie auch daneben und meinen irrigerweise, Sie hätten zu lange dafür gebraucht. Am Ende sind Sie auch frustriert, weil Sie glauben, Sie könnten nicht planen. Dabei versuchen Sie nur etwas, das in der heutigen Arbeitswelt niemand vermag und eigentlich völlig unnütz ist.

Abb. 3.15 Alles fertig machen zu wollen, ist das dümmste aller Ziele. Damit macht man sich nur selbst fertig. Ein ehrbares Ziel der alten Arbeitswelt des 20. Jahrhunderts macht heute keinen Sinn mehr. Mit unsinnigen Zielen machen Sie sich und eventuell auch Ihre Mitarbeiter unglücklich.

Carpe diem – nutzen Sie den Tag bestmöglich zielführend aus

Die Alternative zum obsoleten persönlichen Ziel „Alles erledigen wollen" ist das Ziel, den begrenzten Zeitraum eines Arbeitstages oder einer Woche einfach konsequent und systematisch zielführend zu nutzen. Das Bestmögliche aus dem Tag machen, so wie er eben ist mit all seinen Überraschungen und Unplanbarkeiten: Das ist die wohltuende Denkhaltung für professionelles Selbstmanagement im 21. Jahrhundert. Und wenn Sie kein konkretes und attraktives Ziel vor Augen haben, dann peilen Sie einfach das universelle strategische Smoffen-Ziel „Wohlergehen sichern" an. Und dann sollten Sie sich bewusst nichts vornehmen und sich zu nichts verleiten oder treiben lassen, was diesem Ziel nicht zuträglich ist, es sei denn, Sie werden dazu gezwungen.

Produktivität im 21. Jahrhundert – Effizienz in der Zielverfolgung

Wie Ziele gesetzt und verfolgt werden, bestimmen die Produktivität und Qualität der Wertschöpfung in der Arbeitswelt des 21. Jahrhunderts. Die sinnvolle Auswahl der Ziele ist dafür genauso entscheidend wie die Systematik und Logik der Zielverfolgung. Und um die Zielverfolgung geht es nachfolgend.

Wer sich an Silvester fürs neue Jahr gute Ziele setzt, aber anschließend keine Zeit und Aufmerksamkeit für deren Zielverfolgung investiert, wird kaum Erfolg haben und eher frustriert sein. Es wäre dann besser gewesen, sich überhaupt keine Ziele zu setzen. Das hätte ihm Frust und Enttäuschung über sich selbst erspart.

Ziele zu setzen, ohne eine nachfolgende dynamische, situativ angepasste Planung der Zielverfolgung zu machen, ist unprofessionell. Dann stellen die Ziele nur Wünsche und Absichtserklärungen mit der Hoffnung auf gutes Glück dar.

Wie erreichen Sie viele Ziele, und wie wertvoll sind diese Ziele?

Jeder Mensch, der in einer Organisationseinheit eingebunden ist, besitzt eine ganz natürliche Produktivität, die sich automatisch aus den Umständen und seinen fachlichen sowie intellektuellen Fähigkeiten ergibt. Jeder kann das reaktive operative Geschäft irgendwie bewältigen. Und der Feierabend kommt jeden Tag auf einen zu. Dazu muss man sich kein Ziel setzen. Das geht von selbst und gefühlt meist viel zu schnell.

Wollen Sie Ihr Produktivitätsniveau innerhalb der bestehenden Organisationseinheit steigern, geschieht dies über eine geschicktere, bewusstere Zielsetzung und eine systematisch bessere Zielverfolgung. Jedes Ziel hat einen materiellen und immateriellen Wert. Setzen Sie sich mehr und wertvollere Ziele, steigt Ihr Wertschöpfungspotenzial. Damit steigt auch die motivierende und fokussierende Kraft, die von Zielen ausgeht.

Ihre Produktivität:
Der Gesamtwert aller pro Zeiteinheit erreichten persönlichen Ziele.

Abb. 3.16 Je mehr Ziele und je wertvollere Ziele Sie gleichzeitig verfolgen, desto wertschöpfender sind Sie.

Der Wert der Ziele, die pro Tag, Woche, Monat oder Jahr erreicht werden, stellt Ihre Produktivität im jeweiligen Zeitraum dar. Es zeigt, wie gut Sie Ihr Wertschöpfungspotenzial genutzt haben und wie gut Ihre Zielverfolgung war. Die Produktivität über eine Woche, einen Monat oder ein Jahr hängt von der Summe der Produktivität jeden einzelnen Tages des gesamten Zeitraums ab. Der einzelne Tag ist entscheidend; alles, was Sie für das Erreichen von größeren oder strategischen Zielen an Aufwand benötigen, müssen Sie auf viele einzelne Arbeitstage verteilt erbringen. Deren begrenzten Freiräume müssen Sie nutzen. Je besser Sie das beherrschen, desto mehr große, das heißt wertvolle Ziele können Sie erreichen und desto produktiver sind Sie. Wenn Sie die Methodik nicht beherrschen, große Ziele dynamisch in kleine zu zerlegen, haben Sie ein Produktivitätsdefizit. Sie könnten mehr erreichen.

Zielsetzung und Zielzerlegung

Was hilft es, 100 Meter in 10 Sekunden zu laufen, wenn Sie eine Abneigung hegen, öffentliche Wettkämpfe zu bestreiten. Dann besitzen Sie zwar geniale Fähigkeiten, die für Sie aber wertlos sind. Verfolgen Sie allerdings seit Ihrer Jugend das Ziel, eine Olympiamedaille zu gewinnen, ist 100 Meter in 10 Sekunden zu laufen, für Sie Gold wert. Nach der Zielerreichung der Olympiamedaille stellt sich dann die Frage neuer Ziele für den „Rest" Ihres Lebens. Auch nach einem Höhepunkt sollen die weiteren Wochen, Monate und Jahre weiterhin wertvoll sein. Dieses Gefühl der Wertigkeit ist zum persönlichen Wohlergehen notwendig. Das Ziel „Nichtstun" ist für zwei Wochen Urlaub zwar wertvoll, führt aber längerfristig zu Wertverlust: Ihr Selbstwertgefühl sinkt.

Bis zum Gewinn einer Olympiagoldmedaille war das Leben eines Athleten auch schon sehr wertvoll. Er hat gelernt, sich tägliche Ziele für das Training stecken. Er setzte sich für seine Leistung Etappenziele und erzielte in immer anspruchsvolleren Wettkämpfen Erfolge. Das sind Etappenziele auf dem Weg zum großen End-Ziel. Dabei verfolgt ein Athlet parallel viele Teilziele, um das große End-Ziel olympische Goldmedaille erreichbarer und wertvoller zu machen. Dazu gehört das mentale Training genauso wie das Medientraining für das Leben als prominenter Olympiasieger.

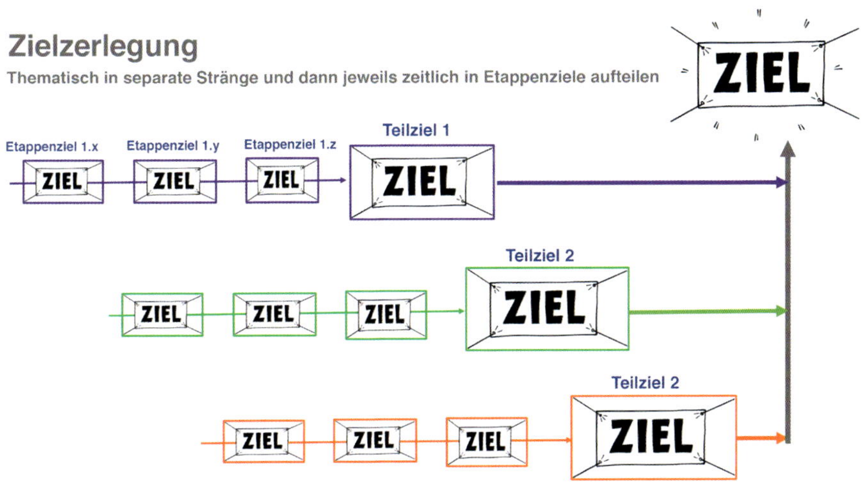

Abb. 3.17 Die Verfolgung eines großen Ziels ist in die Verfolgung von Teilzielen aufgeteilt. Jedes Teilziel kann wieder einen Zielverfolgungsstrang haben, der wiederum aus einzelnen Etappen besteht. Jede einzelne Etappe kann zeitlich wieder in Teiletappen zerlegt werden. Das sollten Sie so weit verkleinern, dass ein Fortschritt in einer Woche oder in einem Tag möglich ist. Dann fällt die operative Zielverfolgung leicht, und die Zielerreichung ist sicher, weil Ihr Vorgehen geplant ist.

Je größer das Ziel, desto schwieriger und anspruchsvoller ist es zu erreichen. Deshalb sollten Sie große Ziele immer in mehrere Teilziele zerlegen. Jedes Teilziel müssen Sie über längere Zeit hinweg verfolgen. Die Verfolgung besteht in der Definition und Erreichung von mehreren Etappenzielen, die selbst wieder über längere Zeit verfolgt werden müssen. Und alles muss irgendwie rechtzeitig zusammenkommen und neben der sonstigen täglichen operativen Arbeit Platz im Tag finden. Dazu benötigen Sie eine Planungssystematik, die jederzeit eine volle Übersicht über die persönliche, aktuelle Arbeitssituation und eine hohe Dynamik der Anpassung gewährleistet. Sie müssen sicher und schnell erkennen, was Sie sich zur Verfolgung Ihrer großen beziehungsweise strategischen Ziele noch für den einzelnen Tag oder die Woche vornehmen. Und alles vor dem Hintergrund, dass weder Arbeitsalltag noch Arbeitsleben vorbestimmbar sind und voller Überraschungen stecken. Es bedarf einer Planung, die aber aufgrund der Unvorhersehbarkeit des Umfelds täglich und wöchentlich überarbeitet werden muss. Es ist eine Art digitale Regelung Ihres Arbeitslebens mit dem Regelungstakt Tag und Woche. Und der Zeitaufwand dafür muss klein ausfallen. Wenige Minuten pro Tag müssen ausreichen.

Ein reales praktisches Beispiel für eine mehrstufige Zielzerlegung ist das strategische Ziel, das ich mir 2013 gesetzt habe: „Anerkannter und bekannter Publizist werden". Ein Teilzielstrang dafür bestand darin, ein erfolgreicher und geschätzter Buchautor zu werden. Und die erste Etappe auf diesem Zielstrang war die Auswahl eines hoch attraktiven Themenfelds ohne viel Wettbewerb. Im Lauf des Jahres 2013 habe ich mit dem deutschen Bau(Un)wesen ein in diesem Sinne ideales Themenfeld gefunden. Die Tatsache, dass ich Baulaie war und als Schweizer speziell in Deutschland über keine relevante Erfahrung und Reputation verfügte, musste ich durch professionelleres Selbstmanagement ausgleichen. Mit professioneller Planung und Selbstmanagement konnte ich mir das aneignen, was mir an Bauwissen fehlte, und konnte Vertrauens-/Kooperationsbeziehungen mit vielen Insidern des deutschen Bauwesens aufbauen.

Das damit als nächste Stufe gesetzte Ziel, „erfolgreicher und anerkannter Buchautor zum Thema Deutsches Bauwesen" zu werden, zerlegte ich in verschiedene unterlagerte Teil-Zielstränge, zum Beispiel Know-how-Aufbau, Funk- und Fernseharbeit, Pressearbeit, Beziehungsaufbau mit Journalisten; Aufbau eines Informanten- und Unterstützerpools; Herstellung und Vertrieb von Büchern, Webseite erstellen, eCommerce. Wie ich mein Ziel erreicht habe, ist ersichtlich unter www.bauwesen.co. Die Art und Weise, wie ich das erreicht habe, entspricht dem in diesem Buch beschriebenen professionellen systematischen Selbstmanagement. Ich habe einfach konsequent die Systematik und das Denken selbst angewendet, für die ich Sie mit diesem Buch gewinnen möchte.

Jeder Tag, jede Woche und jedes Quartal meiner Zielverfolgung ist nachvollziehbar dokumentiert. Es gibt einen Plan und einen Review eines jeden Plans. Daraus ist auch ersichtlich, dass vieles ganz anders gelaufen ist als geplant und dass viele Teil-/Etappenziele nicht erreicht wurden. Und dennoch schaffte ich es trotz vieler Überraschungen und vieler Widrigkeiten, das gesetzte Ziel zu erreichen. In Kapitel 5 dieses Buchs finden Sie noch mehr Beispiele aus meinem beruflichen Leben, wie systematische Zielzerlegung und -verfolgung funktionieren und wirken. Die Zielsetzung bei diesen Beispielen war zwangsläufig vorgegeben. Es ging darum, Krisen und Ausnahmesituationen zu bewältigen.

Zieldefinition kann Energie freisetzen: eine Kathedrale bauen statt Steine klopfen

Das Glas kann halb voll oder halb leer sein. Beides beschreibt das Gleiche und hat dennoch eine andere Bedeutung: Halb voll wirkt es eher positiv, halb leer eher negativ. Ein Ziel, das Glas halb leer zu haben, wenn man es eigentlich befüllen möchte, besitzt keine Zugkraft. Dagegen wirkt halb voll motivierend. Die Zieldefinition allein macht den Unterschied aus. Die Formulierung verändert den Blickwinkel.

Ein Bauarbeiter wird vom Ziel „3 Tonnen Steine klopfen" nicht motiviert. Das Ziel „eine Kathedrale bauen" zieht da schon viel mehr. Das eine gehört zum anderen und besitzt dennoch eine ganze andere Wertigkeit. Sie tun etwas viel leichter, lieber und mit mehr Hingabe, wenn Sie ein attraktives Ziel vor Augen haben. Nehmen Sie sich die wenige Zeit, die Sie benötigen, um ein Ziel werthaltig zu definieren und schriftlich zu fixieren. Dabei prägt sich das Ziel in Ihr Bewusstsein ein. Das gibt Ihnen während der gesamten Zielverfolgung ein gutes Gefühl. Attraktive Ziele geben der „Mühe" einen Sinn und dem Streben nach Zielerreichung mehr Kraft und Ausdauer.

Beispiele für starke und schwache Definitionen von Zielen

- Das Ziel „Vorbild sein" ist stärker als „Besser werden".

- „Etwas zum Gemeinwohl beitragen" ist bedeutungsvoller als „Monatlich 20 Euro für Transparency International spenden".

- „Mein berufliches Wohlergehen sichern" ist werthaltiger als „Produktiver werden".

- „Die Möglichkeit, den Gipfel des Mount Everest zu erklimmen", ist begeisternder als „50.000 Euro ansparen".

- „Nichts mehr Relevantes vergessen" ist greifbarer als „Professionelleres Selbstmanagement praktizieren".

- „Eine neue Stelle finden, die ich nie mehr verlassen möchte", motiviert mehr als einfach nur „Einen neuen Job suchen".

- „Einen Vortrag auf dem Internationalen Facility-Management-Kongress in Los Angeles halten" ist motivierender als „Englisch lernen".

- „Den Lebensabend in einem Haus am Meer verbringen können" ist ein stärkeres Ziel als „Fließend Italienisch lernen".

- „Mit der Familie vor der Schulpflicht der Kinder in Tiefschneeparadies Jackson Hole (USA) überwintern können" ist für Ski-Cracks viel motivierender als das Ziel „Mit 40 Jahren eine absolute Spitzenführungskraft sein".

- „Bei Menschen für dauerhaft positive Veränderungen sorgen" ist eine werthaltigere Beschreibung des Ziels „Professionelles Selbstmanagement auf Mentorenniveau beherrschen".

- „Weniger Zeitverzug im Projekt und weniger weg von zu Hause" ist ein starkes Ziel für einen jungen Familienvater. Es ist gleichbedeutend mit dem schnöden Ziel „Als Programmierer ein gutes regeltechnisches Know-how aufbauen."

Zielsynergie und Zielkonflikte

Für die geschickte Definition und die zeitliche Verfolgung Ihrer Ziele ist es ratsam, bewusst auf Synergien zu setzen und mögliche Widerstände im Auge zu haben. Beides kann die Sicherheit der Zielerreichung und den Aufwand dafür enorm beeinflussen.

Abb. 3.18 Eine Synergie entsteht nur, wenn alle gleichzeitig am selben Strang ziehen.

Wenn Sie ein Ziel so definieren, dass es auch für andere erstrebenswert ist und diese sich das Ziel zu eigen machen, erhalten Sie automatisch mehr Unterstützung. Es fällt Ihnen leichter, Ihr Ziel zu erreichen, und Ihre Zielerreichung ist sicherer, weil mehr Personen am selben Strang ziehen und auf den notwendigen Fortschritt achten. So steigert die Zielsetzung Ihre persönliche Produktivität. Sie erreichen mühelos mehr. Daher sind die Ziele der anderen für Sie von besonderer Bedeutung.

Genauso wie Ihre Zielerreichung durch Zielsynergien erleichtert werden kann, können andere Ihre Zielerreichung auch negativ beeinflussen. Deshalb sollten Sie bei der Auswahl und während der Verfolgung Ihrer Ziele immer die Interessenlage und Ziele der anderen mit bedenken. Verfolgen die anderen gar keine Ziele, stehen sie Ihnen irgendwann überraschend im Weg zu Ihrem Ziel.

Praktisch wird eine Zielsynergie deutlich an meinem Ziel, „2014/2015 ein erfolgreicher und geschätzter Buchautor zu werden". Ich hatte mir als Thema dafür das Bauen in Deutschland ausgewählt. Bei diesem Thema gab es automatisch reichlich Unterstützung durch Bauleute, deren Ruf in der Öffentlichkeit durch jahrelange negative Berichterstattung schwer geschädigt war. Und es gab Unterstützung durch Baubeteiligte des öffentlichen Bauens, die künftig einfach einmal gerne nur vernünftiger und sorgenfreier bauen wollten. Das war es vielen Insidern wert, mich in meiner Zielverfolgung zu unterstützen.

Zieldefizite bei Kollegen ausgleichen

Gehen Sie besser nicht davon aus, dass eine übergeordnete Instanz die Konsistenz von Zielen innerhalb der Organisationseinheit und deren effiziente Verfolgung sichert. Es ist immer klüger und sicherer, vom Gegenteil auszugehen. Genauso ist es besser, nicht davon auszugehen, dass sich die Menschen in Ihrem Arbeitsumfeld lohnender Ziele bewusst sind und solche auch verfolgen. Mit der realistischen Annahme für das Fehlen von Zielen werden Sie deren Verhalten besser verstehen und tolerieren können. Wer ziellos ist, handelt auch entsprechend planloser. Dann passiert es eben leicht, dass Versprochenes nicht getan wird, obwohl es fachlich und zeitlich möglich war. Das ist kein böser Wille und auch nicht persönlich gegen Sie gerichtet. Das sind einfach Defizite in professioneller Planung und Selbstmanagement. Wenn sich deren Folgen zeigen, wird das gerne mit Überlastung und Stress erklärt.

Abb. 3.19 „Über Leichen gehen." Im 21. Jahrhundert ist das keine gute Strategie der persönlichen Zielverfolgung. Die Abhängigkeiten vom Good-Will der anderen sind zu groß. Negatives kann sich digital weit verbreiten und könnte so nie vergessen werden.

Selbst wenn Ziele für Ihre Kollegen formell durch umfangreiche Personalgesprächsunterlagen dokumentiert sind, können sie keinerlei Einfluss und Wirkung auf diese ausüben. Das ist dann der Fall, wenn vom Arbeitgeber vorgegebene Ziele nutzlos, wertlos, hoffnungslos, zu pauschal sind oder wenn Ihre Kollegen sie aus den Augen verlieren.

Ziellosigkeit in Ihrem Arbeitsumfeld ist für Sie dann ideal, wenn Sie selbst professionell Ziele setzen und verfolgen können. Sie können das Defizit an Zielen ausgleichen. Sie können Menschen in Ihrem beruflichen Umfeld in Ihrem Sinne führen, indem Sie sie für Ihre Ziele begeistern. Das nennt man Zielführung. Das geht besonders gut auch über Hierarchie-, Abteilungs- und Unternehmensgrenzen hinweg. Wenn sich andere Menschen durch Ihre Arbeit neue, wertvolle Ziele setzen, machen Sie deren Arbeitsleben wertvoller. Und diese Menschen arbeiten in Ihrem Sinne zielstrebiger.

3.4 GESCHICKTE ZIELVERFOLGUNG MACHT SIE PRODUKTIVER

Ihre Vorhaben – Ihre Projekte

Wenn Sie sich bewusst und systematisch für jedes Jahr Ziele setzen, haben Sie jede Woche und jeden Tag immer konsistente und lohnende Ziele vor Augen. Das sorgt für eine stärkere Fokussierung, für bessere und schnellere Entscheidungen sowie eine hohe Motivation. Schließlich besitzen Ihre Ziele einen „Pull-Effekt": je klarer, konkreter und wertvoller formuliert, desto stärker die Wirkung.

Mit einem Ziel vor Augen und dem entsprechenden „Erreichen-Wollen" allein ist es aber nicht getan. Sie müssen planen, wie sich das Ziel konkret verfolgen und erreichen lässt. Welche Voraussetzungen, Hilfsmittel und Ressourcen sind nötig und wann sollen diese eingesetzt werden?

Das Ergebnis dieser im wahrsten Sinne des Wortes zielführenden Überlegungen führt zur Definition von Tages-, Wochen- und Jahresvorhaben; eine Arbeit, die vorbereitet und einem spezifischen Zeitraum zugeordnet ist.

Vorhaben heißen ins Englische übersetzt „projects". Das Ausgestalten von Zeiträumen mit passenden Vorhaben (projects) ist Arbeitsplanung. Die für den Menschen natürlichsten Zeiträume sind der Tag, die Woche und das Jahr mit seinen vier Jahreszeiten. Darum existiert für professionelles Selbstmanagement eine Tages-, Wochen- und Quartals-/Jahresplanung. Es wird bewusst vorgeplant, wie die Freiräume und Gestaltungsfreiheiten der kommenden Zeitperiode genutzt werden sollen.

Für große Ziele können im Lauf der Jahre Hunderte kleine Vorhaben notwendig sein, die teilweise sequenziell und parallel ablaufen müssen. Die Planung dieser Vorhaben ist entscheidend für den Erfolg. Auch die Arbeit für besonders große Ziele muss in den verbleibenden Freiraum von normalen Arbeitstagen verteilt werden. Das sollten Sie nicht dem Zufall oder der Intuition überlassen.

Abb. 3.20 Vorhaben sind Ihre eigenen „persönlichen Projekte", die Sie definieren. Für diese planen Sie, wie und wann Sie Ihre Zeit und Aufmerksamkeit einsetzen.

Genauso wie klassische Projekte der Organisations- und Unternehmensplanung entstehen auch die Vorhaben (projects) für die persönliche Arbeitsplanung eines Tages, einer Woche oder eines (Viertel-)Jahres nicht von allein. Tages- und Wochenvorhaben im Rahmen der professionellen Arbeitsplanung müssen wie jedes Projekt entwickelt, definiert, geplant und ihre Fortschritte verfolgt werden. Es kann zu einem Zeitverzug kommen, oder ein Projekt muss aufgegeben werden. Alles das ist ganz normal. Tages- und Wochenvorhaben sind im Umfang relativ klein. Deshalb genügen täglich schon wenige Minuten Smoff-Time.

Zielverfolgung als Abfolge von Vorhaben

Größere, komplexere Ziele lassen sich nicht allein mit einem Tages- oder Wochenvorhaben erreichen. Selbst wenn es von der Art des Ziels möglich wäre, ist mehr Zeit notwendig, als neben dem Tagesgeschäft vorhanden ist. Es bedarf der Interaktion und Zuarbeit von Partnern und Kollegen, deren Qualität und Timing Sie nicht unter Kontrolle haben. Speziell strategische Ziele können Sie in bisher unbekanntes Terrain führen. Damit kommen noch mehr Unsicherheiten und Überraschungen hinzu. Statt eines großen Vorhabens wird es also zu einer Abfolge kleinerer Vorhaben (Teilprojekte) kommen, die situativ und dynamisch definiert werden. Vorhaben für die Zielverfolgung zu definieren, ist die Arbeitsvorbereitung des 21. Jahrhunderts.

Abb. 3.21 Zielverfolgung bedeutet, Vorhaben zu definieren und zu realisieren. Es ist wertschöpfende Arbeit.

Die Arbeitsvorbereitung ist in der industriellen Wertschöpfung gängige und gute Praxis. Im klassischen industriellen Produktionsumfeld war automatisch für alle sichtbar, ob Arbeit vorbereitet und vorgedacht war oder ob einfach drauflos gewerkelt wurde. Bei den „Hinter-dem-Bildschirm-Arbeitern" des 21. Jahrhunderts kann jeder sich am Morgen einfach einmal auf die Arbeit stürzen, die in seinem Blickfeld auftaucht. Auch ohne Vorplanung bringen der Rechner und die Einladungen zu Meetings immer mehr als genug Beschäftigung für einen übervollen Tag.

Über längere Zeit hinweg mit vielen kleinen Schritten an einem großen, fernen Ziel zu arbeiten, ist nicht einfach. Das ist im Kontext eines Schreibtisch-Bildschirm-Arbeitsumfelds, das systembedingt auch ohne Arbeitsplanung auskommt, besonders herausfordernd. Unser Gehirn ist nicht für die Zerlegung und dauerhafte Verfolgung von größeren Zielen über eine Abfolge von Vorhaben, parallel zur normalen Tagesarbeit, ausgelegt. Es benötigt dazu Hilfsmittel zur Arbeitsplanung und Zielverfolgung. Im Folgekapitel wird ein System dafür vorgestellt. Mit diesem System reichen wenige Minuten Zeitaufwand pro Tag aus, um immer ein aktuelles klares Gesamtbild, Übersicht und Fokus zu haben, auch mittel- und langfristig.

Zielsynergie von Vorhaben

Wie jedes Projekt können auch Vorhaben zur Verfolgung mehrerer Ziele dienen. Das ist wie zwei Fliegen mit einer Klappe schlagen: Es erhöht die Produktivität.

Vorhaben, mit denen Sie mehrere Ziele verfolgen können, machen Sie produktiver

Abb. 3.22 Genauso wie jedes Projekt kann ein Vorhaben auch mehrere Ziele haben.

Die höchstmögliche Produktivität und Sicherheit der Zielerreichung werden erreicht, wenn ein neues Vorhaben zur Verfolgung mehrerer Ziele von mehreren Personen beiträgt. Dann haben Sie nicht nur den Effekt, mehrere Fliegen mit einer Klappe zu schlagen, sondern dass zusätzlich auch alle mit voller Kraft an einem Strang ziehen. Das ist die beste Voraussetzung dafür, dass auch große und komplexe Vorhaben zügig und sicher gelingen. Diese großen Vorhaben laufen in der Regel nicht wegen fehlender oder schlechter übergeordneter Planung eines Gesamtprojektleiters aus dem Ruder, sondern wegen Defiziten in der alltäglichen persönlichen Planung und Zielverfolgung der Menschen, die am Gelingen des Projekts teilhaben.

Bei hoher gegenseitiger Abhängigkeit genügt schon ein Einzelner im Projektteam, der nicht mitzieht oder kopflos agiert, um alle anderen auszubremsen.

Optimal: ein Vorhaben, mit dem mehrere Kollegen mehrere Ziele verfolgen können

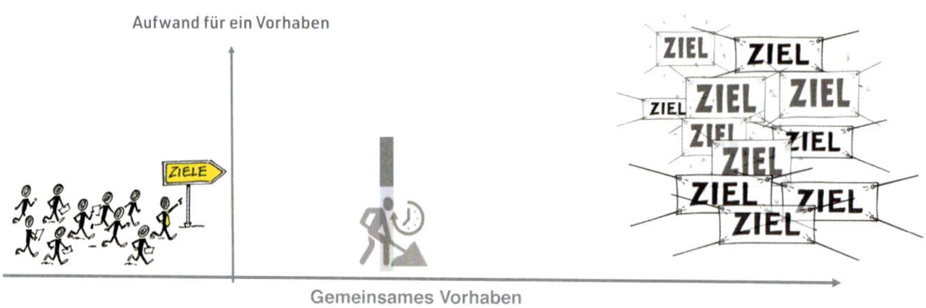

Abb. 3.23 Besser geht es nicht. Sie haben ein Vorhaben definiert, das mehreren Zielen und mehreren Kollegen dient.

Strategische Ziele erleichtern die Zielverfolgung

Bei vielen Zielen erscheint deren Erreichung mühselig und beschwerlich. Es bedarf viel Überwindung, sie anzugehen, und sehr viel Disziplin, um dranzubleiben. Jeder kennt den täglichen Kampf mit dem inneren Schweinehund. Dabei hilft auch die beste Systematik in der Zielverfolgung nicht viel. Jedoch hilft es sehr, die Zugkraft (Pull-Effekt) von attraktiv wirkenden Zielen zu nutzen.

Das Ziel, das Sie im Auge haben, übt Zugkraft auf Sie aus

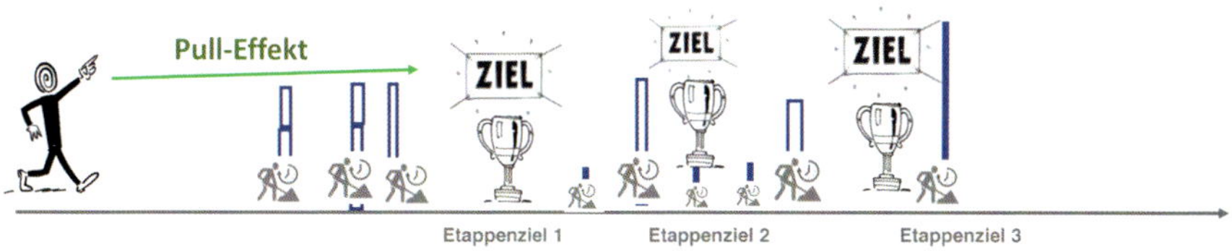

Abb. 3.24 Ohne Ziele keine Zielstrebigkeit. Die Zugwirkung geht vom Ziel im Auge aus.

Um diesen Pull-Effekt zu erhalten, setzen Sie sich strategische Ziele, die Sie begeistern und Ihnen wichtig sind. Stellen Sie sich eine Situation vor, in der Sie sich gerne befinden möchten. Etwas, an dem wirklich Ihr Herz hängt. Wenn Sie dieses Ziel im Auge haben, erreichen Sie alle Etappenziele auf dem Weg dorthin viel leichter. Denn nicht nur die Zugkraft des Etappenziels wirkt auf Sie anziehend, sondern auch gleichzeitig das strategische Ziel, das Sie sich gesetzt und damit im Auge haben. Bei allen Mühen der Zielverfolgung denken Sie dann automatisch immer an das begeisternde („energizing“) strategische End-Ziel.

Abb. 3.25 Ein begeisterndes Ziel vor Augen übt eine enorme positive Wirkung aus. Es ist wie eine unerschöpfliche Quelle von Energie und Durchhaltevermögen.

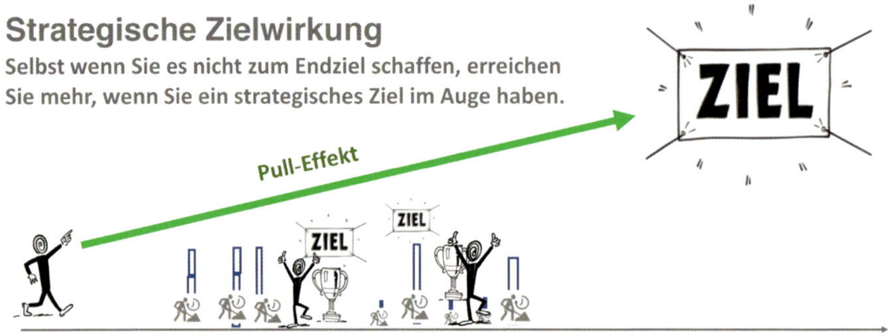

Abb. 3.26 Es lohnt sich, strategische Ziele zu haben und zu verfolgen. Es beflügelt Sie.

Genauso wirken begeisternde strategische Langzeitziele auch im Arbeitsleben. Die Idee, sich nur die Ziele zu setzen, die Sie auch sicher erreichen können, ist irrig. Setzen Sie sich so viele Ziele, wie Sie im Auge behalten und verfolgen können. Wichtig ist nur, dass Sie auf dem Weg dorthin viele andere werthaltige Etappenziele erreichen. Dann spielt es keine wesentliche Rolle mehr, ob Sie am großen End-Ziel ankommen. Der Weg war dann eben das Ziel.

3.5 IHRE ZIELERREICHUNG HÄNGT VON ANDEREN AB

Wie geht es bei Ihnen voran?

Abb. 3.27 Vergessen Sie bei der Planung nicht die Menschen, die Ihnen begegnen werden!

Sie haben Ihre Ziele sehr geschickt gewählt. Die Verfolgung der Ziele ist sehr gut geplant. Sie haben eine Vorstellung des Wegs und möglicher Alternativen entwickelt. Damit sind Sie bestmöglich vorbereitet, um in einen neuen Tag oder in eine neue Woche zu gehen. Jetzt kommt es nur noch auf die anderen, das heißt Ihre Mitmenschen, an. Wie Sie mit Ihrer Arbeit vorankommen, wie und wann Sie Ihre Ziele erreichen, hängt in der Arbeitswelt des 21. Jahrhunderts nämlich enorm vom Verhalten vieler anderer Personen ab. Es ist wie im Verkehr, jedoch ohne Polizei und Führerscheinpflicht. Jeder tut hinter seinem PC-/Notebook-Bildschirm das, was er will.

Im Verkehr das schnellste Auto zu besitzen und die schnellste Route zu kennen, ist gut. Aber es ist weniger entscheidend für Ihr Voran- und rechtzeitiges Ankommen als ein Verkehrsrowdy, der im falschen Moment am falschen Ort einen Unfall verursacht. Oder der Falschparker, der kurzfristig eine Verkehrsader verstopft.

In der vernetzten, funktionalisierten, hoch segmentierten digitalisierten Arbeitswelt des 21. Jahrhunderts können Sie Ihre Mitmenschen zum Beispiel so gut, so effektiv und so unauffällig wie noch nie behindern, aufhalten, zur Weißglut bringen und nerven. Sie haben mit immer mehr Menschen, immer verschiedeneren Menschen, immer fremderen Menschen zu tun, die Ihnen nicht nahestehen, auch wenn sie miteinander digital eng vernetzt sind.

Da das Selbstmanagement das Erreichen der Ziele gegen alle Widrigkeiten und Überraschungen umfasst, stellen die Entwicklung und die Pflege der Beziehungen zu Menschen in Ihrer Arbeitsumgebung einen wichtigen Teil des professionellen

Wie in der Arbeitswelt des 21. Jahrhunderts – Sie hängen von anderen ab.

Abb. 3.28 Es wird eng und unübersichtlich. Die anderen können Sie blockieren oder Ihnen Vortritte geben.

Selbstmanagements dar. Und dieser Teil ist viel wichtiger als je zuvor. Darin liegen eine große Chance für Ihren Erfolg und gleichzeitig auch ein großes Risiko. Mit professioneller Planung und Selbstmanagement können Sie die anderen nicht ändern. Sie können auch die Arbeitsumgebung und Arbeitskultur Ihres Arbeitgebers nicht verändern. Sie können nur verändern, was Sie sich vornehmen und wie Sie sich etwas vornehmen. Das hängt nur von Ihnen selbst ab. Sie können durch Ihr eigenes Verhalten das Verhalten der anderen Ihnen gegenüber positiv beeinflussen.

Sie können durch Review und Planung Ihres täglichen Vorgehens in den wenigen Minuten Smoff-Time dahin gehend wirken, dass Sie nicht selbst von den Menschen, auf die Sie angewiesen sind, als Sonntagsfahrer, Falschparker, Drängler oder Blindflieger, das heißt als Verkehrsbehinderung, wahrgenommen werden. Sie sollten anderen Vorfahrt gewähren, damit diese das auch bei Ihnen tun, wenn es darauf ankommt. Helfen Sie anderen, die sich verfahren haben oder unterwegs liegen geblieben sind. Nicht nur, weil Sie ein guter Mensch sind, sondern weil Sie auch auf die anderen angewiesen sind. Sie sollten auch gut damit umgehen können,

Vorankommen im industriellen 20. Jahrhundert

Abb. 3.29 Navigation war früher einfach: Keiner kam Ihnen in die Quere. Alle hatten Platz und fuhren in die gleiche Richtung.

einfach durch den Tag sowie das Leben cruisen. Sehen Sie es als normal an, dass einige Menschen völlig hektisch und unberechenbar unterwegs sind; Menschen, die zu spät und ohne Plan losfahren und das unterwegs wieder aufholen wollen. Sie bedrängen Sie dann, sie vorzulassen, und nehmen Ihnen die Vorfahrt.

In einer digitalen Arbeitswelt, die sich an Social Distancing und Homeoffice gewöhnt hat, ist es schwer, persönlich auf andere einzuwirken. Sie sehen und spüren von den anderen immer weniger. Und dennoch müssen Sie die anderen einschätzen und beeinflussen können. Dafür gibt es E-Mails. Am E-Mail-Verkehrsverhalten geben sich die anderen Ihnen ganz unbewusst zu erkennen und genauso erkennen die anderen Sie. Darum sollten Sie Ihr E-Mail-Verkehrsverhalten an Ihren strategischen Teilzielen ausrichten. Bei der Smoffen-Wohlergehen-Strategie waren mehr Produktivität, Wertschätzung und immer ein gutes Gefühl die drei strategischen Teilziele.

Professionelles E-Mail-Verkehrsverhalten erkennen und selbst zeigen

Bitte vorher blinken

Das offensichtlichste Merkmal am E-Mail-Verkehrsverhalten ist die Betreffzeile. Erweisen Sie den Adressaten Respekt, indem Sie darin Ihre Absichten und Anliegen kenntlich machen. Machen Sie es den anderen leicht und sicher, die richtige Mail von Ihnen durch das Durchscrollen der Inbox oder Stichwortsuche schnell wiederzufinden? Eine sinnvolle und klare Betreffzeile ist wie das Blinken vor dem Abbiegen. E-Mails ohne Betreff sind wie Vollbremsungen vor Ihnen. Und die ewig gleichbleibende Betreffzeile beim E-Mails hin und her schicken mit wechselnden und sich weiter entwickelten Themen ähnelt dem Fahren in Schlangenlinien. Endlose E-Mail-Threads sind beim operativen Tun bequem und schnell, beim Wiederfinden von Inhalten jedoch eine Qual. Wer zu einem Thread später hinzukommt, benötigt viel Zeit zum Einlesen und versteht vieles dennoch falsch, weil die thematische Entwicklung kaum nachvollziehbar ist. Aus Rücksicht auf die anderen sollten Sie lieber lange E-Mail „Forward und Reply“ vermeiden. Das gelingt besser, wenn Sie einen klaren Kopf haben und nicht im Hektik- und Stressmodus arbeiten.

40-Tonner in der Innenstadt

Hüten Sie sich vor 40-Tonnern mit Anhänger in der Innenstadt. Beim E-Mail-Verkehr sind das Schriftstücke, in denen es sich ein Absender einfach macht. Da werden die verschiedensten Themen und Anliegen in einer Mail abgefüllt. Da schreibt sich jemand alles von der Seele. Er erspart sich eine erkennbare Strukturierung und Auslagerung von Details in PDF-Anhängen. Das Gesamtwerk wird dann an einen ansehnlichen Verteiler geschickt. Die Adressaten dürfen herausfiltern, was für sie relevant ist. Bei E-Mails mit vielen verschiedenen Themen entsteht auch noch Kopfzerbrechen, unter welchem Thema sie abgelegt werden sollen. Für die Empfänger sind solche E-Mails wie zäh fließender Kolonnenverkehr. Leider werden diese umfangreichen, komplexen E-Mails, um Zeit zu sparen, auch noch ohne Gegenlesen, das heißt recht unreif und unverständlich, verschickt; eine Geduldsprüfung und Zumutung für alle Empfänger. Der Absender bringt einen 40-Tonner in die Innenstadt und stellt ihn während der Rush Hour zum Abladen einfach mit blinkenden Warnlichtern auf der Hauptstraße ab.

Spannender Zeitvertreib

Wer keine professionelle Arbeitsplanung vornimmt und kcine Ziele verfolgt, sieht den E-Mail-Verkehr als Zeitvertreib. Das soll möglichst unterhaltsam sein. E-Mails sind eine gute Gelegenheit, sich zu profilieren. E-Mails sind ideal, um vor ausgewähltem Publikum spannende Fehden auszutragen und auch diskret Politik zu betreiben. Denn E-Mails kennen keine Öffentlichkeit und keine Ordnungshüter. Darum akzeptieren Sie es einfach als normal, wenn schiefe E-Mails bei Ihnen landen. Reagieren Sie professionell. Denken Sie bitte immer an das oberste strategische Ziel: Fördert Ihre Reaktion auf die Mail Ihr Wohlergehen oder nicht? Tun Sie im Zweifel einfach nichts.

Abb. 3.30 Lassen Sie sich durch E-Mails nicht provozieren. Transportieren Sie darüber keine negativen Emotionen. Machen Sie lieber anderen eine Freude.

Umgehend reagieren – keinen Stillstand verursachen

Beim E-Mail-Verkehr ist es wie beim Innenstadtverkehr: Es gibt so viel zu sehen. Es wird um Aufmerksamkeit gebuhlt und viel Werbung betrieben. Das lenkt vom Wesentlichen ab, von dem, was auf Ihrer Spur und Ihrem Weg passiert. Wer automatische E-Mail-Filter und separate Eingangskanäle eingerichtet hat, tut sich leichter mit der Konzentration auf das Wesentliche. Zum Wesentlichen gehört auch, was die anderen von Ihnen an Zuarbeit oder Informationen benötigen. Vielleicht ist der Anfrager schon in Zeitverzug und gestresst. Lassen Sie niemanden warten, der wirklich auf Sie angewiesen ist. Erweisen Sie dem Anfrager Wertschätzung, indem Sie ihm kurz bestätigen, dass seine E-Mail ankam und was Sie zu tun planen. Ab diesem Moment wartet der Absender nicht mehr, hat eine Perspektive und muss sich nicht mehr sorgen. Damit geben Sie ihm ein schönes Gefühl. Wenn etwas nicht wirklich zeitkritisch ist, sollten Sie es nicht gleich bearbeiten, sondern für später einplanen. Sonst setzen Sie sich im Lauf eines schon vollen Tages oder einer Woche nur unnötig selbst unter Druck.

Sanft erinnern – helfen bei Überlast

Wenn Sie per E-Mail eine für Sie wichtige Zuarbeit anfordern, sollten Sie sicherstellen, dass diese Anforderung auch das Bewusstsein des Adressaten erreicht hat. Auch zuverlässige Adressaten können manchmal im Stau feststecken, das heißt überlastet sein. Das kommt auch bei bester Planung einmal vor.

Es kann immer ein betrieblicher Unfall passieren, der Ihren Adressaten in Stress und Hektik bringt. Danach funktioniert er nicht mehr so souverän und professionell wie sonst. Darum sollten Sie systematisch die für Sie erfolgskritischen E-Mails nachverfolgen, besonders die externen. Sie sollten Ihrem Adressaten eine höfliche Nachfrage schicken, falls er in angemessener Frist nicht reagiert. Reagiert er auch auf diese Nachfrage nicht, befindet sich der Adressat wohl in einer Art E-Mail-Verkehr-Vollsperrung. Dann hilft nur noch das Telefon oder alternativ eine Meeting-Terminanfrage. Auf Meeting-Terminanfragen reagieren sogar die typischen E-Mail-Verkehrsrowdys sehr sensibel. In Kapitel 4 wird gezeigt, wie Sie ein professionelles E-Mail-Verkehrsverhalten im operativen Tagesgeschäft systematisch gewährleisten können.

Niemanden im Regen stehen lassen

Ein Kollege wartet auf Sie. Er verlässt sich darauf, dass Sie ihn abholen. Und Sie lassen ihn im Regen stehen. Das ist der Worst Case in der Beziehung zu Ihren beruflichen Mitmenschen. Das sollten Sie unbedingt vermeiden. Sie sollten sich eine Übersicht anlegen, wer wann und wo auf Sie wartet. Wenn Sie erkennen, dass Sie nicht rechtzeitig ankommen, sollten Sie immer aktiv eine Rückmeldung geben. Wenn Sie in der heutigen Arbeitswelt jemandem vorab und aus eigenem Antrieb mitteilen, dass Sie sich verspäten, steigen Sie in dessen Wertschätzung. Denn heute ist es eher normal, den beruflichen Mitmenschen hinterherlaufen zu müssen. Wenn Sie sich proaktiv melden, zeigen Sie Souveränität und erweisen Ihrem Gegenüber Wertschätzung, die er nicht verlieren will. Darum wird er sich in der Zusammenarbeit mit Ihnen besonders anstrengen. Er wird sich Ihnen gegenüber besser verhalten als gegenüber den Kollegen, denen er hinterherlaufen muss. Der Unterschied liegt nicht in der Arbeit, die Sie bekommen, sondern im Umgang bei der Zusammenarbeit.

In Kapitel 4 finden Sie einen Abschnitt darüber, wie Sie, basierend auf einem professionellen Planungssystem, nichts Wesentliches mehr vergessen oder aus dem Auge verlieren werden. Berufliche Mitmenschen, die sich auf Sie verlassen, gehören sicherlich in die Kategorie „Wesentliches".

Vertrauter Kollegenkreis – Give me a ride

Im Straßenverkehr ist es gut, jemanden zu haben, mit dem Sie eine Fahrgemeinschaft bilden können. Das ist effizienter, kann mehr Spaß machen und sicherer sein, als allein auf sich gestellt unterwegs zu sein. Wenn Sie ein Ziel erreichen müssen, um dort etwas abzuholen, ist es ideal, jemanden zu haben, der gerade in der Nähe ist und dem Sie vertrauen. Das stellt eine enorme Entlastung für Sie dar. Wenn Sie große Herausforderungen sehen, wenn Sie in puncto Erfahrung oder fachliches Wissen Defizite aufweisen, wenn Sie ungewöhnliche Probleme bewältigen müssen, dann benötigen Sie eine Hilfestellung. Wer von Ihren Mitmenschen ist bereit und auch fähig dazu? Helfen wollen allein reicht nicht. Sie sollten darauf vertrauen können, nicht im Stich gelassen zu werden, wenn es darauf ankommt.

Wer würde Ihnen die sprichwörtliche „Leiter machen"? Leute, die chronisch überlastet und überfordert sind und sich selbst nicht professionell managen können, sicher nicht. Sie sind mit sich selbst schon mehr als genug beschäftigt. Wer helfen könnte, wird es nur tun, wenn er auch Sie als professionell und souverän wahrnimmt. Unter diesen Bedingungen können Sie eine Art Hilfe bekommen, die Sie nirgends kaufen können und unbezahlbar ist.

Mehr aus sich machen und besser vorankommen | Auf professionelle Mitmenschen zählen können

Abb. 3.31 Die wundersame Wirkung von gegenseitigem Vertrauen und Verlässlichkeit.

Abb. 3.32 Kooperationsbeziehungen, die auf Vertrauen basieren, entstehen kaum von selbst. Sie sollten deren Aufbau und Pflege gezielt verfolgen.

Das genau war der Fall, als ich mein erstes Buch „Bau(Un)Wesen" schrieb. Dabei haben sich drei renommierte Co-Autoren aus der Baubranche unentgeltlich neben ihren normalen Jobs für den Bucherfolg engagiert. Im Hintergrund haben mir Dutzende von weiteren Bauprofis geholfen, mein Ziel zu erreichen.

Diese besonders wertvollen, auf Vertrauen basierenden Beziehungen entstehen nicht aus Zufall und auch nicht von selbst. Diese Beziehungen entwickle ich über Jahre hinweg und pflege sie auch systematisch.

1:1-Vertrauens- und -Kooperationsbeziehungen

In der guten alten Arbeitswelt des 20. Jahrhunderts bildeten Seilschaften mit vielen Menschen über mehrere Hierarchieebenen und Organisationsbereiche hinweg eine gängige Form informeller Vertrauens- und Kooperationsbeziehungen. Bei Seilschaften hängen alle an einer starken Person an der Spitze. Das ist in der Arbeitswelt des 21. Jahrhunderts nicht mehr so einfach. Die langfristige Bindung an Unternehmen ist weniger gegeben. Persönliche Beziehungen sind zwar vielfältiger, aber auch kurzlebiger sowie unverbindlicher geworden. Zudem wird für eine Seilschaft ein Mensch in hoher Position benötigt, der gut gesichert im Job ist und langfristig ausgerichtet handelt. Bei eigentümergeführten Unternehmen ist das sicher gegeben, bei angestellten Geschäftsführern viel weniger.

Die heute üblichen Beziehungen über berufliche soziale Netzwerke wie LinkedIn oder XING bringen zwar viele neue Kontakte und erlauben es, mit vielen Menschen in Verbindung zu bleiben. Aber für Aufbau und Pflege von tragfähigen, sicheren Vertrauens- und Kooperationsbeziehungen taugen sie nach meiner Erfahrung nicht viel. Dafür sind diese sozialen beruflichen Netzwerke auch gar nicht gemacht. Dort geht es primär um Jobsuche, Werbung und Selbstdarstellung. Leider sind viele interessante und einflussreiche potenzielle Kandidaten für einen Beziehungsaufbau in diesen Netzwerken gar nicht aktiv.

Aus meiner Sicht ist die E-Mail das beste Mittel zur Entwicklung und Pflege von Vertrauens- und Kooperationsbeziehungen. Menschen, die für solche Beziehungen geeignet sind, haben gemäß meiner Erfahrung ihren E-Mail-Verkehr souverän im Griff. Menschen, die das nicht im Griff haben, sind mit sich selbst und ihrer Arbeit schon so überfordert, dass Sie sich nicht auf sie verlassen können. Sie wollen gerne kooperieren, können es aber nicht. Im übertragenen Sinne sind es beruflich Ertrinkende, die sich an jeden in der Nähe klammern, auch an Sie.

Sie werden feststellen, dass der Aufbau von Vertrauens- und Kooperationsbeziehungen eine langfristige Investition darstellt. Der Nutzen ist oft rein „social" und nur gefühlt, das heißt wirtschaftlich nicht relevant. Aber das Gefühl ist einfach unbezahlbar, Menschen zu haben, auf die Sie sich verlassen können; Menschen, die Ihnen wenn nötig helfen wollen, helfen können und auch helfen werden. Das ist aber nur dann realistisch, wenn sich die Menschen auch auf Sie verlassen können, wenn es darauf ankommt. Meine persönliche Webseite www.JLauber.com habe ich speziell mit diesem Ziel eingerichtet. Sie soll klarmachen, dass ich das Vertrauen anderer auch verdiene und deren Vertrauen gerecht werde.

Vertrauens- und Kooperationsbeziehungen via Masterplanung

Aufbau und Pflege von Vertrauens- und Kooperationsbeziehungen gehören zu den taktisch-strategischen Zielen. Alles dafür Notwendige müssen Sie sich aus purer Eigenmotivation und rationalen Überlegungen heraus für Ihre Arbeitstage vornehmen. Alles dazu Notwendige müssen Sie sich neben Ihrem operativen Tagesgeschäft zusätzlich einplanen. Dazu müssen Sie Ihr Tagesgeschäft voll im Griff haben und nicht andersherum. Das Tagesgeschäft darf Sie nicht beherrschen.

1:1-Vertrauens- und -Kooperationsbeziehungen
Wer macht Ihnen die Leiter im beruflichen Leben?

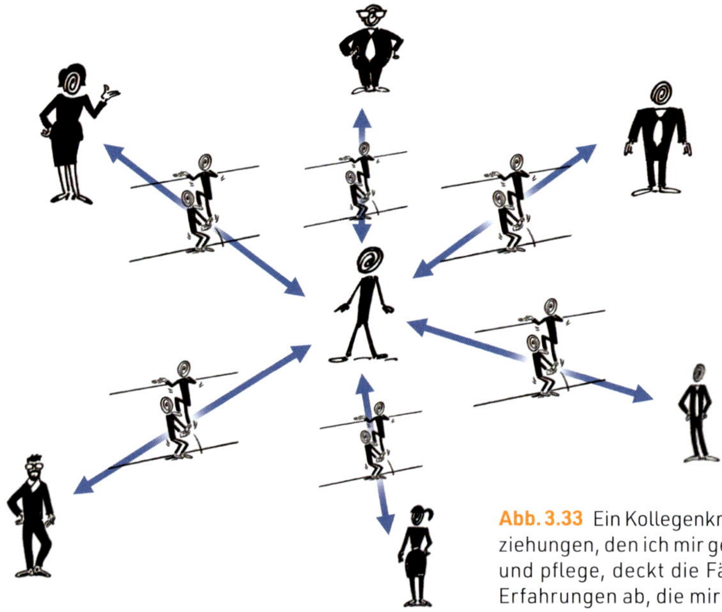

Abb. 3.33 Ein Kollegenkreis aus 1:1-Beziehungen, den ich mir geplant aufbaue und pflege, deckt die Fähigkeiten und Erfahrungen ab, die mir fehlen.

Wenn diese Voraussetzung bei Ihnen erfüllt ist, bedarf es eines Plans. Er hängt davon ab, welche Art Menschen in welchen Regionen und Rollen Ihnen wichtig sind. Die Planung für Aufbau und Pflege von Vertrauens- und Kooperationsbeziehungen ist Teil meines taktisch-strategischen Masterplans. Dazu gehört es, in jeder Region der Erde einen Vertrauten zu haben. Dazu gehört es auch, Vertraute in jeder Schlüsselfunktion von Unternehmen, zum Beispiel Finanzen, Controlling, R&D, Personal, zu haben, die mir mit ihrem Spezialwissen, Erfahrungen und ehrlichem Rat weiterhelfen.

Ich baue kein Netzwerk auf, sondern eher ein Karussell: Ich stehe in der Mitte. Jeder hängt einzeln an mir. Was ich mir aufbaue, ist eine neue Art von Kollegenkreis, der mich unterstützt und mir auch emotional Halt gibt. Solche Kollegenkreise sind in der Arbeitswelt des 21. Jahrhunderts leider nicht mehr selbstverständlich und automatisch gegeben, sondern müssen sich erarbeitet werden.

Anderen Hilfe anbieten – Aufbau sozialen Kapitals

Sie können nicht mit all Ihren beruflichen Mitmenschen eine Vertrauens- und Kooperationsbeziehung pflegen. Solche Beziehungen sind immer auch freundschaftlicher, das heißt emotionaler Natur. Dafür gibt es eine natürliche Kapazitätsgrenze bei uns Menschen. Wenn Sie darüber hinaus soziales Kapital aufbauen wollen und/oder nicht langfristig in eine 1:1-Beziehung investieren wollen, ist das Anbieten von Hilfe eine gute Alternative. Probieren Sie es aus. Es wird Sie verblüffen.

Auf jemanden zuzugehen und ihm Hilfe anzubieten, ist im Kontext der Arbeitswelt des 21. Jahrhunderts ein fast revolutionärer Akt. Es ist absolut ungewöhnlich und darum ist es so hoch effizient und effektiv.

In einer Arbeitswelt, die Arbeitnehmer immer mehr vereinzelt, funktionalisiert, entfremdet und entsolidarisiert, ist das wirksamer denn je. Wenn Sie einem Menschen durch das Anbieten von Hilfe zeigen, dass Sie es kümmert, wie es ihm geht, und Ihnen sein Wohlsein wichtig ist, dann wird er Ihnen das nie vergessen. Sie werden mit Dankbarkeit und Verbundenheit belohnt. Sie haben bei ihm enormes soziales Kapital aufgebaut. Wenn andere sehen, dass Sie bereit sind zu helfen, ist die Wirkung noch stärker. Das Allerbeste daran ist: Diese Art, soziales Kapital aufzubauen, kostet Sie fast nichts. Denn Menschen sind zwar dankbar über das Hilfsangebot, werden es aber meist gar nicht annehmen und wenn, dann auch nur in einem begrenzten Rahmen. Primär zählt die Geste. Und es ist die implizite Botschaft, dass Sie selbst kein egozentrischer und überforderter Zeitgenosse sind. Anderen helfen kann nur, wer sich selbst und seine Arbeit souverän beherrscht. Das ist die implizite, unmissverständliche Botschaft eines jeden Hilfsangebots.

Interaktionssicherheit

Sie arbeiten systematisch am Aufbau einer Vertrauens- und Vertrautheitsbeziehung zu einer Person. Sie haben sichergestellt, sie niemals hängen zu lassen. Für Ihre gelegentliche Hilfe und Ihren guten Rat können Sie Dankbarkeit erwarten. Und dennoch funktioniert die Arbeitsbeziehung nicht gut genug. Das kann an den gängigen Fehlern in der Mensch-Mensch-Interaktion liegen, die zwar immer wieder vorkommen, aber mit denen fast niemand rechnet. Missverständnisse, Ignoranz und Kränkungen stellen die größten Quellen von Ineffizienz und Frust in der Zusammenarbeit mit Menschen dar.

Darum ist es wichtig, sich täglich systematisch zu reflektieren, ob eine unüberlegte oder ungeschickt formulierte Aussage als „dummer" beleidigender Spruch beim Gegenüber ankam. Ob eine E-Mail eine schlechte beziehungsweise illegitime Intention von Ihnen befürchten lässt. Ob eine E-Mail oder ein Protokollpunkt vielleicht überhaupt nicht im Bewusstsein des Gegenübers ankam. Das Nichtstun des Gegenübers kann dann überhaupt kein böser Wille sein, aber von Ihnen so aufgefasst werden.

Bei der täglichen und wöchentlichen Reflexionsphase des eigenen Tuns sind genau diese Fehlerquellen zu bedenken und Vorhaben zu definieren, um ihnen aktiv entgegenzuwirken. Sich für einen etwaigen dummen Spruch des Vortages zu entschuldigen, wird sicher als Stärke aufgenommen. Lieber einmal zu viel nachfragen. Ein nicht aufgeklärtes Missverständnis kann Ihr Ansehen und damit die Zusammenarbeit dauerhaft negativ belasten. Das systematisch zu bedenken, ist Teil der allmorgendlichen Smoff-Time.

Mentorfähiges professionelles Selbstmanagement – sich irren, missverstehen und übersehen

„Irren ist menschlich." – „Vier Augen sehen mehr als zwei." Diese Redewendungen gelten auch für das Setzen von Zielen. Den falschen Zielen zu folgen, ist fatal. Oft ist es besser, sich keine Ziele zu setzen als die falschen. Aber was ist falsch und was ist richtig? Was ist besser und was ist schlechter? Welche Zielzerlegung ist geschickt und welche ungeschickt? Was ist erprobt und bewährt und was ist neu und riskant?

Jemanden für diese grundlegenden Fragestellungen als Gesprächspartner oder Feedbackgeber zu haben, der einem wohlgesinnt ist, führt sicher zu einer besseren Zielsetzung und effizienteren Zielverfolgung. Wenn sich jemand für Ihr Denken und Entscheiden interessiert, werden Sie automatisch gründlicher nachdenken und fundiertere Entscheidungen treffen. Wenn Sie jemandem eine Problemstellung erklären, bringt Sie das auf neue Ideen. Zudem ist es für Sie ein großer Vorteil, auf den Erfahrungen und Erkenntnissen anderer aufzubauen. Mithilfe eines Mentors können Sie gravierende Fehleinschätzungen erkennen. Und ein Mentor gibt Ihnen ein gutes Gefühl; das Gefühl, dass jemand ein Auge auf Sie hat, der Ihnen wohlgesonnen ist und den es kümmert, wie gut es Ihnen im Job geht.

Damit professionelles Mentoring überhaupt möglich und effizient wird, müssen Sie Ihr Selbstmanagement nachvollziehbar, transparent und standardisiert zu betreiben. Es muss mentorfähig sein. Das in den folgenden Kapiteln beschriebene professionelle Planungssystem SMan ist genau dafür ausgelegt.

Sie können einen oder auch mehrere Mentoren gleichzeitig haben. So kann eine externe Person Ihr Mentor für professionelles Selbstmanagement sein, und ein interner Mentor kümmert sich um die fachlich-organisatorische Förderung im Unternehmen selbst. Mit der Smoffen-Mentoring-Plattform www.smoff.ch existiert ein dediziertes Web-/IT-System, um das Mentoring leichter, sicherer und attraktiver zu machen.

Ziele-Vorhaben-Planung mit anderen teilen können – zur rechten Zeit am gleichen Strang in die gleiche Richtung ziehen

Professionelles Selbstmanagement sorgt für eine verständliche, konsistente Planung der kurz-, mittel- und langfristigen Zukunft durch das wohlüberlegte Setzen und systematische Verfolgen sinnvoller Ziele. Ihre Planung wird durch das Teilen seiner Planungen und Überlegungen mit einem Mentor oder guten Rat-/Feedbackgeber besser. Und dennoch kann sich Ihre Planung bei der Umsetzung als wenig erfolgreich erweisen, obwohl Sie diese gut und systematisch durchdacht und täglich konsequent verfolgt haben. Das liegt dann aber am Verhalten der anderen, an den Mitmenschen, die Ihnen in die Quere kommen.

Wenn berufliche Mitmenschen, auf die Sie zu Ihrer Zielverfolgung angewiesen sind, Ihr Ziel nicht kennen oder nicht teilen, wird Ihre Zielerreichung aufwendiger und schwieriger sein. Wenn in anderen Organisationseinheiten Unordnung und fehlende Orientierung herrschen, wird die Zuarbeit der dortigen Mitarbeiter ganz natürlich ohne jede Absicht schlecht sein. Dann ist es hilfreich, wenn Sie Ihre Ziele und Planungen mit anderen teilen können. Damit geben Sie ihnen einfach etwas Führung. Ihr Arbeitsumfeld kann sich besser auf Ihre persönliche Planung einstellen.

Abb. 3.34 Ohne Abstimmung, ohne Plan, aber voll engagiert dabei.

Die Grenzen einer solchen informellen Führung anderer wird erreicht, wenn die anderen über eine eigene, starke Planung ihrer Arbeitstage und Wochen verfügen, die sich konträr zu Ihrer eigenen Planung verhält, oder wenn diese um knappe Ressourcen oder Prioritäten konkurrieren. Das kann völlig unbeabsichtigt sein und unbemerkt bleiben, bis es zu spät ist.

Das ist ein typisches Ausrichtungs- und Synchronisationsproblem. In einer Arbeitswelt voller weit verstreuter „Hinter-dem-Bildschirm-Arbeiter" ist das ein besonders großes Problem, das zu viel Reiberei, Unzuverlässigkeit, Zeitverzug und Ineffizienz führt. Die Lösung besteht darin, die dokumentierte professionelle Selbstmanagement-Planung mit anderen zu teilen und damit auch abzugleichen. Jeder hat das natürliche Interesse daran, nicht gegen andere zu arbeiten, jeder will gerne am gleichen Strang zur gleichen Zeit in die gleiche Richtung ziehen. Nur das bringt den gemeinsamen Erfolg. Dazu muss jedoch für die Beteiligten klar und transparent sein, an welchem Strang zu welcher Zeit und in welche Richtung gezogen wird.

Mit dem professionellen Planungssystem SMan können Sie Abstimmung und Synchronisation planbasiert erreichen. Dafür ist dieses System in diesem Buch publiziert. Es ist für jeden zugänglich und verständlich. Wie wertvoll diese Abstimmung und Synchronisation ist, wird in Kapitel 5 aufgezeigt.

3.6 OPERATIVES, TAKTISCHES UND STRATEGISCHES SELBSTMANAGEMENT?

In diesem Kapitel wurden bisher die gedankliche Logik und der konzeptionelle Rahmen für ein professionelles Selbstmanagement vorgestellt, mit dem Sie Ihr Wohlergehen auch in der Arbeitswelt des 21. Jahrhunderts sicherstellen können. Nun geht es um die Zeitspannen, die Sie bei Ihren Reviews und Ihrer Neuplanung betrachten. Je größer die Zeitspannen, desto mehr Freiheitsgrade. Es gibt mehr Raum für taktische Überlegungen und taktisches Vorgehen. Dieser Raum will gefüllt sein. Entsprechend länger werden die Smoff-Time-Phasen. Und das Smoffen wird auch mental viel anspruchsvoller.

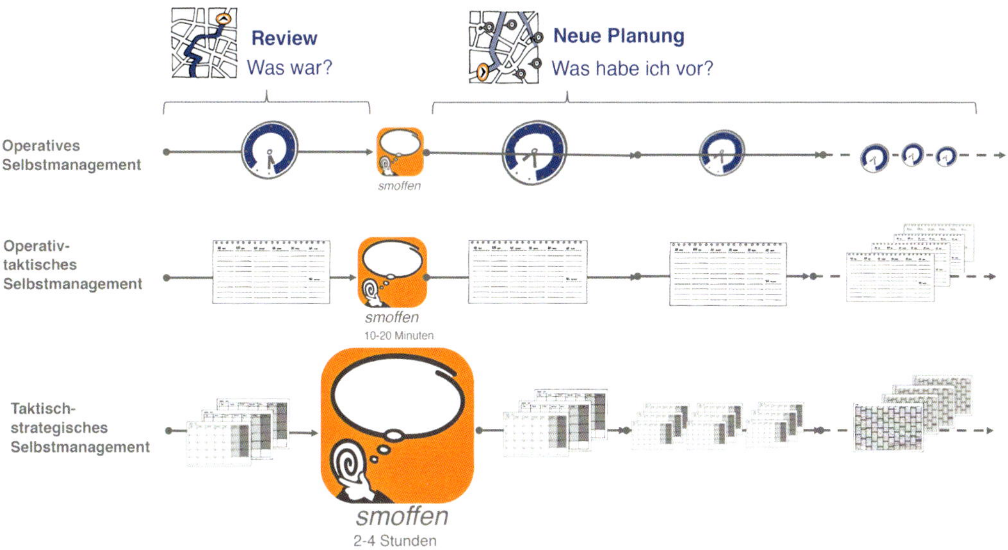

Abb. 3.35 Die drei Niveaus der professionellen persönlichen Planung und des professionellen Selbstmanagements. Die Niveaus hängen vom Review- und Planungszeitraum beim Smoffen ab. Je länger der Zeitraum, desto länger die notwendige Smoff-Time.

Wählen Sie Quartale und Jahre als Betrachtungszeiträume, werden die Unschärfen und die Unwägbarkeiten immer größer. Die Planung wird zunehmend strategischer. Statt über die Definition operativer Arbeit in den nächsten Tagen werden

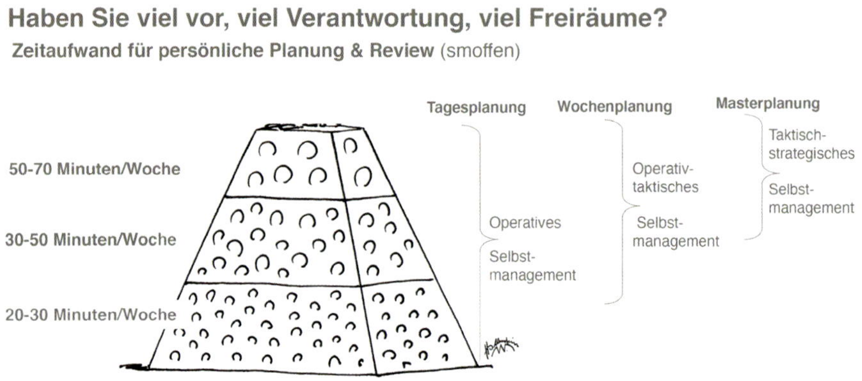

Abb. 3.36 Das für Sie sinnvolle Niveau an professionellem Selbstmanagement hängt auch stark davon ab, wo Sie hinwollen und wie gut Ihre Zukunft heute schon gesichert ist.

Sie bei Zeiträumen von Quartalen und Jahren vielmehr über mögliche Szenarien, Chancen und Risiken nachdenken und beginnen, Fall-Back-Optionen zu planen. Sie werden sich dann ausführlich mit Zielzerlegung und Zielsynergien befassen. Sie wenden dann das an, was Sie in Kapitel 3 gelesen haben.

Dafür benötigen Sie wirklich viel Ruhe, Konzentration und Zeit. Taktisches und strategisches Denken ist anspruchsvoll. Damit können Sie auch danebenliegen und sprichwörtlich Mist planen, ohne es zu merken. Bei operativem Selbstmanagement spüren Sie sofort, ob Sie richtig oder falsch lagen. Bei strategischer Planung merken Sie es vielleicht erst, wenn es zu spät ist und Sie sich selbst ins Aus manövriert haben. Dann wäre es besser gewesen, Sie hätten keinen strategischen Plan verfolgt. Lassen Sie darum taktisch-strategische Planungen besser von jemandem hinterfragen und reflektieren, der es gut mit Ihnen meint, das heißt von einem Mentor.

Nur relativ wenige Menschen benötigen eine strategische langfristige persönliche Planung. Diese Menschen haben im Leben noch viel vor, tragen viel Verantwortung und/oder haben große Entscheidungs-/Gestaltungsspielräume. Nur Menschen, die sicher große Herausforderungen und Probleme meistern wollen, reflektieren

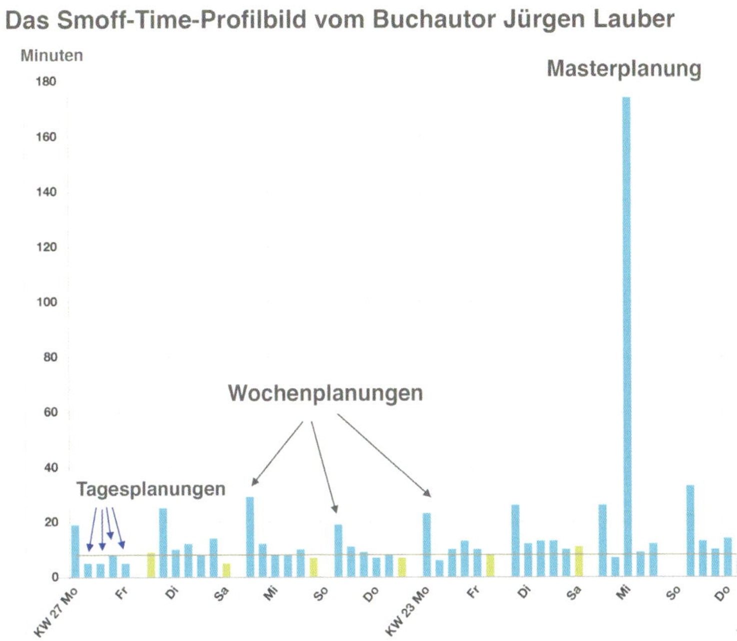

Abb. 3.37 Ich habe viel Gestaltungsfreiheit und noch viel vor. Darum liegt meine wöchentliche Smoff-Time im Jahresmittel bei fast zwei Stunden.

und planen stundenlang. Der passende Name für diese taktisch-strategische Planung lautet Masterplanung. Dafür ist ein wirklich meisterliches professionelles Selbstmanagement notwendig.

Operativ-taktisches Selbstmanagement geht auch ohne die Begleitung, das heißt Reflexion, eines Mentors gut. Darum bekommen Sie im nachfolgenden Kapitel eine Anleitung und die notwenigen Hilfsmittel dafür. Im Gegensatz dazu lässt sich Masterplanung nicht aus einem Buch oder im Web aneignen. Dafür sollten Sie einen nachgewiesenen Selbstmanagementmeister beziehungsweise Selbstmanagementmentor an Ihrer Seite haben. Die Smoffen-Mentoring-Plattform www.smoff.ch kann Ihnen auf Wunsch jemanden vermitteln, der zu Ihnen passt.

4.

PROFESSIONELLES PLANUNGSSYSTEM FÜR JEDEN TAG UND JEDERMANN

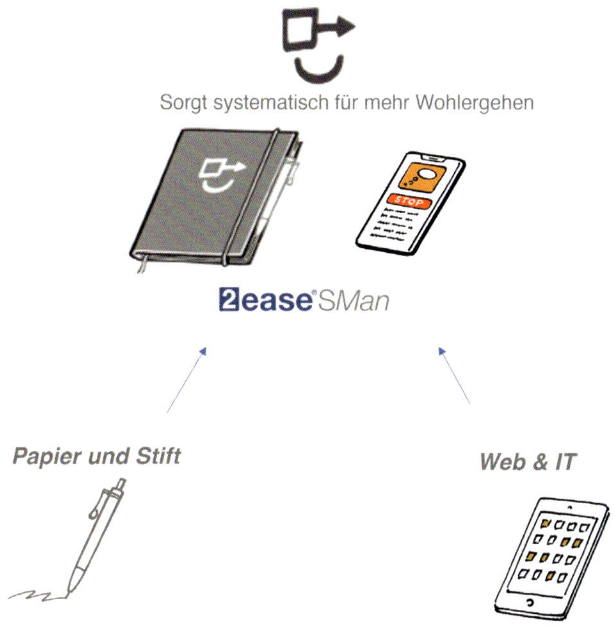

Abb. 4.1 Das Gute der analogen und digitalen Welt in einem System kombiniert – standardisiert und publiziert.

4.
PROFESSIONELLES PLANUNGSSYSTEM FÜR JEDEN TAG UND JEDERMANN

Wenn Sie ihre großen Ziele und Projekte kennen und wenn Sie eine Überlast an Arbeit bewältigen müssen, kommt es auf effiziente und effektive persönliche Tages- und Wochenplanung an. Wie nehmen Sie sich etwas vor und wie verfolgen Sie es anschließend? Wie das genau abläuft, wird anhand des integralen 2ease SMan-Planungssystems vollumfänglich strukturell und in der Anwendung beschrieben.

Inhalt

4.1 IHR BERUFLICHES WOHLERGEHEN HEUTE UND IN ZUKUNFT

Die Arbeitswelt im 21. Jahrhundert können Sie nicht ändern. Ihr Arbeitsumfeld wird durch Ihren Arbeitgeber bestimmt. Ihren Arbeitsalltag können Sie auch nicht immer bestimmen. Er ist unwägbar und voller Überraschungen. Das lässt sich auch nicht ändern. Aber wenn Sie Ihr Wohlergehen steigern und/oder sichern wollen, bleibt Ihnen nur die Option, sich besser auf Ihre Arbeitswelt, Ihr Arbeitsumfeld und Ihren Arbeitsalltag einzustellen. Dafür müssen Sie sich aber nicht persönlich ändern. Das ist nicht erforderlich und auch kaum willentlich möglich. Alles, was Sie benötigen, um Ihr Wohlergehen heute, morgen und in Zukunft zu beeinflussen, ist: Verändern Sie, was Sie sich wie vornehmen und wie Sie das verfolgen, was Sie sich vorgenommen haben. Das haben Sie zu 100 Prozent selbst in der Hand. Das ist der Kern des Selbstmanagements.

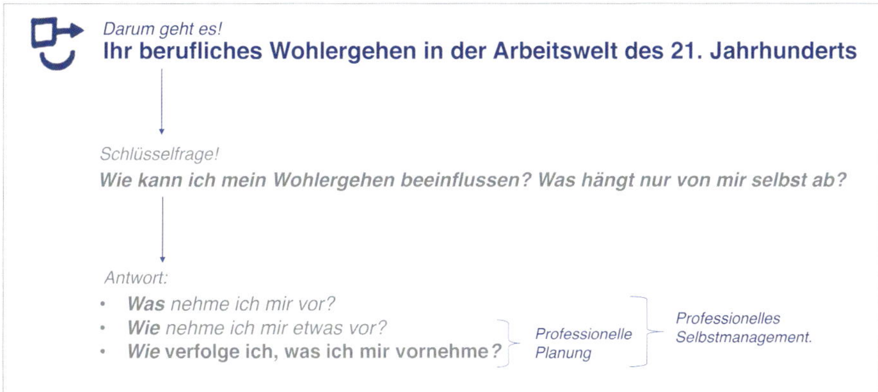

Abb. 4.2 Es geht nur um Ihr Wohlergehen und wie Sie es sichern können.

In Kapitel 2 habe ich Ihnen empfohlen, morgens erst nach einigen Minuten Smoff-Time geplant in den Tag zu starten, das heißt, sich den Tag als Ganzes in wenigen ruhigen Minuten vorzunehmen. Wie wunderbar sich das auswirkt, belegen die Erfahrungsberichte in Kapitel 2. In Kapitel 3 ging es darum, was Sie sich vornehmen sollten, damit es im 21. Jahrhundert sicher gut für Sie läuft: eine geschickte Zielsetzung und die kluge Wahl von Vorhaben. Beide sind elementare Voraussetzungen für ein gesichertes Wohlergehen auch in schwierigen Umständen und anspruchsvollen Zeiten. Entscheidend für den Erfolg ist jedoch, wie Sie sich etwas vornehmen und wie Sie verfolgen, was Sie sich vorgenommen haben. Denn damit verändert sich Ihr Tun. Es verändert sich, was Sie an Zielen tatsächlich erreichen können beziehungsweise erreichen werden. Darum geht es in Kapitel 4.

Dieses Kapitel dient als Anleitung dazu, möglichst viel von dem, was Sie sich vornehmen, auch zu tun. Damit Ihre Vorhaben nicht nur gute Absichten und fromme Wünsche bleiben, müssen Sie deren Realisierung professionell planen. Dazu benötigen Sie ein persönliches Planungs- und Selbstmanagementsystem. Damit können Sie als Erwachsener im Erwerbsleben Ihre Fähigkeit zum praktischen Tun, das heißt Ihre Leistungsfähigkeit, viel mehr, sicherer und einfacher beeinflussen als mit irgendeiner anderen Maßnahme. Und dazu noch mühelos, weil Ihre Produktivität automatisch steigt, wenn Sie geplanter vorgehen.

Wer über ein gutes persönliches Planungssystem verfügt, wird seine Vorhaben sicherer und schneller realisieren können. Wenn er will oder wegen einer Herausforderung muss, kann er sich auch mehr anspruchsvollere Projekte vornehmen, und zwar ohne das operative Tagesgeschäft zu vernachlässigen und ohne gestresst zu sein. Nutzen auch Sie Ihre vorhandene Willensstärke, Ihre fachlichen Erfahrungen und Ihr Wissen einfach systematisch besser aus, indem Sie Ihre persönliche Planung professionalisieren.

4.2 PROFESSIONELLE PERSÖNLICHE PLANUNG – TUT GUT!

Professionelles Selbstmanagement besteht aus zwei Teilen: zum einen aus dem Setzen von Zielen für Tage, Wochen, Jahre und dem Arbeitsleben und zum anderen aus der Verfolgung sowie Erreichung von gesetzten Zielen, auch gegen Widrigkeiten und Widerstände. Der Schlüssel dafür liegt in der professionellen Planung der Zielverfolgung mit zeitnahen, periodischen Review- und Neuplanungen (Smoffen). Die sichere Bewältigung Ihrer operativen Tagesarbeit und die korrekte Wahrnehmung Ihrer Pflichten sind grundlegendende professionelle Ziele, die immer gesetzt sind. Die Verfolgung von zusätzlichen taktisch-strategischen Zielen mittel- und längerfristiger Natur ist nur dann sinnvoll, wenn die grundlegenden operativen Ziele in jedem Fall gesichert sind. Das bildet das Fundament des professionellen Selbstmanagements.

Wenn Sie mehr tun möchten, mehr erreichen möchten oder mehr Peace-of-Mind wünschen, benötigen Sie einen persönlichen Arbeitsplan für Tage, Wochen und Jahre, der die Gesamtheit Ihrer beruflichen Tätigkeit berücksichtigt. Der Arbeitsplan wird in wenigen Minuten Smoffen vor dem Start in den Tag, in die Woche und in das Jahr erstellt. Sie folgen Ihrem aktuellen persönlichen Arbeitsplan, so gut es die Umstände zulassen. Die Arbeitsplanung muss bei operativer Überlast, bei akuten Problemen, bei vielen Herausforderungen und auch bei unzuverlässigen Zuarbeitern gut funktionieren. Ihre Arbeitsplanung muss auch die Verfolgung Ihrer Karriere oder persönlichen Ziele oder die Bewältigung von Krisen und Herausforderungen mit abdecken. Die Zeit und Aufmerksamkeit eines Arbeitstages und einer Arbeitswoche sollen möglichst nutzbringend verwendet werden. Das funktioniert auf einem ganzheitlichen Plan besser als auf mehrere Medien verteilt und verzettelt beziehungsweise nach Themenfeldern getrennt. Am besten sehen Sie alles auf einen Blick.

Das Kriterium für eine gute persönliche Arbeitsplanung ist ganz einfach: Sie entscheiden darüber, ob Sie ein gutes und ruhiges Gefühl haben oder nicht. Eine gute Arbeitsplanung sorgt immer für Peace-of-Mind bei der Arbeit und am Feierabend. Hingegen sorgt eine schlechte Arbeitsplanung für Stress, Hektik und

Unzufriedenheit. Wenn Sie während des Tages schlecht drauf, hektisch oder gestresst sind, leiden Ihre Produktivität und die Wertschätzung Ihres Umfelds darunter. Sie treffen schlechtere Entscheidungen, die Sie künftig wieder einholen. Wenn Sie am Feierabend oder am Wochenende grübeln oder sich Sorgen machen, sollten Sie Ihre persönliche Arbeitsplanung verändern. Unabhängig davon, was auch ist, und unabhängig davon, wie turbulent es bei der Arbeit zugeht: Sie sollten immer gut und ruhig schlafen können. Anderenfalls sinkt Ihre Leistungsfähigkeit, und Sie machen mehr Fehler. Das wirkt sich negativ auf Sie und Ihr Arbeitsumfeld aus. Damit schaden Sie Ihrem beruflichen Wohlergehen.

Ich empfehle Ihnen, für Ihre persönliche Planung und Selbstmanagement das professionelle 2ease SMan-System. Es ist auf Peace-of-Mind ausgelegt. Das belegen die Erfahrungsberichte in Kapitel 2 und die Fallbeispiele, wie sich auch gravierende Krisen meistern lassen, in Kapitel 5 und 6.

Professionelles Planungssystem sorgt automatisch für mehr Peace-of-Mind

Das professionelle persönliche Planungssystem 2ease SMan-System entstand Anfang des 21. Jahrhunderts bei einem international tätigen Schweizer Industrieunternehmen. Meine 350 Mitarbeiter haben es unter meiner Führung aus der Praxis für die Praxis entwickelt. Der Entwicklungsdruck war sehr hoch: Es ging nicht nur das Wohlergehen der einzelnen Mitarbeiter, sondern auch um die Überlebensfähigkeit eines exportabhängigen Industrieunternehmens am „teuren“ Standort Schweiz.

Ab 2015 wurde das 2ease SMan-System im operativen Arbeitsalltag verschiedenster Unternehmen und mit Nutzern unterschiedlichster Berufe und Hierarchiestufen weiterentwickelt. Es stecken die Ideen und Erfahrungen unterschiedlichster Menschen darin. Alle ihre Beiträge haben das 2ease SMan-System immer professioneller und wirksamer gemacht. Das 2ease SMan-System funktioniert für jeden Mitarbeiter im Unternehmen sehr einfach. Es ist professionell, weil es erprobt, standardisiert, dokumentiert und mit anderen teilbar ist. Es stellt das Gegenteil von Ad-hoc- oder intuitiver spurloser Arbeitsplanung dar. Und es ist professionell, weil der Review immer einen integralen Teil des Planungsprozesses darstellt, weil mit

Professionelle Arbeitsplanung: Es gibt einen Plan und einen Review

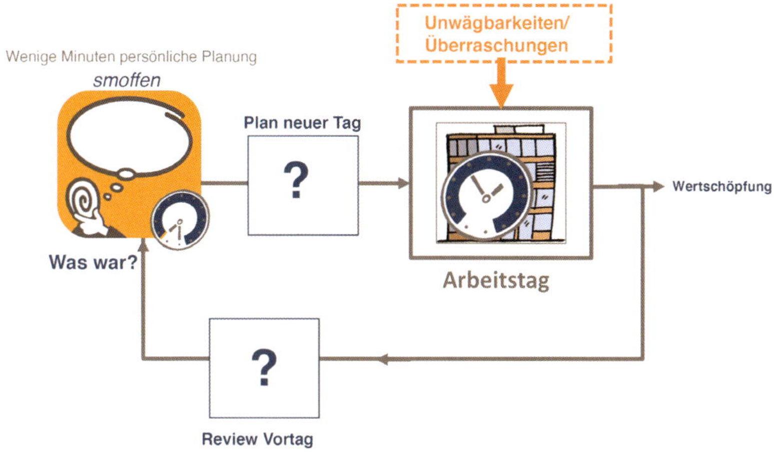

Abb. 4.3 Wie beim professionellen Management üblich, gibt es auch beim professionellen Selbstmanagement einen periodischen Review und eine Anpassung der Planung entsprechend den Fortschritten, Ereignissen und Umfeldveränderungen in der Vorperiode. Bei Organisationseinheiten heißen die entsprechenden Events Management Review. Wenn man das allein in einigen ruhigen Minuten durchführt, heißt es smoffen.

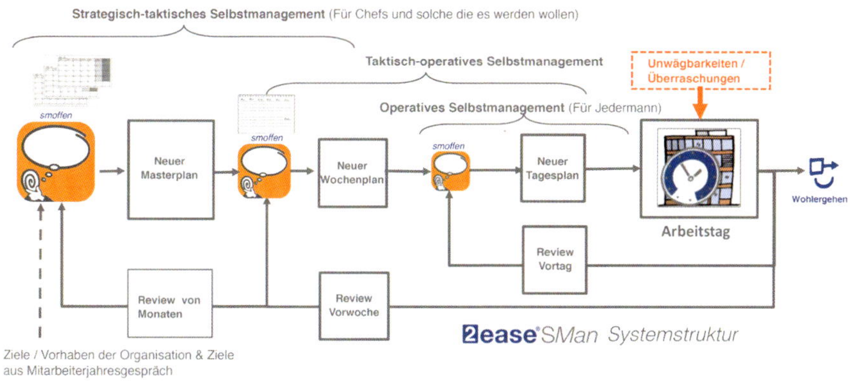

Abb. 4.4 System und Medienübersicht des SMan-Systems. Es ist ein integrales System von der Tages- bis zur Lebensplanung. Es hat alles, was für die Peace-of-Mind für Sachbearbeiter erforderlich ist, genauso wie für die Chefs an der Unternehmensspitze.

vielen Abweichungen vom Plan zu rechnen ist und weil der Arbeitsalltag einfach auch unberechenbar ist.

Das 2ease SMan-System ist professionell, weil es nur so wenig Zeit benötigt, wie an jedem Tag zur Verfügung steht. Das System geht nicht von perfekten Menschen aus, ganz im Gegenteil: Es geht davon aus, dass Menschen Schwächen haben und dass sie ab und zu überlastet oder überfordert sind. Das lässt sich nicht immer vermeiden. Für die nur wenigen Minuten des Reviews und der Neuplanung bedarf es keines PC/Notebooks und auch keines Tischs. Damit lässt es sich überall anwenden, wo Sie gerade sind.

Menschliche Schwächen systematisch ausgleichen

Weil das 2ease SMan-System für die persönliche Planung aus der Praxis iterativ via Trial and Error entstanden ist, folgen der Systemaufbau und die Systemausführung keiner Mode, keinen beeindruckenden akademischen Ansätzen und auch keinem Dogma. Es befriedigt auch nicht die Geschäftsbedürfnisse von Consulting- oder Digitalunternehmen. Es ist etwas Spezielles, weil der Systemaufbau und die Systemausführung eben am Menschen in seinem Arbeitsalltag des 21. Jahrhunderts ausgerichtet sind.

Deshalb findet sich in diesem persönlichen Planungssystem das wieder, was erforderlich ist, um auch unter Druck hochproduktiv, zuverlässig und gut drauf zu sein. Und dazu gehört der systembedingte Ausgleich menschlicher Schwächen, die speziell unter Drucksituationen für Fehler, Ineffizienz und Frust sorgen, zum Beispiel:

- Vergesslichkeit
- Zerstreutheit – Ablenkbarkeit
- Ignoranz
- der innere Schweinhund
- Launen
- Unsicherheit
- Bequemlichkeit.

Das 2ease SMan Planungssystem sorgt systematisch dafür, dass Sie durch wenige Minuten täglicher Smoff-Time immer Klarheit, Übersicht, Fokus und Motivation haben.

Sie werden die Gewissheit haben, nichts Relevantes zu vergessen beziehungsweise aus den Augen zu verlieren. Sie werden sich viel weniger treiben lassen, weder von den Umständen noch von den Kollegen. Und das Allerwichtigste: Sie werden sehr zufrieden mit sich selbst sein, wenn Sie Peace-of-Mind sowohl im Arbeitsalltag als auch in den Perspektiven Ihres Arbeitslebens haben. Denn Sie kommen besser durch als andere. Sie sind effektiver und effizienter bei der Arbeit, weil Sie viel geplanter vorgehen. Ganz einfach.

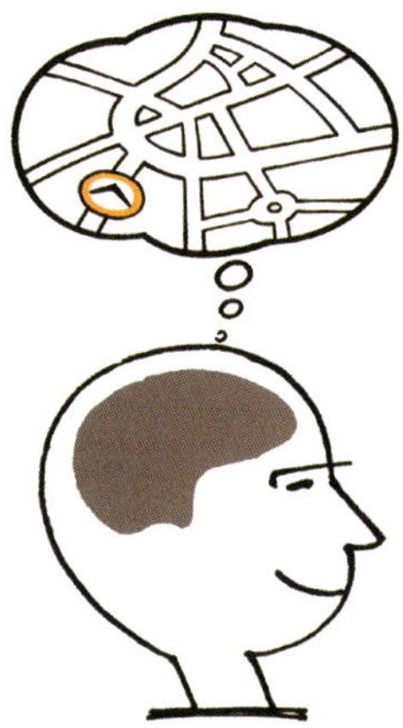

Abb. 4.5 Sich einen Plan auszudenken, ist eine Sache. Einen Plan festzuhalten und ihm zu folgen, ist eine andere. Dafür ist das menschliche Gehirn denkbar ungeeignet, dafür bedarf es eines Mediums als Unterstützung.

Das ideale Planungsmedium | SmoffBook

Bevor Sie mit persönlicher professioneller Planung beginnen können, benötigen Sie eine Planungsgrundlage. Sich Pläne einfach auszudenken und mit dem Erinnerungsvermögen zu arbeiten, ist beim menschlichen Gehirn nicht Erfolg versprechend. Das Gehirn ist zwar ein toller Prozessor, aber ein tückisches Speichermedium. Deshalb reicht der Kopf allein für professionelle Planung nicht aus. Sie benötigen ein Planungsmedium, das Ihnen die Planung und den Review so einfach wie irgendwie möglich macht. Ihnen stehen schließlich nur wenige Minuten dafür pro Tag zur Verfügung. Das entsprechende Planungsmedium erleichtert es Ihnen, sich Pläne einzuprägen, und sorgt dafür, dass Sie sich im Lauf des Tages Ihrer Planung bewusst sind. Richten Sie Ihr Planungsmedium möglichst gut darauf aus, wie Menschen viele Informationen aufnehmen und behalten können und sich sicher und schnell erinnern können. Da die Planung einen kreativen Prozess darstellt, sollte das Planungsmedium die Kreativität und gute Ideen entsprechend unterstützen. Das Erinnerungsvermögen steigt, wenn Informationen beziehungsweise Gedanken mit einem festen Ort zusammenhängen. Wenn nötig, finden Sie es im wahrsten Sinne des Wortes schnell wieder. Sie kennen aus der Schulzeit sicher

Medium für persönliche Planung und Review | Gedanken festhalten

Abb. 4.6 Das SmoffBook als persönliches Navigationssystem des Arbeitsalltags und Arbeitslebens.

das Gefühl zu wissen, wo etwas steht. Genauso kennen Sie den Spickzetteleffekt: Wenn Sie einen Spickzettel schreiben, befassen Sie sich schon zielgerichtet mit Ihrer kommenden Herausforderung. Wenn Sie den Spickzettel in möglichst kleiner Schrift und kurz schreiben, prägt sich das Wesentliche für die Prüfung stark in Ihr Bewusstsein ein. Mit dem guten Gefühl, das Wichtigste im Griff beziehungsweise auf dem Spickzettel zu haben, gehen Sie in die Prüfung. Am Ende sind Sie auf den Spickzettel gar nicht mehr angewiesen. Es geht auch so gut. Und Sie sind stolz darauf. Genauso wie Sie beim Spickzettel das Wesentliche per Hand mit einem Stift auf ein Stück Papier schreiben, sollten Sie das auch mit der persönlichen Planung eines Tages oder einer Woche tun. Der professionelle Spickzettel für das Smoffen (Review/Neuplanung) im DIN-A5-Format hat genug Fläche, um mit einem Bleistift auch den 12-Stunden-Tag eines Topmanagers abzubilden. Und es steht genug Raum zur Verfügung, um einen Tag bildhaft zu skizzieren. Und Bilder werden besonders schnell und bleibend aufgenommen.

Da wir beim Smoffen Planungen und Review nicht nur von einem Tag auf den anderen erstellen, sondern auch über Wochen und Monate hinweg, kommen viele Blätter zusammen. Diese Blätter müssen zusammengehalten werden: Das ist jetzt Ihr SmoffBook. Darin ist alles enthalten, was für Ihre persönlichen Planungen und Reviews relevant ist oder relevant werden kann. Wenn Sie ein Buch, das Sie einmal gelesen haben, sehen oder in die Hand nehmen, kommt Ihnen dessen Inhalt wieder in den Sinn. Genauso ist es mit dem SmoffBook, in das Sie selbst schreiben. Wenn es körperlich vorhanden ist, haben Sie es automatisch im Auge. Existiert es nicht in körperlicher Ausführung, bewahrheitet sich leider zu oft das Sprichwort: „Aus dem Auge, aus dem Sinn." Im Fall des SmoffBooks sind es dann Ihre Planungen und Sammlungen sonstiger wichtiger Gedanken, die Sie aus dem Auge verlieren. Deshalb basieren SmoffBooks auf Papier. Im DIN-A5-Format steht Ihnen mit 2- oder 6-Lochringmechanik eine enorm große Auswahl an Buchhüllen für jeden Geschmack zur Verfügung.

Das 2ease SMan Planungssystem steht auch digital für die Kombination Ipad + GoodNotes App zur Verfügung: das SmoffPad. Das funktioniert auch gut und ist für manche die passendste Lösung. In der Praxis ist das Zahlenverhältnis von Papier-SmoffBook und digitalem SmoffPad ähnlich wie bei normalen Büchern. Dort kommen digitale Bücher auf eReader auf nur 5 Prozent Marktanteil; stabil, aber stagnierend. 95 Prozent der Käufer bevorzugen Papier, obwohl es medial und werblich scheinbar out ist. Greifbare Papierbücher mit Seiten scheinen den Bedürfnissen von Menschen besser zu entsprechen als digitale Versionen.

Bei SmoffPads kommen viele Apps, Meldungen und Versuchungen dazu, die Sie vom ruhigen überlegten Nach- und Vordenken abhalten wollen. Sie werden zur angenehmen digitalen Zerstreuung verlockt. Es kostet dann schon Mühe und Konzentrationsvermögen, sich nicht ablenken und unterbrechen zu lassen. Es wird oft nicht gelingen. Das schadet Ihrer persönlichen Planung.

Abb. 4.7 Wenn Sie immer iPad und Stift bei sich haben, kann es sinnvoll sein, auch Ihre persönliche professionelle Planung mit dem 2ease SMan-System darauf zu erstellen.

4.3 EINE ABFOLGE VON FORMBÄTTERN GEGEN VERGESSLICHKEIT, ZEITDRUCK UND UNZUFRIEDENHEIT

Mit dem SmoffBook oder SmoffPad und (Blei-)Stift sollen Sie alles für Ihre berufliche Zukunft kurz-, mittel- und langfristig Relevante festhalten und – darauf aufbauend – Ihre persönlichen Pläne für einzelne Tage und Wochen erstellen. In diesen Plänen ist dargestellt, was auf Sie zukommen wird, zukommen kann und was Sie sich wann wie mit wem vornehmen. Diese Pläne umfassen auch die Tätigkeiten anderer Menschen in Ihrem Arbeitsumfeld, sofern das für Ihr eigenes Vorankommen von Bedeutung ist. Sie sollten die anderen Menschen in Ihrer eigenen Planung berücksichtigen, damit es runder läuft.

Sie können alles auf Grundlage leerer Blätter planen. Dann basiert Ihr SmoffBook auf einem einfachen Notizbuch. Oder Sie planen auf Grundlage der früher verbreiteten DIN-A5-Jahreskalendersätze. Dann basiert Ihr SmoffBook auf einem Organizer-Ringbuch. Im ersten Fall verfügen über Sie keinerlei formelle und strukturelle Führung für Ihre persönliche Planung und Review. Damit ist dieses Vorgehen zwar besonders zeitaufwendig und anspruchsvoll, aber dennoch möglich. Im zweiten Fall eines Jahreskalendersatzes stehen eine vorgegebene strukturelle Führung und ein dediziertes Blatt für jeden Tag zur Verfügung. Das war eine gute Basis für professionelle Planung und Selbstmanagement für die Arbeitswelt des 20. Jahrhunderts. Das war früher recht einfach.

Das 2ease SMan Planungssystem entstand im 21. Jahrhundert für die anspruchsvollere Arbeitswelt des 21. Jahrhunderts, so wie sie in Kapitel 1 beschrieben wurde. Der Aufbau und die Struktur des SMan Planungssystems werden nachfolgend logisch von den heutigen Anforderungen des Arbeitsalltags und dem Ziel der Sicherung des Wohlergehens abgeleitet. Das 2ease SMan-System ist dafür zielführend. Wenn Sie Aufbau und Struktur des SMan-Systems verstanden haben, fällt es Ihnen leichter, Ihren eigenen Arbeitsalltag und Ihr Arbeitsleben effektiver und effizienter zu planen.

Sicher nichts Relevantes mehr vergessen – systembedingt

Die Aufnahmekapazität unseres Gedächtnisses ist begrenzt. Je nach Stimmung können wir uns 4–6 Objekte merken, bevor wir das erste wieder vergessen haben. Das Gehirn ist auf Vergessen ausgelegt. Das ist eine seiner wichtigsten Funktionen. Die Menge an Informationen und Reizen im 21. Jahrhundert ist im Vergleich zu früher gewaltig angestiegen. Es ist eine regelrechte Überflutung. Das Gehirn benötigte noch nie so viel Leistung zum Aussortieren und Einordnen. Unser Gehirn kann schon mit Informations- und Reizverarbeitung voll ausgelastet sein. Es muss im Vergessen und Ignorieren immer besser werden.

Genau das Vergessen und das Ignorieren stellen aber im Arbeitsalltag und Arbeitsleben ein gewaltiges Problem dar. Allein schon die Furcht davor, etwas Relevantes zu vergessen, führt zu Stress. Und damit entfällt Ihnen noch mehr Wichtiges. Darum muss ein professionelles Planungssystem systembedingt dafür sorgen, dass Sie Relevantes nicht mehr vergessen oder aus den Augen verlieren.

Arbeitsplanungs- und Review-Zeitstrahl

In der Arbeitswelt des 21. Jahrhunderts stellen zum Beispiel Entscheidungen, Ideen, Anregungen, erkannte Gefahren, Chancen und Verpflichtungen den primären Output der Arbeitsleistung dar. Diesen Output können Sie nicht im Kopf speichern, sondern müssen ihn auf Medien festhalten, damit Sie selbst oder andere ihn aufgreifen und zur weiteren Wertschöpfung nutzen können.

Halten Sie relevante Gedanken nicht fest oder verlieren Sie auf Medien festgehaltene, relevante Gedanken aus dem Auge, sind Sie weniger wertvoll und produktiv, als Sie es sein könnten. Sie verpassen Termine oder treffen schlechtere Entscheidungen oder haben die schwächeren Argumente präsent. Aus Angst, etwas zu vergessen, beginnen Sie, zu schnell und zu unüberlegt an etwas arbeiten. Entweder verschiebt sich anderes, das für den Tag ansteht, nach hinten, oder Sie überlasten sich selbst an diesem Tag durch Mehrarbeit, weil Ihr Arbeitsplanungshorizont und Ihre Arbeitsplanungssicherheit einfach zu begrenzt sind. Aus Furcht zu vergessen verfolgen wir unausgegorene Gedanken oder laden unsere Gedanken einfach schnell bei Kollegen ab, die sie aktuell gar nicht nutzen können beziehungsweise wollen. Der Schwarze Peter des Vergessens wird weitergegeben.

Stop

Go

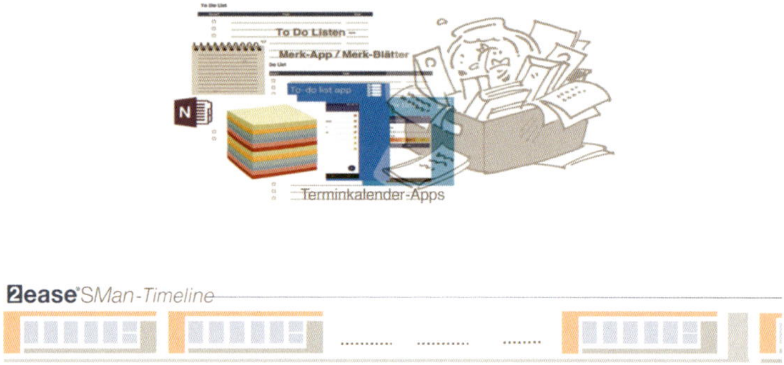

Abb. 4.8 Ihr beruflicher Alltag und Ihre Zukunft sollten besser nicht von Informationsverzettelungen und To-do-Sammlungen abhängen. Die SMan Timeline stellt die Alternative dazu dar. Damit stoßen Sie zeitgerecht und sicher auf alles, was für Ihre Zukunft relevant und nützlich ist.

Grundsätzlich gehören alle Gedanken, die für Ihre persönliche Planung und Review potenziell relevant sind, an einen festen Platz. Dieser Platz muss entsprechend der zeitlichen Relevanz in der Zukunft liegen. Dort gehört er hin, um wieder aufgegriffen und bedacht zu werden. Von Gedanken, die aktuell nicht nützlich sind oder derzeit noch nicht weiterverarbeitet werden können, sollten Sie sich sofort entlasten. Sie sollten sie einfach festhalten, das heißt notieren, und zwar so, dass Sie zeit- und situationsgerecht mit Sicherheit wieder auf sie stoßen werden. Sie sollten dafür keine Push-Meldungen zur Unzeit haben, keine abschreckenden To-do-Listen führen und auch nicht danach suchen müssen. Nach manchem guten, wertvollen Gedanken, den Sie oder andere sich bei der Arbeit gemacht haben, werden Sie vielleicht schon deshalb nie suchen, weil Sie sich gar nicht mehr an seine Existenz erinnern. Die Existenz eines nicht notierten guten Gedankens wird nämlich genauso schnell vergessen wie der gute Gedanke selbst.

Die sichere und effiziente Lösung gegen das Vergessen stellt die strukturierte 2ease SMan Zukunfts-Timeline dar: ein Zeitstrahl zur Wiedervorlage und zum Aufgreifen von Gedanken, die Sie sich gemacht haben, und von Gedanken, die Ihnen zugetragen wurden, und Ideen/Erkenntnissen, die Ihnen eingefallen sind. Alle persönlichen Arbeitsplanungen und für Ihr berufliches Wohlergehen relevanten Gedanken werden an einem vordefinierten Platz auf dem Zukunftszeitstrahl zur Weiterverwendung bereitgelegt. Ihre persönliche Arbeitsplanung und Gedankensammlung bestehen aus einer chronologischen Abfolge dedizierter Einzelblätter. Mit dieser Abfolge sind To-do-Listen oder Notizsammlungen überflüssig geworden.

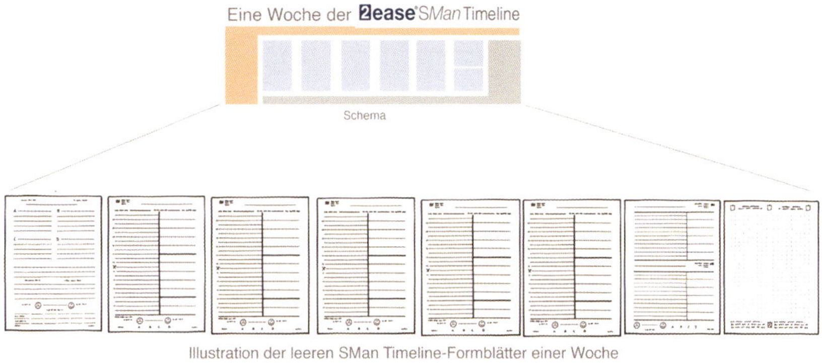

Abb. 4.9 Die Planungs- und Reviewblätter einer SMan Timeline-Woche. Wie schematisch grau dargestellt, sammelt sich auf dem Wochennotizblatt alles, was die laufende Woche nicht mehr belasten soll. Ein Wochenblatt enthält, wie im Symbolbild orange dargestellt, Inhalte, die bei der Planung jedes einzelnen Tages berücksichtigt werden sollen.

Die SMan Woche ist der der Kern des 2ease SMan Planungssystems

Das primäre Ordnungsraster der 2ease SMan Timeline besteht aus SMan Wochen. Diese wiederum bestehen aus den fünf SMan Tagesblättern für die Wochentage, einem Wochenendblatt, einem Wochennotizblatt am Ende der Woche und einem SMan Wochenblatt am Anfang der Woche. Die 2ease SMan Zukunfts-Timeline ist nur auf die nächsten Tage und Wochen ausgerichtet. Alle vergangenen Wochen und Tage sind bereits abgeschlossen. Darin ist nichts mehr für die Zukunft Relevantes oder potenziell Nützliches enthalten. Jeder Tag und jede Woche wird in wenigen Minuten durch Review abgeschlossen und eine Neuplanung der Zukunft erstellt. Somit kann nichts Relevantes verloren gehen. Der Abschluss eines Tages oder einer Woche wird auf dem jeweiligen SMan Blatt quittiert, damit möglichst nichts durchrutschen kann.

Auf dem SMan Wochenblatt können eine inhaltliche Vorhaben-/Zielplanung, eine Ressourcenplanung und ein Review für eine Woche erfolgen. Das SMan Wochenblatt bildet die Schnittstelle zur übergeordneten und langfristigen Planung, falls diese vorhanden ist. Das Wochennotizblatt ist von der Gestaltung her zwar das einfachste Blatt der Woche, aber das wichtigste, um nichts zu vergessen und sich nicht treiben zu lassen. Alles, was für die zukünftige Planung relevant sein kann, aber in der laufenden Woche keine Zeit und Aufmerksamkeit kosten soll, kann dort temporär abgelegt werden. Alles, was es Ihnen wert ist, sich über den

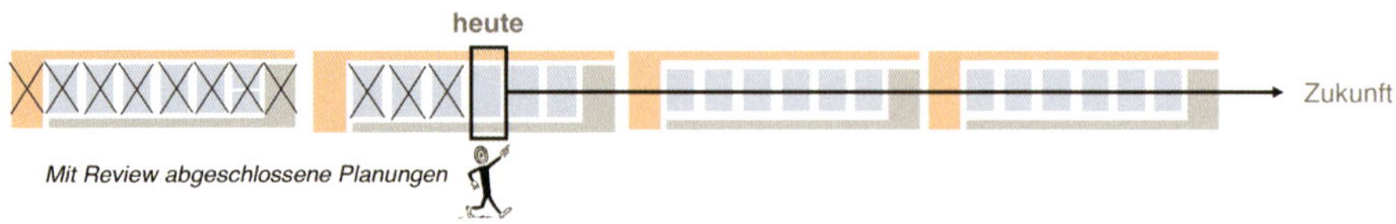

Abb. 4.10 Schematische Darstellung der 2ease SMan Timeline mit einer komplett abgeschlossenen Woche und einem Wochenverlauf bis Donnerstag – mit abgeschlossenem Montag, Dienstag und Mittwoch.

Tag hinaus zu merken, können Sie dort festhalten. Statt ein Post-It zu machen, statt gleich ein To-do oder eine E-Mail zu erstellen, sollten Sie sich erst einmal einfach eine Notiz auf dem Wochennotizblatt machen. Am Ende der Woche beim Wochenübergang werden diese Notizen bedacht. Sie werden in die künftigen Planungen beziehungsweise Reviewblätter integriert oder verworfen.

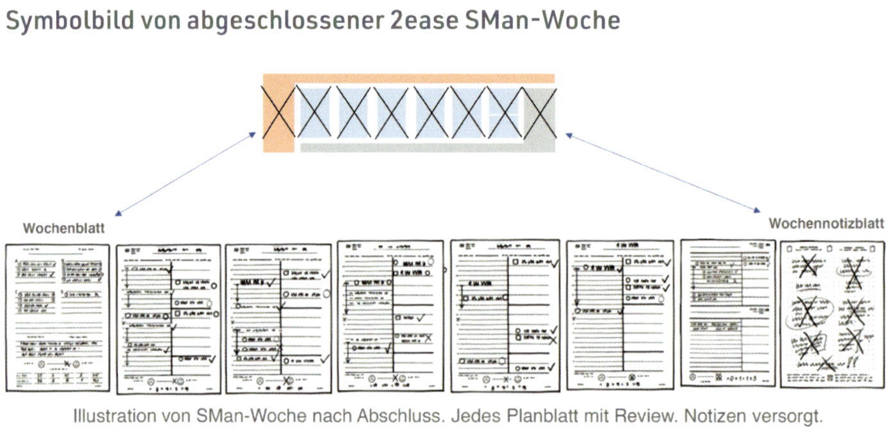

Abb. 4.11 Illustration der abgeschlossenen Vorwoche eines Team- beziehungsweise Projektleiters, basierend auf den Blättern einer SMan Woche. Nach dem Wochenreview ist nur noch das Wochenresümee auf dem Wochenblatt für die Zukunft interessant.

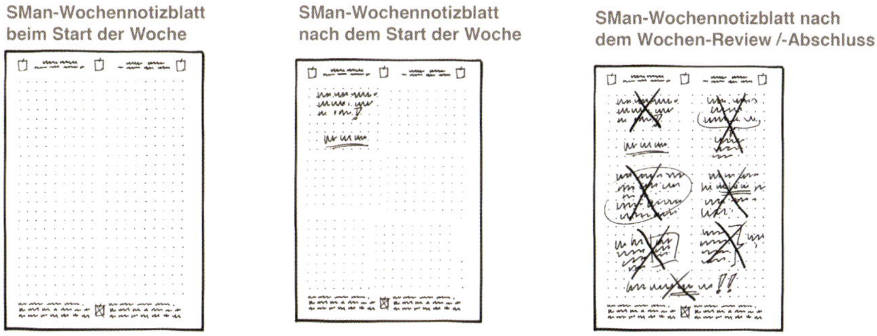

Abb. 4.12 Das Auskreuzen aller Notizen auf dem Wochennotizblatt zeigt den erfolgten Wochenabschluss an. Alles Relevante und Wichtige aus der Vorwoche ist zur sicheren und zeitgerechten Wiederaufnahme beziehungsweise Bearbeitung in einem zukünftigen Blatt der SMan Timeline vermerkt. Nichts geht vergessen oder wird aus den Augen verloren.

Sich nicht treiben lassen – weder von Kollegen noch von den Umständen

Wenn Sie Ihren Tag oder Ihre Woche mit Ihren Vorhaben und Zielen in Ihrem Sinne gestalten, verfügen Sie bereits über einen guten Plan. Von ihm sollten Sie sich nur dann abbringen lassen, wenn etwas absolut Zeitkritisches, Zwangsläufiges für den laufenden Tag Ihre Zeit und Aufmerksamkeit erfordert. Lassen Sie sich nicht von sonstigen Ereignissen, Gelegenheiten oder Kollegen dazu bringen, im laufenden Tag etwas Ungeplantes zu tun. In einen bereits ausgefüllten Tag etwas hereinzunehmen, was nicht zeitkritisch ist, führt zur Überlastung und zum Gefühl, ein Getriebener zu sein. Sie fühlen sich fremdgesteuert, obwohl Sie ja niemand steuert, sondern weil Sie sich einfach von Umfeld unnötigerweise dazu treiben lassen, etwas zur falschen Zeit zu tun.

Wenn Sie Ihren Tag bereits verplant haben, legen Sie neu dazukommende Anforderungen und Ideen einfach in die Zukunft auf einen Tag, an dem noch Platz ist und der Kontext dafür günstig ist, oder in das Notizblatt am Ende der Woche. Kommt die Anforderung per E-Mail, genügt eine kurze Rückmeldung, was Sie planen und wann der Anfrager mit einer Zuarbeit rechnen kann. Damit befindet sich der Anfrager nicht mehr in Wartehaltung und im Unklaren. Mit einer kurzen Rückmeldung haben Sie ihm eine Perspektive gegeben und sich selbst Luft verschafft, geplant vorzugehen. Denn geplant vorzugehen, ist natürlich effektiver und effizienter, als ungeplant loszulegen. Das geht jedoch nur, wenn Sie sicher nichts vergessen haben oder aus dem Auge verlieren. Wer diesen Ruf besitzt, wird von Anfragern viel weniger bedrängt, etwas doch sofort zu tun, weil es dringend sei. Die anderen treiben Sie dazu, etwas zur Unzeit tun und anderes, was für Sie wichtig und zeitkritisch ist, liegen zu lassen beziehungsweise nicht rechtzeitig oder nicht gut fertig zu bekommen.

Praxisbeispiele, „sich nicht treiben zu lassen":

Wenn Ihr Chef eine tolle neue Idee hat und diese bei Ihnen mit den Worten ablädt, dem müsste man mal nachgehen, dann sollten Sie sich das einfach in eine Woche oder direkt in einem Tag der Zukunft-Timeline dort eintragen, wo es zeitlich, thematisch und personell hineinpassen könnte. Haben Sie im Trubel des Tagesgeschäfts keine Ruhe, wann und wie Sie die Idee des Chefs in der Zukunft wieder aufgreifen könnten, dann schreiben Sie sich einfach eine Erinnerung auf das Wochennotizblatt und Sie können die Sache erst einmal vergessen. Denn Sie stoßen beim Wochenreview automatisch wieder darauf und können in den 15–20 Minuten Smoff-Time beim Wochenübergang in Ruhe überlegen, was Sie mit der Idee des Chefs machen und wann und wie es Sinn macht, ihr nachzugehen. Vielleicht fällt Ihnen dabei jemand ein, der geeigneter und interessierter ist als Sie, die Idee des Chefs aufzunehmen?

Wenn Ihnen jemand ein Lastenheft für ein neues Produkt, eine neue Dienstleistung oder ein neues Projekt zur Beurteilung schickt und Sie für die laufende Woche schon voll ausgelastet sind, lassen Sie sich bitte nicht dazu verleiten, sich sofort daranzusetzen. Wenn Sie innerhalb eines Arbeitstages in einer Empfangsbestätigung mitteilen, mit was der Anfrager rechnen kann, ist das sehr professionell.

Im externen Kundenkontakt sind Reklamationen oder Neuanfragen der Klassiker, auf den sich jeder intuitiv sofort stürzt. In beiden Fällen ist primär wichtig, dass eine Reaktion gezeigt und eine Zeitperspektive gegeben wird. In der Praxis werden laufende Anfragen, die in Bearbeitung sind, temporär liegen gelassen, um sich dem Neuen anzunehmen. Es entstehen Zeitdruck und Verzug bei laufender Arbeit, und die neue Sache wird unüberlegt sowie überhastet angegangen. Und alles nur, weil sich jemand von Anfragen treiben lässt, statt geplant vorzugehen.

Über Drängler und fehlendes Blaulicht

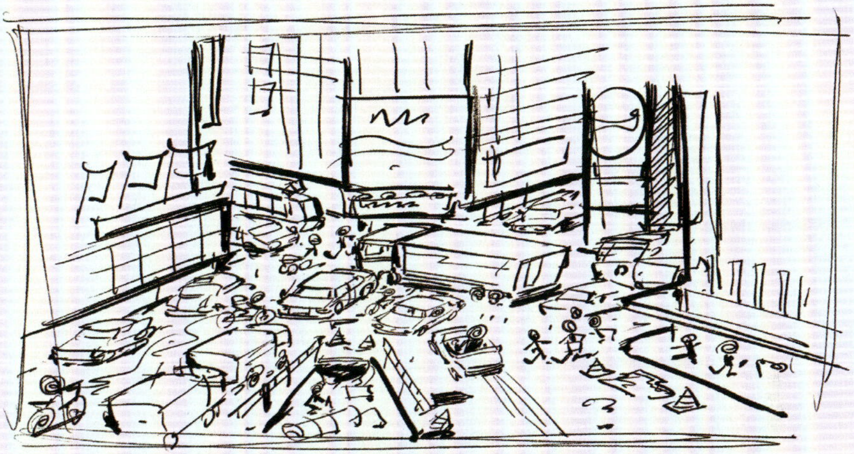

Abb. 4.13 Bleiben Sie souverän und cool. Folgen Sie einfach Ihrem Plan. Lassen Sie sich nicht stressen. Das bringt nur Unglück.

Bei der Navigation durch den Arbeitsalltag und das Arbeitsleben ergeht es Ihnen wie im Innenstadtverkehr: Da gibt es Dauerbaustellen in Form von Projekten, die kein Ende finden oder nie abgeschlossen werden. Es gibt Tagesbaustellen in Form von temporären Netzwerkausfällen. Es gibt Rowdys und Rumschleicher. Die einen verhalten sich respekt- und rücksichtlos, die anderen desorientiert, durcheinander und ziellos.

Eines gibt es im Arbeitsalltag von normalen Unternehmen jedoch nicht: zeitkritische Notfälle. Es gibt kein Blaulicht. Es geht nie um Leben und Tod. Alles hat Zeit und braucht Zeit. In normalen Unternehmen besteht deshalb kein realer Grund, sich stressen und drängen zu lassen. Reagieren Sie bei Dränglern bei der Arbeit genauso wie bei Dränglern am Steuer: Bleiben Sie cool und erst einmal auf Ihrer Spur.

Aber vermeiden Sie, dass Sie für andere, die unter höherem Termindruck stehen als Sie, ein Hindernis darstellen. Machen Sie für andere die Bahn frei und gewähren Sie ihnen Vorfahrt.Im Kontext der persönlichen Arbeitsplanung bedeutet dies, kleine Anfragen und Rückfragen Ihrer Kollegen, die wenig Aufwand für Sie bedeuten, wenn möglich zügig zu beantworten. Beginnen Sie bitte nicht, kleine

Abb. 4.14 Drängler gibt es auch im Arbeitsleben. Lassen Sie sich von ihnen nicht stressen. Bleiben Sie auf Ihrer Spur. Verfolgen Sie Ihren Plan.

Sachen erst für die Folgetage einzuplanen. Dann gehen Sie zwar geplant vor, aber Sie bekämen weniger Wertschätzung von Ihren Kollegen, die Sie ausbremsen. Grundsätzlich sollten Sie sich jeden Tag auch Zeiträume für reaktive operative Arbeit einplanen, in denen Sie reaktive Tagesarbeit als Zuarbeit für Kollegen erledigen. Dafür bieten sich die Zeit nach dem Mittagessen und der späte Nachmittag an. Dann gehen Sie mit dem guten Gefühl in den Feierabend, jemandem noch etwas Gutes getan zu haben. Wenn Ihr Kollege die Zuarbeit am anderen Morgen sieht, fängt dessen Tag schon einmal gut an. Eine Freude, so wie wenn Ihnen jemand die Vorfahrt gewährt oder Sie herauswinkt.

Pläne entwickeln sich über die Zeit organisch und nicht ad hoc.

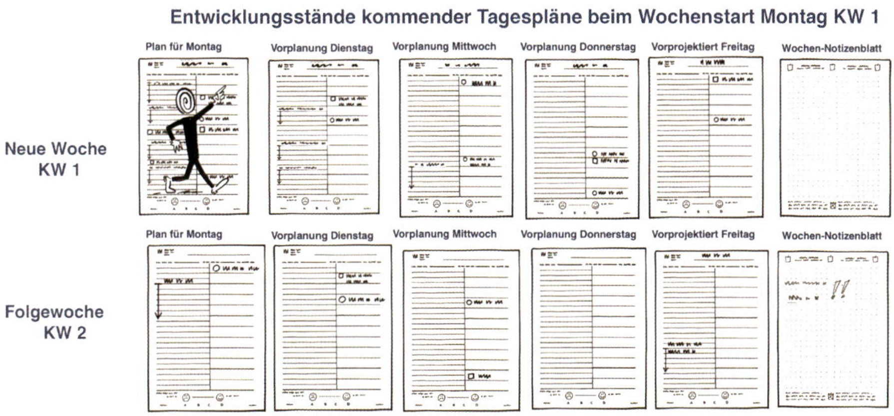

Abb. 4.15 Typische Zweiwochenansicht einer typischen SMan Timeline mit Planungsstand am Montagmorgen KW 1. Das Niveau der Vorplanung einzelner Tage nimmt schnell ab. Es ist nicht sinnvoll, sich zu früh mit der ferneren Zukunft zu befassen. Planen Sie besser dynamisch und bleiben Sie flexibel. Nehmen Sie sich deshalb jeden Morgen einige Minuten Zeit für Review und Neuplanung.

Zu Beginn des Tages oder der Woche steht Ihnen nicht viel Zeit zur Verfügung. Für den Vortagesreview und die Erstellung eines Plans für den neuen Tag sollten wenige Minuten genügen, sonst ist es nicht praktikabel. Für den Wochenstart und die Planung für die folgenden 5 Tage sollten 10–20 Minuten ausreichen. Das geht nicht, wenn Sie jeden Tag oder Woche mit der Planung von null starten, das heißt, wenn Sie mit leeren Blättern beginnen.

Das geht nur, wenn Sie zum Start eines neuen Tages oder einer neuen Woche schon Inhalte vorfinden und nur noch eine Komplettierung und einen Planabschluss vornehmen müssen. Das ist automatisch dann der Fall, wenn Sie mit einer Timeline arbeiten. Dort tragen Sie nämlich fortlaufend Ideen, Vorhaben, Ziele, Pflichtaufgaben und Meetings in zukünftige Tage und Wochen ein. Damit füllen sich diese Tage und Wochen sukzessive schon mit Inhalten auf. Sie beginnen beim Smoffen, das heißt, der Review- und Neuplanungsphase, nicht bei null, sondern Sie nutzen in den kostbaren Minuten Smoff-Time Ihre verbleibenden Freiheitsgrade und Gestaltungsspielräume aus, um den Tag planerisch in Ihrem Sinne zu gestalten.

4.4 TAGESPLAN UND TAGESREVIEW

Nie planlos den Tag angehen

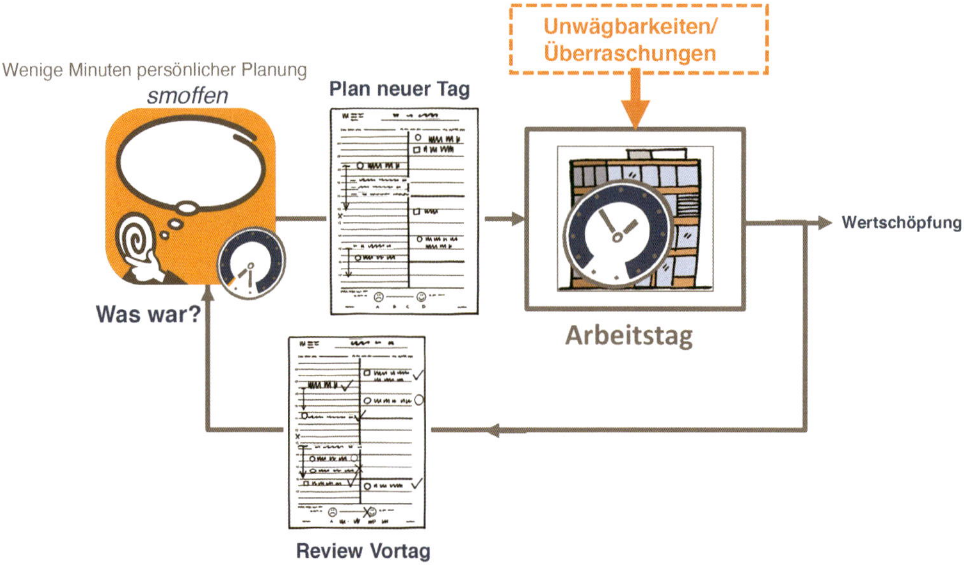

Abb. 4.16 Der Tagesplan ist eine Sollvorgabe für den neuen Tag, von dem ganz natürlich immer Abweichungen entstehen. Das ist normal und auch okay. Die Abweichungen werden durch die tägliche Review- und Neuplanung, das heißt durch Smoffen, ausgeregelt. Sie bleiben systembedingt so nahe an Ihrer eigenen Sollvorgabe, wie es Ihr Arbeitsumfeld und Ihre Arbeitssituation zulassen.

Den wichtigsten und elementarsten Teil professioneller persönlicher Planung stellen die Planung und der Review eines Tages dar. Darum gibt es für jeden Tag zwei Sichtweisen: eine Tagesplanungssicht und eine Tagesreviewsicht. Beide basieren auf ein und demselben 2ease SMan Tagesblatt. Der Review des Vortages und die neue Planung erfolgen in wenigen Minuten Smoff-Time am Morgen des neuen Tages. Damit ist genügend Abstand zum Vortag gegeben. Das Wichtige und Relevante rufen Sie sich noch einmal in Erinnerung und bereiten sich geistig auf den kommenden Tag vor. Sie laden den neuen Tag mit dem, was sein muss, sein soll und vermieden werden soll, in Ihr Bewusstsein. Sie haben einen Plan für den Tag im Kopf. Das SMan Tagesblatt wird dann zum Tagesspickzettel und beim Review zur Tages-Checkliste.

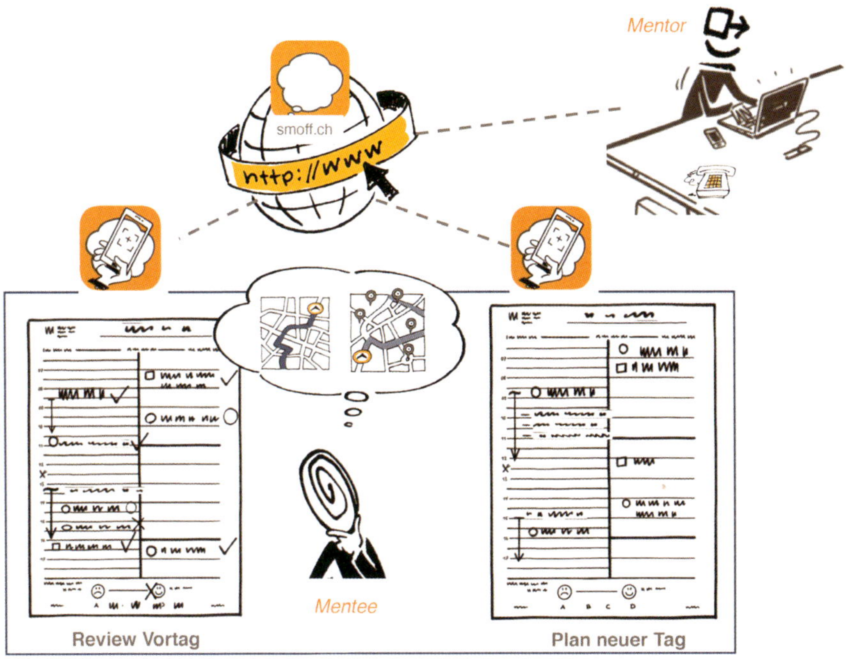

Abb. 4.17 Wenn Sie einen Mentor für das Professionalisieren Ihrer persönlichen Planung haben, können Sie mit ihm über die Smoffen-Bilder Web-App (www.smoff.ch) jeweils das Bild des neuen Tagesplans und des Vortagesreviews teilen. Mit SMan Mentor geht das Professionalisieren persönlicher Planung besonders einfach und schnell. Mehr darüber in Kapitel 6.

Die Planung eines Tages gleicht einer Routenplanung bei einem Navigationssystem oder Ihrer Urlaubsplanung: Sie entwickeln eine Vorstellung davon, was Sie an diesem Tag erwartet und was Sie erreichen wollen. Dazu gehören auch Unwägbarkeiten und Überraschungen. Es ist nicht sinnvoll und möglich, alles vorab detailliert zu planen. Wichtig ist, dass Sie im Lauf des Tages mit dem Unplanbaren und Überraschenden souverän umgehen können.

Beim Umgang mit dem Unwägbaren und dem Überraschenden eines Tages müssen Sie schnell entscheiden, und zwar mehr intuitiv als rational. Sie müssen entscheiden, etwas zu tun oder nicht zu tun. Sie müssen entscheiden, wie Sie etwas tun. Für diese alltägliche Entscheidung hilft die Antwort auf die Frage: „Ist es zielführend für Sie oder nicht, was Sie tun sollen beziehungsweise wollen?" „Zielführend" ist der Schlüsselbegriff beim professionellen Selbstmanagement genauso wie bei

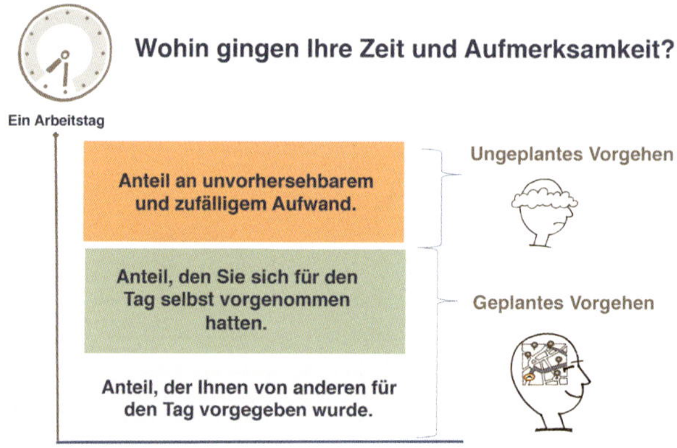

Abb. 4.18 Wenn Sie dank der 2ease SMan Timeline-Nutzung nichts mehr vergessen oder aus dem Auge verlieren, wird sich der Tagesanteil am geplanten Vorgehen automatisch erhöhen. Sie werden weniger Arbeit unüberlegt angehen aus unterschwelliger Furcht, Sie könnten sie vergessen.

der professionellen Arbeitsplanung. Alles, was Sie als als nicht zielführend erkennen, möglichst zu vermeiden. Das sollte Ihre Entscheidungsmaxime sein, wenn Unerwartetes und Überraschendes auf Sie zukommen. Dann werden Sie jeden Tag automatisch zielführender nutzen.

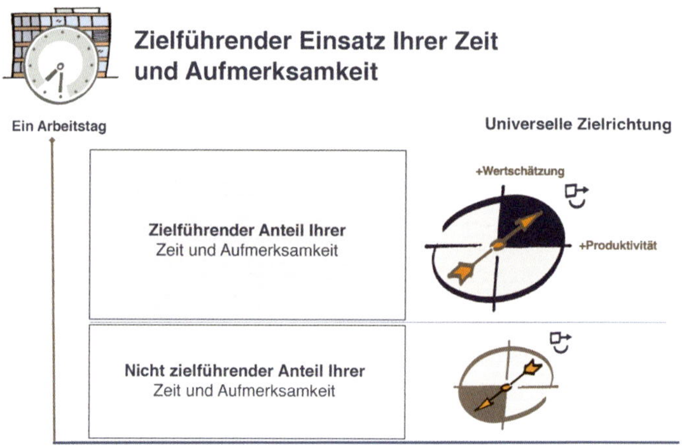

Abb. 4.19 Die Schlüsselfrage, nach der Sie planen und sich durch den Tag navigieren, lautet: „Ist es für mich zielführend oder nicht, wofür ich meine Zeit und Aufmerksamkeit nutze?"

Wenn Sie unsicher bei der Antwort auf die Schlüsselfrage „Zielführend oder nicht?" sind, orientieren Sie sich einfach am Universalziel „Wohlergehen im Arbeitsleben", dazu gehört, an jedem einzelnen Tag mit einem guten Gefühl einzuschlafen.

Abb. 4.20 Am Feierabend mit sich zufrieden sein und ein gutes Gefühl haben, ist das primäre Ziel eines jeden einzelnen Tages. Wenn Sie das nicht erreichen, sollten Sie Ihre persönliche Planung und Ihr Selbstmanagement auf ein höheres professionelles Niveau bringen. Wer gestresst und schlecht drauf ist, ist weniger produktiv und weniger wertgeschätzt. Er hat sich und seine Arbeit einfach nicht im Griff.

Das Formblatt als Vorlage für Tagesplan und Tagesreview

Jeder Tag wird durch ein Blatt repräsentiert. Beim Starten des Tages bildet das SMan Tagesblatt den Tagesarbeitsplan ab. Am Morgen darauf wird das gleiche Blatt zum Tagesreviewprotokoll. Es dokumentiert dann die gesicherte Nachverfolgung der noch offenen geplanten Vorhaben des Vortages und zeigt Ihre persönliche Bilanz. Es dokumentiert nicht, was Sie alles gearbeitet haben, sondern nur Ihre Vorhaben und was Sie davon wie umgesetzt haben. Weil wir den Tag mit einem Stift skizzieren und mit einfachen grafischen Symbolen arbeiten, trifft für die Planung und den Review eines Tages der Begriff „abbilden" sehr gut zu. Wir erzeugen ein Bild eines Tages – vorher und nachher.

Im Kopfteil des SMan Tagesprojektblatts lädt eine Hilfslinie ein, jedem einzelnen Tag eine eigene Identität, Profil, Fokus oder Charakter zu geben. Das kann auch nur ein Motto oder Leitspruch sein; alles, was den einzelnen Tag einzigartig und

Das 2ease SMan-Tagesblatt

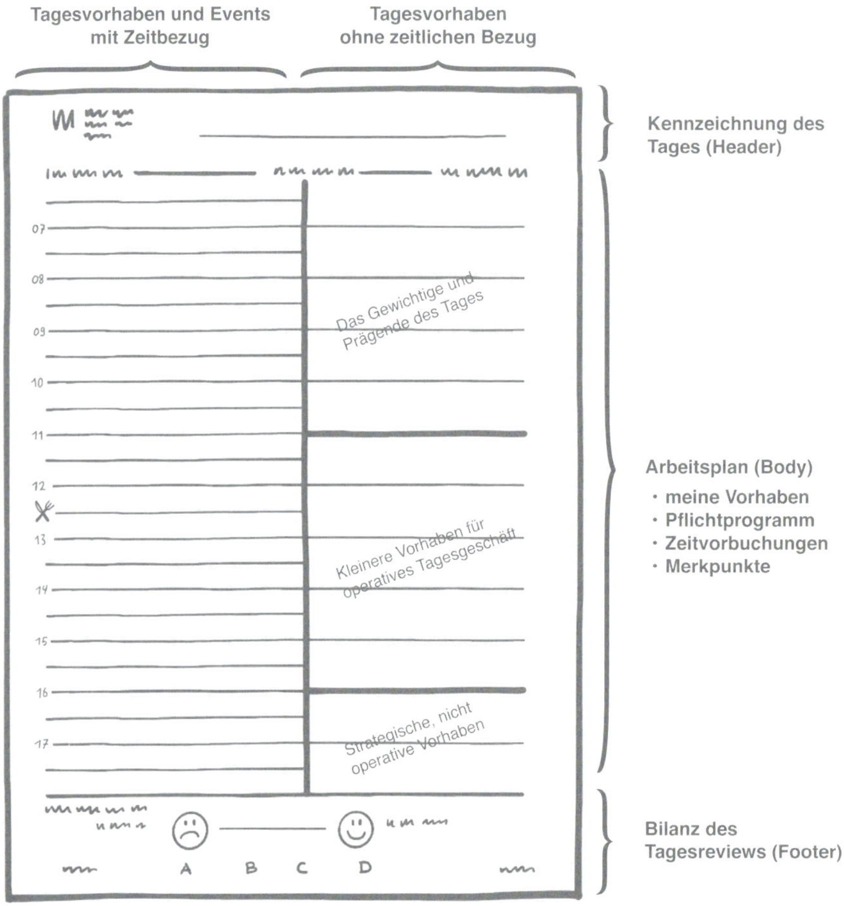

Abb. 4.21 Das SMan Tagesblatt ist die Formatvorlage, um die Verwendung Ihrer Zeit und Aufmerksamkeit professionell zu planen. Es ist dafür ausgelegt, das festzuhalten, was Sie sich vornehmen, und das, was Sie sich vorgenommen haben, auch zu verfolgen, und zwar auf allen Hierarchieebenen einer Organisationseinheit.

besonders macht. Das macht den Arbeitsalltag interessanter. Die Strukturierung des Tagesblatts erlaubt es schon lange im Voraus, etwas für den Tag „vorzuplanen" und dann, bevor der Tag operativ losgeht, einen konkreten, kompletten Tagesarbeitsablaufplan (Workflow) zu erstellen.

Die rechte Spalte des Tagesblatts ist ideal für Vorhaben des Tages, für die eine chronologischen Einordnung im Tagesablauf keinen Sinn oder beim Zeitpunkt des Eintrags noch keinen Sinn macht, weil Sie die vorgegebene terminliche Pflichtstruktur des Tages noch nicht kennen. So macht es zum Beispiel keinen Sinn, ein Vorhaben wie „Teminabsprache mit Kunde X" auf eine bestimmte Uhrzeit einzutragen. Sie müssen damit rechnen, mehrmals am Tage etwas dafür zu tun. Das machen Sie besser jeweils, wenn es im Tagesablauf etwas Freiraum hat, und engen sich nicht auf eine feste Zeit ein. Damit würden Sie sich nur selbst stressen.

Um einen ersten bildhaften Eindruck von den geplanten Arbeiten des Tages zu erhalten und das für den Tag Wesentliche sofort zu erkennen, ist die rechte Spalte in drei Segmente geteilt: Im oberen Drittel steht das operativ Gewichtigste und Prägendste des Tages. Im unteren Drittel stehen Vorhaben von langfristiger oder strategischer Bedeutung. Sie sind zwar nicht zwangsläufig für die Bewältigung Ihrer täglichen Arbeit erforderlich, tun Ihnen aber dennoch gut. Sich einen guten YouTube-Kanal mit Fortbildungsvideo zu suchen, um eine persönliche Kompetenz-/Erfahrungslücke zu schließen, wäre ein Beispiel dafür. Das ist nicht schwierig, erfordert aber Zeit und Aufmerksamkeit. Ein Fortbildungsvideo anschauen machen Sie eher, wenn Sie es sich professionell vornehmen, das heißt planen und gesichert nachverfolgen.

Das bildhafte Entwerfen eines Tagesplans

Beim Smoffen am Morgen wird in wenigen Minuten (Smoff-Time) der neue Tag mit allen Vorhaben und dem Soll-Tagesarbeitsablauf (Workflow) entworfen. Neben der reaktiven operativen Arbeit und den fixen vorgegebenen Terminen machen üblicherweise 5–10 Vorhaben einen normalen geplanten Arbeitstag aus. Was dann auf dem Blatt steht, haben Sie sich vorgenommen, an diesem Tag auch zu tun, neben dem reaktiven Tagesgeschäft und Routineprogramm, das Sie nicht explizit planen müssen. Das kommt von allein auf Sie zu. Das müssen Sie sich nicht vornehmen.

Nehmen Sie während des laufenden Tages möglichst nichts mehr in den gleichen Tag hinein. Den Tag hatten Sie schon voll ausgeplant. Legen Sie neue Anforderungen möglichst auf einen Tag beziehungsweise auf einen Platz in der Zukunft, wenn das Wohl eines Kunden oder Kollegen nicht gerade akut bedroht ist, was praktisch nie der Fall ist.

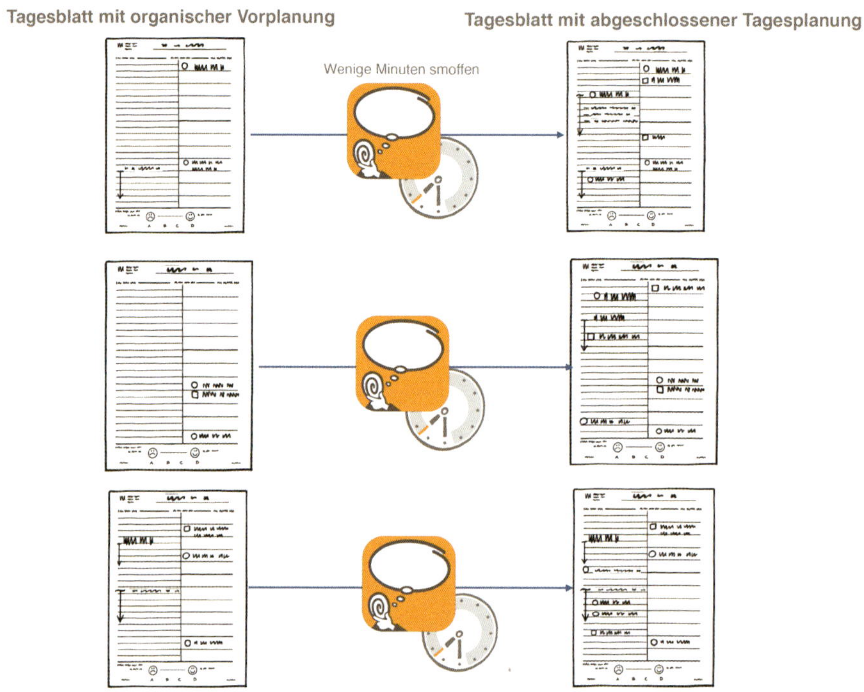

Abb. 4.22 Beim Smoffen wird, basierend auf dem Review des Vortages und dem neuen Tagesblatt, ein Tagesplan erstellt. Das Tagesblatt enthält normalerweise bereits Einträge von Events oder Vorhaben, die Sie in den Vortagen vorläufig eingetragen haben.

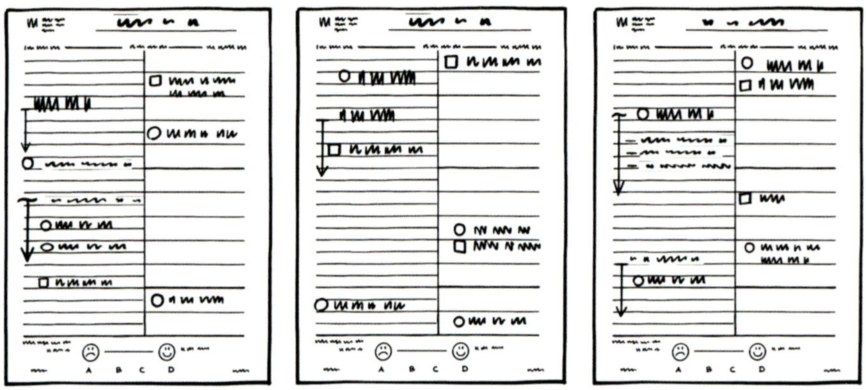

Abb. 4.23 Jeder Tag gibt ein Bild von dem wieder, was aus Ihrer Sicht sein soll. Es zeigt, was Sie sich für neuen Tag vornehmen und wie der Tag ablaufen soll.

Schreiben auf dem Planungsblatt

Mit dem Text auf dem Planungsblatt beschreiben und dokumentieren Sie für sich selbst, was Sie sich für den neuen Tag vornehmen, und halten die Zusatz- oder Hilfsinformationen fest, die erforderlich sind oder die es ihnen vereinfachen zu realisieren, was Sie sich für den Tag vorgenommen haben.

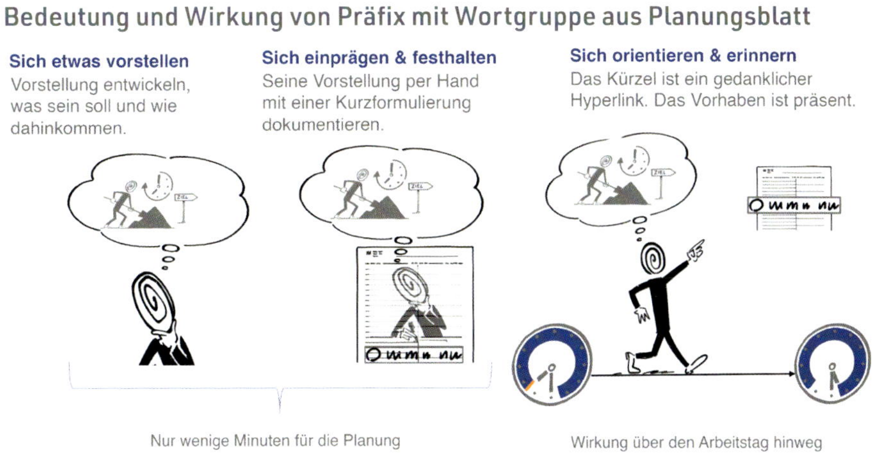

Abb. 4.24 Sich etwas professionell vorzunehmen, dauert nicht lange, wirkt aber lange und stark nach. Sie müssen Ihre Vorhaben selbstverbindlich für sich selbst festhalten. Es muss kein anderer verstehen, was sich in der Kurzform Ihres formulierten Vorhabens verbirgt. Bei persönlicher Planung sind Sie nur sich selbst gegenüber verantwortlich. Es geht niemanden etwas an. Es sei denn, Sie haben einen Mentor an der Seite, der Ihr Wohlergehen fördern kann.

Alles, was Sie mit dem Stift auf das Tagesblatt schreiben, sollte möglichst kurz und prägnant formuliert sein. Es sollten verkürzte Aussagen, Absichten oder Definitionen sein. Es steckt gedanklich und inhaltlich viel dahinter, aber Sie bringen es auf den Punkt beziehungsweise auf 2–4 Worte. Diese Verkürzung ist wichtig, weil sie Sie zwingt, sich intensiver mit etwas zu befassen. Damit bleibt es für den Lauf des Tages besser und länger im Bewusstsein. Den gleichen Effekt erzielt das Formulieren in einem kurzen Satz anstatt nur Stichwörter. An einen kurzen Satz oder Spruch erinnern Sie sich viel besser als an eine Stichwortsammlung.

Alle geschriebenen Worte auf einem Planungsblatt, die inhaltlich zusammengehören, sollten mit Präfixen gekennzeichnet werden. Präfixe ermöglichen eine inhaltliche Grundstruktur der Tagesplanung. Wortfolgen mit dem Präfix Viereck

Ein Präfix signalisiert die jeweilige Bedeutung alles Geschriebenen

Vorhaben-Symbol

Was?	Zeitkritische Vorhaben	Nicht zeitkritische Vorhaben	Kein Vorhaben nur Textnotizen
Symbolik	□ Viereck als Präfix	○ Kreis als Präfix	• – Punkt, Strich oder ohne Präfix
Beispiele			

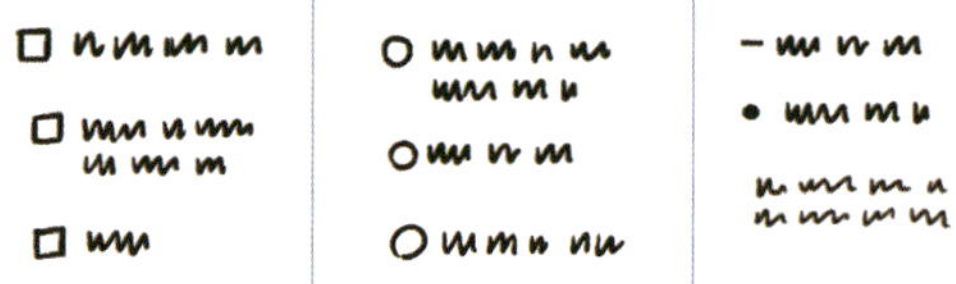

Abb. 4.25 SMan nutzt bewusst eine einfache, fast triviale Symbolik. Sie ist sehr effektiv und effizient in der Anwendung. Deshalb genügen wenige Minuten Smoffen am Morgen.

oder Kreis stellen Vorhaben dar. Ein Viereck signalisiert ein zeitkritisches Vorhaben und ein Kreis ein nicht zeitkritisches.

Bei den wenigen Minuten der Planung am Morgen muss es schnell gehen. Die binäre Entscheidung, ob heute ein Vorhaben schon zeitkritisch ist oder nicht, ist einfach und schnell gefällt. Zeitkritisch bedeutet, dass ein Verzug in naher Zukunft konkrete negative Konsequenzen nach sich zieht.

In der Regel finden sich auf einem Tagesblatt 5–10 Vorhaben. Mehr Arbeitsobjekte zu definieren, ist nicht ratsam, sonst gehen die Übersicht und der Fokus verloren. Mehr schaffen Sie auch nicht an einem Tag. Es gibt Grenzen, in wie viele Themen sich ein Mensch an einem Tag seriös eindenken und wie viele er produktiv bearbeiten kann. Diese Grenze ist bei Menschen an der Unternehmensspitze nicht viel anders als bei Sachbearbeitern. Darum reicht auch allen die Blattgröße im DIN-A5-Format aus.

Abb. 4.26 Ein Vorhaben ist geplante zielführende Arbeit. Ressourcen, zeitliche Zuordnung und Ihr fester Wille und Fähigkeit zur Realisierung gehören dazu.

Optimale Zeitverwendung statt frustrierende Zeitplanung

Hinter einem Vorhaben, das Sie mit 2–4 Worten kurz zusammenfassen, kann viel stecken. Wie umfangreich das ist, wissen nur Sie. Versuchen Sie bitte nicht, die Zeit zu planen, die das einzelne Vorhaben benötigt. Das ist nutzlos und frustrierend. Sie planen zu hoch und geraten dann in Panik, weil der Tag anscheinend zu kurz ist für alles, was Sie tun wollen. Sie planen den Zeitaufwand zu gering für ein Vorhaben und frustrieren sich damit nur selbst, wenn Sie dann doppelt so lange brauchen. Mit dem 2ease SMan-System planen Sie, wie die verfügbare Zeit und Möglichkeiten systembedingt bestmöglich, das heißt zielführend und damit wertschöpfend, genutzt werden. Wie viel das am Ende für ein Vorhaben war, ist sekundär. Wir stellen einfach nur sicher, dass es uns bei den aktuellen Umständen nicht schneller möglich war. Wir stellen das sicher, indem wir möglichst professionell geplant vorgehen.

Eisenhower-Prinzip jeden Tag angewendet

Bei der SMan Tagesplanung wird implizit das bekannte Eisenhower-Prinzip in der Praxis angewandt. Ein Viereck oder ein Kreis gibt die zeitliche Dringlichkeit wieder. Die Wichtigkeit ergibt sich durch die Vorselektion, was auf das Tagesblatt neu dazukommt und – von der Vorplanung herkommend – auf dem Blatt bleibt. Beim Komplettieren des Tagesplans während der Smoff-Time wird das heute Unwichtige ausradiert oder durchgestrichen. Die Mühe, ein Vorhaben zu definieren und zu dokumentieren, machen Sie sich nur, wenn Sie morgens glauben, dass es aktuell wichtig ist. Die Wichtigkeit eines Vorhabens können Sie dadurch bildlich ausdrücken, wo Sie es auf dem Tagesblatt positionieren, und Sie können die Präfixe dort größer beziehungsweise dickerer machen, wo es Ihnen wichtiger ist.

Wenn Sie mehr Arbeitsinhalte in einen Tagesplan hineinnehmen, als Sie bewältigen können, nehmen Sie ganz intuitiv eine Auswahl vor. Was für Sie weniger wichtig ist, bleibt einfach liegen. Wenn Sie ein unerledigtes Vorhaben mehrmals per Hand auf kommende Tage übertragen, kommen Sie irgendwann zu dem Schluss, dass dieses Vorhaben im Grunde gar nicht so wichtig ist wie ursprünglich gedacht. Sie werden es dann nicht mehr weiter in die Zukunft übertragen, sondern ganz bewusst sein lassen. Vieles erledigt sich auch im Lauf der Zeit von selbst.

Merkpunkte und Gedankenstriche

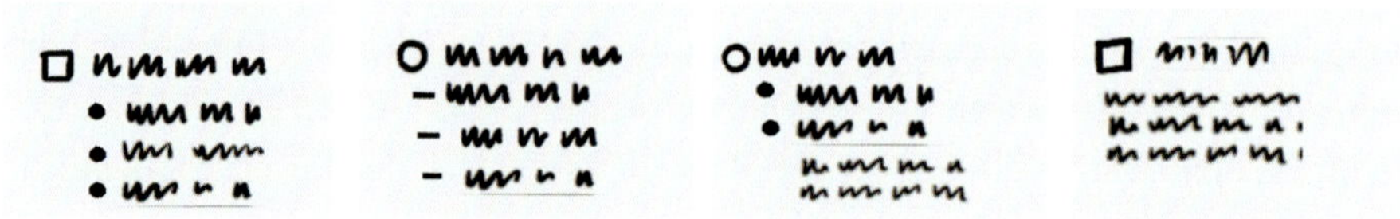

Abb. 4.27 Vier Vorhaben mit textlichen Zusatzinformationen, die bei der Realisierung der Vorhaben als Erinnerung oder Wegweiser nützlich sind.

Die Präfixe Viereck und Kreis lassen auf einen Blick sofort die Vorhaben erkennen. Die Präfixe Punkt und Gedankenstrich auf dem Tagesblatt zeigen an, dass eine Wortfolge explizit kein eigenständiges Vorhaben beschreibt. Solche Wortfolgen sind inhaltliche Hilfen und Erinnerungen, welche die Umsetzung von Vorhaben erleichtern. Oder sie können einfach als Merker beziehungsweise für ein Passwort oder eine Idee einzeln auf einem Tagesblatt stehen. Wenn Sie einfache Vorhaben definieren und formulieren, zum Beispiel „Termin Egon“, ist meist keine Zusatzinfo zum Vorhaben erforderlich. Es sei denn, Sie haben sich eine bestimmte Taktik oder ein Ziel für die Terminvereinbarung ausgedacht, die Sie nicht vergessen wollen. Das schreiben Sie dann als Fließtext direkt unter das Vorhaben.

Es gibt auch komplexere Vorhaben wie zum Beispiel „Okay vom Chef für X“. Da bietet es sich als Vorbereitung an, eine handschriftliche Liste mit den wichtigsten Argumenten zu erstellen. Das macht Sie sicherer und souveräner, weil Sie vorbereitet sind und auch im Gesprächsverlauf geplant vorgehen. Das verschafft Ihnen strategische Vorteile gegenüber dem Chef.

Umfangreichere Vorhaben wie das „Erstellen von Erfahrungsbericht XYZ“ im Lauf eines Tages sind recht sperrig. Wenn Sie nicht nur das Vorhaben für sich selbst textlich definieren, sondern auch den Ablauf der Bearbeitung über Gedankenstriche strukturieren, ist es viel einladender, mit dem Vorhaben zu starten. Sie werden auch effizienter und zielstrebiger vorgehen, weil Sie Ihre Arbeit vorgeplant haben. Die Gefahr ist viel geringer, am falschen Ende zu beginnen, die Arbeit ausufern zu lassen oder das Thema zu verfehlen.

Vertikale Pfeile zur Strukturierung des Tagesablaufs

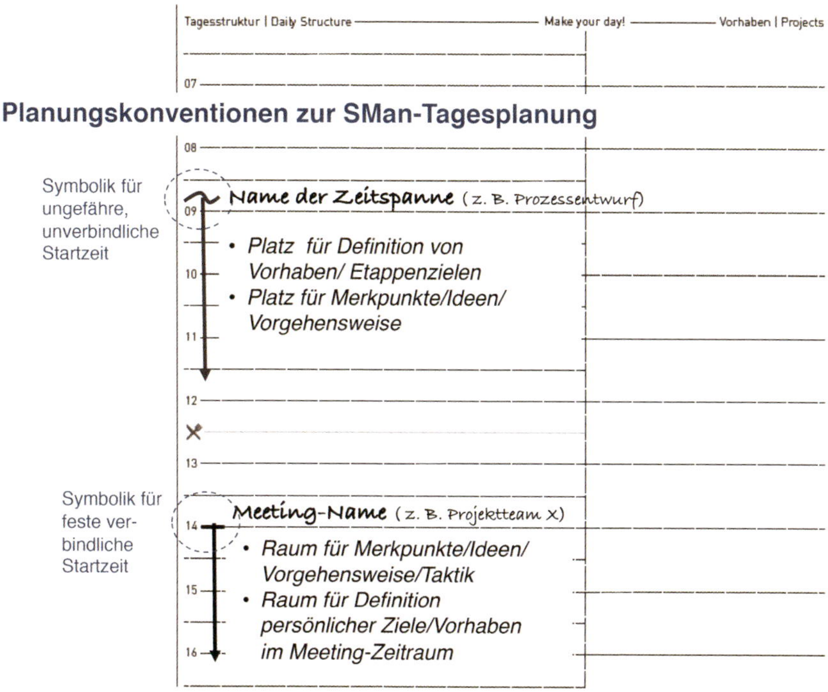

Abb. 4.28 Mit vertikalen Pfeilen werden Zeitspannen gebildet. Diese stellen die Grundstruktur eines Tages dar. Je nach Art und Position der horizontalen Ausgangslinie des Zeitpfeiles ist die Anfangszeit verbindlich oder nur eine ungefähre Schätzung.

Durch vertikale Pfeile im chronologischen Tagesablauf ordnen Sie eine Zeitspanne einem bestimmten Thema, Event, Idee oder Vorhaben zu. Start- und Endpunkt des Pfeils geben die Dauer der Zeitspanne an. Die frei auslaufende Pfeilform signalisiert, dass es kein festes Ende beziehungsweise keine feste Zeitdauer gibt, sonst wäre es ein Zeitfenster.

Die Form und die Position des vertikalen Startstrichs des Pfeils geben an, ob der Beginn der Zeitspanne sicher und festgelegt ist. Eine Wellenlinie als vertikaler Startstrich signalisiert einen ungefähren Startzeitpunkt. Es ist nur eine unverbindliche Zeitreservierung mit sich selbst. Sie nehmen sich vor, fokussiert, ohne Unterbrechung an etwas Wichtigem zu arbeiten. Bei jeder Zeitspanne wird ein Name

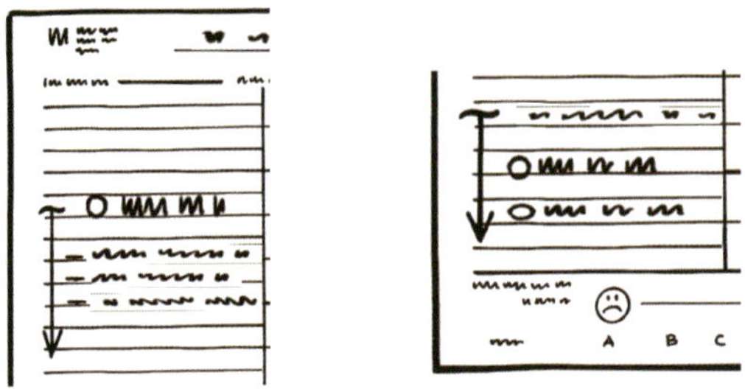

Abb. 4.29 Beispiel für eine persönliche Zeitreservierung: Links befindet sich die reservierte Zeitspanne für ein einzelnes nicht zeitkritisches Vorhaben mit drei Merkpunkten, und rechts ist die reservierte Zeitspanne der Verfolgung zweier nicht zeitkritischer Vorhaben gewidmet.

vertikal dort eingetragen, wo der Pfeil beginnt. Optisch gesehen, bilden der vertikale Pfeil und die horizontale Namensbeschriftung einen Zeitraum, den Sie inhaltlich mit Text zur Arbeitsplanung ausfüllen können.

Wenn der horizontale Startstrich des Pfeils gerade ist und auf einer chronologischen Zeitlinie einer vollen oder halben Stunde liegt, ist der Start der Zeitspanne verbindlich. Typischerweise handelt es sich dann um ein Meeting und nicht nur um eine Vereinbarung mit sich selbst.

Meetings umfassen alle Arten des Zusammenkommens mit Menschen zu einer festgelegten Uhrzeit und einer zu erwartenden Zeitdauer. Das Zusammenkommen kann per Telefon, Web oder persönlich erfolgen. Ein Meeting ist erst einmal wertneutral. Es ist einfach eine feste Vergabe Ihrer Zeit und Aufmerksamkeit ab einem bestimmten Zeitpunkt in Verbindung mit anderen Menschen. Ein Meeting sollte idealerweise auch für Sie zielführend und nützlich sein. Das ist es mit Sicherheit, wenn Sie auf der Schreibfläche unterhalb des Meetingnamens viel notiert haben. Ein gut gefüllter Meetingzeitraum auf einem Tagesplan signalisiert, dass es sich um ein in Ihrem Sinne wichtiges und persönlich gut vorbereitetes Meeting

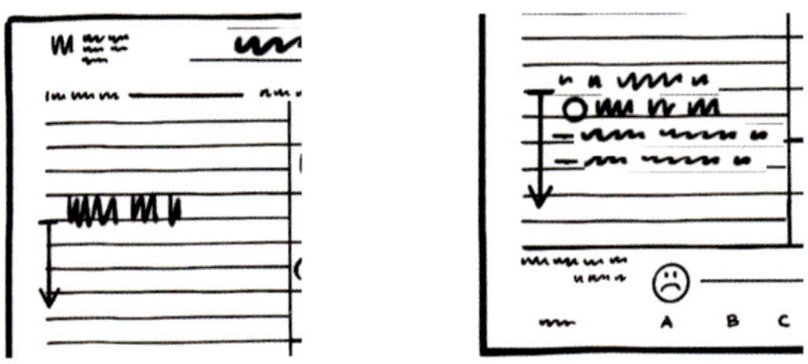

Abb. 4.30 Beispiele von Meetings auf einem Tagesplan. Das Kennzeichen ist eine horizontale, gerade Startlinie des vertikalen Zeitpfeils, ausgehend von der Stunden-/Halbstundenlinie. Links ein Meeting ohne eigene persönliche Vorplanung und rechts ein Meeting mit spezifischen Vorhaben und zwei Merkpunkten.

Ein sichtlich gut vorbereiteter intensiver Arbeitstag

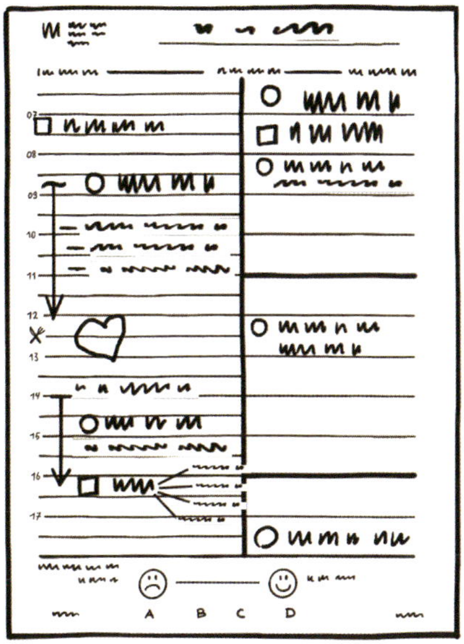

Abb. 4.31 Mit Druckbleistift und Formblatt lassen sich Arbeitstage in wenigen Minuten bildhaft entwerfen und inhaltlich vorbereiten.

handelt. Sie haben sich Zeit genommen, dort persönlich relevante Inhalte, zum Beispiel zu taktischem Vorgehen, Strategie, Zielen, NoGos, beteiligten Personen und Ressourcen, festzuhalten.

Beachten Sie: Ein guter persönlicher Tagesplan zeichnet sich dadurch aus, dass Sie jederzeit wissen, was als Nächstes zu tun ist, und dies nicht Zufall, Laune oder Fremdsteuerung überlassen. Das ist wie bei der Navigation durch den Verkehr, wenn Sie wissen, wo Sie als Nächstes abbiegen müssen.

Review eines jeden Tages

Bevor Sie den neuen Tag angehen, nehmen Sie einen Review des Vortages vor. Das Wichtigste ist die Nachverfolgung Ihrer persönlichen Planung des Vortages. Sie gehen jedes Vorhaben des Vortages gedanklich noch einmal durch, machen Sie sich bewusst, was Sie für die Umsetzung getan haben, und sichern die sinnvolle Nachverfolgung von den Vorhaben des Vortages, die noch aktuell und noch nicht abgeschlossen beziehungsweise noch nicht einmal begonnen wurden.

Sie dokumentieren mit einem Postfix-Symbol hinter der Textbeschreibung des Vorhabens, dass Sie jedes Vorhaben des Vortages auf Fortschritte und eine etwaige weitere Bearbeitung hin überdacht haben.

Das Postfix-Symbol ist ein „Okay-Haken", ein Kreis oder ein Kreuz und dient als Nachverfolgungsnachweis. Im Sinne von professioneller Arbeit nehmen Sie sich nichts vor, das Sie nicht gesichert auch nachverfolgen, bis das Vorhaben realisiert oder obsolet ist.

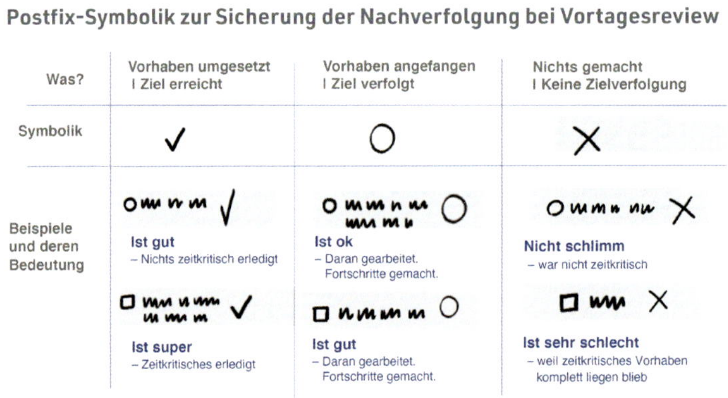

Abb. 4.32 Es ist professionell systematisch sicher nachzuverfolgen, was Sie sich vorgenommen haben. Darum bekommt jedes Vorhaben beim Review ein Postfix, das auf einen Blick zeigt, wo genau Sie mit der Verfolgung eines jeden Vorhabens des Tages stehen. Das Postfix zeigt auch, dass Sie sich Gedanken darüber gemacht haben, was Sie mit Vorhaben künftig machen, die noch nicht begonnen oder noch nicht komplett umgesetzt wurden.

Zufrieden mit sich selbst sein – carpe diem

Beim persönlichen Review des Vortages gehen Sie in wenigen Minuten anhand des Tagesblatts dessen Verlauf und seine wesentlichen Ereignisse durch. Sie entscheiden, was Sie vom Vortag wie und wann einplanen wollen. Beim Durchdenken des Vortages verarbeiten und bewerten Sie das Erlebte und halten das für Ihre Zukunft potenziell Relevante in der 2ease SMan Timeline fest. Zum Abschluss des Vortagesreview stellen Sie sich die Frage, wie zufrieden Sie mit sich sind im geschickten Nutzen des Vortages. Haben Sie die Ihnen gebotenen Möglichkeiten, Chancen und Freiräume genutzt? Wie zufrieden sind Sie mit sich selbst im souveränen Umgang mit den unvermeidlichen Störungen, Versuchungen,

Beispiel 1

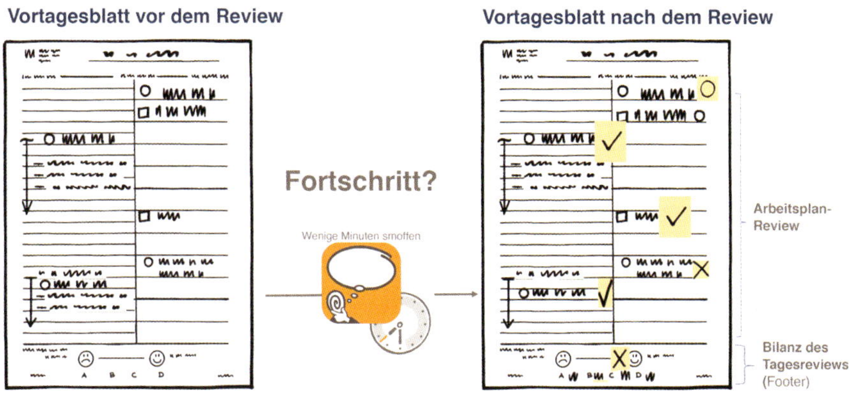

Abb. 4.33 Ein im Grunde positiver Review des Vortages. Leider konnte ein zeitkritisches Vorhaben nicht abgeschlossen und ein weniger gewichtiges Vorhaben erst gar nicht begonnen werden. Ich hätte mehr aus dem Tag machen können. Darum fällt die Smiley-Wertung nicht ganz lachend aus.

Beispiel 2

Abb. 4.34 Der chronologische Workflow (links) verlief fast wie geplant. Nur ein Teilvorhaben am Nachmittag ist noch nicht ganz fertig (Kreis als Postfix). Für das strategische Vorhaben rechts unten habe ich nichts gemacht (Kreuz als Postfix). Das macht nichts. Das nehme ich mir für übermorgen wieder vor. Es ist ja nicht zeitkritisch (Kreis als Präfix)!

Ablenkungen, Provokationen, Missverständnissen und Überraschungen des Vortages? Sie fragen sich, wie zielführend Sie Ihre Zeit und Aufmerksamkeit am Vortag eingesetzt haben und wie gut Sie Unnützes oder Schädliches für Ihr Ansehen abhalten konnten.

Sind Sie zufrieden, wie Sie Ihre Zeit genutzt haben?

Abb. 4.35 Waren das Unnütze und Belastende des Vortages wirklich unvermeidlich? Oder haben Sie selbst dazu beigetragen, dass es so viel wurde?

Mit einer Smiley-Skala am Ende des SMan Tagesblatts erstellen Sie nichts anderes als eine bildliche Selbsteinschätzung, wie gut Ihre Planung und Ihre Navigation (Selbststeuerung) am Vortag waren. Wie gut Sie darin am Vortag waren, können nur Sie einschätzen. Denn nur Sie wissen, was alles im Lauf des Tages Ihren Weg gekreuzt hat und mit welchen unvorhersehbaren Behinderungen und Störungen Sie umgehen mussten.

Es geht bei der Smiley-Einschätzung nicht darum zu bewerten, wie der Tag an sich war. Die Frage ist nicht: „Wie war der Tag?“, sondern: „Wie gut waren Sie darin, den Tag zu nutzen?“ Den Tag selbst haben Sie nicht im Griff, er ist weitgehend durch Ihr Umfeld und Zufälle bestimmt. Aber Sie haben voll im Griff, was Sie dafür tun, um einen Tag für sich positiver zu gestalten.

Wenn Sie morgens professionell einen persönlichen Arbeitsplan erstellt hatten, der den Ablauf und die Inhalte des neuen Tages sinnvoll festlegt, haben Sie alles Grundlegende getan, damit der Tag für Sie und Ihren Arbeitgeber möglichst gut wird.

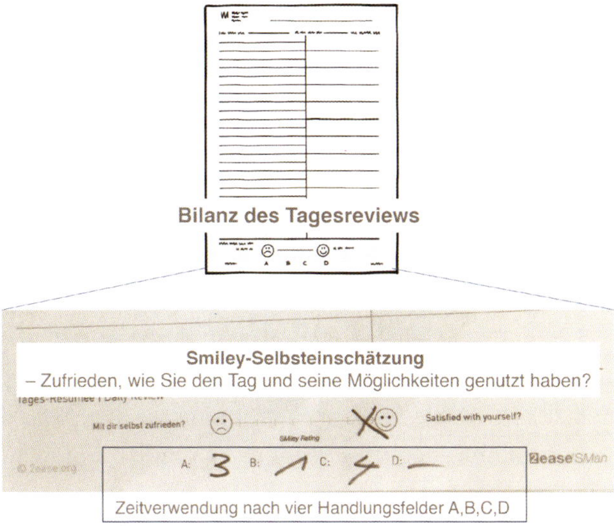

Abb. 4.36 Nachdem beim Review die sinnvolle Nachverfolgung der Arbeitsplanung des Vortages erfolgte, ist es empfehlenswert, eine Tagesbilanz zu ziehen. Wie habe ich meine Zeit genutzt? Und wie zufrieden bin ich mit mir selbst?

Wenn Sie anschließend im Lauf des Tages sich nicht zu Abwegen verleiten ließen und nicht selbst für Arbeitsstaus gesorgt haben, können Sie mit sich zufrieden sein.

Und diese Zufriedenheit sollten Sie sich täglich vor Augen führen und dokumentieren, indem Sie die Smiley-Bewertung (Selbstmanagement-Smiley-Bewertung) am Fußteil des Vortagesblatts machen.

In Normalfall setze ich mein Kreuzchen ganz rechts. Durch professionelles Selbstmanagement nutze ich systematisch jeden einzelnen Tag mit all seinen Eigenheiten möglichst zielführend aus. Nur wenn mir beim Review des Vortages etwas Konkretes einfällt, was ich wirklich hätte besser planen, machen und organisieren können oder wenn ich mich unnötigerweise auf „Dummheiten" eingelassen habe, rutscht mein Kreuz nach links. Beim Review mache ich mir durch die Smiley-Selbstbewertung bewusst, ob und wie ich mehr aus am Vortag hätte machen können. Das beeinflusst sofort wieder mein Verhalten im kommenden neuen Tag positiv. Ich lerne aus meinen Fehlern und arbeite beständig an meinen Schwächen. Dieser Mechanismus wird durch die Smiley-Skala auf dem Tagesblatt angetrieben.

Es nicht das Ziel, alles fertig zu machen!

Wenn Sie sich für einen Tag viel vornehmen oder komplexe Ziele verfolgen, können Realisiertes und Geplantes stark voneinander abweichen. Das ist aber nicht von Bedeutung, solange Sie sich nicht unnötig vom geplanten Weg haben abbringen lassen. Wenn Ihr operatives Tagesgeschäft, das heißt Ihre dringlichen Pflichtaufgaben, Ihnen einen unvermeidlich hohen Zeit- und Nervenverbrauch bescherte, fehlten Ihnen für die vollständige Umsetzung der Tagesplanung einfach die Ressourcen. Dennoch können Sie damit zufrieden sein: Sie haben das Bestmögliche aus dem Tag gemacht, ihn möglichst zielführend genutzt und nichts Relevantes vergessen.

Elementar dafür, ob Sie mit sich zufrieden sein können, ist die Frage: Haben Sie alles Zeitkritische verfolgt und bearbeitet, bevor Sie Ihre Ressourcen auf nicht Zeitkritisches verwendet haben? Wenn Sie das im Rückblick mit Nein beantworten müssen, sollten Sie sich ärgern. Dann haben Sie einen Grund, mit sich unzufrieden zu sein. Dann rutscht das Kreuz in der Smiley-Selbstmanagementwertung am Ende jeden SMan Tagesblatts nach links.

Seien Sie nicht mit sich selbst unzufrieden, wenn Sie einmal viel nicht zeitkritisches Geplantes nicht geschafft haben. Sich zu viel vorzunehmen, ist völlig normal und sinnvoll. Sie haben schließlich das Bestmögliche aus dem Tag gemacht. Lassen Sie sich von dem völlig irrigen Ziel nicht stressen, alles Geplante fertig machen zu wollen. Denken Sie immer an den Leitspruch: „Wer versucht, vor Feierabend alles fertig zu machen, macht sich nur selbst fertig.“ Wenn Sie sich das zu eigen machen, haben Sie sofort viel mehr Peace-of-Mind im Arbeitsalltag und sind sogar noch produktiver, weil Sie sich weniger selbst stressen.

Denkvermögen wertschöpfend einsetzen – zielführende Stunden pro Tag

Wenn Sie morgens zur Arbeit gehen, stellen Sie Ihrem Arbeitgeber Ihr Denkvermögen für die Stunden Ihres Arbeitstages zur Verfügung. Ihr Denkvermögen ähnelt einer Batterie, die sich im Lauf des Tages entlädt. Bei hoher Entladung sinkt die Spannung, und die Leistung geht zurück. Im Schlaf regeneriert sich das Denkvermögen. Früh am Morgen verfügen die Menschen über das höchste Denkvermögen. Deshalb ist das Smoffen, das heißt, der persönliche Review und die Neuplanung, morgens sinnvoller als am Ende eines Tages.

Wegen der höheren mentalen Leistungsfähigkeit am Start des Tages ist es sinnvoller, die wichtigen Entscheidungen und Weichenstellungen des Tages gleich in der Früh zu treffen anstatt später, wenn die mentale Batteriespannung unter der Last schon abgefallen ist.

Abb. 4.37 Das Denkvermögen regeneriert sich beim Schlafen.

Ihr Denkvermögen zählt zu Ihren persönlichen Eigenschaften. Das können Sie als Erwachsener kaum steigern. Es ist wie mit einer Batterie, wenn sie einmal gebaut ist: Der Maximalwert ist begrenzt, aber der Realwert kann sinken. Durch schlechtes Laden und schädliches Entladen sinkt die Leistungsfähigkeit. Was Ihnen als Leistungspotenzial bleibt, gilt es, möglichst effektiv und effizient zu nutzen. Was für die Batterie gilt, gilt auch für Ihr Denkvermögen. Morgens gut ausgeschlafen zu sein, bedeutet maximales Denkvermögen zu Beginn des Tages.

Gestresst und unter Druck, unsicher und hektisch zu sein, reduziert Ihr Denkvermögen. Wenn Sie dagegen Peace-of-Mind haben und mit sich selbst zufrieden sind, steht Ihnen Ihr maximales Denkvermögen zur Verfügung. Und das setzen Sie am Morgen beim Smoffen gleich einige Minuten für die Review- und Neuplanung ein. Damit sorgen Sie dafür, im Verlauf des Tages durch geplantes Vorgehen möglichst effektiv und effizient zu sein.

Das elementarste Kriterium dafür ist die Anzahl der Stunden eines Tages, in denen Sie Ihr Denkvermögen wertschöpfend einsetzen oder nicht. Im Kontext des Erwerbslebens besitzt ein Unterhaltungswert keinen Wert. Dieser Wert sollte dem Privatleben vorbehalten sein.

Beim Tagesreview überlegen Sie, wie viel Zeit Sie am Vortag wertschöpfend, das heißt zielführend, eingesetzt haben. Ziehen Sie von Ihrer gesamten Arbeitszeit oder – noch besser – von Ihrer Tür-zu-Tür-Zeit einfach die Zeit ab, in der sich Ihr Denkvermögen im Leerlauf- oder Kurzschlussbetrieb befand, das heißt ihr Gedankenfluss unproduktiv war. Das ist typischerweise beim Jammern, Klagen, Grübeln, Sich-Sorgen-Machen, dem Konsumieren von Medien, dem Warten, längeren Small Talk und Zuhören von Belehrungen und Selbstdarstellungen der Fall.

Notieren Sie die Zahl der zielführenden, das heißt wertschöpfenden Stunden auf dem Resümeeteil am unteren Ende des Tagesblatts. Mit diesem Notieren setzen Sie sich bewusst mit den wertlosen Teil Ihres Tages auseinander. Machen Sie sich bewusst, wie lange Sie Ihr Denkvermögen nutzbringend einsetzen konnten und auch für welche Art von Nutzen. Damit machen Sie sich kurz klar, wofür Sie die produktiven Stunden des Tages nutzen. Das wird aber nicht auf einzelne Vorhaben heruntergebrochen, weil das für die professionelle persönliche Planung nicht nutzbringend ist.

Für die Selbststeuerung und die persönliche Arbeitsplanung ist es sinnvoller, seine gesamte Zeitverwendung auf wenige Handlungsfelder abzubilden, die für Ihre taktisch-strategische Ausrichtung interessant und wichtig sind. Bei den SMan Tagesblättern sind per Default vier Handlungsfelder vorgesehen, die einfach mit A, B, C und D bezeichnet sind. Wie die Handlungsfelder sinnvoll eingesetzt werden, wird beim großen Thema Wochenplanung erklärt. Das ist aber nur für Menschen interessant, die taktisch-strategisch planen und vorgehen wollen beziehungsweise müssen. Das braucht nicht jeder. Das können Sie zum Starten mit dem SMan Planungssystem auch noch weglassen. Es ist für die professionelle persönliche Tagesplanung nicht notwendig.

Ein Blick auf abgeschlossene SMan Tagesblätter werfen

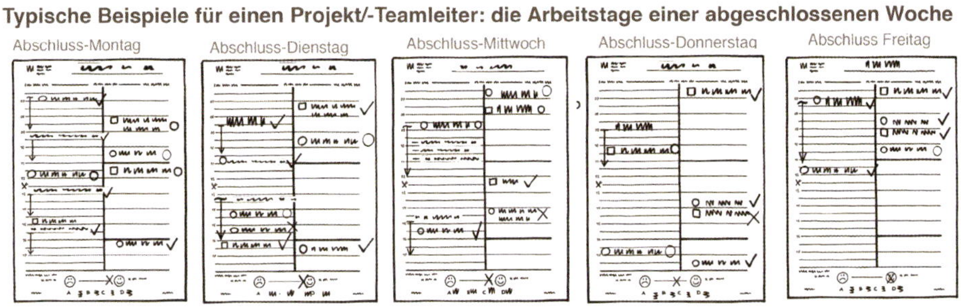

Abb. 4.38 Die Bilder zeigen, was Sie sich vorgenommen haben. Wie und wann sie Ihre Vorhaben verfolgt haben. Und welche Vorhaben sie realisieren konnten. Die Bilder sind kein Arbeitsnachweis. Sie sind der Beleg für professionelle Planung.

Ein abgeschlossenes SMan Tagesblatt zeigt bildhaft, was Sie sich für einen Tag vorgenommen und anschließend auch nachverfolgt haben. Es ist ein Nachweis für Ihr professionelle persönliche Planung und damit für Ihr Streben, systematisch das Beste aus jedem Tag zu machen.

Ein abgeschlossenes SMan Tagesblatt stellt keinen Arbeitsnachweis oder keine Übersicht dar, was Sie alles an einem Tag gemacht haben. Es ist auch kein Tagesprotokoll. Routinearbeiten, reaktives Arbeiten und spontane Einfälle sind nicht dokumentiert. Es ist nicht empfehlenswert, weil nutzlos, nachträglich Arbeit auf ein SMan Tagesblatt einzutragen, die Sie sich für den Tag nicht eingeplant und damit auch nicht gezielt vorgenommen hatten.

Das Bild der Tagesblätter einer Person kann an manchen Tagen einen vollen und hochstrukturierten Plan zeigen, und dann gibt es wiederum Tage, die leer aussehen und nicht einmal eine Handvoll Planobjekte zeigen. Das ist okay. Es bildet den Charakter des jeweiligen Tages ab.

Wenn Sie einen Tag Homeoffice machen, um an einem Thema kreativ zu arbeiten oder in einem Rutsch die Personalgespräche aller Ihrer Mitarbeiter vorzubereiten, dann kann das ein einzelnes Objekt auf dem Plan sein, zu dem Sie sich flankierend nur noch 2–3 Dinge vornehmen, die Sie versprochen haben oder wichtig für die Vorbereitung der folgenden Tage sind. Wenn Sie sich mehr vornehmen, geht Ihre

Konzentration zurück. Sie werden unproduktiver sein und mehr Fehler machen. Das ist nicht zielführend.

Empfehlungen und Tipps für Ihre Tagesplanung

Die Struktur, die Konventionen und der Ablauf der Tagesplanung sind nun deutlich geworden. Nachfolgend erhalten Interessierte noch praktische Hinweise für ihre persönliche Tagesplanung.

Abb. 4.39 Die typischen Meetingkonstellationen im 21. Jahrhundert. Nicht gezeigt sind hybride Meetings mit einigen Teilnehmern in einem Raum zusammen und andere per Web zugeschaltet. Diese hybride Form gilt als anspruchsvollste.

Mehr aus seinen Meetings machen

Meetings prägen und bestimmen den Arbeitsalltag des 21. Jahrhunderts. Was für industrielle Arbeiter das Fließband war, ist für Denkarbeiter der Meetingkalender.

Im Sinne eines professionellen Selbstmanagements sollten Sie einfach versuchen, das Beste aus der unvermeidlichen Inbeschlagnahme Ihrer Aufmerksamkeit und Zeit durch Meetings zu machen. Es bringt außer Zeitverlust und schlechte Laune nichts, darüber zu jammern und zu klagen.

Ein Meeting ist ein Zeitraum, genauso wie ein Tag oder eine Woche. Und für jeden Zeitraum sollten Sie beim allmorgendlichen Smoffen einen persönlichen Plan und einen Review erstellen, das heißt auch für Meetings. Nutzen Sie jedes Meeting möglichst zielführend für sich persönlich. Dazu müssen Sie sich mit persönlichen Notizen darauf vorbereiten und sich für das Meeting etwas vornehmen. Und nach dem Meeting muss eine sinnvolle Nachverfolgung gesichert sein.

Machen Sie sich auch immer die Möglichkeiten und Chancen bewusst, die jedes Meeting bietet. Denn Meetings sind im Grunde etwas sehr Positives: Sie stellen kollektives Denken und Entscheiden dar. Durch die Teilnahme an einem Meeting haben Sie das Wissen, die Kreativität, die Beziehungen und die Entscheidungsbefugnis der anderen Menschen zeitweise zu Ihrer Verfügung. Das hat enormes Nutzungspotenzial, wenn Sie sich dessen bewusst sind. Wenn ein Meeting nicht über das Web geführt wird, können Sie durch Augenkontakt, Gestik und Körpersprache eine emotionale Bindung mit den Teilnehmern herstellen oder verstärken.

Machen Sie etwas daraus! Nutzen Sie Meetings für Ihre persönlichen Ziele. Wie das im SMan-System gefördert wird und wie das typischerweise aussieht, wird anhand von drei Fällen exemplarisch dargestellt.

Beispiel 1 - typisches Bild für Reporting-/Informationsmeeting

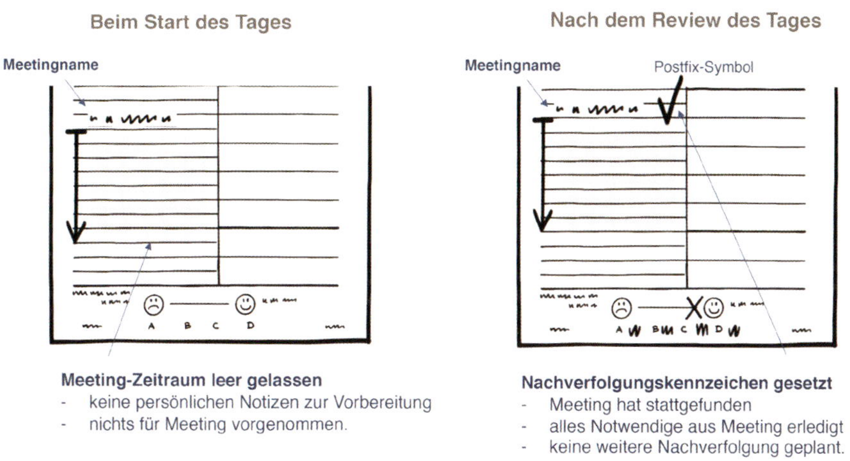

Abb. 4.40 Es erfolgten keine erkennbaren persönlichen Planungsvorbereitungen zum Meeting. Das muss nicht schlecht sein. Bei Routinemeetings zum operativen Tagesgeschäft ist das oft auch nicht erforderlich. Mit dem Setzen des Okay-Hakens nach dem Meetingnamen wird deutlich, dass Sie beim Tagesreview das Meeting reflektiert haben und die sinnvolle Nachverfolgung gesichert beziehungsweise schon abgeschlossen ist.

Beispiel 2 - typisches Bild zur Projektfreigabe

Beim Start des Tages

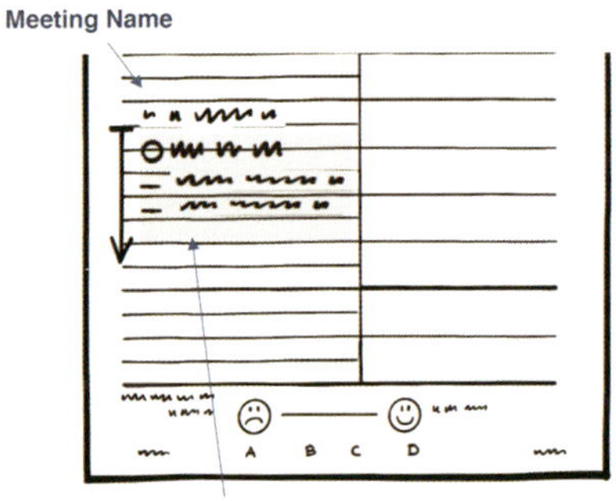

Meeting-Zeitraum zur Vorbereitung genutzt
- etwas nicht Zeitkritisches vorgenommen
- zwei Merkpunkte notiert.

Nach Review des Tages

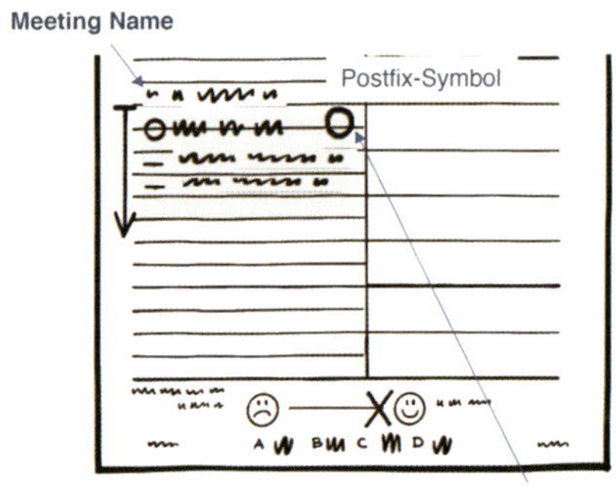

Nachverfolgungskennzeichen gesetzt
- geplantes Vorhaben nicht ganz geschafft
- Nachverfolgung ist eingeplant bzw. gesichert.

Abb. 4.41 Im Vorfeld des Meetings haben Sie sich für das Meeting etwas gezielt vorgenommen und dazu zwei Merkpunkte festgehalten. Wenn diese Einträge beim morgendlichen Smoffen am gleichen Tag erstellt wurden, sind Sie während des Meetings noch besonders stark im Bewusstsein präsent.

Beispiel 3 - typisches Bild für intensives, wichtiges Arbeitsmeeting

Beim Start des Tages

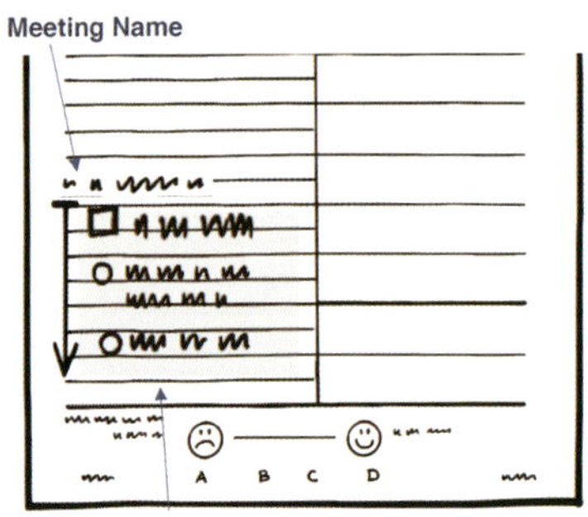

Meeting-Zeitraum zur Vorbereitung genutzt
- etwas Zeitkritisches vorgenommen
- zwei nicht zeitkritische Vorhaben-/Ziele.

Nach Review des Tages

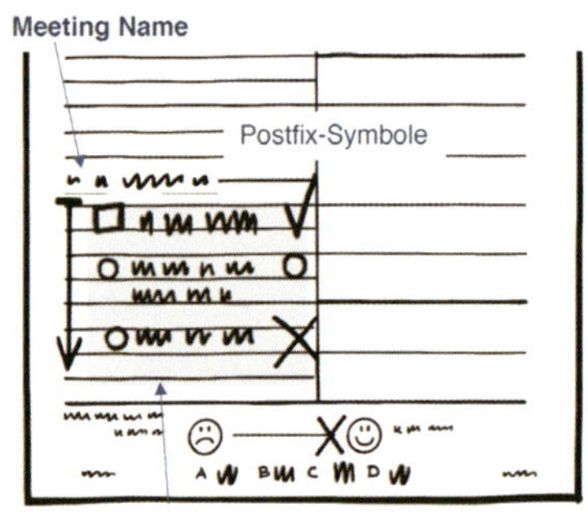

Nachverfolgungskennzeichen gesetzt
- zeitkritisches Vorhaben umgesetzt
- ein nicht zeitkritisches Vorhaben bearbeitet
- für ein nicht zeitkritisches Vorhaben nichts gemacht.

Abb. 4.42 Sie haben sich für das Meeting viel vorgenommen. Es war Ihnen so wichtig, dass Sie Ihre Vorhaben definiert und handschriftlich in Kurzform fixiert haben. Sie haben damit während des Meetings immer vor dem geistigen Auge, wohin und was Sie wollen.

Webmeetingzeit angenehmer machen:

„Mir bluten die Ohren", war die markante Aussage eines geplagten Homeofficers nach dem stundenlangen Tragen des Kopfhörers und angestrengten Lauschen in den digitalen Sprachraum von Webmeetings. Das Problem lässt sich mit der Technik von heute mildern. Für etwa 50 Euro ist ein USB-betriebener 2-Kanal-Audiomixer erhältlich, der Sie das Audio Ihres Webmeetings mit der passenden, angenehmen Hintergrundmusik Ihres Smartphones kombinieren lässt. Eine schöne Vorstellung, dass sich jeder Webmeetingteilnehmer mit der Musik seines Geschmacks bei guter Laune und wach hält ☺.

Abb. 4.43 Webmeeting-Alltagsbild. Kopfhörer gegen Audio-Rückkopplung und Störungen des Homeoffice.

E-Mails geplant bearbeiten und nachverfolgen

Setzen Sie sich Zeitfenster für die Bearbeitung Ihres E-Mail-Verkehrs als Teil der morgendlichen Tagesplanung. Machen Sie im E-Mail-Footer Ihre E-Mail-Bearbeitungsstandards deutlich. Managen Sie die Erwartungen der anderen auf ein realistisches professionelles Niveau. Wenn Sie die temporäre E-Mail-Last verringern wollen, schalten Sie auf Auto-Responder mit der Meldung, dass zeitkritische Angelegenheiten per Telefon gemeldet werden müssen, weil zur Zeit E-Mails nicht gelesen werden.

Abb. 4.44 Sie haben die E-Mails im Griff statt umgekehrt.

Kleine Anliegen, die per E-Mail eingehen, zum Beispiel Rückfragen und Terminanfragen, sollten Sie innerhalb des nächsten E-Mail-Zeitfensters erledigen. Größere und komplexere E-Mail-Anliegen sollten Sie nur überfliegen und dann in die SMan Timeline zur passenden Wiederaufnahme eintragen. Stürzen Sie sich nicht darauf. Sie haben keine Zeit dafür eingeplant. Ihr Tag ist durch die SMan Tagesplanung schon sinnvoll und zielführend ausgefüllt. Bestätigen Sie zügig den Eingang und machen Sie deutlich, zu welchem Zeitpunkt Sie die Bearbeitung vorhaben. Das ist professionell, und Sie werden viel Wertschätzung dafür bekommen.

Als Versender von E-Mails können Sie heute nicht mehr davon ausgehen, dass eine E-Mail auch im Bewusstsein des Adressaten ankommt. Was bei einem Brief einmal ganz selbstverständlich war, ist bei E-Mails höchst unsicher geworden. Laufen Sie wichtigen E-Mails lieber hinterher, um sicher zu sein, dass sie beim Adressaten auch angekommen sind. Das können Sie mit der SMan Timeline elegant und mit wenig Aufwand erledigen. Nach dem Versand einer wichtigen E-Mail trage ich mir in eines der künftigen Tagesblätter in die rechte Spalte das kleine Tagesvorhaben „E-Mail-Check Egon" ein. Erfolgt in der Zwischenzeit eine Reaktion, lässt sich das Vorhaben einfach durchstreichen und damit als obsolet kennzeichnen. Erfolgt keine Reaktion, schicke ich die ursprüngliche E-Mail noch einmal mit einer Ergänzung am Anfang der Betreffzeile „SPAM-Check: ..." und dem einfachen Satz ohne Anrede: „Hat diese Mail ein menschliches Auge erreicht? Gruß JL" als E-Mail-Text. Bei 95 Prozent der ursprünglichen Nichtantworter kommt ganz schnell eine Reaktion.

Nichts ist tagesdringlich – außer der Kunde ist in Not

Die Hektik und der Stress in vielen Arbeitsstellen sind komplett unnötig und speziell bei der Denkarbeit hochgradig kontraproduktiv und fehlerbehaftet. Grundsätzlich muss nichts innerhalb von 24 der 48 Stunden erledigt sein. Der Druck kommt von den anderen, die nicht planen, sich nicht selbst organisieren können oder einfach überfordert sind. Oder er kommt von Menschen, die kein Vertrauen in Ihre bisherigen Selbstmanagementfähigkeiten haben. Diese Menschen setzen Sie unter Zeitdruck, weil sie glauben, nur so das Gewünschte von Ihnen zu bekommen. Vielleicht werden Sie von Ihrem Umfeld bislang als wenig zuverlässig oder leicht manipulierbar eingeschätzt. Also wird darauf gedrängt, etwas sofort zu bekommen. Professionelleres Selbstmanagement ist das beste Mittel gegen einen solchen völlig unnötigen Druck. Zeitkritisch sind nur Kunden in Not, Produktionsstillstände oder Chefs, die in der Klemme stecken. Sonst hat alles auch ein paar Tage Zeit, um eingeplant und ordentlich in einen kommenden Tag geplant zu werden, wo es Ihnen gut hineinpasst.

Bei Zeitdruck denken Sie bitte daran: „Wenn es hinten klemmt, hat vorne einer geschlafen." Da war meistens jemand nicht professionell genug bei der Arbeit.

Arbeitsinhalte und ähnliche Tätigkeiten bündeln

Mit dem Tagesplan und der SMan Timeline haben Sie die Möglichkeit, ähnliche Arbeitsinhalte und Tätigkeiten in Zeitfenstern zusammenzufassen und en bloc zu bearbeiten. Das fällt Ihnen viel leichter, macht Sie produktiver und kostet Sie weniger mentale Kraft. Jeder Wechsel der Aufgabenart kostet an sich schon Zeit und Energie, die Ihnen woanders fehlen. Es sind jedes Mal ein Umdenken und ein Eindenken erforderlich. Im PC muss das Vorherige versorgt werden, und für das Neue müssen die entsprechenden Programme und Files aufgerufen werden.

Ein gutes Beispiel ist die Bearbeitung von Kundenreklamationen, die bis zu einem Bereichsleiter durchschlagen. Intuitiv wollen viele sie am liebsten gleich bearbeiten. Das ist falsch. Der Kunde will wissen, dass die Reklamation ankam und wer sich wann darum kümmert. Dieser Informationsbedarf des Kunden ist dringend. Er will sicher sein, dass sein Anliegen ankam und in Bearbeitung ist. Eine solche Bearbeitung findet besser zweimal pro Woche in speziellen Zeitfenstern statt, zum Beispiel dann, wenn auch alle wichtigen Mitarbeiter in der Nähe sind.

Das Interessante bei der Bearbeitung en bloc ist nicht nur die höhere Effizienz, sondern auch der bessere Erkenntnisgewinn. Wenn mehrere Reklamationen nacheinander bearbeitet werden, erkennen Sie viel leichter Muster und systematische Fehlerquellen

Menschliche Eigenheiten einplanen und den mentalen Batterieladezustand beachten

Bei der Planung des Tages sind menschliche Eigenheiten zu berücksichtigen.

Dazu gehört, das Gehirn als begrenzte geistige Energiequelle zu begreifen. Unsicherheit, Stress und Hektik im Lauf des Tages leeren die mentale Batterie besonders schnell. Deren Spannung fällt gegen Abend immer ab. Ihre Kreativität und geistige Vitalität gehen zurück. Für Routine, E-Mail-Bearbeitung und Diskussionen reicht die Energie noch weit. Jedoch sind

Abb. 4.45 Im Tagesverlauf brauchen Sie die mentale Leistungsfähigkeit auf, die sich im Schlaf aufgebaut hatte.

das Abwägen und die Entscheidungsfindung gegen Ende des Tages nicht mehr gut. Das erfordert eine hohe mentale Leistung.

Nach dem Mittagessen, wenn das Blut im Bauch gebraucht wird, ist es ratsam, sich Diskussionen und Telefonate vorzunehmen, die Sie automatisch wachhalten. Bei der Tagesplanung ist es ratsam, zum Ausklang etwas sicher Positives, Motivierendes einzubauen, das Sie mit einem guten Gefühl in den Feierabend gehen lässt. Jemanden zu loben, gibt Ihnen ein gutes Gefühl. Sie tun jemandem gut. Einem Kollegen zu helfen oder Hilfe anzubieten, tut auch gut. Jemandem zum Abschluss des Tages einen kleinen Gefallen zu tun, ist eine Investition in die Zukunft. Mit dem Gefühl, heute auch etwas für Ihre gute Zukunft gemacht zu haben, gehen Sie zufriedener mit sich selbst in den Feierabend. Was auch immer sonst noch alles an diesem Tag stattgefunden hat: Der letzte Eindruck bleibt.

Abschlussresümee Tagesplanung – Tagesreview

Mit der Tagesplanung machen Sie die tägliche Zeitverwendung und den Tagesverlauf systematisch zielführender. Sie folgen Ihrem persönlichen Plan. Sie werden Unnützes und Störendes eher weglassen und für mehr Arbeitsfluss und für weniger Überlastungsphasen sorgen. Das macht Sie – auf den Tag gesehen – viel produktiver und zufriedener.

Durch eine sichere Bewältigung des operativen Tagesgeschäfts und durch eine höhere Produktivität verschaffen Sie sich die notwendigen zeitlichen Freiräume und Konzentration für die Verfolgung anspruchsvoller mittel- und langfristiger Ziele. Jetzt lohnt es sich, auch taktisch-strategisch zu denken und zu planen. Darum geht es in den nachfolgenden Unterkapiteln zur Wochen- und Masterplanung.

4.5 WOCHENPLANUNG UND WOCHENREVIEW

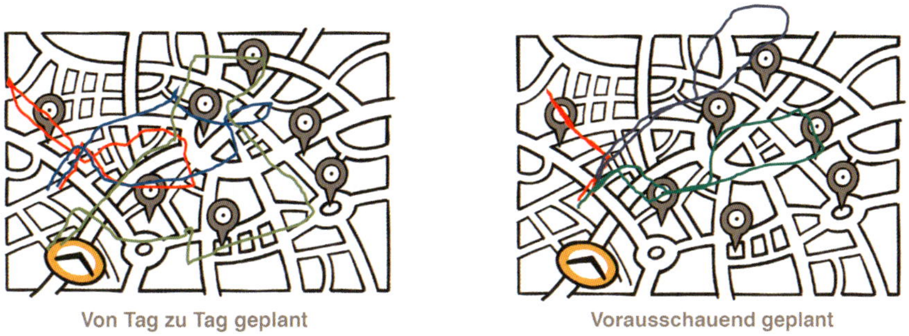

Abb. 4.46 Vorausschauender Planen bedeutet, mit weniger Mühe mehr zu erreichen.

Die Woche als persönlicher Planungshorizont

Mit dem SMan Tagesblatt verfügen Sie über ein Medium für die persönlichen Planungen und Reviews, bezogen auf den Zeitraum einzelner Tage. Sie planen von Tag zu Tag. Sie navigieren sich souverän durch jeden einzelnen Tag. Das ist schon sehr viel. Um Lastspitzen zu kappen und produktiver zu werden, ist es sinnvoll, Ihren Planungshorizont zu erweitern: von einem Tag zum nächsten zur laufenden Woche und zur nächsten.

Ein System, das zur Vermeidung von unnötiger Überlast und auf organisch höhere Produktivität ausgelegt ist, muss den für die Menschen sehr greifbaren und überschaubaren Zeitraum Woche als Systemkern haben. Genau das ist beim 2ease SMan-System der Fall. Genauso wie die bestmögliche Nutzung eines einzelnen Tages durch den SMan Tagesblätteraufbau gefördert wird, ist eine Woche der 2ease SMan Timeline darauf ausgelegt, jede einzelne Woche bestmöglich zu nutzen. Dafür benötigen Sie einen Wochenreview und eine Planungsphase vor dem operativen Start der neuen Arbeitswoche.

Wer nicht nur von Tag zu Tag, sondern auch vorausschauender über 1–2 Wochen hinweg plant, hat montags eine Smoff-Time, die in der mittleren Zeitdauer 50 bis 100 Prozent höher liegt als an den sonstigen Arbeitstagen.

Abb. 4.47 Drei Abstufungen in der Nutzung der SMan Timeline. Sie müssen nicht alles nutzen, was mit dem SMan Planungssystem möglich ist.

Einfache Wochenplanung – montagmorgens

Mit dem Wochennotizblatt können Sie Druck aus der laufenden Arbeitswoche nehmen sowie Ideen, Möglichkeiten, Vorhaben und Informationen für später sammeln. Wenn Ihre laufende Woche schon komplett verplant ist und etwas nicht absolut zeitkritisch ist, legen Sie es lieber erst in die Zwischenablage ab. Kritzeln Sie einfach, schnell und formlos auf dem Wochennotizblatt als Text und/oder Diagramm, wenn Sie etwas nicht direkt verarbeiten, erledigen, verwenden oder bewerten können, aber nicht aus den Augen verlieren wollen beziehungsweise dürfen. Statt schnell unüberlegt irgendetwas zu machen, legen Sie Ihre potenziell wertvollen Gedanken einfach auf das Wochennotizblatt ab.

Beim Wochenübergang wird die Wochennotizseite geleert. Die Notizen darauf müssen in der Zukunfts-Timeline bereitgelegt oder bewusst als obsolet beurteilt werden. Essenziell ist es, dass Sie jeden dort während der Woche festgehaltenen Gedanken noch einmal aufnehmen und sich über dessen künftige Verwendbarkeit oder Konsequenzen auf die nächsten Wochenplanungen bewusst werden. Jede einzelne Notiz auf dem Wochennotizblatt wird beim Wochenübergang noch

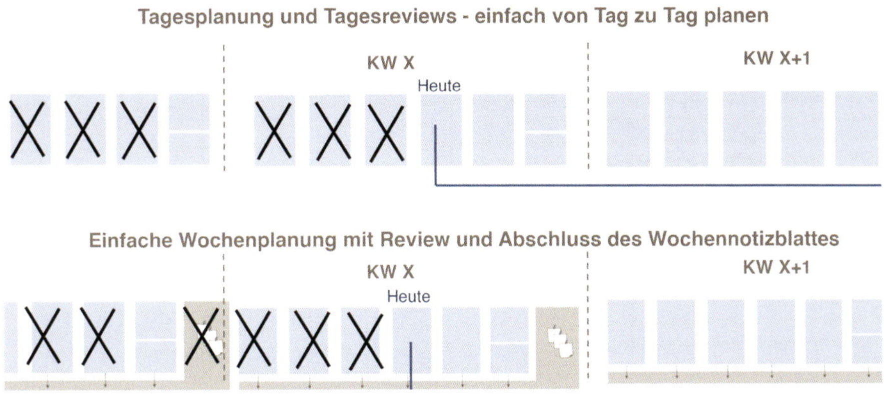

Abb. 4.48 Für die einfache Wochenplanung wird das Wochennotizblatt genutzt, aber kein Wochenblatt am Wochenstart.

einmal bedacht. Als Zeichen, dass diese gemacht wurde, wird die Notiz einfach durchgestrichen. Alle Notizen auf dem Wochennotizblatt müssen vor dem Start der neuen Woche durchgestrichen sein. Damit sind die Inhalte sicher versorgt. Es geht nichts verloren.

Die einfachste Form des „Versorgens“ ist die Eintragung in ein künftiges Tagesblatt der SMan Timeline als Vormerkung für die Smoff-Time-Phase dieses Tages. Wenn die Sache für einen einzelnen Tag zu groß ist, können Sie es auch einfach in ein anderes künftiges Wochennotizblatt schreiben, wenn Sie denken, dass in der Folgewoche mehr Luft für große Vorhaben ist. Der überwiegende Teil der Notizen des Wochennotizblatts wird in einem Tag der 1–2 nächsten Wochen versorgt.

Bei der Wochenplanung berücksichtigen Sie auch die Anforderungen Ihrer übergeordneten Planungen, zum Beispiel Abteilungs- und Projektplanungen, für die Vorplanung der 5 Arbeitstage der neuen Woche. Sie machen sich auch bewusst, was mit der neuen Woche „zwangläufig“ auf Sie zukommt. Das sehen Berufstätige typischerweise in Ihrem Outlook-Terminkalender, in dem alle verbindlichen gemeinsamen Termine mit beruflichen Mitmenschen eingetragen sind. Diese Terminsituation begrenzt Ihren Gestaltungsspielraum und setzt die Fixpunkte der neuen Woche.

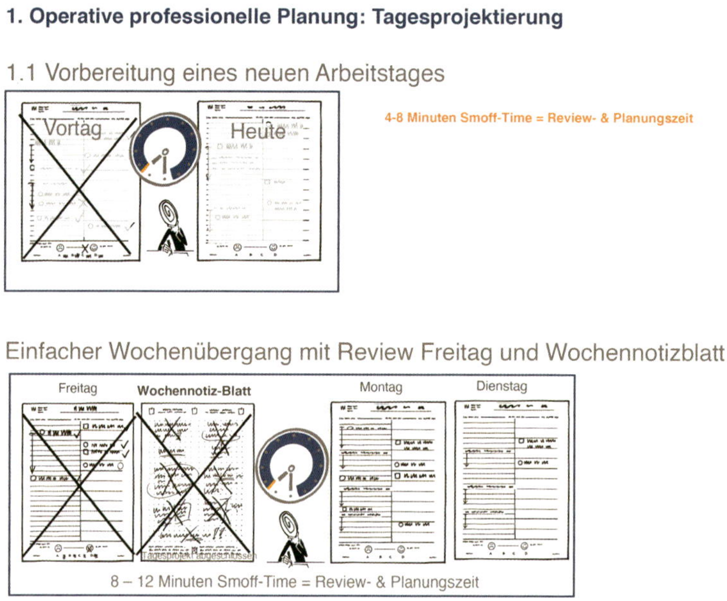

Abb. 4.49 Einfache Wochenplanung am Montagmorgen. Erst den Freitag und das Wochennotizblatt abschließen und danach die persönliche Wochenarbeitsvorbereitung machen.

Sie sollten sich die Fixtermine der ganzen Woche schon handschriftlich in die Tagesblätter als Zeitspanne mit vertikalen Zeit-Pfeilen einzeichnen. Das verschafft Ihnen ein bleibendes Bewusstsein und eine Übersicht über die neue Woche. Das manuelle Schreiben des Eventtitels ist – rein funktional gesehen – ein doppelter Aufwand. Sie haben diese Information auch schon im Outlook-Terminkalender stehen. Aber das handschriftliche Arbeiten als Teil persönlicher Planung ist bei SMan systematisch gewollt.

Aber dieses handschriftliche Arbeiten stößt digital übermotivierten Zeitgenossen sauer auf. Sie wollen sich partout die Schreibarbeit einsparen; eine klassische Fehloptimierung. Sie halten die wenigen Sekunden für das Schreiben von 2–3 Wörtern per Hand für eine unnötige und unzumutbare Mühe. Nach deren Vorstellung sollten die Termine einfach automatisch auf einem Planungsbildschirm erscheinen. Die Bewusstseinsbildung und das Einprägen als essenzieller Schritt der persönlichen Planung sollen wegrationalisiert werden. Der neue Plan soll automatisch auf dem Bildschirm erzeugt werden. Genau auf dem Medium, auf das wir schon viele Stunden des Tages starren und von dem wir gewohnt sind, unendlich viele Bilder aufzunehmen und gleich wieder zu vergessen. Unseren Plan wollen wir aber gerade nicht vergessen, weil wir ihn zur Navigation durch Tag und Woche im Kopf präsent haben möchten.

Taktisch-operative Planung mit dem Wochenblatt

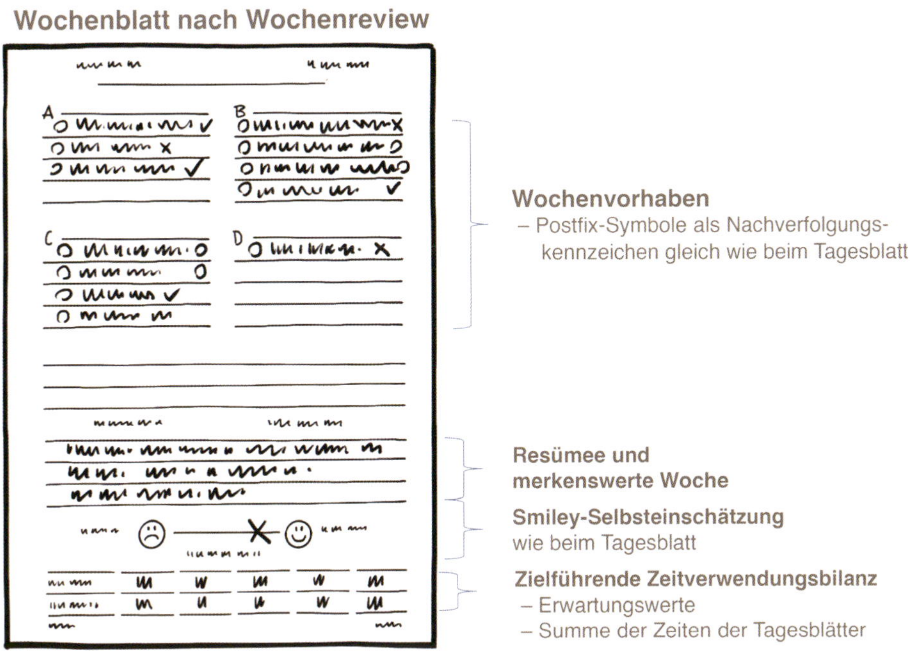

Abb. 4.50 Was Sie sich auf dem Wochenblatt vornehmen, versuchen Sie, jeden Tag ein Stück weiterzubringen.

Ihr Gestaltungsspielraum bei der Planung eines einzelnen Tages ist meist relativ klein. Die Vorhaben, die darin noch Platz finden, sind in der Regel auch entsprechend klein. Da passen größere Vorgaben nicht hinein. Sie müssen diese in Teilschritte zerlegen und einzeln umsetzen. Dafür müssen die inhaltlichen und zeitlichen Gestaltungsspielräume von 5 Tagen kombiniert und ganzheitlich verplant werden. Das ist nicht trivial. Die Logik dafür ist in Kapitel 3 beschrieben. Zudem ziehen sich Vorhaben aufgrund der Abhängigkeit von anderen über mehrere Tage

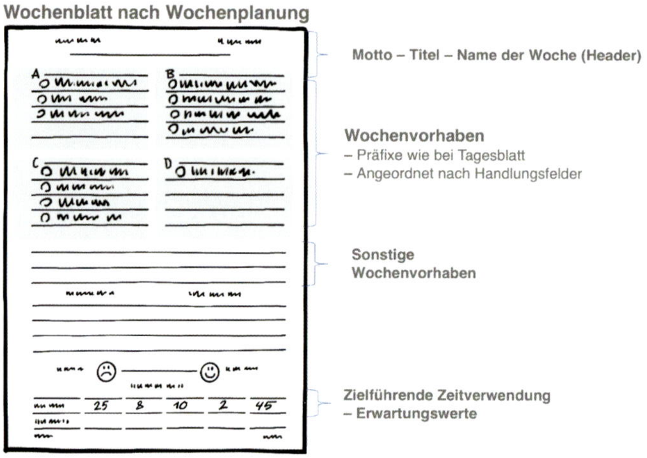

Abb. 4.51 So sieht das typische Wochenblatt einer Führungskraft mit einer 50-Stunden-Woche und viel Verantwortung auf der ersten Leitungsebene eines Unternehmens vor dem Wochenstart aus.

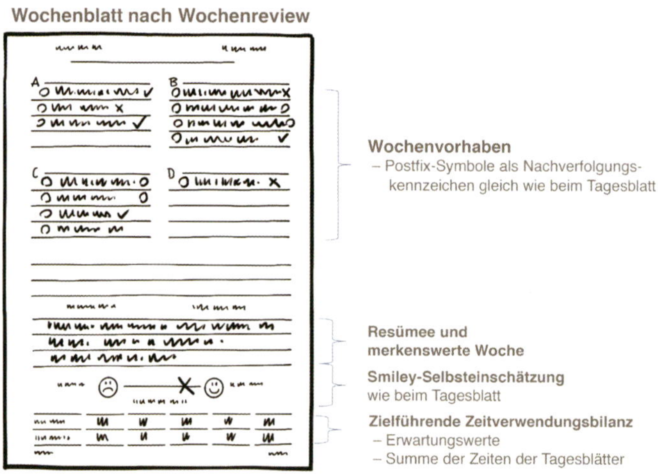

Abb. 4.52 So sieht nach dem Wochenreview das abgeschlossene Wochenblatt aus. Die textliche Form des Wochenresümees ist wichtig für die eigene Bewusstseinsbildung. Beim Wochenresümee wird festgehalten, was mittel- und langfristig noch relevant sein kann. Die darauffolgende Smiley-Wertung folgt der gleichen Logik wie auf den Tagesblättern Zufriedenheit mit sich selbst, was Sie aus der abgelaufenen Woche gemacht haben?

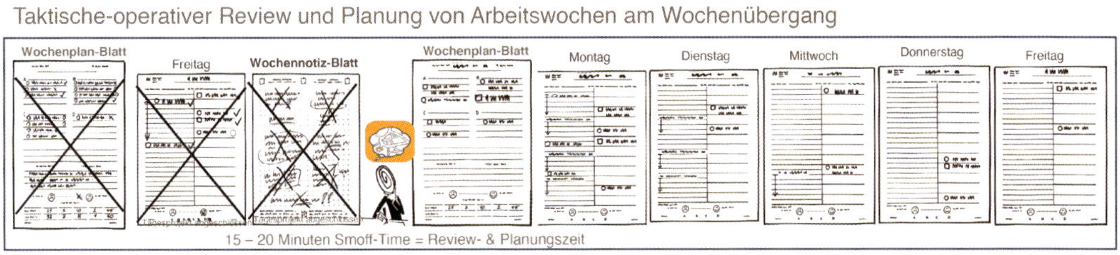

Abb. 4.53 So sieht neue Wochenplanung mit der SMan Timeline aus. Der neue Wochenplan besteht aus einem Wochenblatt und den Blättern der Arbeitstage der neuen Woche mit ihrem jeweiligen Vorplanungsstand. Als Grundlage für die neue Wochenplanung werden zuerst der Freitag, das Wochennotizblatt und dann das Wochenblatt der Vorwoche mit einem Review abgeschlossen.

in Abfolge von Interaktionen hin. Und unterschiedliche Abfolgen erfordern unterschiedliche Szenarien, um das Vorhaben zu realisieren. Sie müssen das für Ihren Fall Passendste finden und dann über die Woche hinweg konsistent verfolgen. Der scheinbar naheliegendste und schnellste Weg muss nicht immer der beste sein. Er kann mit hoher Unsicherheit und Aufwand verbunden sein, wie sich zu spät zeigt.

Für die effiziente und sichere Realisierung größerer, anspruchsvollerer Vorhaben sind taktische Überlegungen und eine entsprechende taktisch-operative Planung erforderlich. Das reine operative alltägliche Einplanen, was an Arbeit anliegt, und Erledigen, was auf Sie zukommt, reichen dann nicht mehr aus.

Im SMan-System wird die taktische-operative Planung mit dem SMan Wochenblatt unterstützt. Dessen Inhalte beziehen sich auf die folgende Woche.

Wochenvorhaben und Wochenziele

Die einfachste Definition von Wochenzielen oder Wochenvorhaben ergibt sich aus folgender Einsicht: Das angedachte Vorhaben lässt sich nicht in einem Tag realisieren, oder das Ziel lässt sich nicht an einem Tag erreichen. In diesem Fall lohnt es sich, das Wochenvorhaben oder Wochenziel auf das Wochenblatt zu nehmen. Die Logik des Wochenplans sieht vor, dass Sie jeden Morgen beim Smoffen ein Auge auf das Wochenblatt haben, um das dort gesetzte Wochenziel beziehungsweise die Wochenziele bei der Tagesplanung zu berücksichtigen. Bei der Wochenplanung legen Sie einfach nur den ersten Schritt fest und berücksichtigen bei der Wochenarbeitsgesamtplanung die Zeitressourcen, die Sie für ihre

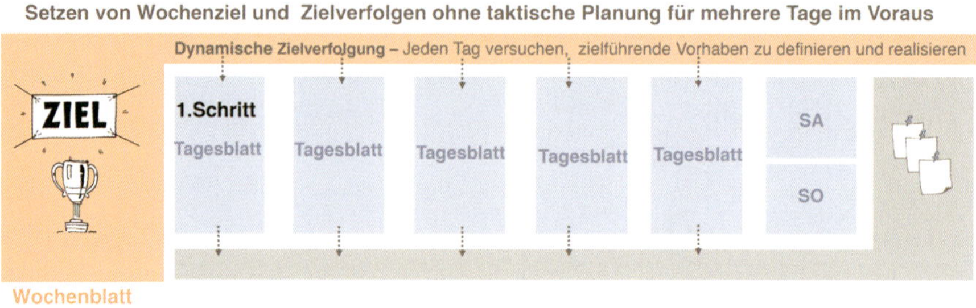

Abb. 4.54 Die einfachste Taktik für die Verfolgung eines größeren Ziels ist es, nur den ersten Schritt für den Montag festzulegen. Die weitere Vorgehensweise planen Sie dynamisch entsprechend dem Ergebnis des ersten Schritts und der aktuellen Arbeitssituation.

Zielverfolgung einsetzen wollen. Damit ist die Zielverfolgung komplett dynamisch. Jeden Morgen beim Smoffen überlegen Sie, was in den kommenden Tagen sinnvoll und möglich ist. Sie machen einfach das Beste aus den Möglichkeiten, die Sie zur Zielverfolgung im Lauf der Woche erkennen.

Wochenvorhaben sind im einfachsten Fall die Absicht, ein von Ihnen als lohnenswert angesehenes Ziel bis zum Ende der neuen Woche zu erreichen. Das Vorhaben an sich ist dann nur minimal und nur über das Ziel definiert. Sie verfügen noch über keinen Plan, wie Sie ans Ziel kommen. Sie haben für die neue Woche ganz pauschal den Ressourcenbedarf an Zeit und Aufmerksamkeit eingeplant, der es Ihnen ermöglichen soll, Ihr Wochenziel zu erreichen.

Beispiele für Einfachdefinitionen von Wochenvorhaben sind „Für bessere Stimmung in der Abteilung sorgen" oder „Drei Stunden für Fremdsprachen aufwenden". Eine konkrete Vorplanung, was Sie sich im Lauf der Woche wann wie und mit wem vornehmen, wäre von Vorteil. Das würde einerseits die Umsetzung sicherer machen. Andererseits kann durch die Nutzung von günstigen Gelegenheiten, die sich erst im Lauf der Woche ergeben, die Umsetzung leichter und effizienter sein als vorab genau geplant.

Wenn Sie am Ende der Woche ein neues Lastenheft freigegeben haben wollen, nehmen Sie sich etwas vor, das sich recht gut in Teilschritte und damit in Tagesvorhaben zerlegen lässt. Um bis zum Ende der Woche die Freigabe zu bekommen, gibt es mehr als einen Weg. Sie müssen sich für einen Weg entscheiden und diesen

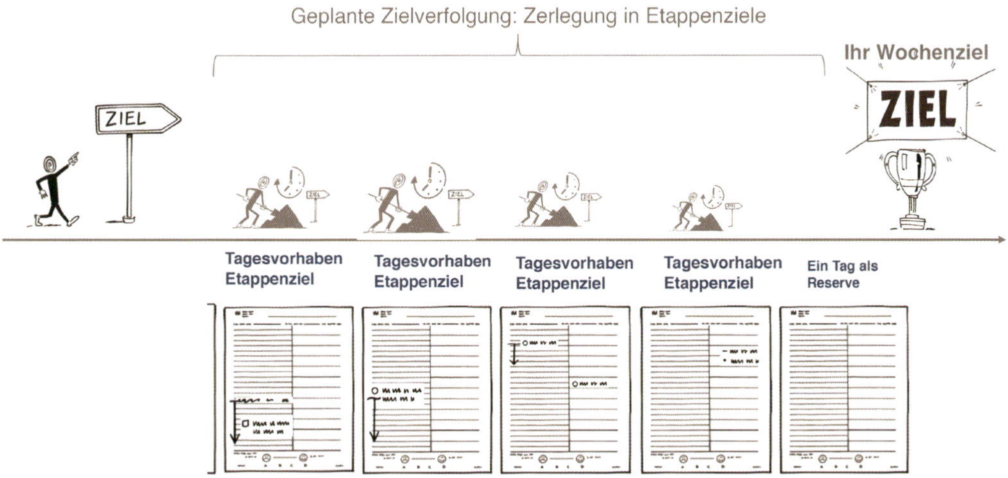

Abb. 4.55 Die Zielerreichung bei größeren, komplexeren Zielen wird sicherer und fällt leichter, wenn Sie durch Vorplanung von Tagesvorhaben die Erreichung von Etappenzielen vorsehen.

durch die Vorplanung mehrere Tage im Voraus schon durch Tagesvorhaben auf den Tagesblättern abbilden. Sie planen Ihre Arbeit taktisch. Das Ziel ist klar und sicher erreichbar, aber die Zielverfolgung lässt mehrere Optionen zu, die alle zum Ziel führen, aber in Aufwand und Risiko unterschiedlich sind. Die Aufteilung der großen Zielerreichung in Fortschritte, das heißt Wertschöpfungsetappen, ist besonders hilfreich und wichtig. Etappen sind wichtig für die Erreichung großer Ziele, weil sie auch für kleine Spurts und Erfolgserlebnisse auf dem langen Weg zum Ziel sorgen. Stellen Sie sich eine Tour de France vor, bei der jeder einfach so lange fährt, bis er müde ist. Dann gibt es keine Spurts und keine Etappensiege. Das ganze Vorhaben „Tour de France" wäre viel wertloser.

Im Arbeitsleben ist der Zeitraum von 1–2 Wochen die ideale Zeitspanne für die Realisierung größerer oder anspruchsvollerer Ziele. Die Zeiträume „diese und nächste Woche" sind für Menschen sehr gut fassbar. Es ist ratsam, seine mittel- und langfristigen Ziele auf einzelne Wochenziele herunterzubrechen. Wenn ich bei der Zielerreichung sichergehen möchte, dass es sich nicht lange hinzieht und es einen großen Zeitverzug gibt, plane ich die Zielverfolgung in Form der taktischen Arbeitsplanung so, dass das Ziel in einer Woche erreicht wird, wenn alles nach Plan läuft. Wenn ich so plane, und es läuft vieles schief, plane ich dann in der Folgewoche den noch offenen Teil, das heißt für den Teil, der nicht wie geplant geklappt hat. Mit dieser Vorgehensweise komme ich dann spätestens in der zweiten Woche ans Ziel. Das klappt nicht immer, aber immer dann, wenn es wirklich zeitkritisch und wichtig ist, das heißt, wenn es darauf ankommt.

Beispiele typischer Wochenziele, hinter denen viele Tagesvorhaben oder Etappenziele stecken

- Bis Freitag den neuen Messestand bestellt haben.
- Das neue Angebot kam gut und sicher beim Kunden an.
- Eine Unternehmensentscheidung getroffen und bekannt gemacht.
- Den Finanzchef für neues Projekt als Unterstützer gewinnen.
- Die Zusammenarbeitsvereinbarung unterzeichnet.
- Das Firmenfest organisiert und kommuniziert.
- Die Geschäftsreise nach Fernost steht.

Unsere Zeit fließt dahin, und zwar unaufhaltsam. Durch professionelle persönliche Planung und Selbstmanagement wollen wir versuchen, die Zeit dahin fließen zu lassen, wo es operativ zwingend und taktisch-strategisch am sinnvollsten für uns ist. Wir wollen unsere Zeitverwendung auf taktisch-strategischem Niveau im Sinne unserer Zielverfolgung steuern und optimieren können. Dazu müssen wir uns unsere Zeitverwendung transparent und periodisch bewusst machen. Das ermöglicht bei Bedarf auch eine Reflexion und einen Abgleich mit einem Mentor, Kollegen oder Vorgesetzten.

Zielführende Zeitverwendung in vier Handlungsfeldern

Bei der Planung Ihrer beruflichen Aktivitäten erfolgt die Strukturierung nach Zeit und nach Ziel beziehungsweise nach Vorhaben: Mit Ersterem lassen sich die natürlichen Zeiträume Tage und Wochen besser füllen, und das Letztere gibt der Nutzung Ihrer Zeit und Aufmerksamkeit ein erkennbares Ziel. Für eine noch bessere Orientierung und Selbststeuerung empfehle ich Ihnen eine Einordnung Ihrer beruflichen Aktivitäten nach Handlungsfeldern. In diesen Themenbereichen, von denen jeder für sich eine andere Wirkrichtung besitzt, wollen oder müssen Sie etwas tun. Die Einteilung Ihrer Vorhaben und des zielführenden Zeitflusses

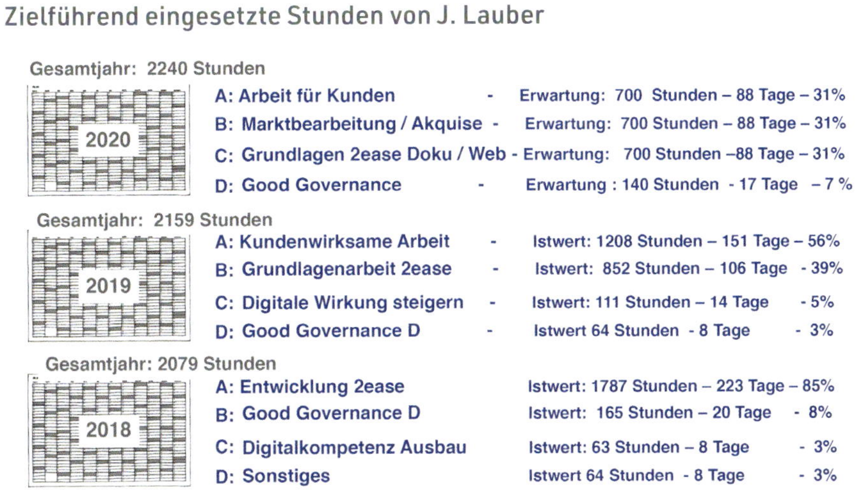

Abb. 4.56 Reales Beispiel meiner Handlungsfelder und der dazugehörigen Daten zur Zeitverwendung Soll-Ist. Die Einteilung der Handlungsfelder hat sich entsprechend dem Schwerpunkt meiner persönlichen strategischen Jahresplanung geändert.

in vier Handlungsfelder gibt Ihnen eine bessere Möglichkeit zur Selbststeuerung und vereinfacht die Planung, weil sie übersichtlicher und klarer wird.

Die Einteilung nach Handlungsfeldern ist individuell und hängt von den Zielen, der Verantwortlichkeit, dem Umfeld und der Situation ab. Sie kann auch wechseln. Wichtig ist immer, die für die eigene Planung günstigste Einteilung zu haben. Am besten probieren Sie sie einfach einmal ein paar Wochen aus und korrigieren sich dann. Die Erkenntnis kommt aus dem Tun. Mit einem Selbstmanagement Mentor an Ihrer Seite tun Sie sich leichter und haben schneller einen großen Nutzen.

Als Grundregel enthält das Handlungsfeld A die Aktivitäten, die das operative, reaktive tägliche Hauptgeschäft ausmachen. Das Handlungsfeld C und besonders das Handlungsfeld D sind taktischer und strategischer Natur. Im Handlungsfeld D sind die Ziele und Vorhaben enthalten, die sich ohne kurz- und mittelfristige negative Auswirkungen auf den Arbeitsalltag nach hinten schieben lassen. Dazu gehören typischerweise die persönliche Weiterbildung und der Aufbau sowie die Pflege von Kooperationsbeziehungen hoher Vertrautheit. Die Einteilung der Handlungsfelder in A, B, C und D hat nichts mit Prioritäten zu tun. Das dürfen Sie bitte nicht durcheinanderbringen.

Mein eigenes Beispiel zeigt, wie ich die Einteilung der Handlungsfelder in den vergangenen Jahren vorgenommen habe und wie die Zeitbilanz aussieht. Es soll Ihnen nur eine Idee geben, wie sich die Einteilung in Handlungsfelder auch zur strategischen Selbststeuerung nutzen lässt.

Hilfreich für das Verständnis der Handlungsfelder A, B, C und D und für die Definition einer eigenen Einteilung ist die nachfolgende Erklärung der Handlungsfelder einer Mitarbeiterin in einem mittelständischen Unternehmen.

Einkaufssachbearbeiterin (Mitte 30) mit stellvertretender Leitungsfunktion

Handlungsfeld A:
Kerngeschäft der Stelle – operative und strategische Betreuung des Einkaufs meiner Warengruppen

Handlungsfeld B:
Back-up-Funktion sowie Unterstützung von Buchhaltung und Rechnungswesen

Handlungsfeld C:
Projektunterstützung für den Chef, damit er neben seinem Tagesgeschäft mehr Projekte und komplexere Projekte sicher voranbringen kann

Handlungsfeld D:
Persönliche Weiterentwicklung und Attraktivität als Arbeitnehmerin steigern

Diese Aufteilung der Handlungsfelder in A, B, C und D zeigt das Aktivitätsprofil einer sehr wertvollen Mitarbeiterin. Über das Jahr gemittelt, verwendet sie ungefähr 70 Prozent der Zeit für das Handlungsfeld A – nämlich für ihr Kerngeschäft als Einkaufssachbearbeiterin. In diesem Kerngeschäft hat sie sich so weit qualifiziert, dass sie nicht nur die operative Beschaffung ihrer Warengruppen, sondern auch das Lieferantenmanagement und Preisverhandlungen übernehmen kann. Damit nimmt sie ihrem Chef Arbeit ab und kann ihn auch vertreten.

Das Handlungsfeld B bildet 10–15 Prozent ihrer Zeitverwendung ab. Für das Unternehmen ist es effizient, dass ihm in den Bereichen Buchhaltung und Rechnungswesen bei Bedarf mehr Ressourcen zur Verfügung stehen. Damit lässt sich eine Redundanz ohne Zusatzkosten erreichen.

Das Handlungsfeld C ist mit 10–15 Prozent über das Jahresmittel auch nicht umfangreich. Aber für den Chef ist es sehr wertvoll, wenn er Teile seiner Projektarbeit an seine Mitarbeiterin abgeben kann. Über das Wochenplanblatt kann er sehen, wie seine Mitarbeiterin ihn unterstützt und er erhält eine Transparenz, wie viel Zeit und Aufmerksamkeit das benötigt.

Das Handlungsfeld D gilt immer irgendwie als Lückenfüller. Prozentual gesehen, fällt es gering aus. Es ist nie dringend und lässt sich immer auf morgen aufschieben. Deshalb ist eine systematische Förderung erforderlich, sich für seine persönliche Weiterentwicklung und Attraktivität als Arbeitnehmer gezielt etwas vorzunehmen.

Und es bedarf einer Bilanzierung der Zeitverwendung beim Review, um sich bewusst zu machen, ob man genug für die Sicherung seiner beruflichen Zukunft und damit sein eigenes künftiges Wohlergehen tut.

Keine Kunst – jeder ist dazu fähig. Viele versuchen es. Wenige können es wirklich.

Abb. 4.57 Im Beruf mehrere Bälle gleichzeitig sicher in der Luft zu halten, macht Sie wertvoller. Mit professioneller persönlicher Planung können das auch Sie.

Nachfolgend finden Sie eine beispielhafte Auflistung vieler praxiserprobter Einteilungen in A, B, C und D. Die textlichen Bezeichnungen wurden direkt übernommen. Vielleicht trifft eine auf Sie zu? Prinzipiell gibt es keine richtigen und falschen Einteilungen, sondern nur gute und bessere. Allein schon die gedankliche Auseinandersetzung mit der Strukturierung der Arbeit nach Wirkung oder Nutzen bringt Ihnen einen sicheren Erkenntnisgewinn. Es ist lohnt sich, dafür Ihr Denkvermögen einzusetzen.

Länderverkaufsleiterin (Mitte 40)

A: Förderung von Absatz und Sicherung/Erreichung des aktuellen Umsatzziels
  Planen und Organisieren von Verkaufsveranstaltungen
  Operative Unterstützung der Verkäufer bei Vorführungen und Messen
  Motivation, Führung und Training der Verkäufer

B: Ausbau der Vertriebsorganisation
  Gewinnen neuer Verkäufer
  Kooperationen
  Training neuer Mitarbeiter
  Durchführen eigener Pilotevents

C: Arbeit mit/für Mutterhaus / Zentrale
  Meetings
  Marketingmaterial
  Prozesse

D: Persönliche Entwicklung und Einfluss
  Weiterbildung/Entwicklung neuer Fähigkeiten
  Vertrauensbeziehungen zu Schlüsselpersonen
  Bekanntheit/Ansehen

Produktmanager

A: Förderung Absatz – aktuelle Ziele
  Operative Unterstützung bei Kundenbesuchen und Messen
  Motivation und Training von Verkäufern

Übernehmen von Schlüssel-Kundenprojekten
PR-Fachartikel – SEO-Pflege
B: Neue Produkte – Features
Lastenhefte
Tests
Doku/Websites/ERP-Datenpflege
Verkaufs-/Marketingtools

C: Produkte-Pflege-Lebenszyklus
Kostensenkung – Qualitätssicherung/-steigerung
Produktionsplanung
Phase-Out-Ablösung
Wettbewerbs-/Technologiebeobachtung

D: Persönliche Entwicklung und Einfluss
Karriere/Einfluss im Unternehmen
Weiterbildung/neue Fähigkeiten
Vertrauensbeziehungen – Schlüsselpersonen
Bekanntheit/Ansehen

Projektleiter für Bauprojekte

A: Sicherung des guten Bauverlaufs
Hilfe und Synchronisation der Obermonteure
Nachträge – Klären
Termine & IBN & Abnahme sichern
Materialengpässe beheben

B: Entwicklung neuer Projekte/Aufträge
Vor-Ort-Besuche
Kalkulation
Hilfe/Besuche bei Planern/Schlüsselbauherrn
Applikationsberichte SEO-konform im Web & Druck

C: Nacharbeit/Pflege Altprojekte
Bauunterlagen – intern/extern
Endrechnung erstellen
Nachkalkulation

Übergabe an Service/Wartungsvertrag

D: Persönliche Entwicklung und Einfluss
Weiterbildung/neue Fähigkeiten
Vertrauensbeziehungen – Schlüsselpersonen
Bekanntheit/Ansehen
Interne Schulung/Mentoring Nachwuchsleute

Bereichsleiter bei einem Anlagenbauer

A: Neuanlagengeschäft

B: Servicegeschäft

C: Integration zugekauftes Unternehmen

D: Personalarbeit Entwicklung und Einfluss
Personalführung
Weiterbildung/neue Fähigkeiten
Vertrauensbeziehungen – Schlüsselpersonen
Geschäftsleitung/Unternehmensprozesse /-organisation

Personalassistentin

A: Operative Personalbetreuung

B: Rekrutierung

C: Back-up in Admin-Bereich/Empfang

D: Persönliche Entwicklung

Compliance-Manager in Großkonzern

A: Bekanntmachen und Durchsetzung von Regelwerken

B: Veränderung und Aktualisierung von Regelwerken

C: Konzerninternes Reporting Sonderprojekte

D: Persönliche Entwicklung

Operative Planung und Review mit Handlungsfeldern

Bei der Wochenplanung werden die Wochenvorhaben und Wochenziele entsprechend ihrer Hauptwirkung in die designierten Bereiche der Handlungsfelder A, B, C und D eingetragen. Damit wird auf einen Blick deutlich, für welche Handlungsfelder Sie sich etwas vornehmen und für welche Sie nichts planen. Auch wird auf einen Blick deutlich, auf was Sie in der Folgewoche Ihre Aufmerksamkeit richten, welche Ziele Sie verfolgen und welche Fortschritte Sie damit systematisch anstreben.

Am Fuß des Wochenplanblatts tragen Sie ein, welche Verteilung Ihrer zielführend eingesetzten Zeit Sie für die neue Woche erwarten. Es ist ein Schätzwert im Stunden- oder Halbstundenraster. Diese Schätzung dient Ihrer Bewusstseinsbildung und ist ein Plausibilitäts-Check. Bitte notieren Sie keine zeitliche Abschätzung für jedes einzelne Wochenvorhaben beziehungsweise für Wochenziele. Diese Mühe lohnt sich nicht. Solche Abschätzungen bringen nämlich keinen Fortschritt und sind nutzlos. Wir machen keine Zeitbuchhaltung, sondern bilden ein Bewusstsein für die neue Woche aus und legen einen Regelkreis zur Selbststeuerung an.

Die wertvolle Reflexion, wohin die Zeit am Vortag ging

Am Morgen eines Arbeitstages erfolgt innerhalb weniger Minuten Smoff-Time ein Review des vorherigen Arbeitstages zur zielführenden Zeitverwendung. Indem Sie die zielführende Zeitverwendung für die Handlungsfelder A, B, C und D abschätzen, machen Sie sich den Ablauf und die Inhalte des vergangenen Tages bewusst. Sie gehen den Vortag geistig noch einmal durch. Das hilft Ihnen auch bei der Ideenfindung und bringt überraschende Erkenntnisgewinne. Die Abschätzung, wie viel Zeit in die Handlungsfelder A, B, C und D geflossen ist, wird unten in das Vortagesblatt eingetragen, auf die Stunde oder Halbstunde genau. Auch der Eintrag null ist interessant. Es bedeutet, dass Sie nichts für das betreffende Handlungsfeld gemacht haben.

Bitte beachten Sie: Sie zählen nur die Stunden, die Ihrer eigenen Zielverfolgung dienen. Stunden, die nicht für Handlungsfelder A, B, C und D aufgewendet wurden, zählen nicht. Darum kann es zu Abweichungen vom 8-StundenTag oder von der 40-Stunden-Woche kommen. Die Abweichungen nach unter 40 Stunden sind die Stunden, die nicht zielführend waren. Die Abweichungen über die reguläre Arbeitszeit hinaus können sich ganz natürlich aus der Verfolgung persönlicher Entwicklungsziele ergeben.

Beispiele von realen Wochenplanblättern

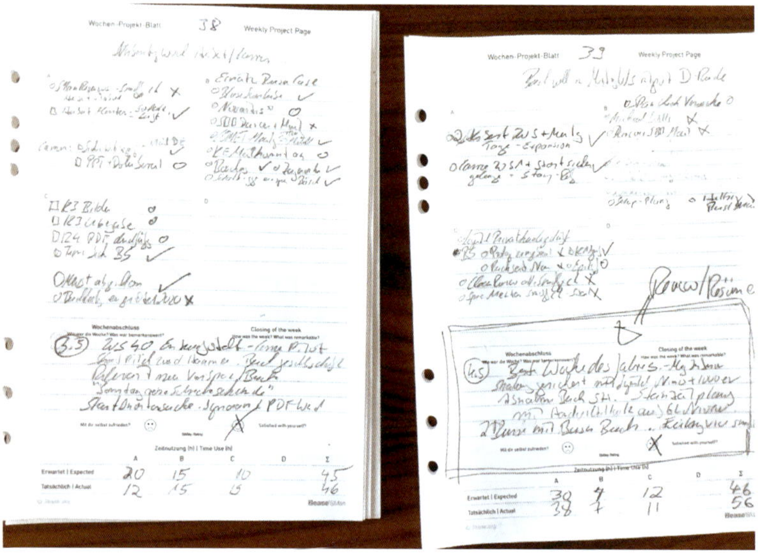

Abb. 4.58 Zwei meiner typischen Wochenabschlüsse. Die Resümee-Texte bilden die Basis für Langzeitreviews, damit Bemerkenswertes und Erfreuliches nicht vergessen geht.

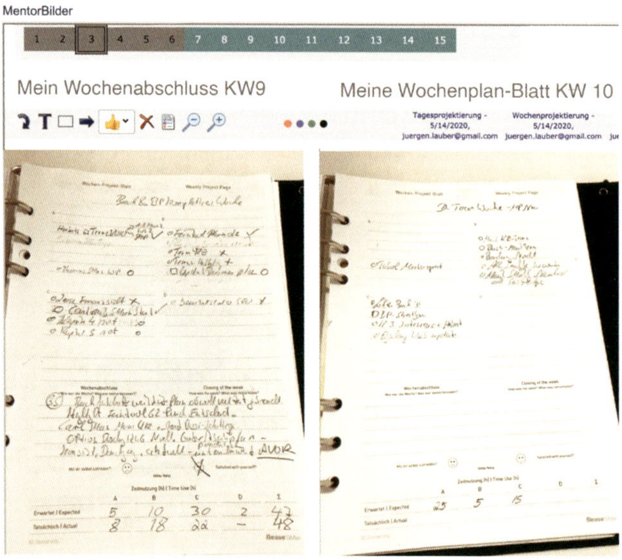

Abb. 4.59 Über die Smoffen-Mentoring-Plattform (www.smoff.ch) teile ich jeden Tag meine eigene professionelle Planung mit allen Menschen, die ihre mit mir teilen. Sehr gerne gebe ich Vorbilder.

4.6 PROFESSIONELLE PLANUNG ÜBER LANGE ZEITRÄUME

Ein Ziel über Monate und Jahre hinweg verfolgen

Viele Inhalte für die Planung einer neuen Woche ergeben sich aus den Ereignissen der Vorwoche. Es müssen aufgetretene Probleme gelöst oder akut bedrohliche Situationen vermieden werden. Ein Produktionsleiter, der wegen technischer Störungen bei den Lieferungen in Rückstand geraten ist, kennt sein wesentliches Wochenziel: Er muss planen, wie er dieses Defizit mit Sondermaßnahmen aufholen kann.

Wenn ein Industrialisierungsingenieur in einer Arbeitswoche keine Freigabe für ein Prüfmittel erhält, diese Freigabe jedoch einen wichtigen Projektmeilenstein für die Einführung eines neuen Produkts darstellt, muss er in der Folgewoche mit Hochdruck an den Korrekturen arbeiten. Er muss den Verzug aufholen, ohne seine sonstige Arbeit zu vernachlässigen. Das läuft geplant besser. Dafür passt das System der SMan Wochen- und Tagesplanung sehr gut. Wie steht es aber um Vorhaben und Ziele, die nicht so klar und nicht so greifbar sind? Was machen Sie mit Vorhaben, die sich nicht von selbst aufdrängen und zwangsläufig bearbeitet werden müssen? Wie verhalten Sie sich, wenn Sie viele Leute aus verschiedenen Bereichen über lange Zeit hinweg dazu bringen müssen, Sie bei Ihren Zielen zu unterstützen? Die anderen müssen sich alle zeitgerecht das Richtige in Ihrem Sinne vornehmen und das für Sie Richtige auch noch schnell genug umsetzen. Sie müssen dranbleiben, was die anderen wann für Sie machen oder eben nicht.

Das Problem wird bei modernen Projektmanagementmethoden wie Scrum mit einer eigenen Rolle gelöst. Der Scrum Master führt mit allen Beteiligten tägliche Scrum Meetings (Daily Scrum) durch und zwingt sie damit, sich mit dem Vortag und der Planung des neuen Tages zu befassen. Ein Scrum Master forciert die tägliche Neuplanung und verfolgt mögliche Abweichungen. Die Lösung mit täglicher forcierter Planung und Review sowie Follow-up von einem Manager oder Master funktioniert zwar, passt aber kaum in die Arbeitswelt des 21. Jahrhunderts. Wie soll das auch funktionieren, wenn die anderen hinter ihren Bildschirmen mit mehreren Projekten, Problemen und Routine-/Pflichtaufgaben befasst sind? Am besten wäre es, wenn die Menschen, auf die Sie angewiesen sind und von denen Ihre eigene Arbeit abhängt, täglich smoffen würden. Dann führen sie sich weitgehend selbst.

Aber es ist dennoch unverzichtbar, Ihren „Mitarbeitern" für die Zeithorizonte Wochen und Monate Inputs für die Arbeitsplanung zu geben. Und diese Inputs müssen inhaltlich zusammenpassen und bei sequenziellen Abläufen und wechselseitigen Abhängigkeiten zeitlich synchronisiert werden. Die eindrucksvollen Planungen auf Projekt- und Organisationsebene helfen dabei wenig. Sie bilden lediglich Soll- und Wunschsituationen ab, die oft noch politisch beeinflusst sind. Mit der Realität müssen sie nur zu wenig zu haben. Außerdem kann auch die ehrlichste Projektplanung schon einen Tag später obsolet sein. Darauf müssen wir uns einstellen. Und selbst wenn alles nach einem übergeordneten Projektplan laufen könnte, ist es nicht möglich, alle Ihre größeren persönlichen Ziele und Vorhaben als Projekt zu organisieren.

Sie benötigen ein persönliches Navigations- und Steuerungssystem für sich selbst und andere über den Zeithorizont von Tagen und Wochen hinaus. Das ist besonders nötig, wenn Sie anspruchsvolle pauschale Ziele verfolgen und erreichen wollen, die sich über Quartale und Jahre erstrecken. Ein solch persönliches Navigations- und Steuerungssystem sichert Ihren Erfolg, wenn Sie persönliche Ziele haben, die Sie nur mit dem Wohlwollen anderer erreichen können, zum Beispiel

- Kosten um 20 Prozent senken
- Umsatz um 20 Prozent steigern
- Finanzierung von Wachstum sichern
- Ausschussquote halbieren
- Rückläufer und Reklamationen halbieren
- Neukundengewinnung verdoppeln
- Personalfluktuation halbieren
- Marktführer werden
- 40 Prozent mehr verdienen
- Personalverantwortung tragen – Chef werden.
- veraltetes ERP-IT-System ersetzen
- Zulassung als Lieferant bei Top-Firmen erreichen.

Alle diese anspruchsvollen Ziele lassen sich geplant sicherer und schneller erreichen. Also benötigen Sie einen Arbeitsplan für deren Verfolgung. Wie ein solcher Plan erstellt wird und aussieht, sehen Sie gleich. Sie werden erkennen, dass die Erstellung nicht so einfach ist wie die Erstellung des persönlichen Wochenplans oder des noch einfacheres SMan Tagesplans. Denn zur Verfolgung der Art von Zielen, wie oben aufgeführt, geht es nicht ohne strategisch-taktische Planung. Die taktische Planung haben Sie schon bei der Wochenplanung kennengelernt. Dabei gibt es mehrere mögliche Wege zu einem klaren Ziel. Diese Wege müssen Sie sich erst bewusst machen, den für Sie besten auswählen, im Plan festhalten und ihm anschließend folgen.

Wenn es um Strategie geht, haben Sie oft pauschal formulierte Ziele, in der Art von: „Sie sollen die Welt besser machen." Aber Sie wissen nicht, wo Sie anfangen und enden sollen. Da gibt es endlos viele Wege, das zu tun. Der Begriff „strategisch" kommt aus dem militärischen Jargon, er steht für hohe Unwägbarkeiten, Neuland und Unsicherheit dazu. Damit ist die Zielverfolgung bei Strategischem komplizierter und undurchsichtiger als bei Taktischem. Beim Strategischen ist ein Scheitern gut möglich. Deshalb bedarf es auch Alternativszenarien und Fallback-Lösungen, die vorab erarbeitet werden müssen.

Wenn Sie die Freigabe eines Lastenhefts verfolgen, arbeiten Sie auf bekanntem Terrain. Sie kennen die Beteiligten und haben wohl Erfahrungen von früheren Lastenheften. Es stehen Ihnen Ratgeber, Mustervorlagen und Checklisten zur Verfügung. Wenn Sie jedoch Ihr Gehalt um 40 Prozent steigern oder selbst Chef werden wollen oder wenn Sie die Personalfluktuation in Ihrem Unternehmen halbieren sollen, verfügen Sie im Normalfall über keinerlei Erfahrung. Es ist etwas Einmaliges und Anspruchsvolles, was Sie da vorhaben. Und es bestehen enorm viele Möglichkeiten und Optionen, wie Sie vorgehen könnten. Den jeweiligen Aufwand und Nutzen können Sie kaum sinnvoll abschätzen. Das macht Ihre Planung sehr unsicher. Möglicherweise versuchen Sie auch etwas, das – realistisch gesehen – unerreichbar ist. Und selbst wenn, machen Ihnen unkontrollierbare Gegenkräfte beziehungsweise Wettbewerber die Zielerreichung streitig. Die einen Arbeitnehmer mit gleicher Erfahrung sind mit weniger Gehalt zufrieden, die anderen verfügen über bessere persönliche Kontakte nach oben, und Ihre Bemühungen, das Personal besser zu halten, werden durch Headhunter vielleicht

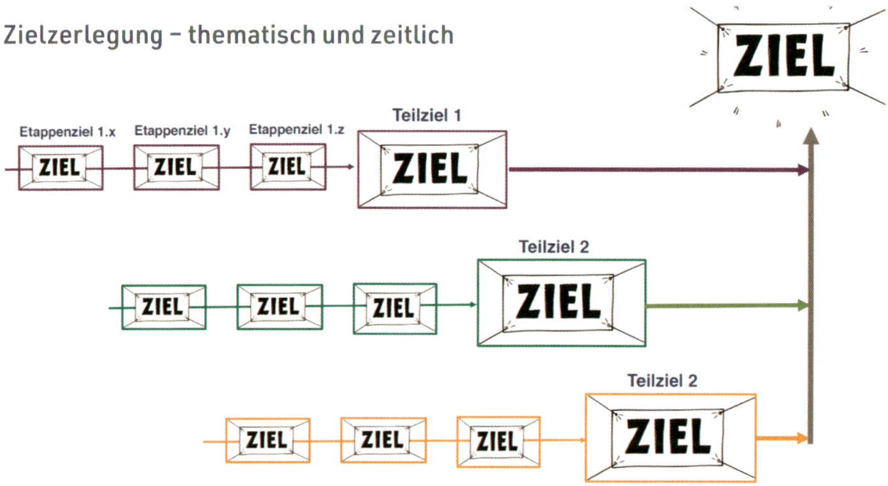

Abb. 4.60 Die konzeptionelle Grundlage zur Verfolgung anspruchsvoller strategischer Ziele ist die Zielzerlegung (siehe Kapitel 3).

neutralisiert. Sie werden nämlich noch mehr Mühe aufwenden, um Ihre Mitarbeiter abzuwerben. Die anderen, die gegen Sie arbeiten, haben Sie nicht im Griff. Dennoch müssen Sie damit rechnen und entsprechend planen. Das macht es viel schwieriger, Ihr Ziel über Monate hinweg zu verfolgen, als Ihren Tag professionell zu planen.

Planungsvorlage für anspruchsvolle Ziele und lange Zeiträume

Das Hilfsmittel, um auch die Komplexität strategisch-taktischer Planung zu meistern, ist relativ einfach: Es reicht ein heute übliches Textverarbeitungsprogramm (zum Beispiel Word). Es braucht dafür keine elektronischen Gadgets oder spezielle Software. Das kostet nur Geld und belastet Ihren Kopf unnötig. Beim kreativen Denken, Abwägen, Entscheiden und Abstrahieren von möglichen Szenarien ist die volle Konzentration erforderlich.

Die Verfolgung komplexer Ziele wird über ein beliebiges Textverarbeitungsprogramm in Tabellenform abgebildet. Mit Tabellen und Satzzeichen lassen sich Hierarchien gut darstellen. Unterschiedliche Informationsinhalte lassen sich durch Formatierungen kenntlich machen.

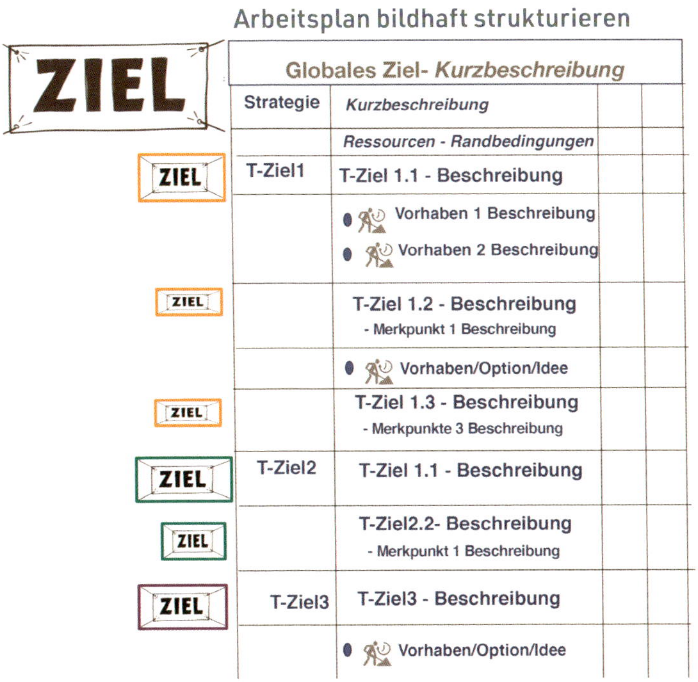

Abb. 4.61 Die Struktur der Zielzerlegung und damit auch der Zielverfolgung wird über die ersten beiden Spalten der Tabelle abgebildet. Darin finden sich Informationen zur Vorgehensweise, die Teilziele sowie menschliche und intellektuelle Ressourcen (zum Beispiel Ideen, Szenarien und Quellen) in einer maximal verkürzten Form wieder. Verständlich ist sie nur für den Ersteller der Planung, weil er sich daran erinnert, was er beim Planen und Niederschreiben gedacht hat.

Um die entstandene Arbeitsplantabelle zu komplettieren, fehlt jetzt noch die Planung, wann Sie was mit wem tun oder erreichen wollen. Sie müssen sich und die Menschen, die Sie für Ihr Vorhaben benötigen, mithilfe des Arbeitsplans ansteuern können. Dazu werden die zwei rechten Spalten der Arbeitsplantabelle genutzt. Dort werden einige wenige Kürzel und Codes als Steuersignale eingetragen.

Die Logik der strategisch-taktischen Zielverfolgung mit dem SMan-System basiert auf der taktisch-operativen Wochenplanung und der operativen Tagesplanung. Es entsteht eine Verbindung vom Jahresplan bis zum einzelnen Tagesplan. Das große Ziel und die Vorhaben werden systematisch auf das an einem Tag Machbare heruntergebrochen. Dazu werden während der Planung einer neuen Woche die

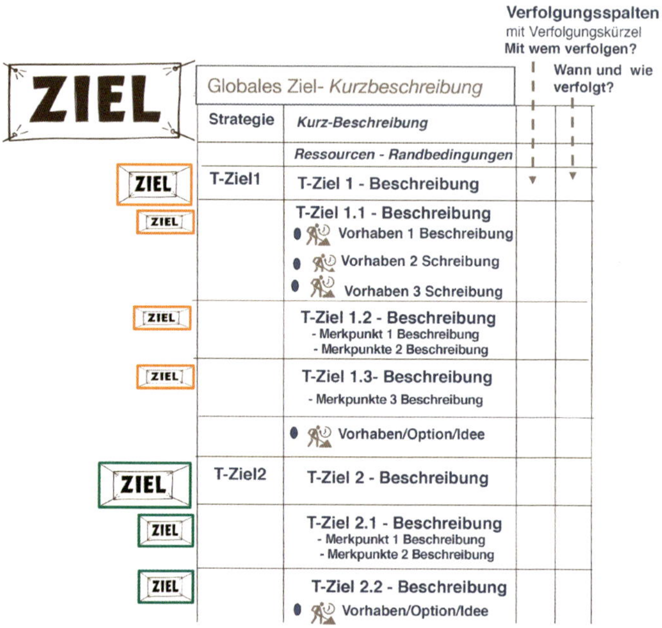

Abb. 4.62 Mit den beiden rechten Spalten dokumentieren Sie, wie Sie den Bedarf von Ressourcen planen. Mit den Spalten steuern Sie anschließend den Ablauf der Zielverfolgung, den Einsatz von menschlichen Ressourcen, Ihren eigenen und von den Menschen, die Sie zur Zielerreichung brauchen.

Steuersignale der strategisch-taktischen Arbeitsplanungstabelle durchgesehen. Dabei wird die Relevanz eines jeden Planungseintrages für kommende Woche deutlich. Bei den für die Folgewoche relevanten Punkten der Tabelle ist zu überlegen, was in der nächsten Woche noch für den Themenpunkt aus der Arbeitstabelle zu machen ist, und es wird nach Synergien für die sonstigen Tätigkeiten der kommenden Woche gesucht.

Was Sie bei diesem geistigen Durchgehen der Arbeitsplantabelle in der neuen Woche für möglich und nötig erachten, nehmen Sie sich auf dem Wochenblatt für die Folgewoche vor. Sie haben damit einen Teil der Zielverfolgung für die neue Woche zugeordnet, was eben sinnvoll noch hineinpasst. Damit nutzen Sie die Woche optimal aus. Das ist unser primäres Ziel. Wunder wollen wir keine verbringen, sondern nur professionell planen und geplant vorgehen.

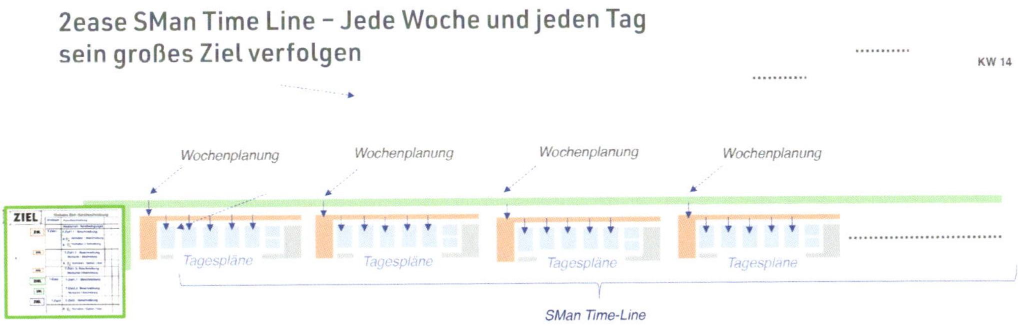

Abb. 4.63 Lassen Sie die strategisch-taktische Arbeitsplanung systematisch bis in jeden einzelnen Tag wirken – für sich und alle Menschen, die Sie zur Zielverfolgung brauchen.

Das Wochenblatt bildet wiederum die Basis für jeden neuen Tagesplan der Woche. So kommen auch langfristige und strategische Arbeitsinhalte in den einzelnen Tag, sofern es der Tagesverlauf zulässt. Sie nutzen den Tag damit nicht nur operativ, sondern auch taktisch und strategisch optimal aus. Sie arbeiten besser und erreichen mehr.

Der Masterplan der Arbeitsalltag und Arbeitsleben – taktisch-strategische Planung

Die Verfolgung eines einzelnen anspruchsvollen Ziels über lange Zeiträume sollte professionell geplant werden. Mit der strategisch-taktischen Arbeitsplantabelle ist das möglich. Damit steuern Sie sich selbst und andere im Wochentakt an. Mit der SMan Tages- und Wochenplanung sorgen Sie für die operative Umsetzung Ihrer taktisch-strategischen Zielverfolgungsplanung.

Im realen Leben haben Sie nicht nur ein einzelnes großes Ziel oder ein komplexes Vorhaben auf einmal zu verfolgen. Sie werden mehrere solcher Ziele parallel bearbeiten und dabei noch an der Vorplanung neuer großer Vorhaben arbeiten, mit denen Sie eine absehbare Herausforderung meistern wollen.

In einer vergrößerten strategisch-taktischen Arbeitsplantabelle haben Sie Ihre mittel- und langfristigen Ziele zur Entwicklung von neuen Strukturen und Kompetenzen neben ihren kurz- und mittelfristigen Jahreszielen nun übersichtlich

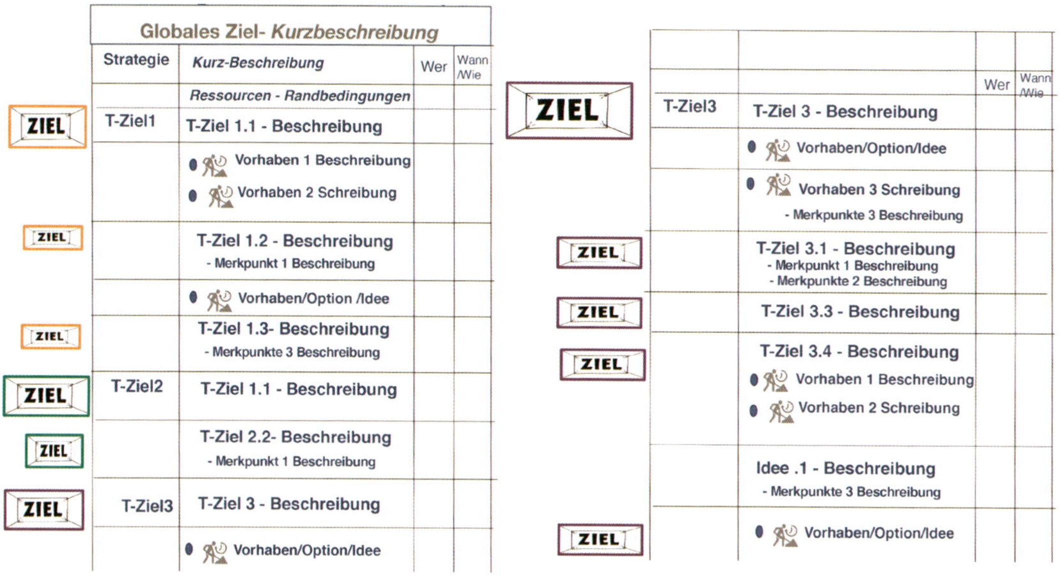

Abb. 4.64 Alle Ihre großen Ziele und längerfristige Vorhaben sind in einer Tabelle von nur 1–2 Seiten zusammengefasst.

geplant. Über die Wochenplanung stellen Sie auch die Verfolgung aller Ihrer Ziele bis auf den einzelnen Tag hinunter sicher. Aber anspruchsvolle Ziele und große Vorhaben stellen nur einen Teil Ihrer Arbeit dar. Sie besitzen noch keine Gesamtübersicht. Es fehlt Ihnen der Arbeitsanteil, den Sie sich nicht als Ziel setzen und als Vorhaben definieren müssen; der Arbeitsanteil, der einfach als Pflichtaufgabe und Routinearbeit zu Ihrer Arbeitsstelle gehört. Dieser Teil kann so einnehmend sein, dass für die mittel- und langfristigen Ziele und Vorhaben kaum mehr Zeit und Aufmerksamkeit bleibt. Für Führungskräfte ist die Mitarbeiterführung ein globales Pflichtziel der Stellenbeschreibung. Die Vorbereitung, Durchführung und Dokumentation der Mitarbeiterjahresgespräche sind Pflichtaufgaben, die enorm viel Zeit und Aufmerksamkeit erfordern. Aber sie sind nie dringlich. Es ist wichtig, dass die großen strategischen Ziele und Vorhaben nicht zu viel Raum einnehmen und noch genügend Zeit für die Mitarbeiterführung bleibt. Deshalb sollte Ihre taktisch-strategische Planung nicht von der operativen Planung abweichen. Alles Relevante, das Ihr Arbeitsleben ausmacht, sollte in einem einzigen Plan enthalten sein. Das sichert jederzeit den Überblick. Das tut Ihnen gut. Wenn Sie einen solchen Überblick über Ihre gesamte aktuelle und kommende Arbeitsinhalte dokumentiert haben, können Sie ihn auch mit anderen teilen und sich planbasiert mit anderen abstimmen beziehungsweise beraten.

Damit Sie eine Gesamtplanung Ihres Arbeitslebens und nicht nur eine strategisch-taktische Zielplanung bekommen, wird die strategisch-taktische Arbeitsplantabelle in Themenfelder strukturiert. Diese Themenfelder decken alles ab, was Ihr Arbeitsleben ausmacht. In ihnen werden – thematisch geordnet – alle Ziele, Vorhaben, Events, Pflichten, Beziehungen, Ideen und Informationen festgehalten, die für Sie und Ihr Arbeitsleben relevant sind. Die Themenfelder dürfen und werden sich überlappen. Sie sind wie gedankliche Blickrichtungen auf Ihre Arbeit. Verschiedene Blickwinkel sind gerade für die strategisch-taktische Planung von besonderer Bedeutung.

Der Schritt von der Arbeitsplantabelle zur Masterplanung des Arbeitslebens

Ausgehend von der Frage, wie sich ein großes, globales Ziel über lange Zeit verfolgen lässt, sind wir auf die Form einer Arbeitsplantabelle gekommen, in der alles enthalten ist, was für Ihre Wochen- und Tagesplanung relevant ist oder relevant werden könnte. Damit ist die nach Themenfeldern strukturierte Arbeitsplantabelle nichts anders als die Planung der Zielverfolgung Ihres allerobersten strategischen Ziels geworden: der Sicherung Ihres beruflichen Wohlergehens – kurz-, mittel- und langfristig. Größer und globaler kann kein Ziel für Sie sein.

Das Kapitel 3 ist weitgehend der Frage gewidmet: Was sollten Sie sich wie vornehmen, um dieses strategische persönliche Ziel zu verfolgen? Mit dem SMan Masterplan sehen Sie nun, wie Sie das praktisch professionell planen und umsetzen können.

Wie bei professioneller Planung üblich gibt es auch bei der SMan Masterplanung einen Reviewteil. Um einen persönlichen Review über lange Zeiträume zu erstellen, werden die Wochenresümees der SMan Wochenblätter genutzt. Es ist sonst ein

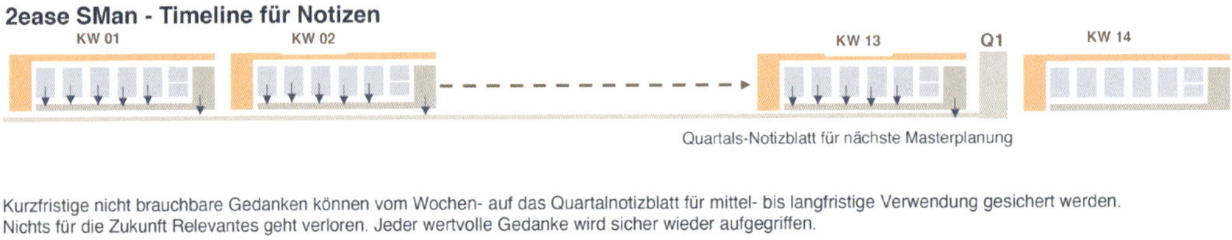

Abb. 4.65 Kurzfristig nicht verwertbare Gedanken können beim Wochenübergang von den Wochennotizblättern auf Quartalsnotizblätter übertragen werden. Dort werden sie beim Masterplan-Update sicher wieder aufgegriffen. So geht Ihnen nichts für die Zukunft potenziell Relevantes verloren.

Abb. 4.66 Schematische Darstellung des 2ease SMan Planungssystems mit dem empfohlenen vierteljährlichen Review- und Updatezyklus. Die Überarbeitung der Masterplanungen erfolgt meist im Rahmen der Osterwochen, des Sommerurlaubs und der Herbstferien. Dort findet sich leichter Zeit für die 2–3 Stunden Smoff-Zeit, die nötig sein können, sein Arbeitsleben zu überdenken und neu zu planen.

ziemlich aussichtsloses Unterfangen, sich aus dem Kopf heraus daran zu erinnern, was Wochen und Monate vorher geschehen ist. Das fällt schon nach wenigen Tagen zeitlichem Abstand schwer.

Als weitere Grundlage für Reviews über lange Zeiträume ist in der SMan Timeline alle 13 Wochen ein Quartalsnotizblatt enthalten. Dort können Sie alle für Ihr Arbeitsleben relevanten Gedanken festhalten, die sie bei der nächsten Masterplanung noch einmal aufnehmen wollen. Mit diesem Notizblatt stellen Sie sicher, dass Sie auch erst mittel- und langfristig Relevantes nicht vergessen oder aus den Augen verlieren. Die gleiche Funktion, welches das Wochennotizblatt für kurzfristig Relevantes erfüllt.

Nach dem Reviewteil erstellen Sie in der Tabelle für die Planung der nächsten 3 Monate und Quartale eine persönliche professionelle Vorausschau, einen Preview. Dabei wird jeder Monat wie eine Etappe in der Navigation durch das kommende

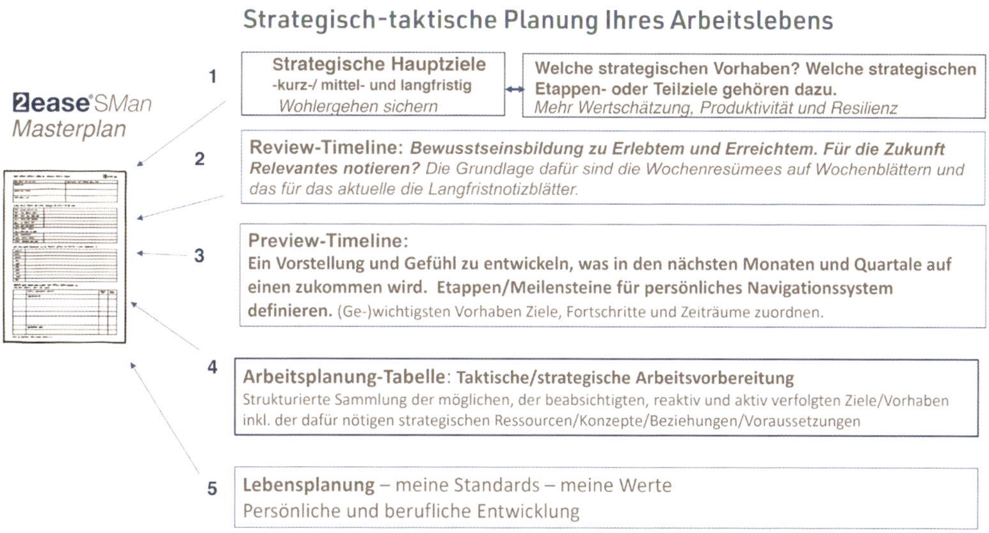

Abb. 4.67 Die Grundkomponenten des SMan Masterplans als professionelle persönliche Planung für Monate und Jahre. Der Kern besteht aus dem Review und dem Arbeitsplan in Tabellenform. Der strategische Zielsetzungskopfteil und der Preview sind zwar entbehrlich, führen aber zu einem sicheren Gefühl, zu besserer Planung und zu erfolgreicherer Umsetzung.

Arbeitsleben behandelt, und jedes Quartal ähnelt einer kleinen Tour aus 3 Etappen. Auf 1–2 Zeilen verkürzt, halten Sie für jeden Monat fest, was diese Etappe Ihres Lebens auszeichnen und prägen soll. Welche Highlights und Fortschritte streben Sie an? Das Gleiche gilt für das Quartal. Dort liegt der Schwerpunkt darauf, wo Sie am Ende des Quartals stehen möchten. Mit dem Masterplan Previewteil entwickeln Sie eine Vorstellung und Bewusstsein für das, was vor Ihnen liegt. Dabei werden Sie eine Art Urlaubsplanungseffekt feststellen. Denn sich mit dem zu befassen, was die Zukunft ausmachen und positiv prägen soll, weckt Vorfreude und Lust darauf. Sie haben ein gutes Bild von Ihrer Zukunft.

Funktional sichert der Masterplan Previewteil einen grundlegend konsistenten und sinnvollen groben Planungsrahmen für die detailliertere Planung in der Arbeitsplanungstabelle entlang ihren Hauptthemenfeldern. Wenn Sie in der Planungstabelle alle Ihre Themenfelder und die dazugehörigen Vorhaben durchgehen, müssen Sie viel abwägen und entscheiden. Denn das Leben bietet Ihnen unendlich viele Möglichkeiten, Wege und Chancen. Es bringt auch viele Pflichten, Zwänge

2ease SMan

Selbstmanagement Jahres-Masterplanung – rollierend, vierteljährlicher Update

Meine persönlichen strategischen Hauptziele:	Strategische Teilziele und strategische Vorhaben
Kurzfristig 12 Monate: 1 Werkstudenten einstellen. Einfache Arbeiten abgeben. Mehr TMon.GA-Planung sichert Umsatz	10 TMon Projekte akquirieren (2 Groß, Leuchtturm) Akquise intensivieren (bestehende Kontakte+ Neue) Unterstützer finden (Marktzugang, Projekte) Keine aktive Akquise für GA-Projekte
Mittelfristig 2-5 Jahre: Team, Man-Power, xxxxx.tech hebt ab. GA-Planung sichert Umsatz, Monitoring 50%, GA 50%	2 Top Referenzprojekte, Kunden kommen von selbst! Elena HR + Marketing, Mitarbeiter Smoffen, 2 MA können WsCad,
Langfristig: > 5 -10 Jahre xxxx.tech ist TOP Ing. Büro. GF einstellen. Inhaber im Hintergrund. Weltreise mit Elena	xxxx.tech ist für 80% der Zielgruppe bekannt. Google Startseite oben. Image des Unternehmens ist State oft he Art

Review: Bewusstseinsbildung zu Erlebtem & Erreichtem. Für Zukunft Relevantes festhalten ?

R0: Zielführende Stunden	A: GA60% B:TMon 20% C: Aqi 10% D:OrgaBüro 10% Tot:100%
R1: Haupterkenntnisse	GA-Teampower läuft gut, Neu TMon Software Anbieter am Markt (aedifion)
R2: Wesentlichste Veränderungen	TMon Projekte dauern lang (Akqui-Abschl.), Vor-Ort Präsenz für große GA Projekte
R3: Neue Fähigkeit / Know How?	DB WsCad neu aufgesetzt, TMon Lernkurve steigt weiter, Smoffen hilft gut
R4: Was lief falsch? Böser Fehler?	Privat ohne Plan (Urlaub,WE), DP-Schlüssel falsch aufgesetzt, Kein FB von www
R5: Größte Fortschritte / Erfolge?	Projekt Nordbad - >Folgeprojekt Volksbad, Aufträge TMon MY.O+SWM, Umsatz +1/3
R6: (Be-)merkenswert / Resümee:	mehr Teamarbeit, Unterstützung Projekte 2020 nötig, Motivation da,Arbeit macht Spaß
V: Preview nächster Zeitperiode	
V1: Größtes Risiko in nächster Zeit	Gesundheit vernachlässigt, Auslastung zu krass wenn alle Projekte gleichzeitig kommen
V2: Meiste Zeit nutzen für?	Projekt „Macherei" + „MY.O" + „SWM"
V3: Dafür will ich nichts machen	Neue Akquise GA-Projekte

Preview: Bewusstseinsbildung was kommende Zeiträume prägen soll. Wichtigsten Vorhaben, Ziele, Highlights

Q1	1.Neus Büro, 2.Homepage, 3.Akquise vorbereiten
Januar	Stellenausschreibung Flyer an HM + auf Homepage, Nachverfolgung Akquise aus 2019/Q3
Februar	Büro 2.ten Arbeitsplatz einrichten, Cloud Service einrichten, Inhalt Homepage überarbeiten
März	SEO optimieren, Mitarbeiter einlernen, Akquise Rundmail, Abgabe Volksbad
Q2	Akquise intensiv | Hamburg Überseequartier Start?
April	MY.O in die Endphase bringen, Bearbeitung Grundschule
Mai	Vollgas Mieterausbau Macherei
Juni	Video für www (Homepage, LinkedIn,Xing)
Q3	Jahresurlaub (Sep.) | Abschluss Macherei
Q4	Hamburg Überseequartier Ende? | Werkstudent fest etabliert

Synchro-Teil: Zuordnung und Dokumentation wesentlicher Inhalte Ziele / Inhalte für Partner/Mitarbeiter/Kollegen

Name	Beschreibung Aufgabe / Ziel / Erwartung	Wer?
Elena	Buchhaltung / Jahresabschluss 2019 / HR	EL
Klinglmaier	Zuarbeit Bestandsaufnahme / LVs schreiben / Planungsprüfung	KL
Wolff	SEO / Keywordanalyse / Strukturkonzept auf website	Wolff

Arbeitsplanung
Planung der Verfolgung aller erfasster Ziele und den dafür zielführenden Ressourcen/ Vorhaben/Voraussetzungen

	Masterplan Objekte: Schriftlich fixierte Gedanken die für berufliche Zielerreichung wichtig sind oder wichtig werden können und weiter verfolgt werden sollen.	Mit Wem?	Wie? /Wann?
A:	**A: Büro + Mitarbeiter**		
Mitarbeiter	Stellenausschreibung fertigstellen, Aushang HM+Mail an Prof	EL	W04
Büro	2.ten Arbeitsplatz einrichten, Hardware bestellen, 2x27", Bildschirmhalter, Laptop, Dokingstation, Maus+Pad, Headset,		W08
Büro	Jahresabschluss Lexware, Termin Steuerberater	EL	W07
	Mietvertrag abschließen,		W09
Cloud	Cloud Service einrichten, Datenablage organisieren. Backup 3-2-1		W10/11
Freelancer	Kontakte zu GA-Fachplanern erweitern		3
B:	**Homepage**		
Inhalt	Inhaltlich an Zielgruppe optimieren, Auf Basis KEYWords	Wolff	März
SEO	SEO optimieren, Dienstleister Frau Wolff	Wolff	Feb
Job	Stellenausschreibung online -> Cansmith		W06
Video Podcast	Konzept erstellen, Pro Quartal online, TMon aus der Praxis, Vorteile für Bauherren, Betreiber, Ing. Büros, Interview mit Unterstützer (Herr Lauber?) Bezug BauUnwesen		Q2
C:	**Akquise**		
Wer	Neue Liste für Akquise-Prozess erstellen		2

2ease SMan

Selbstmanagement Jahres-Masterplanung – rollierend, vierteljährlicher Update

	Sammeln aus: C-Lead, Schwimmbad, Outlook,		
Wie	Mailing Kampagne starten, persönliche Kontakte tel+Mail Postkarten für Kunden „bsp retrooptik"	EL	2 4
Messen	Light + Building 2020, Frankfurt, Anreise + Unterkunft buchen Tab Gebäudeautomation, München Fachtagung Gebäudeautomation, TÜV-SÜD VDI-Kongress AUTOMATION 2020 (30.6 – 1.7.2020), Digital Bau 2020, Köln (11-13. Februar), Köln		1 0 0 2 3
Messen	Neue Veranstaltungen im www suchen		3
Betreiber	Kontakte zu großen Liegenschaftsbetreibern herstellen Wie MUC-T1, Knorr-Bremse, Landeshauptstadt München, Allianz, CAImmo		2
D:	**Projekte beauftragt**		
Macherei	Grundausbau abschließen, Start Mieterausbau,		1
MY.O	INB aktiv verfolgen, Fa. Hermos wann Anlagen Fertig? Fa. Elektrotherm wg. RLT CAimmo stärker einbinden		1
SWM	Datengrundlage abstimmen, Plesser wg. Konzept fragen,		2
Helmholtz	LP8 NT und Abrechnung		2
Volksbad	Bestandsaufnahme + LV, Planung GA	KL	KW10/11
Grundschule	Übergabe Plan „freeze" abstimmen, StlbBau abstimmen, Vertrag unterschreiben		Q2
Päd. Hochschule	Lp5 anfangen + Abstimmung mit Bauamt		Q2
HZ 35	Kammerabefahrung, Sanierungskonzept erstellen, Zeichner Entwässerung suchen (-> evtl. Mathias?)		KW7 März 1
E:	**Projekte in Akquise**		
ÜSQ	Phönix Vergabe Gespräch am 20.1		W04
NB Physik	Stuttgart Auftragsgespräch am 4.2		W06
Kita Memmingen	Angebot Nachfassen		W07
Hochschule Herrsching	Angebot Nachfassen		W15
Stbw	Feuerwehr nachfragen		W15
TUM	Stand nachfragen		W09
ZigZag	Wird da noch was draus?		W08
HZ 35	HOAI Angebot erstellen		W06
F:	**Persönliches**		
On tour	Elena Oberreintalhütte zeigen, Fahrradlkant'n klettern, nicht am WE!		Juni
	Georg, Skitour WE Navistal		KW9
	Spitzingsee Hüttn, Sportklettern, Freunde einladen		Mai
Sport	Immer Mo 18 Uhr, Halle Termine mit Wolfram langfristig vereinbaren		1
Meditation	Einen Retreat besuchen (WE)		3
Weng	Baum fällen, Neuen im Frühling Pflanzen, Trasse sanieren		3

Abb. 4.68 Der Masterplan eines Kleinunternehmers, Mitte 30, der noch viel vorhat im Leben. Sein erster kompletter Masterplan ist ohne persönliches Treffen entstanden.

und Konventionen mit sich. Durch Auswahl und Ausschluss müssen Sie das prinzipiell Mögliche auf das Machbare und Nötige reduzieren. Alles, was Sie vorhaben, müssen Sie in die 12 aktiven Stunden von Werktagen unterbringen.

Beim Entscheiden zwischen Optionen genauso wie beim Abwägen von Vor- und Nachteilen ist eine Art strategisches Navigationssystem hilfreich. Dieses übergeordnete Navigationssystem besteht aus Ihren individuellen strategischen Zielen, Vorhaben, Partnern und den strategischen Eckpfeilern und Rahmen für Ihr gesamtes Leben. Diese strategischen Grundlagen für Ihre persönliche Planung befinden sich im Kopf- und Fußteil des Masterplans. Der Kopfteil soll bei jedem Update für eine grundlegende Ausrichtung bei der Neuplanung sorgen. Da soll Ihr Blick vor dem Review und der Neuplanung darauf fallen. Der Kopfteil wird während eines Jahres nur dann verändert, wenn so etwas Einschneidendes wie das Coronavirus Ihre bisherigen Grundannahmen auf den Kopf gestellt hat. Der

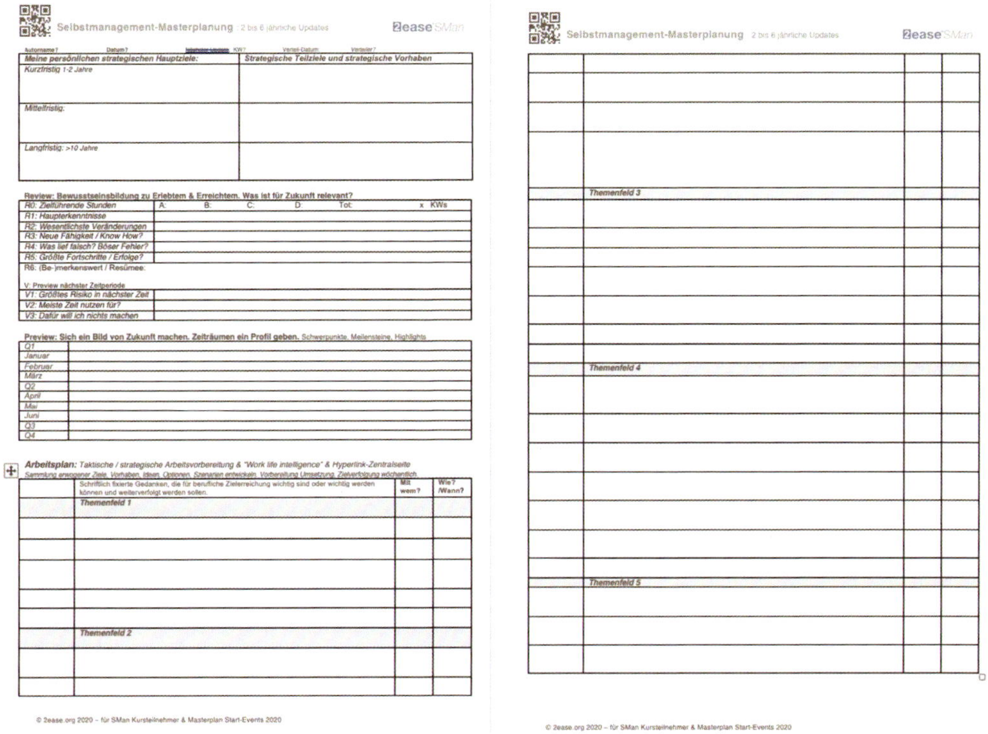

Selbstmanagement-Masterplanung : 2 bis 6 jährliche Updates — 2ease SMan

Autorname? Datum? KW? Verteil-Datum: Verteiler?

Meine persönlichen strategischen Hauptziele:	Strategische Teilziele und strategische Vorhaben
Kurzfristig 1-2 Jahre	
Mittelfristig:	
Langfristig: >10 Jahre	

Review: Bewusstseinsbildung zu Erlebtem & Erreichtem. Was ist für Zukunft relevant?

R0: Zielführende Stunden	A: B: C: D: Tot: x KWs
R1: Haupterkenntnisse	
R2: Wesentlichste Veränderungen	
R3: Neue Fähigkeit / Know How?	
R4: Was lief falsch? Böser Fehler?	
R5: Größte Fortschritte / Erfolge?	
R6: (Be-)merkenswert / Resümee: V: Preview nächster Zeitperiode	
V1: Größtes Risiko in nächster Zeit	
V2: Meiste Zeit nutzen für?	
V3: Dafür will ich nichts machen	

Preview: Sich ein Bild von Zukunft machen. Zeiträumen ein Profil geben. Schwerpunkte, Meilensteine, Highlights

Q1	
Januar	
Februar	
März	
Q2	
April	
Mai	
Juni	
Q3	
Q4	

Arbeitsplan: Taktische / strategische Arbeitsvorbereitung & "Work life intelligence" & Hyperlink-Zentralseite
Sammlung erwogener Ziele, Vorhaben, Ideen, Optionen, Szenarien entwickeln. Vorbereitung Umsetzung. Zielverfolgung wöchentlich.

	Schriftlich fixierte Gedanken, die für berufliche Zielerreichung wichtig sind oder wichtig werden können und weiterverfolgt werden sollen.	Mit wem?	Wie? /Wann?
	Themenfeld 1		
	Themenfeld 2		
	Themenfeld 3		
	Themenfeld 4		
	Themenfeld 5		

© 2ease.org 2020 – für SMan Kursteilnehmer & Masterplan Start-Events 2020

Abb. 4.69 Wordvorlage der 2ease SMan Masterplanung. Und Mentoring ist bei der Masterplanung sehr hilfreich und zum Starten auch nötig. Es ist nicht schwierig, aber ungewöhnlich.

Fußteil stellt längerfristig eine Art Lebens-Credo dar. Darin machen Sie sich selbst klar, wer Sie eigentlich sein wollen und welchen Werten Sie sich selbst verpflichten. Das sind die Fixsterne für Ihre Navigation durchs Leben.

Aus der Not geboren, in der Praxis erwachsen geworden

Wie professionelle Planung und Selbstmanagement mit dem 2ease SMan-System funktioniert, wurde in diesem Kapitel ausführlich und nachvollziehbar gezeigt. Es ist im Grunde ganz einfach: Ein Stift und Papier genügen. Mit einer 2ease SMan Timeline als Planungsvorlage geht es natürlich leichter und einfacher als mit einem neutralen Blatt. Das Erleichtern und Vereinfachen professioneller Planung bilden den Kern der Marke 2ease (sprich „two ease"). Professionelle Planung und Selbstmanagement mit dem SMan-System werden auch dadurch erleichtert, dass es sehr wenig Zeit erfordert. Es macht Ihre Planung besonders effektiv und effizient.

Der gesamte Zeitaufwand für Review und Planung (Smoff-Time) liegt – über das Jahr gesehen – nur zwischen 30 und 60 Minuten pro Woche. Die Wirkung des Smoffens mit dem SMan-System ist unverzüglich und dauerhaft. Das zeigen alle Erfahrungsberichte, von denen einige in Kapitel 2 abgedruckt sind.

Jetzt wäre noch der Nachweis dafür fällig, dass Sie mit der professionellen Planung gemäß dem 2ease SMan-System auch die besonderen Gefahren, Herausforderungen und Ansprüche der Arbeitswelt des 21. Jahrhunderts meistern können. Der Nachweis wird mit Kapitel 5 erbracht. In diesem Kapitel sollen Sie erkennen beziehungsweise die Überzeugung gewinnen, dass Sie mit professioneller persönlicher Planung mit dem SMan-System für Ihre berufliche Zukunft sehr gut gewappnet sind, was auch immer auf Sie zukommt. Damit kommen Sie gerade bei großen Krisen und bedrohlichen Umbrüchen nicht unter die Räder. Sie können diese sogar souverän als Chance für sich nutzen.

Das liegt daran, dass das 2ease SMan-System aus der Not und dem Handlungsdruck von großen Krisen und Umbrüchen entstanden ist, mit denen jeder für seine Zukunft rechnen muss. Das System ist in der Not eines Unternehmens Mitte der 2000er-Jahre geboren worden. Und es ist später in der Praxis verschiedenster Unternehmen und Menschen gewachsen sowie erwachsen geworden.

Was als Abhilfe für Notsituationen entsteht, muss zwangsläufig schnell, sicher und sofort bei jedem wirken, der es braucht. Das mag auf den ersten Blick abstrakt klingen, falls Sie sich selbst noch in keiner solchen Notsituation befanden. Darum versetzt Sie das Kapitel 5 in die Perspektive einer Unternehmensführung und eines Arbeitnehmers in Krisensituationen und mit Existenzängsten. Deren Geschichte zeigt den Ursprung des 2ease SMan-Systems und macht verständlich, warum es besonders stark unter erschwerten Bedingungen wirkt.

5.

KRISEN, UMBRÜCHE UND PROBLEME SICHER MEISTERN

Abb. 5.1 Masterplanung ist mehr als ein persönliches Alltagsnavigationssystem.

5.

KRISEN, UMBRÜCHE UND PROBLEME SICHER MEISTERN

Wenn etwas Großes schiefgeht, wenn Sie sich gravierend falsch entschieden haben, wenn zu viel auf einmal auf Sie zukommt, wenn Sie ein beruflicher Schicksalschlag trifft, dann brauchen Sie besondere Fähigkeiten. Sie müssen sich selbst und andere effizienter und effektiver aus einer Krise, Bedrohungs- oder Notlage führen können. Wie das geht und wie es wirkt, wird anhand von zwei eindrücklichen Beispielen gezeigt.

Inhalt

5.1 KLIMAVERÄNDERUNG IN DER ARBEITSWELT – MEHR STÜRME, FLAUTEN UND SCHIEFLAGE

Auf neue Normalität einstellen

Sie beherrschen es unter normalen Umständen, sich gut und sicher durchs Leben zu navigieren. Und Sie können davon ausgehen, dass die Menschen, von denen Sie bei Ihrer Arbeit abhängen, das auch beherrschen. Von Menschen, die schon unter normalen Umständen die Orientierung und Richtung verlieren, bleiben Sie hoffentlich verschont. Denn diese Menschen werden für Sie, wenn es stürmisch wird, zum Hindernis und Risiko, besonders wenn sie als Chef das Kommando über Sie haben. Aber vielleicht sind Sie ja selbst Chef, und viele Menschen folgen ihnen. Diese hängen dann von Ihren Navigationskünsten ab. Und diese Künste werden immer mehr unter schwierigen Bedingungen und widrigeren Umständen auf die Probe gestellt. Denn auch das Klima in der Arbeits- und Wirtschaftswelt verändert sich. Auch dort kommt es – global gesehen – zu einer Erwärmung. Das muss aber nicht für alle und überall negativ ausfallen. Es bedeutet einfach, dass das Anforderungsniveau an Kapitäne und Mannschaften genauso steigt wie der Meeresspiegel. Die Klimaveränderung führt zu mehr Extremsituationen, und die Extreme sind stärker und halten länger an. Flautenperioden werden länger und die Zeiten stürmischer. In solchen außergewöhnlichen Umständen führen Fehler, Schwächen und

Abb. 5.2 Sicher durch Sturm und Flauten navigieren können, sich selbst und alle, die Ihnen vertrauen.

Versäumnisse zu fatalen Folgen, die bei normalen Umständen vielleicht störend, aber nicht entscheidend für den Erfolg sind.

All das sind gute Gründe, dafür zu sorgen, dass Sie und alle, auf die Sie angewiesen sind, sich nicht nur unter normalen Umständen gut und sicher durch den Arbeitsalltag navigieren können, sondern auch unter besonderen und extremen Umständen, nämlich dann, wenn viele Belastungen und Herausforderungen gleichzeitig zusammenkommen. Wenn es kritisch wird und es auf alle ankommt, muss jeder wissen, was zu tun ist, und das auch tatsächlich tun – zum Wohl und zur Sicherheit aller.

Die üblichen Systeme und Methoden, sich selbst und andere zu steuern, sind nicht für das Navigieren im Sturm oder das Dümpeln in Flauten ausgelegt. Sie sind für normale Umstände gemacht und nicht für existenzbedrohliche Situationen, in denen Fehler, Missverständnisse oder Versäumnisse irreversible fatale Auswirkungen haben. Aber genau in diesen Umständen sind das Smoffen und das persönliche Planungssystem 2ease SMan entstanden. Sie wurden aus der Not geboren und sind in Krisen herangewachsen. Dort bewährten sie sich sehr gut. Als die Zeiten später wieder ruhiger wurden, zeigte sich, welche wunderbare Wirkung dieses „rettende" Steuerungs- und Navigationssystem auch unter normalen Umständen hat.

Wenn es wirklich brenzlig wird oder schon ist

Abb. 5.3 Sich selbst und andere sicher durch schwierige und kritische Situationen navigieren können. Mit einem dafür ausgelegten Navigationssystem geht das leichter und sicherer.

Besser auf die Stürme und Krisen der Arbeitswelt des 21. Jahrhunderts vorbereitet zu sein, ist doch ein guter Grund, sich auf etwas Neues einzulassen, das Ihr Leben dauerhaft positiv verändert. Auch wenn Sie sich aktuell souverän durch Ihren Arbeitsalltag und Ihr Arbeitsleben navigieren: Wenn kein Sturm aufzieht, tut es gut, seine Fähigkeiten

Abb. 5.4 Wenn alle geplanter vorgehen, steigen automatisch Effizienz, Effektivität und Zuverlässigkeit einer Organisation. So kann ein Unternehmen auch mit weniger Personal stabil und sicher funktionieren. So kann mit einer vorhandenen Belegschaft, ohne Stress und Überlastung zusätzliches Geschäft entwickelt und bewältigt werden.

und Routinen auf schwierigere Zeiten und außergewöhnliche Umstände auszurichten. Ich empfehle Ihnen, sich frühzeitig darauf einzustellen und vorzubereiten, was in der heutigen aufgeheizteren Arbeitswelt auf Sie zukommen kann. Eine professionellere persönliche Planung und Selbstmanagement stellen die beste Vorbereitung dar. Das gibt Ihnen in den normalen Zeiten das gute Gefühl von Sicherheit und bringt Ihnen sofort mehr Wertschätzung. Das tut immer und jedem gut.

Stürme, Flauten und Krisen des Wirtschafts- und Arbeitslebens

Die Entstehung und Reifung des SMan-Systems für die persönliche Planung und das Selbstmanagement sind mit den Stürmen und Flauten des Wirtschafts- und Arbeitslebens verknüpft, die schon immer vorhanden waren. Sie sind im 21. Jahrhundert einfach wahrscheinlicher und in der Auswirkung noch gravierender. Es kommt heute schneller und öfter mehr zusammen, als man bewältigen kann. Gestiegene Anforderungen, Erwartungen und Notwendigkeiten des Privatlebens überlagern sich mit der Arbeitswelt. Ein guter Grund, seine alten Gewohnheiten und Methoden infrage zu stellen und ein professionelles Upgrade für das 21. Jahrhundert zu machen. Was das für Sie bewirken kann, beschreibe ich Ihnen nachfolgend anhand meiner eigenen Grenzerfahrungen und der Notsituationen, die mich zum Smoffen und zum SMan-System gebracht haben.

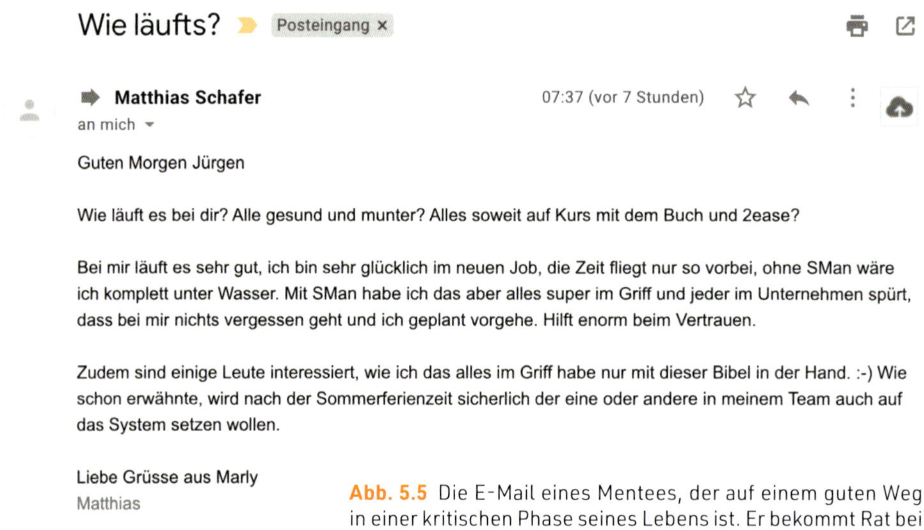

Wie läufts? Posteingang ×

Matthias Schafer 07:37 (vor 7 Stunden)

an mich

Guten Morgen Jürgen

Wie läuft es bei dir? Alle gesund und munter? Alles soweit auf Kurs mit dem Buch und 2ease?

Bei mir läuft es sehr gut, ich bin sehr glücklich im neuen Job, die Zeit fliegt nur so vorbei, ohne SMan wäre ich komplett unter Wasser. Mit SMan habe ich das aber alles super im Griff und jeder im Unternehmen spürt, dass bei mir nichts vergessen geht und ich geplant vorgehe. Hilft enorm beim Vertrauen.

Zudem sind einige Leute interessiert, wie ich das alles im Griff habe nur mit dieser Bibel in der Hand. :-) Wie schon erwähnte, wird nach der Sommerferienzeit sicherlich der eine oder andere in meinem Team auch auf das System setzen wollen.

Liebe Grüsse aus Marly

Matthias

Abb. 5.5 Die E-Mail eines Mentees, der auf einem guten Weg in einer kritischen Phase seines Lebens ist. Er bekommt Rat bei taktisch-strategischem Review und Neuplanung. Das Entscheiden und Umsetzen übernimmt er allein.

Die Beschreibung erfolgt bewusst aus einem sehr persönlichen Blickwinkel. Das passt zum Thema. Denn die Entstehung des SMan-Systems war mit vielen Emotionen verbunden. Berufliche Notsituationen bringen immer sehr starke Emotionen wie Angst, Unsicherheit, Zweifel und Hoffnung mit sich. Die spüren Sie vielleicht auch beim Lesen. Als Ausgleich für meine subjektive Beschreibung gibt es noch auch die viel objektivere und distanziertere Sichtweise von jemandem, der beide beschriebenen Krisensituationen miterlebt hat. Diese Krisensituationen sind eher extrem und nicht alltäglich. Es werden wenige Leser dieses Buches auf so etwas treffen. Damit die Relevanz des SMan-Systems für die weitverbreiteten Krisen und Nöte des Arbeitslebens klar wird, hier ein kleines Beispiel: Es ist das Beispiel der jungen Führungskraft Matthias Schafer, der als Berufsanfänger das SMan-System in seinen Anfängen bei der Saia-Burgess Controls AG (Murten, CH) kennen- und schätzen gelernt hat.

Die abgebildete E-Mail hat Matthias in einer kritischen Phase seines Lebens geschrieben, in der gleichzeitig viel zusammenkam. Er war recht frisch verheiratetet, kurz davor, Vater zu werden, und hatte gerade den Arbeitgeber gewechselt, um einen weiteren Karriereschritt zu machen. Mitten in der Corona-Krise. Aus seiner E-Mail wird deutlich, wie gut er sich dabei fühlt. Seine gewohnt professionelle persönliche Planung gibt ihm die Sicherheit, das Beste aus der Situation zu machen. Er hat zudem schon begonnen, auch sein Arbeitsumfeld zum Smoffen und professionellerer Planung zu bringen. Er ist bei seinem neuen Arbeitgeber schon als Mentor geschätzt.

Abb. 5.6 Das Smoff-Time-Profilbild von Matthias in einer kritischen Phase seines Lebens.

Systematisch mehr „Leadership", wenn es darauf ankommt.

Wenn es um Krisen und Stürme geht, ist mehr Leadership erforderlich. Jemand muss andere führen und dafür sorgen, dass sie das Richtige in der Situation tun. In der Praxis schwindet plötzlich die Führungskraft, wenn es wirklich ernst wird. Das ist menschlich. Wenn es stressig wird sowie Existenzängste und Selbstzweifel einsetzen, ist alles wie weggeblasen, was Führungskräften in Leadership-Kursen antrainiert wurde. Die Führungskraft verkrampft sich. Sie kann schließlich selbst unsicher, verängstigt und planlos sein, wenn sie auf Situationen trifft, die einzigartig sind und für die es keine Patentlösung gibt.

In dieser Situation geben Rituale und Gewohnheiten Halt und Sicherheit. Das morgendliche Smoffen ist ein Ritual, das jedem durch Krisen und Stürme hilft. Aber neue Gewohnheiten und Routine sollten Sie in guten Zeiten entwickeln. Wenn es durcheinandergeht und der Kopf in den emotionalen Overload geht, ist

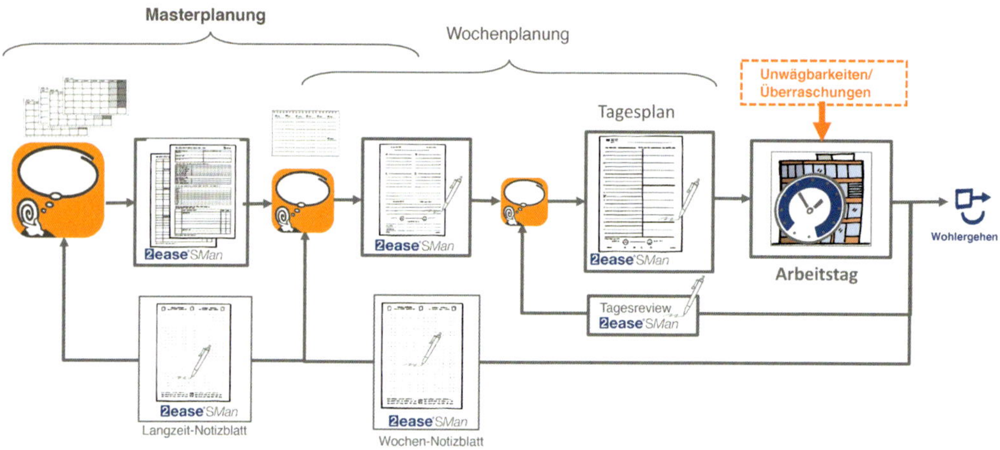

Abb. 5.7 Als Führungskraft systematisch wirkungsvoller und resilienter sein, basierend auf integraler professioneller persönlicher Planung.

es zu spät. Wenn Sie sich selbst und andere in stürmischen Zeiten und Krisen sicher führen wollen, ist es besser, nicht nur auf Ihre naturgegebene Führungskraft und Souveränität zu vertrauen. Wenn Sie sich selbst und andere mit einem System für stürmische Zeiten führen, kommen Sie besser durch und wirken viel stärker und sicherer. Ein guter Grund, sich das SMan-System zu eigen zu machen, bevor der Sturm oder die Krise da ist.

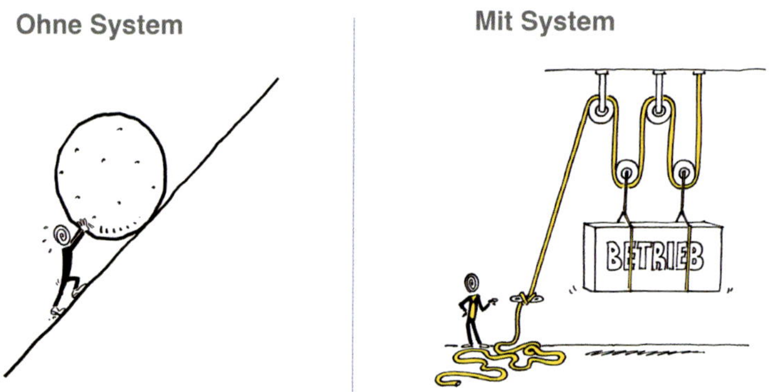

Abb. 5.8 Das SMan-System in seiner Wirkung als Führungsinstrument für sich und die anderen, die für seinen Erfolg erforderlich sind.

5.2 EFFIZIENTERE UND EFFEKTIVERE UNTERNEHMENSFÜHRUNG ALS PROBLEMLÖSUNG

Abb. 5.9 Wenn eine Krise den Chef kalt erwischt, ist er da oben recht einsam. Dann ist es da oben recht ungemütlich.

Wenn zu viel auf einmal zusammenkommt

Im Jahr 2006 hatte ich das Gefühl, dass die Summe der Herausforderungen in meinem Privatleben (Hausbau/junge Familie) und Arbeitsleben zu viel für mich wird. Als Führungskraft an der Spitze eines international tätigen Industrieunternehmens mit 350 Mitarbeitern arbeitete ich 60 Stunden pro Woche. Das ist schon grenzwertig. Das Kerngeschäft mit programmierbaren Steuerungen lief nach 5 Jahren dank viel Innovation und Optimierung gut. Aber statt einer ruhigeren Phase, die mehr Raum für Privates lässt, wurde meine Arbeit noch anspruchsvoller.

Jenseits des operativen Tagesgeschäfts und des üblichen Gewinnsteigerungsdrucks galt es, mehrere gravierende Herausforderungen und Probleme gleichzeitig zu meistern, die typisch für die Arbeits- und Wirtschaftswelt des 21. Jahrhunderts sind:

- Die technologische Umwälzung erfolgt mit unwägbaren Risiken und massiver zeitlicher Zusatzbelastung. Bei allen bestehenden Produkten erfolgt die Umstellung der Elektroindustrie auf bleifreies Löten.

Als Chef mit dem Unternehmen an die Grenze des Machbaren kommen – wenn einfach zu viel zusammenkommt

Abb. 5.10 Die zweite Hälfte der 2000er-Jahre war überwältigend. Wirtschafts- und Währungskrisen überlagerten sich mit gewaltigen strategischen Herausforderungen und unvermeidlichen operativen Innovationsschüben.

- Der gravierende strategische Nachteil des Unternehmens muss ausglichen werden. Das Unternehmen muss zum Touchpanel-Hersteller werden.
- Das sterbende Geschäft mit mechanischen elektrischen Schaltern muss schnell durch das neue Geschäftsfeld voll elektronischer Energiezählern ersetzt werden.
- Die Merger & Akquisition schafft eine hohe Unberechenbarkeit und Existenzangst. Die gesamte Unternehmensgruppe wird von feindlicher Übernahme bedroht und von einem völlig branchen- und produktfremden Unternehmen aus Asien gekauft.
- Es herrscht ein lebensbedrohlicher Produktivitäts- und Preisdruck. Ab 2006 wird der Schweizer Franken als Fluchtwährung über 40 Prozent teurer gegenüber dem Euro. In den Euroraum gingen aber über 80 Prozent des Umsatzes.

In der zweiten Hälfte der 2000er-Jahre kamen viele große Veränderungen, neue Zwänge und ein gestiegener Erwartungsdruck auf mich zu. Gleichzeitig fiel durch einen Eigentümerwechsel Ende 2005 die Führung weg, die ich als Teil einer ortsansässigen Schweizer Unternehmensgruppe via CEO und als Teil der

Konzernleitung innehatte. Der neue Eigentümer, ein Hongkong-Chinesisches Milliarden-Unternehmen, behandelte das Unternehmen, für das ich verantwortlich war, als reine Kapitalanlage. Das gab mir einzigartige große Handlungs-, Gestaltungs- und Entscheidungsfreiheiten. Aber ich war auch mit all den Herausforderungen und Problemen auf mich allein gestellt. Ich musste mich noch mehr selbst managen. Gleichzeitig musste ich zur Bewältigung der außergewöhnlichen Fülle an neuen Herausforderungen und Problemen meine Mitarbeiter noch substanziell besser führen als zuvor.

Aber wie soll nach 15 Jahren in der Geschäftsleitung von Unternehmen ein solcher Verbesserungssprung in puncto Führung erreicht werden? Seit meinem 28. Lebensjahr hatte ich mich als Führungskraft entwickelt und bewährt. Ich hatte einen Stil gefunden, der zu mir passt und eine starke Wirkung ausübt. Mit Mitte 40 ist keine wesentliche Veränderung der natürlichen Führungskraft mehr zu erwarten. Mit meiner ausgereizten Führungskraft mehr Führungsarbeit zu bewältigen, indem ich noch mehr Zeit aufwende, war auch keine machbare Lösung. Ich war bereits auf einer 60-Stunden-Woche, und meine leitenden Mitarbeiter im Unternehmen hatten auch keine Zeitreserven mehr.

Also gab es nur die Möglichkeit, meine Führungsarbeit systematisch effektiver und effizienter zu machen. Wenn mir das gelänge, könnten das auch andere Führungskräfte im Unternehmen übernehmen; auch deren Führungsarbeit würde dann effektiver und effizienter. Damit würde die Unternehmens- und Mitarbeiterführung insgesamt substanziell besser werden. Genau das, was in der „Not" erforderlich war. Und in der Not wird man erfinderisch.

Auf der Suche nach der Lösung meines „Führungsproblems" stellte ich alles infrage, was ich bisher getan hatte und gewohnt war zu tun. Ich experimentierte einfach nach dem Prinzip „Trial and Error". Als Chef mutete ich meinen Mitarbeitern dabei recht viel zu. Nur angesichts der großen Herausforderungen und der gewaltigen Probleme, die zu bewältigen waren, machten sie mit. Was dabei als Lösung herauskam, war eine Erweiterung des bestehenden, bewährten Führungssystems auf Organisationsebene, um ein persönliches Führungssystem für alle Mitarbeiter mit Denk- und Bildschirmarbeit. Jeder aus seiner Position führte sich selbst und andere systematisch besser. Damit wurde die Planungslücke zwischen

Unternehmen als kollektives, kollaboratives Wertschöpfungssystem

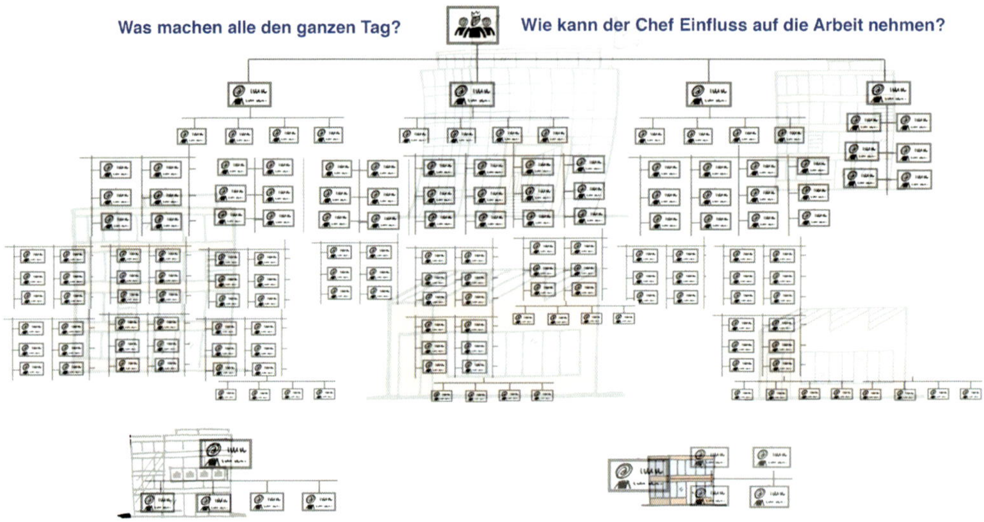

Abb. 5.11 Wie kann ich als Chef dafür sorgen, dass eine größere verteilte Organisation neben der schon anspruchsvollen Tagesarbeit größte Herausforderungen, umwälzende Veränderungen und gravierende Probleme sicher bewältigt? Eine Masterplanung ist erforderlich.

Organisationsplanung und Arbeitsplanungen der Mitarbeiter geschlossen, und die Arbeitsplanungen der Mitarbeiter waren ganz natürlich bis auf den einzelnen Tag herunter besser aufeinander abgestimmt. Wir kamen damit der Idealsituation näher, dass alle im gleichen Moment mit voller Kraft an einem Strang in die gleiche Richtung ziehen, wenn es darauf ankommt. Bei der kollaborativen Wertschöpfung durch Denk- und Wissensarbeiter, die weit verstreut hinter ihren Bildschirmen sitzen, existiert kein sichtbarer Strang, und kein Chef kann übergeordnet den richtigen Moment bestimmen. Das muss jeder selbst erkennen und auch entsprechend handeln. Dazu muss sich jeder selbst souverän managen.

Das Verbesserungs- und Entlastungspotenzial für mich als Chef

Im Unternehmen hatte ich einen gut funktionierenden Führungsprozess etabliert: 2 Tage Strategiereview im 4. Quartal des Geschäftsjahres mit der obersten Führungsebene der Ländergesellschaften und des Werks. Im 1. und 3. Quartal gab es jeweils zwei Tage für Management Reviews. Sie beruhten auf den Jahresbasisplanungen aller Organisationseinheiten. Jeder Interessierte (Stakeholder) war eingeladen, daran teilzunehmen und sich in die Diskussion einzubringen. Dieser Prozess war geschätzt und effizient. Eine Veränderung hätte viel Zeit gekostet und wenig Verbesserungspotenzial gehabt. Auch die Meetings auf der Ebene der Funktionen und Organisationseinheiten waren weitgehend standardisiert. Auch da gab es wenig Verbesserungspotenzial.

Abb. 5.12 Wie ein Chef einfach die Überlast an Problemen und Herausforderungen bewältigen kann: Sein „Laden" muss auch ohne ihn sicher und rund laufen.

Wesentliches Verbesserungspotenzial sah ich in diesen Bereichen:

- Reduktion der Dauer und Frequenz der 1:1-Meetings/-Abgleiche mit den Führungskräften, die mir direkt unterstellt waren
- Reduktion des Aufwands durch die Teilnahme an den periodischen Abteilungsreview-/Planungsmeetings, um sicherzustellen, dass der Abgleich auf Organisationsebene funktioniert und die Planumsetzung die nötigen Fortschritte macht
- Überflüssigmachen des periodischen zweitägigen Projektreview-Marathons mit allen Teams der größeren Projekte
- Teilnahme an Sondermeetings bei Projekten, die in Verzug kamen

- Weniger Aufwand der Führung der Ländergesellschaften mit Reisen, Reviewmeetings und Personalgesprächen vor Ort.
- Abgleich der Interessen und Sorgen der Ländergesellschaften mit der Werksorganisation und vice-versa ohne meine eigene Intervention.

Hohe Verbesserungspotenziale in puncto Effizienz und Effektivität meiner Führungsarbeit waren vorhanden. Um diese zu erschließen, half mir jedoch nichts weiter, was ich in Führungskursen gelernt und bei Vorbildern abgeschaut hatte. Was damit möglich war, hatte ich bereits durchgeführt. Ich musste etwas anderes versuchen. Wie wäre es, in meiner Führungsarbeit als Chef systematisch geplanter vorzugehen und die Bereichsleiter dazu zu bringen, das Gleiche zu tun? Mit einem geplanteren Vorgehen könnten sehr anspruchsvolle strategische Unternehmensziele neben dem operativen Tagesgeschäft systematisch besser verfolgt werden.

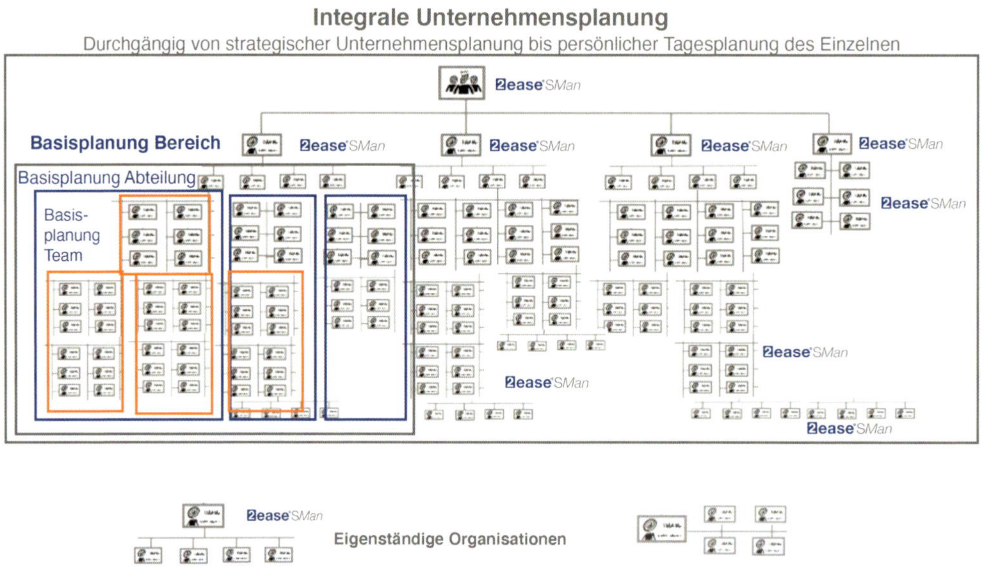

Abb. 5.13 Damit jeder Einzelne eine klare und konsistente Grundlage für seine professionelle persönlichen Planung zur Verfügung hatte, entwickelten und praktizierten wir eine entsprechende Unternehmens- und Organisationsplanung: sehr einfach, nachvollziehbar, effizient und für jeden verständlich.

Was ich bisher als Selbstmanagement gemacht hatte, um mich durch Arbeitstage und Arbeitswochen zu navigieren, musste ich auf eine Art Flottennavigation erweitern. Die Arbeit meiner Führungskräfte und deren Mitarbeiter sollte besser aufeinander abgestimmt werden. Das erfordert eine taktisch-strategische Arbeitsplanung. Dafür sind Pläne erforderlich, mit Meetings und Mails ist das im Prinzip auch möglich, aber für meine Situation war das weder effizient noch effektiv genug.

Verfolgung und Erreichung strategischer Unternehmensziele sicherstellen

Eine meiner größten Führungsherausforderungen bestand darin, aus der Saia-Burgess Controls AG als klassischem Hersteller von elektromechanischen Schaltschrankeinbau-Komponenten einen Touchpanel-Hersteller und ein Visualisierungsunternehmen zu machen. Die Veränderung betraf wirklich alle Teile des Unternehmens – Vom Einkauf bis hin zu Applikationssupport und Feldservice. Die Mitarbeiter mussten sich plötzlich mit Design und Haptik auseinandersetzen statt nur mit Spannung, Stromstärke und Schaltzeiten. Die Weiterentwicklung

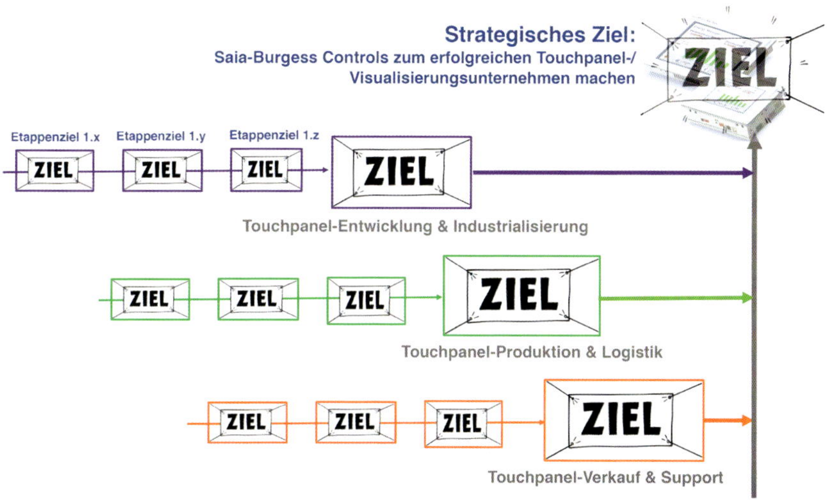

Abb. 5.14 Zerlegung des Ziels der strategischen Unternehmensentwicklung zum Touchpanel-Hersteller. Mehrere parallele Entwicklungsstränge mussten untereinander noch synchronisiert und inhaltlich abgeglichen werden. Für jeden Strang war ein Bereichsleiter verantwortlich, deren Chef ich war. Meine Idee bestand darin zu verändern, wie ich die Bereichsleiter führte, um darüber auch die Verfolgung des strategischen Unternehmensziels sicherer und effizienter zu machen.

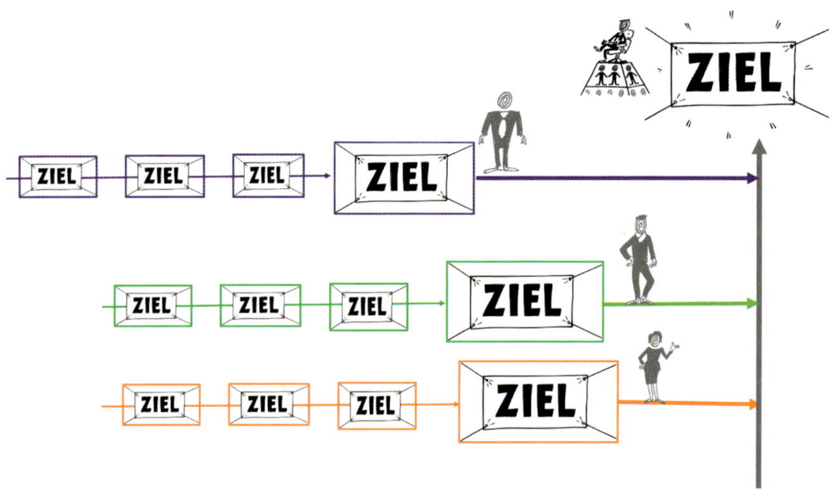

Abb. 5.15 Bei bereichsübergreifenden Unternehmenszielen oder Problemstellungen müssen alle zeitgerecht ihr Ziel erreicht oder ihre Arbeit erledigt haben. Die Person mit dem größten Verzug bestimmt die Gesamtleistung.

und damit auch der Ausbau des Unternehmens in puncto Technologien, Applikationen und Märkte mussten ohne Personalaufbau und sollten ohne Rückgang der Profitabilität erfolgen. Wir konnten es uns nicht leisten, zusätzlich neue Mitarbeiter einzustellen, die einschlägige Erfahrungen und Beziehungen mitbrachten. Auch eine teure, langwierige Lern- und Erfahrungskurve sollte es nicht geben. Das wäre teuer und würde zudem beim neuen branchenfremden Eigentümer in Hongkong für viel Unsicherheit sorgen.

Für mich war es schon ein 60-Stunden-Job, das Unternehmen im traditionellen Kerngeschäft erfolgreich zu halten. Das erforderte schon meine ganze Führungskraft. Um mit den bisherigen bewährten klassischen Führungsmethoden wie Meetings und 1:1-Führungsgesprächen nun auch die Geschäftsentwicklung zum Touchpanel-Hersteller und Visualisierungsanbieter zu meistern, erschien mir für sich allein schon als Mission Impossible. Und ich hatte gleichzeitig noch die Risiken und Zusatzbelastungen durch den Technologiewechsel zu bleifreier Elektronik und einen Besitzerwechsel zu bewältigen. Damit das funktionieren kann, begann ich, das Führungssystem zu verändern. Die Art und Weise, wie ich mich selbst und andere führte, musste systematisch besser werden. Ich begann, planbasiert zu führen, und zwar mich selbst und meine Mitarbeiter.

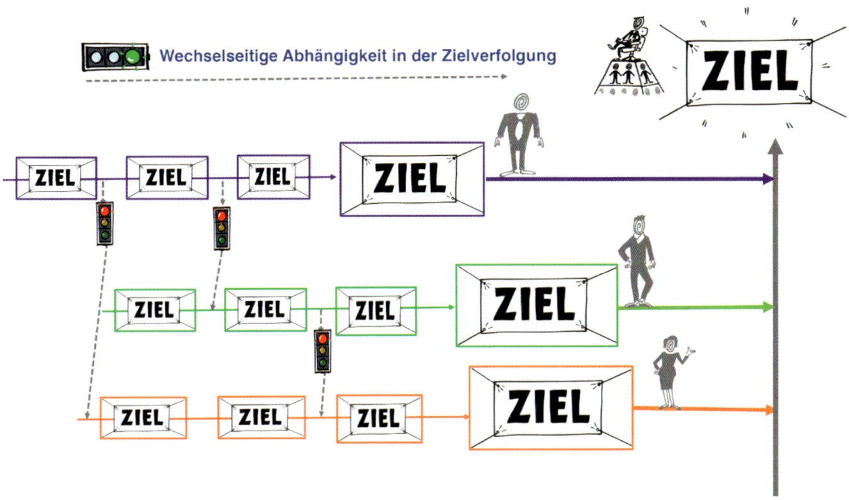

Abb. 5.16 Bei der operativen Zielverfolgung ist jeder Bereichs-, Entwicklungs- oder Projektleiter von dem Fortschritt und der Zuarbeit seiner Kollegen abhängig. Nur der übergeordnete Vorgesetzte hat den Einfluss und den Überblick, dass es trotz Widrigkeiten und Überraschungen gut vorangeht.

Der Masterplan des Firmenchefs macht den Unterschied

Die Zeit drängte. Aber mehr Mittel und neue zusätzliche Leute standen mir nicht zur Verfügung, genauso wenig wie persönliche Zeitreserven. Ich musste einfach mehr aus dem Vorhandenen machen und im ersten Schritt mehr aus mir selbst. Dazu kann ich kurzfristig nur etwas ändern, was ich vollständig unter eigener Kontrolle habe. Konkret hieß das, das zu ändern, was ich plane, wie ich es plane und wie ich die Umsetzung verfolge. Ich erstellte schon immer meine persönliche Arbeitsplanung für jede Woche und jeden Tag recht systematisch. Da gab es kein relevantes Verbesserungspotenzial mehr. Was mir aber fehlte, war eine darüber liegende persönliche Planung für meinen gesamten Verantwortungsbereich über Monate, Quartale und Jahre hinweg. Als Vorgesetzter der Führungskräfte musste ich anspruchsvolle Ziele im Unternehmen über lange Zeit in unwägbaren und unbekannten neuen Themenfeldern verfolgen. Das machte ich primär durch Führen der Führungskräfte. Dieser Teil meiner Arbeit sollte effektiver und effizienter werden.

Langfristige, strategische Ziele sind nie dringend und zwingend

Um ein großes abteilungsübergreifendes Ziel zu erreichen, muss die jeweilige Führungskraft die entsprechenden Teilziele ihres Bereichs verfolgen. Dabei hat jede Führungskraft auch ein operatives Tagesgeschäft zu bewältigen und verfolgt noch andere Ziele oder Probleme, die um Aufmerksamkeit sowie Zeit konkurrieren. Diese anspruchsvolle Aufgabenstellung wird schon oft bei normaler Belastung nicht gut gelöst. Unter psychischem Druck durch viele gleichzeitige, neue und ungewöhnliche Herausforderungen funktioniert das viel schlechter als normal. Und das liegt nicht am Wollen oder Können der Verantwortlichen. Die Verfolgung strategischer längerfristiger Ziele wird unter Druck einfach auf später verschoben. Es gibt ja keinen operativen Druck, und das nächste Reviewmeeting ist noch weit weg. Die Präferenz für das Kurzfristige und Naheliegende ist menschlich verständlich, aber für das Unternehmen fatal.

Mit den vielen gleichzeitigen strategischen und akuten Herausforderungen, die im Zeitraum 2005/2006 erkennbar waren, war eine Systematik erforderlich, die dem Aufschieben von Langfristigem und Strategischem entgegenwirkt.

Alle hängen zusammen und voneinander ab

Bei der Bewältigung großer Herausforderungen und Problemstellen wie des technologischen Wechsels auf bleifreie Elektronik oder der Unternehmensentwicklung zum Touchpanel-Hersteller hängen die Führungskräfte in ihrer Zielverfolgung wechselseitig voneinander ab. Wenn das Ziel am Ende nicht beziehungsweise mit enormem Verzug sowie Kostenüberschreitungen erreicht wird, sind die Kausalitäten nicht mehr nachvollziehbar. Jeder ist ein bisschen mit schuld. Aber verantwortlich bin am Ende nur ich selbst – als Chef an der Firmenspitze gegenüber dem Eigentümer und den Schlüsselkunden. Ich besitze schließlich die Macht über alle Ressourcen. Mir fehlte lediglich eine Systematik, welche die Abstimmungs- und Synchronisationsprobleme über Abteilungs- beziehungsweise Bereichsgrenzen an der Wurzel verhindern könnte. Das Problem lag nicht am Willen oder Können meiner Mitarbeiter, sondern bei mir als Chef.

Masterplan: Mit Aufräumen und Ordnung schaffen fing es an

Die notwendige Veränderung in der Führungssystematik im Unternehmen musste bei mir selbst beginnen, wie ich mich selbst führte, das heißt durch Arbeitsalltag und Arbeitsleben navigierte. Bis dahin hatte ich keinen Plan dafür. Ich hatte als Hilfsmittel dafür eine Kombination aus E-Mail-Eingang mit schöner Ablagestruktur, meinem digitalen Terminkalender, To-do-Listen, Notizen und Laufwerkverzeichnissen (lokal/Netzwerk), die in Trial and Error zufällig entstanden ist. Ich kam damit bis zur Phase 2005/2006 zurecht. Es kostete einfach viel Mühe, und mir war bewusst, dass ich manches für die Entscheidungsfindung vergessen beziehungsweise aus den Augen verlieren würde. Das war nicht gravierend. Aber nun kamen mit den anstehenden Herausforderungen und Problemen sicher noch mehr mentale Belastung und Komplexität dazu. Relevantes vergessen und aus den Augen verlieren würde in der Auswirkung kritischer und gleichzeitig auch häufiger werden.

Was mir für meine kleine Arbeitswelt zunehmend fehlte, waren eine sichere Übersicht, schnelle Klarheit und zielführende Strukturen. Mir wurde klar, dass eine Abhilfe für eine fehlende Gesamtplanung, einen fehlenden Überblick und eine Klarheit über alle meine Verantwortungsbereiche erforderlich war: ein Masterplan, den ich dann auch mit meinen Mitarbeitern teilen könnte. Das würde die Abstimmung einfacher, schneller und sicherer machen. Wenn die Chefs der 2. Führungsebene sich daran orientierten, könnten sie für ihren Verantwortungsbereich einen ähnlichen Plan mit ihren Mitarbeitern erstellen und immer so weiter. Automatisch wären alle Führungskräfte durch mein Vorbild «gezwungen», sich durch die Erstellung ihres Masterplans ebenfalls Klarheit und Übersicht für ihren Verantwortungsbereich zu verschaffen. Damit hätten meine Bereichsleiter den Überblick und die Arbeitsplanung für ihren Bereich selbstverbindlich und nachvollziehbar dokumentiert. Ich hätte die Chance, Missverständnisse und Versäumnisse zu erkennen. Alle Masterpläne zu kennen, gäbe mir die Möglichkeit, diese terminlich und inhaltlich abzugleichen. Die persönlichen Arbeitspläne der Abteilungs- und Teamleiter innerhalb eines Bereichs könnten sich am Masterplan ihres Chefs ausrichten. Am Ende wären alle Wochen- und Tagesarbeitspläne aller Mitarbeiter an meiner Masterplanung ausgerichtet. Das heißt aber noch lange nicht, dass diese Planung auch so realisiert wird. Es kommt nämlich immer anders, als man denkt. Aber mit einer abgestimmten und voll durchgängigen Arbeitsplanung ist die bestmögliche Voraussetzung für erfolgreiches und effizientes Arbeiten des gesamten Unternehmens gerade jenseits des operativen Tagesgeschäfts geschaffen.

Sales I	S-Enginnering Week I Murten - Besuch Telmotor Brescia		Sept.
-Meeting	17/18.9.2012 Team Italy Termin in Murten KW 34		
-MKT / TCS	Saia-pcd.it WebSites.it Versionen D folgen . Review KW34	SC/GB	Sept. 2
Log IT	DDC Suite I offizialisieren	KK/RZ	1
Sales NL	Klärung Technics / Back Up Beyeler		1
Sales CN	RDR - Review Hong Kong – Bonusregelung		1
Sales CH	Uebernahme Salzburg Personal / Gehalt/Jobdescr. / Zielplan 29.8.2012 Meet		Kw35
MKT&PR	- IT Zeitschriften und IT Departements als Einfallsschneise zu neuen EK		3
Corp.Sales	2 wochen Synchro CS Murten - Protokoll im MoREe (SOT)		1
CSB	Next Meet Juli ? Q1 Closing Preisliste Neu JPP , Konfigurator mit PG5		
	SOT/MoRe: eigSprache, Jeder AD; Büro sichtbar, MD-Komment.; Zeitablauf, Such		Sept.
V-Innen –Mur	Upgrade Personal Ressource Q	D.Bey	1
TCS	2 wochen Synchro Meet. TCS - Murten 60 h - Service und Betreiberpflege		1
OEM-Team	- Start RDR + Launchpage und 4 Referenzstories + PCD.com neu . Okt->	DE	3
TCS-Engin	www.ctrlspecbuilder.com ? Benchmark 1,2,3 gegen Codesys Systeme	RZ	2
	TrainingsCenter : Auslastungplanung & Transparenz machen.	RZ	3
eSales/Mkt	eSales nur als Lernkurve für 3 Kanal und „Verbreitungsmittel" , qual.Leads . E-Aktion Industry (xx7) vorbereiten Sept. und durchziehen Oktober. Q4 mit Pg5	PS/vH	0 Sept.
50:50 Runde	Restart after Katalog Ready Training Katalog + 1st day + Otto Prep IFSM	TPM	KW35
PEP-CC	Embedded SW QS Process – wie in Werk 2 Meeting angestossen	WM/IB	1
Electroline:	Sicherung Yamar 2. Chip Satz. Line Beschreibung und Einführungsplanung – für IFSM inkl. Schrauberfeedback	KK JL/DK	1 Sept.
	Appl. Notes Q Relevanz Komponenten Schrauben und Kondens . FUD. Volle Systemkompetenz Modbus + E-Meter – Appl Notes , HMI Siemens etc.	PH PH	Augu.3 1
	Airlink mit www.ere-online.it erst Kaufteil dann , Design in E-Line	JPC	1
BFL-CC			
PEP-CI	MTBF Aussagen in IEC 1131 Brochure / Website pcd.com bringen ; Katalog12/13	Kk	1
S-Net 2.0	- Bestehende Installationen inkl. Solar über Switching Center erreichbar	KK	W35.7
	S-Links: Saia – Airlink – Quicklink, Cab.Link -S-Link (Smart Link) –Atherlink. Pat?	JL	2
	Internet – Service Teil von PCD System S-IAS Internet Application Service + "BL Router Teil von PCD System S-RAD Router Automation Device. Plan II	UJ	2
	Freiheitgrade Sanktionen SI Pfusch bei PG 5 V. 2013 über Lizenzregeln	KK	Sept
PEP-HMI	HMI V. 2.0 : Takt 2 Woche – In Electroline Projekt mit steuern		0
	MB FW eigen – PD	KK	Sept.2
BFL-PCD	Abschluss Smart Logistic ink. Prozesse	HK//HH	Juli
Manage C	S-ORG-E Implementieren – neue Gremien – Abteilungen – fertig im August		1
-	KW 35 BP Abschluss zum Kopieren an AMB - KW 32 CI/HMI zum Uebersetz		1
- HR	Förderzyklen – Standard Trainings - / Nahpotential voll ausreizen – Kästchen AbUs	AS	2
11- xxx SeMan- Rallybild/Spiel	MSP update Grafik. MSP lean – Grafik – Projekte/ xDR Form 6 Monatsplanübersicht als Hilfe / Motivation mehr als 2-4 Woche zu planen. Spiel 1 Review mit jedem Seman Man machen.	JL	2 Sept,
	XDR – Tool entwickeln : 1 Schritt Pflichtenheft August, Review Brain Sept,- Vorlagen – Next Period Grafik erstellen -		2
	Lean Schreibtischunterlage auch für NIB - Werbgeschenke für Kunden / SIs		Sept
	Q-Checks – Prozess beschreiben- wer 2 mal grau ist beim Jahresgespräch geht	AS	Q3
	Seman gleich bei Bewerbungsgespräch einbauen.	AS	2
	Talenttrichter mit Laufbahnen aufbauen: Anfragen verarbeiten & speichern ? Drop/Google Desktop nutzen.	AS	2
	HR join-saia nutzbar machen und mit Google Ads Werbung starten	vH / AS	Oktober
	Ergänzung Pausenregel: Keine Arbeit => Weiterbildung /Portale Memo.	AS	2
	Q Verantwortlicher FBox ; IL Code / FBox Competence Development Project	KK	2
	Kompetenzteams z.b IT ; Social Network , FAQ für Firmenmitglieder, Smart Board	SS	3
	Smart Black Board & Mailing - relatives Glück & Zufriedenheit. Gehaltanalyse post	AS	1
Admin	Effekt Checken Work Standards von E-Mail in C-net 1 Mio $ Potential Search Google Desktop und Netzwerk .	IB CF/PS	Sept. 2
C-net	Q Team 3.0.2012 - M 8 D Reports Auswertung / Planung Audits	DG	
	MI Guideline in C-Net impelementiert / MoRe definiert. Publish ueber Yout +Apps		Oktober
	Alle MA bekommen Google Apps - C-Net Prozesse damit basieren Reporting & Share /& Comments Site offizialsieren	HH SarahS	1 August
22+	Ab und an Teilnahme an LEan PEP Synchro.		1
Netmeeting	Alle TCSler, TPMs, ADs müssen netviewer.com nutzen können. Hilfe+Transparenz - Standard H		3

Manager Planing List : J.L - What to do myself ? Task and follow up list for others. – Idea collection

Thema	**Juli/August 2012: Katalog- in Print -- S-ORG-E Gremien; BP closed**	Relation	Prio
Customers/	+ strategic Partners		
Kardex	Treffen CTO KA und Schleicher (E-Meter Montage) - Termine machen		Q3
BL -Targets	Rockwell. Meet NIB Europe	JL	Q3
Eltako			
KSB	Pilotbeispiel : Freundenetwork - Thema S-Energy 7 Systeme + S-Direct	PS	0
E+H	- S-Energyfreundesnetzwerk mit Verkauf D / CH - Besuch CEO 17.10.2012	PS	2
McQuay	Rene Amodt Besuch 18.7.2012 Murten / Nacharbeit intern Memo + Trigger ext	JL	34
HSG Zander	„Lean Monitoring+ Automation" HSG Brand Label System - Dr.Morre Meet Termi		Q3
LNS	Story aufbauen - Gemba Mail an LNS - Einflussnahme	AG/JL	1
Networking	Speech Uni Lausanne – August Micro 2012 24.8. 15.45		KW34
Swisscom	Kooperationsbeziehung - Inhalte/Ziele September fix. – Q4 Kommunikation exten - Inhalt Def + Vereinbarung - Pilot Lean Workshop als Ziel	 UJ/KK IB	1 Oktober
Projekte			
BACnetPlus	BACnet .ch als Einstieg für Zentralseite BACnet Monitor – operative rot BACnet Monitor Pilotkunden Strabag, VW + Fraport - Pflege/Betreuung Generic BACNet HMI Panel von AMEV spezifiziert - Hincke : Besuch machen - Prüfung Saia Produkte gemäss AMEV Zertifikat	OG OG OG OG	Oktober 1 1 Sept. 2
CN 13	Partner Adressen Belimo /KSB – Presseverlag, GFMA, Real FM, - Artikelreihe mit Bezug SaiaRefs, Mail Englisch/F/I . PPT Sets zum Präsentieren vH Divis.Proj.,		1
GA Forum11	Youtube Auschnitte erstellt + Highlightseiten fertig	CF/vH	August
System Katalog	Verteilung D September - E Version pdf IFSM - November Verteilung D/F/I. Training VT Sept + IFSM		1
IDFSM Ok	Love-Lean PPT, SaiaRef – Contest – Launch + Implementierung + Durchführung	 vH, SS	 1
Presseforum	Planung+ Flyer + Mail Adressverteiler – Neuer Leiter 4 Plätze frei – Eventsite Goo	vH	1
BD-SI	SI Produktionszelle als Projekt – Entwicklungsvertrag anbieten wenn lang in Rot, SI code of conduct, PPT , **Saia SI Stories:** Metropoly concept ,		 1
POM Betreibe	Code of Conduct - Q Verantwortlicher benennen - Trippel AAA SIs - Umfrage CH	AG	2
V 2.0	POM Pflegepaket RN - Umbau in Richtlinie nicht mehr Projektabhängig – Energie Optimierung als Hebel - Energie/Ressourcen POM Versio	RN / DE	1
POM V 3.0	Ausbau in GA Richtlinien mit Biberach, TUEV, RealFM. Output Ende 2012	0	PL
BIP-Com	E-Mail : Energythemen: Prof. Krödel nächster Wurf - Rotermund involv. – Datenpflege- Ergänzung von Juni bis Juli VT	JL FB/vH	 0
LeanAutom.	3er Serie an Brauneis abliefern für Herbstkampagne; Adwords, Kampagne: Planen Sept. Partnermailing (Belimo) Artikel Tacke/Grombach	vH/JL	W 35
	Lean Automation - PG 5 Experience: - green – September D - Testgruppe Press Entwicklung Simple Site: Aufgabe / Feedback Forumal – Moonshine Daikin+	RZ/ DK DK/RZ	1 Sept.
Proz24-26	**Lean TCS : Org + Prozess done Oct,**		
1:3:3	1st Day : Testgruppe CH orange - grün Oktover - Roll out IFSM Okt	PS / 50:50	1
	S-Engineering Data Base + Otto in Betrieb im August – 15/16.8.2012 JU rot Plan Otto for all JU	RZ/	1
	Gemba: SaiaERef - Stories von Erfolgen von S-Engineers / SaiaARef. Wie wird Applikation gelöst – Partnerschaft mit TCS Mann. Mail an alle TCS Leute und ADs. Choice of old and new Stories. Teil von Training	 vH / PS /	 KW 34
Prozess25	ENew Tec.- ENewMark ENews Sales Kick off Full cycle done IFSM - Database	PS/ vH	kW35
Lean Sales	Ziel: X S-Engineer Neu ; x Neukunden mit z Budget dann rückwärts einrichten		3
	Reporting e-Aktivity. Kick off Version als Basis für Periodischer Report	vH	1
	RDR Review monatlich und dann ausbreiten Italien Länder. Kommentare !!	SS	1
	S-Engineering Youtube – einrichten alles zum Thema schnell finden. Eng-Zeiten	RZ	Sept
	Sales Men Summary Report - Upload Site 25-Data – Latest IFSM – Ranking	EZ	KW 36
Sales D	Eigene Kunden(kaufend/Kooperationen) / RDR – KSB, Kardex, Spritzm, Pumpen	SP	2
- Tagung	10/11.9 Schreibkraft Check MIs-; CN13 Mailings Implementierung Neue Preispolitik / Controlling, Katalogtraining - Inhaltlich , Auswertung E-Meter Umfra	SP	0
- AD	Training Plan : Ads zb. IP Enhancements; Netmeeting Praxis ,	SP	2
- PIA	M&C System System Lokal – Switching Center + 3 Referencestories Orange	JU/SP	0
- TSC	Quality und Know How Mest / Testsystem HLKSE und Saia PCD. BP 13 Kompetenz Entwicklung& Projekt QS - bei grün sofort Projekt holen	CD/RP	2
- NewsMail	-Neue Tech.New realisieren - Koop News als Subgroup - C-Net Prozess Mailing definieren und in C-Net einpflegen	SP/FB FB /PS	1 Juli 3
- MKT	Web Flow www.saia-pcd.de . Pumpe als Start für S-Energy Mail Industry Panel CN13 Mailing über Partner (Belimo, TUEv, S+S,– SIs Report , Links von SIs	FB / vH FB	Sept 1
- Org	GL NIB formelles Meet + publik Protokoll . Quartal	SP	1

Abb. 5.17 So sah meine taktisch-strategische Arbeitsplanung (Masterplan) als Chef (CEO) eines internationalen Industrieunternehmens im Oktober 2012 aus. Am Anfang stand meine persönliche Arbeit in Projekten, zum Beispiel mit Kunden und Partnern. Dann kamen die bereichsübergreifende Planung und anschließend meine grobe Planungsvorgabe und Zielverfolgung, segmentiert in mehrere Bereiche. Alles, was für meine Arbeit relevant war, fand sich auf drei Seiten wieder: die komplette Übersicht über alles, was sein wird, sein soll und sein könnte. Vorher hatte ich das alles auf To-do-Listen, Laufwerkverzeichnissen, Apps und Notiz-/Merkblättern verstreut.

Den Abweichungen bei der Umsetzung meiner Masterplanung habe ich dadurch Rechnung getragen, dass ich meine Masterplanung praktisch monatlich komplett überarbeitet und firmenweit publiziert habe. Die Bereichsleiter berücksichtigten meine neue Planung bei der Erstellung ihrer eigenen Masterpläne im Abstand von 6–10 Wochen.

Die Masterplanung in die Realität umsetzen

Der Masterplan stellt eine persönliche Arbeitsvorbereitung für die Zeiträume von Monaten, Quartalen und Jahren dar. Dort ist alles erfasst, was für die Zukunft relevant werden soll, kann und wird. Es wird thematisch entsprechend Ihrer individuellen Situation und Ziele strukturiert und periodisch aktualisiert. In Kapitel 4 sind die Struktur und Planungslogik erklärt. In diesem Kapitel geht es um die konkrete Anwendung und damit auch um die Wirkung der Masterplanung.

Mit der Masterplanung denken Sie Ihr berufliches Leben und das Leben der Menschen vor, für deren Produktivität und Wohlergehen Sie verantwortlich sind. Bei der Masterplanung werden Szenarien entwickelt, wie Ziele verfolgt und in Etappen erreicht werden können. Es werden Alternativen und Back-up-Optionen entwickelt, um auf Überraschungen vorbereitet zu sein. Dabei entsteht ein Bewusstsein, was vor Ihnen und Ihrem Team liegt. Es stellt eine grobe Planung dar, wie sich die vielen anspruchsvollen und komplexen Ziele auch neben der Belastung des operativen Tagesgeschäfts mit seinen vielen Pflichtaufgaben erreichen ließen. Das muss überhaupt nicht präzise und detailliert sein. Wichtig sind die Plausibilität und Flexibilität der Planung. Selbst eine Unschärfe ist okay. Am Ende sind die Richtung und die Fortschrittsgeschwindigkeit das Wichtigste.

Deshalb spielen Termine und Milestones in der Masterplanung nur eine untergeordnete Rolle als Merker, das heißt Erinnerung. Der Output der Masterplanung ist die Festlegung, welches Ziel beziehungsweise Vorhaben in welcher Zeitspanne mit welcher Intensität beziehungsweise Priorität verfolgt werden soll und wer dafür wie gebraucht wird.

Die zweitletzte Spalte der Mastplan-Tabelle gibt in Kürzeln an, wer den jeweiligen Masterplanungspunkt in seiner eigenen Planung berücksichtigen muss. In der letzten Spalte befindet sich der Verfolgungshinweis, wann und wie der Punkt bei der Wochenarbeitsplanung berücksichtigt werden soll.

Der Übergang von der eher taktisch-strategischen Masterplanung zur operativen Arbeitsplanung findet immer beim Wochenübergang statt, wenn der Wochenarbeitsplan erstellt wird. Dann wird der Masterplan durchgeschaut und versucht,

Sales NL	Klärung Technics / Back Up Beyeler		1
Sales CN	RDR - Review Hong Kong – Bonusregelung		1
Sales CH	Uebernahme Salzburg Personal / Gehalt/Jobdescr. / Zielplan 29.8.2012 Meet		Kw35
MKT&PR	- IT Zeitschriften und IT Departements als Einfallsschneise zu neuen EK		3
Corp.Sales	2 wochen Synchro CS Murten - Protokoll im MoREe (SOT)		1
CSB	Next Meet Juli ? Q1 Closing. Preisliste Neu JPP , Konfigurator mit PG5		
	SOT/MoRe: eigSprache, Jeder AD; Büro sichtbar, MD-Komment.; Zeitablauf, Such		Sept.
V-Innen –Mur	Upgrade Personal Ressource Q	D.Bey	1
TCS	2 wochen Synchro Meet. TCS - Murten 60 h - Service und Betreiberpflege		1
OEM-Team	- Start RDR + Launchpage und 4 Referenzstories + PCD.com neu . Okt->	DE	3
TCS-Engin	www.ctrlspecbuilder.com ? . Benchmark 1,2,3 gegen Codesys Systeme	RZ	2
	TrainingsCenter : Auslastungplanung & Transparenz machen.	RZ	3
eSales/Mkt	eSales nur als Lernkurve für 3 Kanal und „Verbreitungsmittel", qual.Leads . E-Aktion Industry (xx7) vorbereiten Sept. und durchziehen Oktober. Q4 mit Pg5	PS/vH	0 Sept.
50:50 Runde	Restart after Katalog Ready: Training Katalog + 1st day + Otto . Prep.IFSM	TPM	KW35
PEP-CC	Embedded SW QS Process – wie in Werk 2 Meeting angestossen	WM/IB	1
Electroline:	Sicherung Yamar 2. Chip Satz. Line Beschreibung und Einführungsplanung – für IFSM inkl. Schrauberfeedback.	KK JL/DK	1 Sept.
	Appl. Notes Q Relevanz Komponenten Schrauben und Kondens . FUD. Volle Systemkompetenz Modbus + E-Meter – Appl Notes , HMI Siemens etc.	PH PH	Augu.3 1
	Airlink mit www.ere-online.it erst Kaufteil dann , Design in E-Line	JPC	1
BFL-CC			
PEP-CI	MTBF Aussagen in IEC 1131 Brochure / Website pcd.com bringen ; Katalog12/13	Kk	1
S-Net 2.0	- Bestehende Installationen inkl. Solar über Switching Center erreichbar	KK	W35.7
	S-Links: Saia – Airlink – Quicklink, Cab.Link -S-Link (Smart Link) –Atherlink. Pat?	JL	2
	Internet – Service Teil von PCD System S-IAS Internet Application Service + "BL Router Teil von PCD System S-RAD Router Automation Device. Plan !!	UJ	2
	Freiheitgrade Sanktionen SI Pfusch bei PG 5 V. 2013 über Lizenzregeln	KK	Sept
PEP-HMI	HMI V. 2.0 : Takt 2 Woche – In Electroline Projekt mit steuern		0

Abb. 5.18 Ausschnitt aus meinem Masterplan vom Oktober 2012.

Abb. 5.19 Ausschnitt aus der Masterplanung eines technischen Produktmanagers aus dem Jahr 2010.

Meeting 2010		
PCD2/3.H222		
Orange Schaltung	<u>Dokumentation & Media:</u> Vorschlag 26-878 Manual von Martin überprüfen → AP Video Aufbau H222 mit Start Guide Marketing Info H222 vorbereiten	 JA/MH JA/NA JA
Grün Schaltung	<u>Marketing:</u> Potentielle Pilotkunden kontaktieren Einbau in Saia-Gebäude Demo. In welcher Appl.? Abklären ob Berührungsschutz nötig. <u>Support:</u> Wer übernimmt Produkt? → ev. Schulung nötig?	 JA/AG JA/AG JA/CD
Technical Meeting 2010	Wird H222 präsentiert? Mit Christian/KK besprechen	JA/KK/CD
Diverses		
Step7	Software aktivieren (Key) und versuchen EM-File auf EM Panel zu laden Wer lädt in Zukunft S7 Proj ?	JA JA

FIP Projekte			
GR100 Transfer EA anal.	Mutation FT von GR100 auf neuen FT	PG, PS	Dez (2)
GR100 : Transfer EA dig	Evaluation neues TT als Ersatz für GR100 Meeting einberufen und Projekt forcieren	 PG,HRS	 KW48
PCD3.M 4636	Materialzufuhr optimieren	ES/BM	Okt (3)
Kardex Linie	Materialzufuhr optimieren, 1 Linie aufbauen, Test optimieren ET/KT Testmeeting einberufen um Optimierungsprojekt zu definieren und zu starten	Endm CJ CJ/AJ	Nov(3) KW49
Kardex EA Board mit ICT test	Analyse E/A Board von Retouren aus SAV und Rep Board/Endmontage analysieren sowie Testabdeckungsanalyse durchführen	RS/JC	Okt
HMI Linie	Zwischenbilanz mit dem Kosten tool von St. Poffet durchführen	SM:SP	KW48
ST2 Plattform	Komplette Analyse vom AOI bis zu den Kundenretouren durchführen. Ziel: Soll Aufschlüsse für das Testkonzept der neuen ST3 Plattform geben	SM	KW45 läuft
PCD3.M	Endtest im Konfigtest integrieren und TT verdoppeln sowie	Endm CJ	2

Saia Produkte			
HMI Web Kit	Projekt starten und Serienreif bringen. 10 Stk am Weihnachten am Lager	JA/PH	KW48
PCD2/3 Wxx5	PCD3.W605 TT141 freigegen Rest der Module schritt weise implementieren	PG/SN/SC	✓ KW43 Sept(2)

Prod Projekte			
WBZ	Mit neuem Kanban System müssen die WBZ neu überarbeitet werden	SN/SC	Okt(1)
PCD1.M2xx	Neue Endmontagelinie PCD1.M2xx mit integr. Porgrammierung und Test aufbauen	MS	Oktober(2)
PCD1.M2 Linie ab SMD	Linienkonzept-layout ab THT bestücken bis Gerät verpacken ausarbeiten.	CJ/SM	KW48
Evaluation Welle Nach Produktronika	Evaluation Löt- Welle für PCD1 Linie mit seho und atf vorantreiben und Löttests fahren.		KW46

Abb. 5.20 Ausschnitt aus der Masterplanung des Produktions- und Logistikleiters Werk 1 im Jahr 2011.

die im Masterplan für die neue Woche anvisierten Zielverfolgungen und Vorhaben irgendwie auch planerisch unterzubringen. Es werden alle möglichen Freiräume und Opportunitäten der neuen Woche genutzt. Mehr ist eben nicht möglich.

Abb. 5.21 Der Arbeitsplanungsteil der Masterpläne war innerhalb des Unternehmens grundsätzlich öffentlich. Die Gesamtheit der Masterpläne aller Führungskräfte dokumentierte nachvollziehbar und transparent die taktisch-strategische Arbeitsvorbereitung und Arbeitsplanung des Unternehmens. Damit weiß jeder, was er zu tun hat. Der Arbeitsalltag läuft damit viel geordneter und ruhiger. Niemand wird durch fehlende oder unprofessionelle Arbeitsplanung kritisch gestresst. Dafür zu sorgen, ist professionelle Unternehmensführung.

Das planbasierte Führungssystem wirkte Wunder

Am Anfang der Entstehung der Masterplanung stand die Erkenntnis, dass ich in meiner Führung substanziell effektiver und effizienter werden musste. Eine Ansammlung von außergewöhnlichen Herausforderungen und Problemstellungen brachten mich Mitte der 2000er-Jahre an meine Grenzen. Die Situation war für das Unternehmen Saia-Burgess Controls AG und alle seine Stakeholder ernsthaft bedrohlich.

Diese Notlage hat erst zur Entwicklung der Masterplanung für professionelleres individuelles Selbstmanagement geführt. Weil die bessere Navigation als Einzelperson nicht ausreichte, wurde der Masterplan auch zu einem zentralen Instrument der Führung, des Abgleichs mit Mitarbeitern und der übergreifenden Synchronisation zwischen Kollegen unterschiedlicher Bereiche, die aufeinander angewiesen sind.

Die Schlüsselfrage ist jedoch die Wirkung der Masterplanung auf das Unternehmen: War Saia-Burgess Controls AG fähig, den riesigen Berg an ungewöhnlichen Problemen und strategischen Herausforderungen erfolgreich zu meistern?

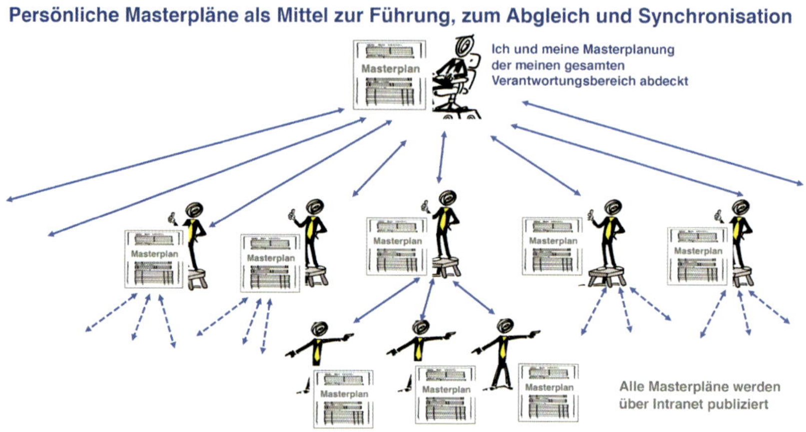

Abb. 5.22 Das Führungssystem basiert auf einer abgestimmten persönlichen Arbeitsplanung über Monate und Quartale hinweg. Es erfolgt durchgängig über mehrere Hierarchiestufen. Es ist nachvollziehbar und selbstverbindlich auf jeweils 2–3 Seiten dokumentiert.

Die Antwort lautet: Ja. Es ging gut. Der branchenfremde Hongkong-Chinesische Neueigentümer aus 2005, der die Saia-Burgess Controls AG gekauft hatte, konnte seine Kapitalanlage nach acht Jahren mit einem beachtlichen Wertzuwachs für circa 100 Millionen Euro an einen US-Konzern verkaufen. Der Zeitpunkt war günstig, weil alle großen Probleme gelöst und die strategischen Herausforderungen gemeistert waren. Die Perspektiven waren exzellent, was sich im Verkaufspreis und in den Verkaufskonditionen ausdrückte.

Die folgenden Charts zeigen, was wir mit unserem neuartigen planbasierten Führungssystem erreichen konnten, und zwar mit bereits vorhandenen Führungskräften und Strukturen. Alle Mitarbeiter wurden effektiver und effizienter darin, sich selbst und andere zu führen. Damit ließen sich schwierige operative Problemstellungen und anspruchsvolle strategische Herausforderungen gleichzeitig meistern. Die planbasierte Führung machte das Unternehmen stärker, schneller und robuster – aufwandsneutral, risikolos, dauerhaft.

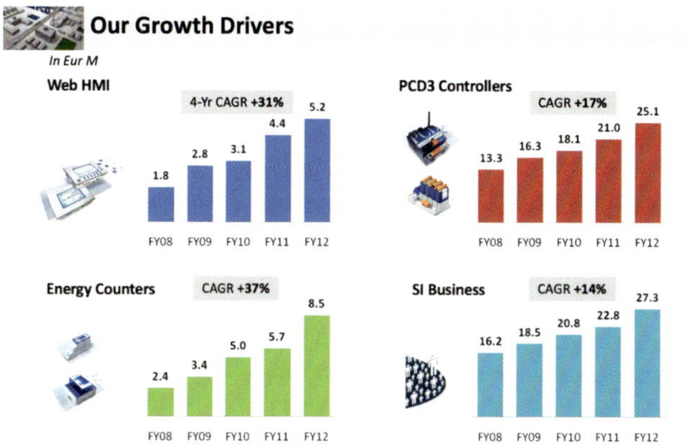

asCascsAC

Abb. 5.23 Organisch von innen heraus komplett neue Geschäftsfelder entwickeln können – dank effizienterer und effektiverer Führung.

Quelle: Unterlagen aus Unternehmenspräsentationen

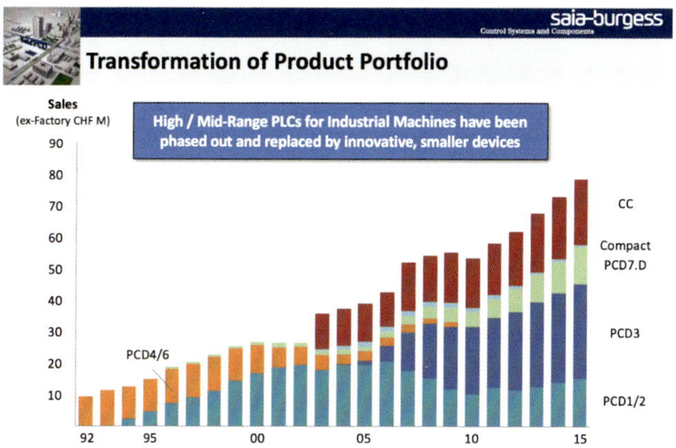

Abb. 5.24 Viele neue Produkte wurden auf den Markt gebracht, um die Finanz-/Wirtschaftskrise und die gewaltigen Einnahmeverluste durch den Wechselkursabsturz Euro gegen CHF auszugleichen.

Quelle: Unterlagen aus Unternehmenspräsentationen

Abb. 5.25 In dieser Ecke im Restaurant Da Pino in Murten fand das wöchentliche Geschäftsleitungsmeeting in Form eines entspannten gemeinsamen Mittagessens statt. Eine weitere Geschäftsleitungs-Meetingzeit war nicht erforderlich. Die Masterplan-planbasierte Grundabstimmung und Transparenz machte die Unternehmensführung besonders effizient, effektiv und sicher. Im Meeting fanden nur noch ein informeller Informationsaustausch und die Entscheidungsfindung statt.

Die planbasierte Führung mit entwickelt, erlebt und verinnerlicht

Heinz Hirschi
Projektleiter und Interim Manager,
Geschäftsführender Eigentümer
Affinitas AG

Abkürzung im Gespräch:
*SBC = Saia-Burgess Controls AG
I: Interviewerin; H: Heinz Hirschi

Herr Hirschi, wie kam es zu Ihrem ersten Mandat bei der SBC* AG?
#00:00:04-5#

H. H.: Das war im Jahr 2003. Da wurde ich als externer Projektleiter für die Einführung eines neuen ERP-Systems engagiert.

Welches war Ihr nächstes großes Mandat? #00:00:16-4#

H. H.: Der neue Eigentümer ermöglichte Investitionen in ein zweites Werk am Stammsitz in Murten in der Schweiz. Ich war Projektleiter für den Umbau und Umzug der Produktion.

Waren Sie auch noch nach der Übergabe und dem Start des neuen Werkes involviert? #00:00:36-0#

H. H.: Ja, sehr stark sogar, insbesondere bei der Umsetzung von japanischem Kaizen in den beiden Werken sowie in der gesamten Logistikkette bei den Vertriebsgesellschaften.

Sie hatten direkte persönliche Kontakte in die Ländergesellschaften der SBC AG? #00:00:55-4#

H. H.: Das ist richtig. Bei Kaizen-Workshops eher sporadisch. Einerseits am Hauptsitz, andererseits aber auch vor Ort in den Gesellschaften. Später, das heißt, über ein Jahr lang, sehr intensiv sogar, da ich als operativer Logistikleiter gerade ad interim für den kurzfristig ausgefallenen Verantwortlichen der Vertriebslogistik einspringen musste.

Damit kennen Sie das Unternehmen über alle Bereiche und Länder recht gut? #00:01:26-8#

H. H.: Ja, mittlerweile sehr gut sogar, einerseits aus der Projektsituation und andererseits natürlich aus dem operativen Normalbetrieb.

Wie hoch waren der Druck und die Herausforderungen, unter denen die Mitarbeiter von SBC 2005 standen? #00:01:46-3#

H. H.: Ja, der Druck wurde sehr, sehr groß. Auf der einen Seite war der Wertanstieg des Frankens gegenüber dem Euro enorm. Und man muss sich vorstellen: Er war größer als 30 Prozent. Und der Hauptabsatzmarkt für die Produkte der SBC lag in den Euroländern. Auf der anderen Seite gab es einen neuen Eigentümer, und für ihn war sie, die SBC AG, nur eine Kapitalanlage. Und dann gab es auch noch technische Themen wie den Technologiewechsel zu bleifreier Elektronik oder auch, dass man sich zum Energiezählerhersteller wandeln wollte. Touchpanels waren auch etwas, das sehr im Kommen war, und man wollte dort in dieser Thematik sehr kompetent werden. Und dann gab es noch das interne Thema, die Integration der Elektronikauftragsfertigung in der Industrie.

Wurden diese Herausforderungen bewältigt? Und wenn ja, wie? #00:02:53-8#

H. H.: Ja, diese kritische Phase konnte nachhaltig mit einer Masterplanung bewältigt werden, und mit einem stufengerechten zyklischen Abgleich wurde Ordnung geschaffen, größere Vorhaben in kleinere aufgeteilt und

Teilschritte realisiert. Sicher, ruhig und ohne Hektik ging das von sich. Daraus entstand die SEMAN Systematik, welche ich im Grundsatz heute noch als 2ease SMan tagtäglich anwende.

Was war für diesen Erfolg der Bewältigung der Probleme und Challenges entscheidend? #00:03:32-3#

H. H.: *Genau diese durchgängige Einführung eines professionellen Selbstmanagementsystems mit persönlicher Planung und Review aller Mitarbeiter mit PC-Arbeitsplatz, eine strategisch taktische Planung on top auf Managementebene und operative Tagesplanung auch bei einfachen Angestellten. Der Effekt war, dass die Zeit so viel zielführender genutzt wurde als vorher.*

Warum kennen Sie diese SEMAN genannte Selbstmanagementsystematik so gut? #00:04:09-3#

H. H.: *Ich war bei der ganzen Entstehungsgeschichte und der Entwicklung dabei. Ich war federführend beteiligt am Aufbau der Selbstmanagement-Community und habe die entsprechende Webplattform aufgebaut und betreut. Dadurch konnte ich alle Entwicklungsstufen mitmachen und habe anschließend auch als Mentor und Selbstmanagement-Community-Manager gearbeitet.*

Was ist Ihnen aus dieser Zeit geblieben? #00:04:41-2#

H. H.: *In meiner sehr vielfältigen Tätigkeit als Interimsmanager, Projektleiter und Inhaber einer Unternehmensberatungsfirma ist die 2ease SMan-Systematik für mich heute unentbehrlich. Dies, um strategische Vorhaben zu planen und auch in die Tat umzusetzen. Einerseits erstelle ich alle zwei bis drei Monate eine neue strategisch-taktische Masterplanung und andererseits über eine systematische SMan-System-Wochenplanung auch täglich einen operativen Review und eine Neuplanung. Was mich besonders freut, sind die immer noch guten Kontakte zu Mentees und SEMAN (SMan) Kollegen von damals. Das verbindet. Ich habe die Fähigkeit als Mentor gewonnen, für andere positive Life-Changes zu bewirken. Und das fühlt sich ganz toll an.*

Resümee Unterkapitel 5.2

Es wurde deutlich, dass planbasierte Führung das Wohlergehen eines Unternehmens unter Druck, in Krisen und bei strategischen Herausforderungen sichern kann. Dazu müssen jedoch möglichst viele Mitarbeiter geplant vorgehen und ein einheitliches persönliches Planungssystem in transparenter Weise nutzen.

Dass nicht nur Organisationen Krisen und Überlast mit professioneller Planung sicherer und schneller bewältigen können, zeigt das folgende Unterkapitel 5.3. Auch wenn Sie persönlich in berufliche Notsituationen geraten und sich überfordert und verloren fühlen, gibt Ihnen das Smoffen als gute persönliche Arbeitskultur und Gewohnheit viel Halt und Sicherheit. Mit einem tragfähigen und krisenerprobten professionellen persönlichen Planungssystem finden Sie viel besser zurecht und aus der Krise heraus.

5.3 SICH SELBST AUS BERUFLICHER MISERE ZU NEUEN UFERN NAVIGIEREN

Abschied vom bisherigen Arbeitsleben

Im Februar 2013 wurde ein bekannter US-Industriekonzern und bisheriger Konkurrent der neue Eigentümer der Saia-Burgess Controls AG. Er verfolgte die einfache und sichere Strategie des Wachstums und der Erneuerung durch Zukauf. Der hohe Kaufpreis muss durch das gekaufte Unternehmen wieder zurückbezahlt werden. Deshalb werden die zugekauften funktional zerlegt und dann weitestgehend in Low-Cost-Länder verlagert. Am Ende bleibt nicht mehr übrig als ein leerer Markenname (Brand) als Erinnerung. Das stellte so ziemlich das Gegenteil von dem dar, was ich 13 Jahre lang als Geschäftsführer als Ziel verfolgt hatte. Ich wollte auf keinen Fall ein Unternehmen zerlegen, das ich als Chef aufbauen durfte, und Mitarbeiter, die ich mit Wachstums- und Entwicklungsperspektiven angeworben hatte, zur kurzfristigen Profitmaximierung abbauen.

Ich sicherte im Interesse der Kunden und Belegschaft so gut wie möglich den Übergang zu einem neuen Management, das vom US-Konzern kam, und verließ im März 2014 die Saia-Burgess Controls AG. Damit hatte ich alles verloren, was fast 15 Jahre lang mein Arbeitsleben ausgemacht hatte. Ich hatte verloren, was meine Wochen mit 60 Arbeitsstunden und mehr ausgefüllt hatte. Beziehungen zu Lieferanten, Kunden, Mitarbeiter und Kollegen hatten sich damit unweigerlich aufgelöst. Es gab keine gemeinsamen Ziele, Themen und Interessen mehr.

Jetzt nagten Selbstzweifel, Zukunftsängste und Unsicherheit an mir. Sie haben mir auch schlaflose Nächte bereitet, obwohl ich mir finanziell über die Zukunft keine Sorgen mehr machen musste. Was als klarer Karriereweg bis zur Rente aussah, endete plötzlich mit Mitte 50 im Aus. Was also tun mit dem Rest des Lebens? Wohin führt der weitere Lebensweg? Eine besonders interessante Frage, wenn sich gerade kein Weg mehr abzeichnet, weil man in der beruflichen Wüste gestrandet ist.

Sich selbst neu erfinden müssen und können mit Masterplanung

Es wäre naheliegend gewesen, sich andernorts eine neue Arbeitsstelle zu suchen und weiterhin als angestellter Geschäftsführer zu arbeiten. Das hätte bedeutet, noch ein weiteres Jahrzehnt so weiterzumachen wie die zwei Jahrzehnte davor. Immer mit dem Risiko verbunden, ein viertes Mal im Berufsleben das Trauma zu erleben, gegen seinen Willen als Führungskraft meistbietend an einen neuen Unternehmenseigentümer verkauft zu werden. Und für das kommende Jahrzehnt hatte ich noch auf der obersten Führungsebene das zusätzliche Risiko, zur Unzeit aus „Alters- beziehungsweise Gesundheitsgründen" in den vorzeitigen Ruhestand abgeschoben zu werden.

Diese Traumata wollte ich mir ersparen. Meinen weiteren beruflichen Verlauf wollte ich selbst bestimmen können. Die erzwungene berufliche Neuorientierung im Zug der schmerzlichen „feindlichen" Firmenübernahme erkannte ich als Chance, einmal etwas ganz anderes zu machen und neue „Erfahrungswelten" zu entdecken. Die notwendige finanzielle Sicherheit dafür hatte ich mir in meinem bisherigen Berufsleben erarbeitet. Ich konnte den Versuch wagen, mich Mitte 50 beruflich und persönlich neu zu erfinden.

Abb. 5.26 Unverschuldet in eine prekäre berufliche Situation geraten. Eine große Karrierepanne erlitten. Der weitere Lebensweg ist nicht erkennbar. Was nun? Wie kommt man da wieder heraus?

Mit der Masterplanung verfügte ich über das Instrument, um im Unternehmenskontext strategische Herausforderungen erfolgreich anzugehen und gleichzeitig auch außergewöhnliche Probleme zu bewältigen. Das geschah bisher immer aus der Machtposition des Firmenchefs, dem viele Mitarbeiter und große finanzielle Mittel zur Verfügung stehen. In einer solchen beruflichen Situation ist man nie allein und hat viele Helfer. Und es gibt immer einen Unternehmenseigentümer als Chef, der auf einen „aufpasst" und mit kritischen Fragen zum besseren Nachdenken bringt.

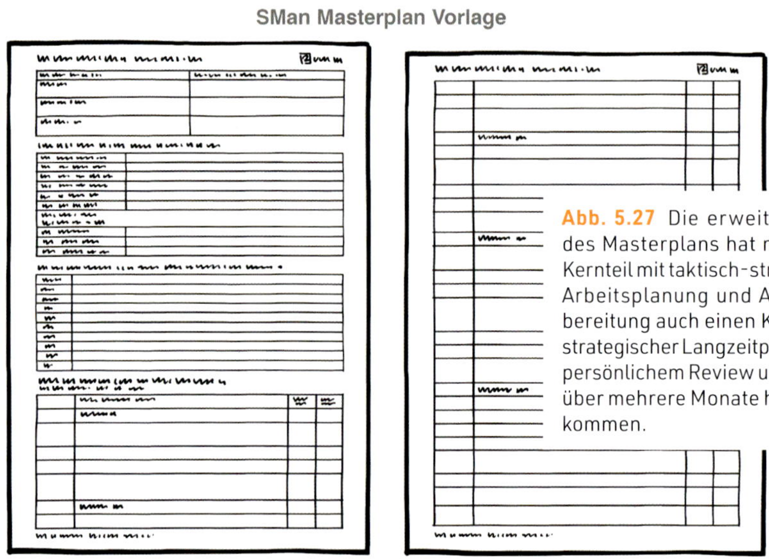

Abb. 5.27 Die erweiterte Form des Masterplans hat neben dem Kernteil mit taktisch-strategischer Arbeitsplanung und Arbeitsvorbereitung auch einen Kopfteil mit strategischer Langzeitplanung und persönlichem Review und Preview über mehrere Monate hinweg bekommen.

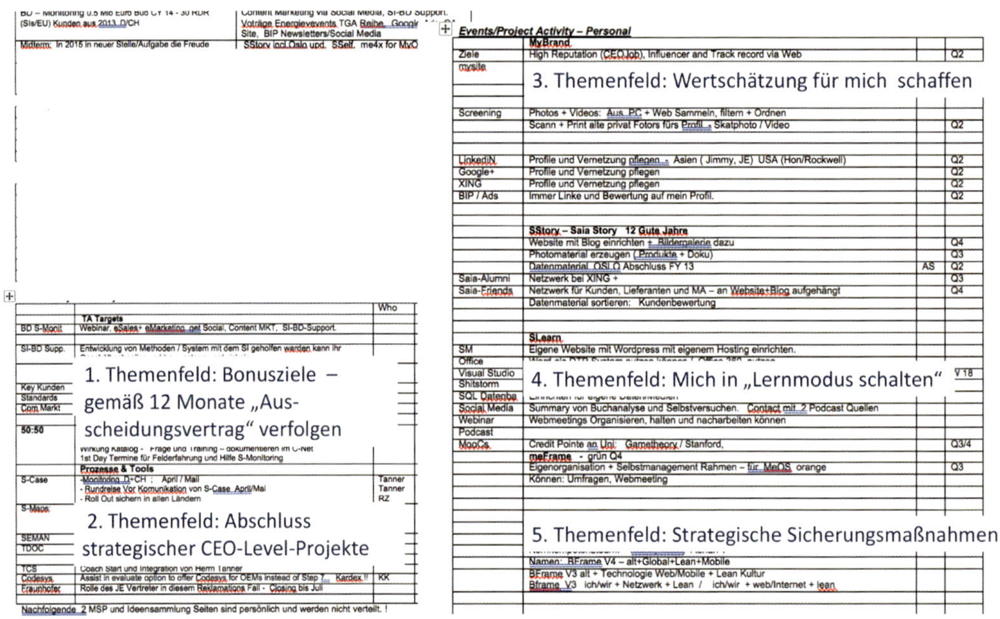

Abb. 5.28 Mein komplett neuer Masterplan nach dem Besitzerwechsel und dem absehbaren Vertragsende innerhalb von 12 Monaten. Die Strukturierung des Masterplans nach Themenfeldern veränderte sich vollständig.

April 2014 Seman Basis File : Collect Targets, Concepts and Ideas

Targets:	**Measures/Concepts:**
Shorterm: Glaubwürdigkeit und Erfahrung als Publizist (Sinn,Social Kontakt, Einfluss,Status) -Einkommen 2015 sichern.	Baubuch Projekt (2.Buch option) VR&Beiratsposten, Automations/Produkterfahrung nutzen (Beratung)
Midterm: -Arbeiten im Unternehmenskontext(eigen / fremd)-keine one man show. Keine Vollzeitjob vor Q3/15. – TZ-Job KL	2ease in weitere Anwendungen bringen. 2ease.dokumentieren Google: Personalleads + Kundenleades+2eas.OS.
Longterm: Bis 2015 genug lernen /aufbauen, dass man bis 75 damit sein Lebensunterhalt verdienen kann 50k pa. Keine 100% Stelle als Manager, mehr machen müssen	SocialMedia/Digitale Wertschöpfungskette beherrschen für Business (Wordpress, Podcasts; SW Produkte machen)

Self Check/ Reflexions Part	
Key Findings / Major Priority Changes What learned in last period ?	Bau(Un)wesen als sichtbares Symptom für Staatsunwesen Positive Anahme des einzelnen Menschen – Otto, Greve etc+Verbände/Lobby
What did go wrong ? Failure ?	Ausmisten Büro/Keller zeitlich nicht geschafft
What was major progress / success ?	Saia und Honeywell Kapitel wie geplant abgeschlossen. Start wie geplant.
What are the key risks in next period ?	Geldverlust bei Zufluss oder schlechte Anlagen
Where invest the most time/attention ?	Baubuch muss super warden. Schreiben und Feedback
Where to invest no time/no attention?	Mysite , Zusätzliche Positionen

Tourplan	Target / Focus
April	Manuskript Fertig . Nur Lektor noch Schreiben&Gestalten. 2ease Start/ Publizist orange Herbert
Mai	Buch druckfertig. Website operativ. Networking. Vorb.Launch. grünpflege Publizist Tobol
June	Launch Buch. Tobol + Herbert 2ease Intensive
Q2	Als Publizist operativ. – Einnahmen fliessen
Juli	2ease Prozesse Tobol. Orange.
August	Collect M&A. Start Hunt Cote
Sept	Implement Herbert. Lobbying Buch / Collect M&A
Q3	Pilotdoku 2ease Tobol. fertig. 2ease.SIT MST oder Jobstart2015
Q4	Publizist in Gewinnzone. Tobol ISO reif.. Herbert ISO für Q1. MST als Ref.. Bauunwesen TopWort in D. TV ok

Abb. 5.29 Der Kopfteil meines ersten Masterplans in meiner Sabbatical-Lebensphase ab März 2014.

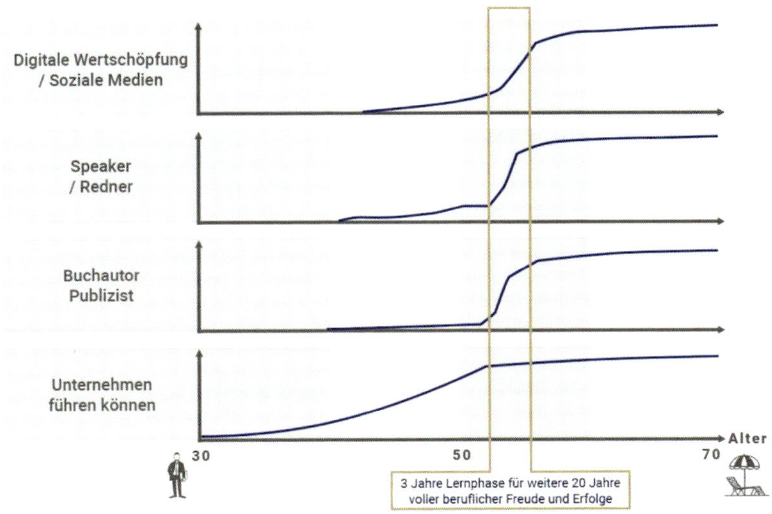

Abb. 5.30 Die grafische Darstellung, was ich in meiner neuen Masterplanung ab 2014 als strategische Teilziele verfolgte: neue Fähigkeiten entwickeln und neue Erfahrungswelten für mich erschließen.

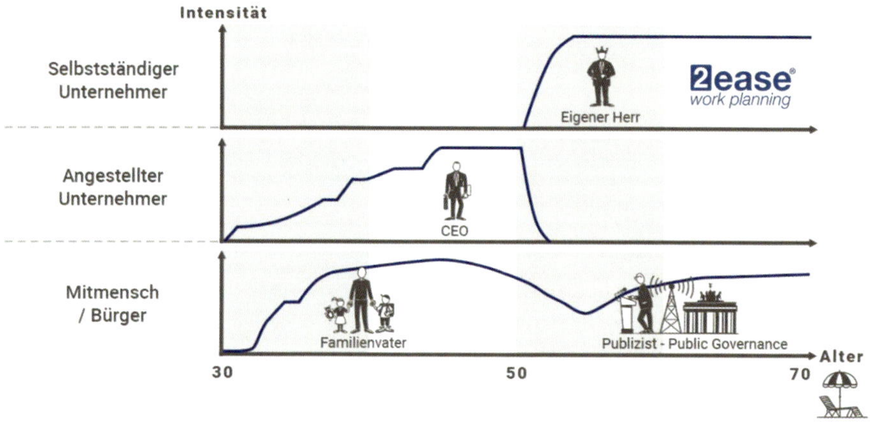

Abb. 5.31 Ein klares Bild von dem, was mein Leben ausmacht, geprägt hat und künftig prägen soll.

Nun begann für mich eine Lebensphase ohne verliehene Macht der Chefposition und völlig auf mich allein gestellt. Gleich nach der Übernahme durch den US-Konzern im Februar 2013 baute ich meinen persönlichen Masterarbeitsplan strukturell und inhaltlich komplett um. Ich richtete ihn völlig auf die Gestaltung meiner Zukunft und meine persönliche Weiterentwicklung aus. Und ich erweiterte die Masterplanung funktional. Durch mehr und systematischere Selbstreflexion wollte ich das Fehlen eines beratenden und hinterfragenden Unternehmensumfelds kompensieren.

Mit dieser Erweiterung wurde der Masterplan noch stärker zu einem Selbstmanagementinstrument. Mehr „Selbst", im Sinne von „komplett auf sich allein gestellt", aus eigener Kraft heraus ohne institutionellen Rahmen Ungewöhnliches und Anspruchsvolles zu erreichen.

Berufliche Fitness- und Lebensperspektiven für 70+

Mit der neuen Struktur der Masterplanung nach der Firmenübernahme und dem absehbaren Ausscheiden aus dem Unternehmen habe ich mich für einen Zeitraum von drei Jahren in einen Lern- und Entwicklungsmodus versetzt. In dieser Zeitspanne wollte ich die angelaufenen Defizite und Versäumnisse meines bisherigen Lebens kompensieren. Ferner wollte ich eine Situation für mich schaffen, meinen

Master SelbstManagement (MSP) 2ease®SMan

2016er Update von persönlicher Mission/ Strategischen Eckpfeilern/ Risiken

Mission:
Viele gute Tage schaffen und selbst keine schlechten mehr haben. Ein Tag ist schlecht, wenn man mit Sorgen im Kopf und Unbehagen im Bauch ins Bett geht. An einem guten Tag schläft man mit einem guten Gefühl ein. Zu den geschaffenen guten Tagen zählen auch die guten Tage, zu denen man bei (privat/ beruflich) verbundenen Menschen beigetragen hat.

Strategische Eckpfeiler:

1) Ich möchte Kreativität und Innovationskraft ausleben
2) Ich möchte positive Entwicklung erleben bei mir und sozialen Umfeld
   a. Fähigkeiten und Kompetenz
   b. Einfluss
   c. Wirtschaftlich
3) Positive Wirkung auf Mitmenschen erkennen
   a. Den Menschen im Nahfeld (Familie, Vertrauensleute) Freude machen
   b. Die Menschen im Fernfeld (Bekannte, Follower) inspirieren und orientieren
4) Keinen Menschen bewusst schaden oder in Krise bringen.
5) Persönlichen Werten wie Ehrlichkeit, Direktheit, Offenheit treu bleiben.
   Zur Zielerreichung weiterhin kein Schauspielern oder Schleimen manipulativ einsetzen.

Globale Ziele:

1) Nie in finanzielle Notlage kommen:

⇨ Erwerbsfähigkeit erhalten. Nicht auf Vermögen verlassen.
⇨ Mehrere unabhängige Einkommensquellen haben.
⇨ Genügsamen, bescheidenen Lebensstil pflegen. Grenzen genießen.
⇨ Finanzielle Selbstständigkeit von Frau und Kindern fördern

2) Erkennbare Veränderung im BauWesen erreichen

3) Basierend auf 2ease zum Unternehmensführungs- und Managementguru zu werden, der attraktive und praktikable Alternative zum angelsächsischen US-Managementkultur (Top-Down) vertritt.

4) Mental und körperlich fit sowie gut gelaunt 80 werden.
   Neben Joggen auch Wasser- und Bergaktivität ausbauen und pflegen.

Risiken und Maßnahmen:

- Zu viel Investition in Globalziel 2/3 kann Globalziel 1 gefährden.
  M: Auf Ehefrau hören, die „CFO" Rolle einnimmt.
- Überladen von Tag und Verzettelung durch gleichzeitige Verfolgung viele Ziele
  2ease®S.Man weiter machen. Tochter bei 2ease integrieren.
- Krankheit schlägt zu.
  Durch Sport und gute Ernährung sowie viel Schlaf Risiko reduzieren. Ersetzbar sein. Ausfall wird für niemanden zum Problem.

Abb. 5.32 Der strategische Rahmen für die Masterplanung der nächsten „Jahrzehnte", das heißt bei mir „Rest of Life".

Lebensunterhalt ohne Altersgrenze mit spannender und erfüllender Arbeit sicher verdienen zu können. Mein strategisches Ziel lautete: nicht auf Erspartes angewiesen und damit nicht Rentner zu sein. Das bildete sich entsprechend in meinen Masterplanungen ab.

Sich selbst strategisch in eine gute Zukunft führen

Eine persönliche Masterplanung über Jahrzehnte für sich selbst zu erstellen, ähnelt einer strategischen Unternehmensplanung. Sie selbst sind eine Ein-Mann-Ich-Unternehmung. Sie benötigen also auch ein Mission Statement und strategische Eckpfeiler für Ihr Handeln und Streben. Bei den strategischen Eckpfeilern legen Sie für sich selbst fest, ob Sie rote Ampeln überfahren wollen, um schneller voranzukommen. Einmal im Jahr erstellen Sie einen „strategischen" Review mit sich selbst und aktualisieren die Mission und strategische Eckpfeiler. Ich verteile das Update samt der neuen Jahresplanung an alle meine Stakeholder, das heißt Familie, enge Kollegen, Geschäfts- und Kooperationspartner. Dann ist alles viel selbstverbindlicher und wirksamer, was Sie aufgeschrieben haben, als wenn es nur auf einer Festplatte gespeichert ist oder in der Schublade liegt.

Ihre strategische Planung muss vor allem konsistent und begeisternd sein. Sie kann gerne anspruchsvoll sein, aber nicht aussichtslos. Planen Sie keine „Mission Impossible" und wählen Sie Ziele, die zu Ihnen passen. Dabei kann ein Mentor oder guter Freund sehr hilfreich sein, um sich keine Ziele zu setzen, mit denen Sie sich selbst unglücklich machen. Die Zielverfolgung soll ja im Gegenteil für mehr Freude und Erfolg sorgen. Die beiden wichtigsten strategischen Eckpfeiler aus meinem Masterplan 2014 betrafen meine finanziellen Ziele. Ich habe für mich selbst festgelegt, keinen weiteren Vermögensaufbau mehr anzustreben, das heißt persönlich nicht noch wohlhabender zu werden. Auf der Einnahmenseite wollte ich anstreben, bis Mitte 70 sicher meinen Lebensunterhalt selbst zu verdienen und nicht auf Erspartes angewiesen zu sein.

Nach meinem Ausscheiden als Angestellter im März 2014 hatte ich plötzlich jeden Tag die völlige Freiheit, zu tun und zu lassen, was ich wollte. Alle Strukturen, Pflichten und die Rituale des Unternehmensalltags waren weg. Die Arbeitsmasterplanung sollte mir das Mehr an Orientierung und Führung geben, das nun erforderlich war. Sie sollte mich dazu bringen, jede Woche und jeden Tag möglichst zielführend einzusetzen. Meine Aktivitäten sollten mich meinen Zielen möglichst effektiv und effizient näherbringen. Und diese Ziele sollten mir möglichst klar und immer präsent sein. Deshalb habe ich ganz oben im Masterplan meine strategischen Ziele kurz-, mittel- und langfristig definiert. Und daneben habe ich grob skizziert,

Master SelbstManagement (MSP) 2ease®SMan

Version: Januar 2016 **Autor:** Jürgen Lauber, verteilt 04.01.2016

Meine strategischen Ziele:	**Strategische Maßnahmen / Konzepte / Etappen dafür**
Kurzfristig: Nächste 12 Monate 2ease Wachstum bringen. Erfolg der Kunden sichern. „BauUnwesen" in viralem Selbstverbreitungsmodus.	Web/SM + Speaker + 1:1 zur Verbreitung (VR-2ease-BauU) Produktmanagement-Modus 2ease. 2-3 Firmen begleiten Koop. Affinitas/Google/Hochschule/Schön/Notenstein Bank
Mittelfristig: Nächste 2-5 Jahre Fähigkeit, wieder gesamte Familie inkl. 2 Studenten finanzieren zu können. 3 neue 2ease Lizenzkunden	Mutation zu Wirtschaftspublizist /Guru. VR Job. 2ease Shop, der dreht. Fliegenklatsche.
Langfristig: > 5 Jahre: Traumziel: Mit der Timothy Ferriss Arbeitsweise so viel Einkommen wie früher als GF und Winter in Südafrika	- Produktivitätszuwachs realisieren; Kathrin 2ease GF - Intern. Guru Profil ausbauen, Netzwerk von Vertrauensleuten stärken/ ausbauen. Passive Income durch digitale Leistungen.

Abb. 5.33 Der strategische Zielsetzungs- und Zielverfolgungsteil steht im Masterplan ganz oben. Sie sollten ihn bei der Planüberarbeitung immer vor Augen haben.

mit welchen strategischen Etappenzielen, Konzepten, Vorhaben ich meine Ziele verfolgen wollte.

Die strategischen Ziele bilden so etwas wie den Polarstern der gesamten Zielsetzung und setzen den Rahmen für die Masterarbeitsplanung. Alles, was ich mir in der Masterarbeitsplanung vornehme oder verfolge, sollte zielführend im Sinne meiner strategischen Zielsetzung sein. „Zielführend" ist der Schlüsselbegriff, sich selbst zu führen. Die Überlegung „zielführend oder nicht?" hält einen davon ab, sich durch die vielen alltäglichen Ablenkungen, Verlockungen und Bequemlichkeiten von seinem Weg abbringen zu lassen. Sie werden feststellen, dass es gar nicht so wichtig ist, ob Sie Ihre strategischen Ziele je erreichen. Wenn Sie persönliche strategische Ziele haben, geben Ihnen diese in jedem Fall Orientierung und Motivation. An strategischen Zielen sollte Ihr Herz hängen, damit deren Verfolgung Ihnen Freude macht und müheloser erscheint. Wenn es schwer wird, sollten Sie immer ein „lohnendes" Ziel vor Augen haben. Wer das nicht hat, fühlt sich schneller müde und gibt schneller auf.

Ein Review mit mir selbst machen – Bewusstsein bilden

Alle 2 Monate erneuere ich den Masterplan. Er wird immer als Ganzes komplett überarbeitet. Damit erzeuge ich mir einen konsistenten Gesamtplan aller meiner Vorhaben und plane die Zielverfolgung der kommenden Wochen, Monate und Quartale. Die Grundlage für jede neue Planung ist der Review der vorhergehenden

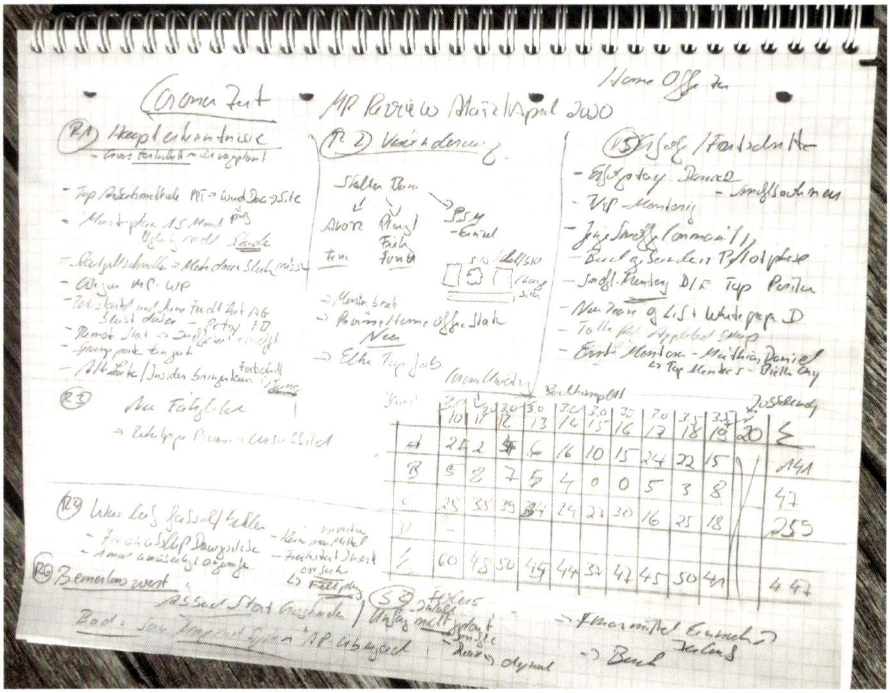

Abb. 5.34 Mein Brainstorming-Schmierblatt, auf dem ich festhalte, was mir zu den Reviewfragen aus den vergangenen Wochen und Monaten einfällt. Wenn ich mit dem Review des gesamten Zeitraums seit dem letzten Masterplan durch bin, beginne ich mit dem Abwägen und Gewichten des Erlebten. Das Beispielfoto stammt aus dem Mai 2020.

Zeitperiode mit ihrer Auswirkung auf die Zukunft. Im Unternehmenskontext erfolgen diese Reviews in Form von Meetings. Bei der Masterplanung erstelle ich den Review mit mir allein. Die Basis bilden die strategischen Notizen in meinem Smoff-Book. Ich stelle mir die Standard-Reviewfragen und notiere mir meine Antworten auf ein Blatt. Dann schlafe ich einmal darüber und trage die Essenz meines persönlichen Reviews vom Schmierblatt in die Masterplan Word-Formatvorlage ein, und zwar extrem verkürzt auf den Punkt gebracht. Damit habe ich mir „automatisch" alles Wesentliche eingeprägt. Es steht nicht nur irgendwo. Was auf dem Masterplan in Kurzform steht, ist der Hyperlink in mein Bewusstsein. Wenn ich bei der nächsten Überarbeitung lese, was ich vor langer Zeit dort hoch verkürzt geschrieben habe, fällt mir sofort wieder alles ein, was damit zusammenhängt. So geht auch langfristig nichts Wesentliches verloren beziehungsweise wird nichts Wichtiges aus dem Auge verloren.

Self Check/ Reflexions Part

S1:Key Findings /	Ignoranz des BauWesen in Prozessbeschreibung. Bau(Un) wirkt auch in CH
S2:Major Priority Changes	Ich kann mehrere Jahre an BauUnwesen dran belieben; über Sabbatical hinaus
S3:What learned in last period ?	Amazon E.shops auf setzen und betreiben; für 3D Artikel und e-Medium
S4:What did go wrong ? Failure ?	Kalender noch nicht auf Amazon
S5:What was major progress /success ?	BauUnwesen kam im Bundesberlin Politik an. Ich bei MDBs Bundestag
S6: Key risks in next period ?	Verantwortung als VR bei MST
S7:Where to invest most time/attention?	2ease.xxx.OS Fortschritte Prozesse + Befüllen Templates

Abb. 5.35 Reviewteil meines Masterplans im Dezember 2014 mitten in meiner Sabbatical-Phase als Publizist.

Der Zukunft ein Profil und einen Fluss geben

Bevor ich die gesamte Arbeitsplanung für alle meine Themenfelder mit ihren Vorhaben und Ziele aktualisiere, entwickle ich eine Vorstellung, wie die Zukunft für mich aussehen wird beziehungsweise aussehen soll. Was prägt die nächsten Monate und Quartale? Was werden die Schwerpunkte sein? Ich gebe der vor mir liegenden Arbeitsperiode ein möglichst prägnantes und attraktives Profil. Erst wenn ich eine gewisse Vorstellung von dem vor mir liegenden Arbeitsfluss habe und mir das plausibel erscheint, gehe ich an das Update der Inhalte des Masterarbeitsplanungsteils. Mit dem klaren Bewusstsein über strategische Ziele, die vergangene Periode und das Schwerpunktprofil der nächsten Monate und Quartale beginne ich im Masterarbeitsplan, alle meine Vorhaben, Ziele, Optionen und Szenarien durchzudenken und deren Verfolgung neu zu planen.

Tourplan – Preview

Periode	Target / Focus
Q4	Publizist in Gewinnzone. Herbert ISO für Q1. 2ease SW/IT OS System orange, Methoden orange,
Dezember	, Weihnachtsgeschäft BauUnwesen, Doku.2ease, Herbert Abläufe+Standards in orange
Q1	Hauptfokus. 2ease. grün-für Direktlizenz, BauUnwesen (30-40%), Verkehr/Umsatz BauU via Weblinks
Januar	2ease.Methoden+Abläufe Websites operativ, int.Audit 2ease.Herbert.OS – Arbeitspakete für grün
Februar	2ease FührungsProzess bei Herbert; ISO Abnahmen Herbert, Einführung Buch CH + Au.Gründung 2ease.AG
März	Europa Tournee BauUnwesen organisieren. Neukontaktphase 2ease.next,
Q2	Abschluss 2ease Tobol + Herbert, Start Roll Out 3 + 4
April	BP/Strategie intern.Audit Tobol
Mai	Implementierung Führunsgprozess/Tobol

Abb. 5.36 Masterplan-Preview-Teil in der Version vom Dezember 2014.

Das Masterarbeitsplan-Teil-Update nach erfolgtem Review und Preview

SubCat	Main Category	Who	Prio/Zeit
	NINO Site:		
	Nino Analytics PIWIK		2
	MasterCard soll gehen	AK	0
	WP-Site BauUnwesen.De		
	Umbau von BeBaWe auf Stop BauU Themen / Landingseiten für Banner + Googls Ads + Focus Papers NormungsUnwesen Seite	BS	Januar 2 3
	CRM / Kundenbasis Software – für BauUnwesen/2ease auswählen. Input Hirschi ERP		Februar
	Banner Präsenz		
Bau Site	Portale, Hersteller, FM Firmen, Verbände Top 1. BTGA Herr Mertz		1
Organisat	Steuerzahler, DGB/IGB, RealFM, Tuev, D.AG.Rheine 10 K ; Mieterbund, Haus und Grund, GEFMA IG Bau – Weihnachtsaktion - Downloadrechte – 1.Text und Desigvorschlag		1 1
Affiliate	Youtube Channels / Video Produktion Berlin	BS	Q1
	Social Media Post (1 mal)		
	G+ / XING / Linkedin – Gruppen	JL	W45
	Kommentare PresseArtikel – Diskussionsforen -		3
	Audio Files Malter Verarbeiten - Podcast + Radiosendungen		2
	Mail – Push Com		
	-Verkaufsmail an bisherige NINO Käufer	AK	49

Abb. 5.37 Ausschnitt aus meinem Masterarbeitsplan vom Dezember 2014.

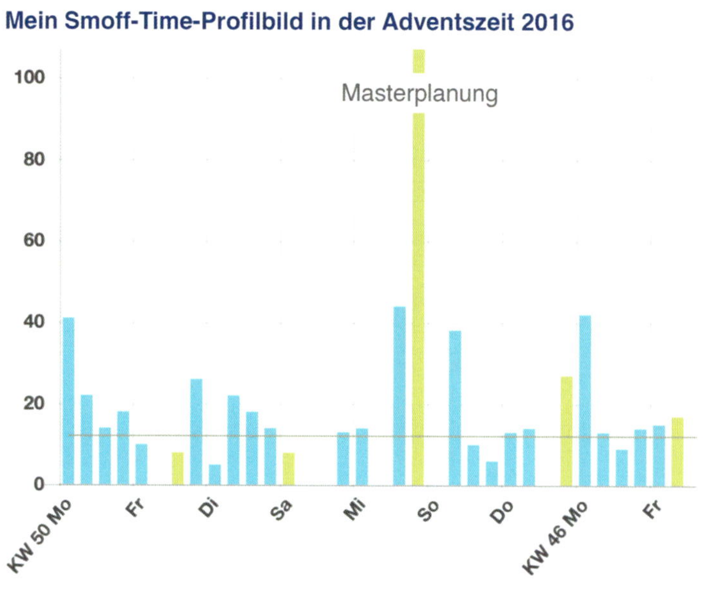

Abb. 5.38 Entscheidend ist die konsequente Umsetzung der Masterplanung über eine professionelle Wochen- und Tagesplanung, wie in Kapitel 4 beschrieben. Ich kann über Jahre hinweg nachsehen, was ich mir an einem bestimmten Tag oder Woche vorgenommen habe. Und ich sehe, wie weit ich jeweils mit der Umsetzung meiner Vorhaben gekommen bin.

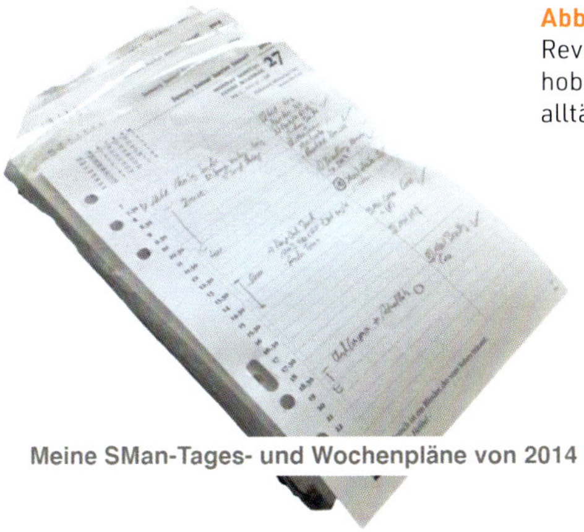

Abb. 5.39 Meine persönlichen Planungs- und Review-Blätter seit 2014 habe ich mir aufgehoben. Sie dokumentieren, wie ich mich selbst alltäglich durchs Leben navigiert habe.

Die wundersame Wirkung professionellen Selbstmanagements

Die Teil- und Etappenziele, die ich mir mit der Masterplanung setzte und verfolgte, waren sehr anspruchsvoll. Selbst mit viel Geld hätte sich niemand die Zielerreichung erkaufen können. Und ich wollte ja gar kein Geld dafür ausgeben, sondern dabei auch immer meinen Lebensunterhalt verdienen. Ich wollte nicht vom Ersparten leben. Ich wollte kein Geld einsetzen, um mich neu zu erfinden und für die nächsten Jahrzehnte beruflich fit zu machen. Ich wollte nur mein Denkvermögen für wenige Minuten pro Tag systematisch zielführender einsetzen. Und alle 2 Monate wollte ich 2–4 Stunden für ein Masterplan-Update zur taktisch-strategischen Selbststeuerung investieren.

Kann das so funktionieren? Ja, es hat funktioniert, auch wenn es unglaublich ist. Die folgenden Bilder geben einen Eindruck davon.

In einem mir fremden Metier, dem Bauwesen, habe ich mich zum gefragten Experten, Key Speaker und erfolgreichen Buchautor entwickelt. Ich bekam durch viele Radio-Livesendungen und TV-Auftritte Übung in Medienkommunikation. Ich habe mir die Option geschaffen, künftig auch nur als Publizist auskömmlich zu leben, solange ich will – ohne Altersgrenze.

Insgesamt habe ich fast 7.000 hochpreisige Bücher verkauft. Ich war mein eigener Verlag und hatte meinen Webshop als Verkaufskanal neben Amazon und Buchhandel aufgebaut.

Meine praktischen Digital Skills sind so hoch, dass ich in der Nutzung von Web/ Internet den meisten professionellen Marketingleuten sowie auch Universitätsprofessoren und Doktoren für Informatik viel beibringen kann.

Abb. 5.40 In einem Metier, in dem ich nicht zu Hause war, und ohne Buchverlag im Rücken konnte ich zu einem anerkannten Autor werden und zeitweise sogar die Bestsellerliste bei Amazon anführen.

Mit den Kursen in professioneller persönlicher Planung und Selbstmanagement und Smoffen-Mentoring für Einzelpersonen und gesamte Unternehmen habe ich mir ein attraktives Geschäft aufgebaut, das ich mit viel Freude betreiben kann, solange meine Gesundheit mitmacht. Mit diesem Buch und der Smoffen-Mentoring-Plattform (www.smoff.ch) kann ich noch viel mehr bewegen und erreichen. Ich lebe besser und spannender als je zuvor als CEO und habe bessere Zukunftsperspektiven. Das hätte ich nie für möglich gehalten. Nur dank des beruflichen Beinahe-Absturzes nach der der „feindlichen" Firmenübernahme war ich gezwungen, noch mehr aus meinem Leben zu machen, das heißt, mein Denkvermögen noch nutzbringender für mich einzusetzen.

Abb. 5.41 Neben dem Leiter des Bundesamts für Bauwesen wurde ich als zweiter Fachexperte in den Deutschen Bundestag zur Anhörung eingeladen. **www.bauwesen.co**

Abb. 5.42 Mit meiner neuen selbst erworbenen Expertise kam ich mehrmals in den Prime-Time-Nachrichten und in den Nachrichtenmagazinen des Deutschen Fernsehens zu Wort. **www.bauwesen.co/lobbyarbeit-gemeinwohl**

Abb. 5.43 Durch Selbstmanagement hatte ich mir so viel Digital-Webkompetenz angeeignet, dass ich damit sogar Geld verdienen konnte, auch mit Workshops an Universitäten. **www.2ease.org/digitalkompetenz**

Schlussbemerkung

Das Leben lässt sich nicht planen. Es kommt meist anders, als man denkt. Das ändert sich auch durch die professionelle Planung nicht. Das Leben bleibt spannend. Aber wer geplant vorgeht, ist produktiver, wertgeschätzter und wohler im Leben. Das ist ganz sicher. Es klappt damit nicht alles im Arbeitsleben, aber es klappt viel mehr.

Und mit professioneller Planung können Sie unvermeidliche Krisen, Überlastungen und berufliches Unglück besser und sicherer bewältigen. Das sollte durch dieses Kapitel deutlich werden. Sie können damit sogar aus einem Unglück wie einer „feindlichen" Übernahme einen Glücksfall für Ihr berufliches Leben machen.

Was Sie aus Ihrem Leben und Ihren Möglichkeiten machen, hängt von Ihnen selbst ab. Mit den Inhalten dieses Buches und den vorgestellten Hilfsmitteln wird es Ihnen leichter fallen, mehr daraus zu machen. Es fördert Freude und Erfolg im Arbeitsleben – für Sie und Ihre beruflichen Mitmenschen.

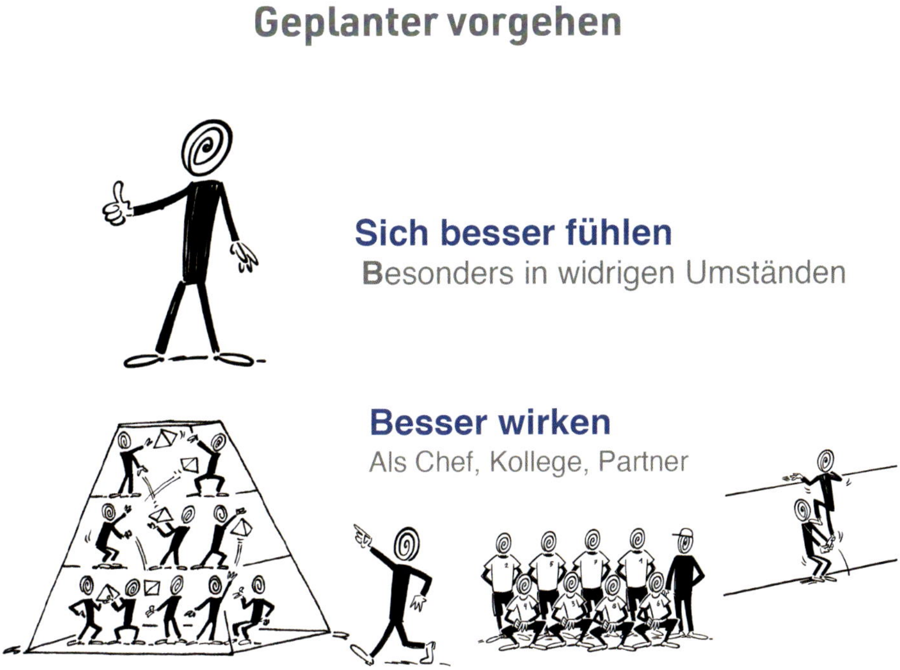

Abb. 5.44 Die Veränderungen zum Besseren erfordern nicht viel. Es genügt, sein Denkvermögen wenige Minuten täglich systematisch zielführender einzusetzen.

6.

ANDEREN ZU PROFESSIONELLERER PLANUNG VERHELFEN

SMOFFEN-MENTORING

Abb. 6.1 Ihr Wohlergehen im Sinn.

6.
ANDEREN ZU PROFESSIONELLERER PLANUNG VERHELFEN

SMOFFEN-MENTORING

Es gibt kaum eine Möglichkeit, mit so geringem Aufwand so viel Gutes für sich und andere zu bewirken, als mit dem Smoffen professionelle persönliche Planung vorzuleben und zu verbreiten. Das wird im abschließenden Kapitel aufgezeigt. Es gibt einen dreifachen Nutzen, Mentor und Vorbild für professionelle persönliche Planung und Selbstmanagement zu werden. Sie erhalten die entsprechende Unterstützung auch kostenlos.

Inhalt

6.1 IHREN NUTZEN AUS DIESEM BUCH ZIEHEN

Grundlegende Fortschritte bei persönlicher Planung und Selbstmanagement

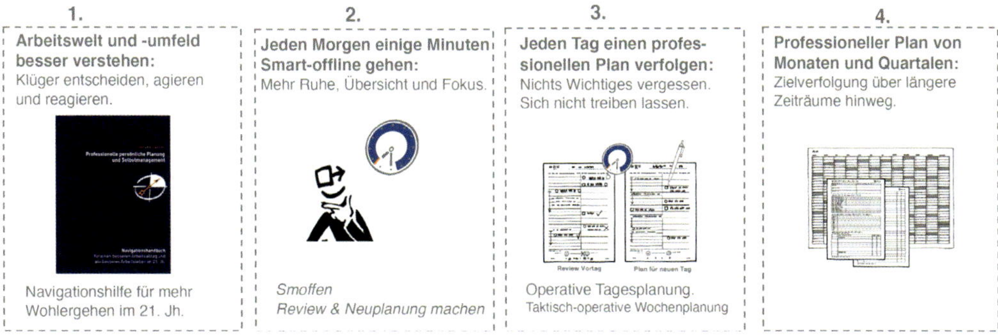

Abb. 6.2 Dieses Buch ermöglicht die Fortschrittsstufen 1 bis 3. Dafür gibt es bei Bedarf auch persönliche Hilfe. Eine Begleitung zur Fortschrittsstufe 4 ist nicht vorgesehen. Der Schritt sollte nur mit etwas intensiverem persönlichen Mentoring angegangen werden (www.smoffen-support.de).

Einfach das rational Sinnvolle und Erstrebenswerte tun

Unabhängig davon, wer Sie sind, wo Sie sind und was Sie tun, ist es rational sinnvoll und erstrebenswert, einige wenige Minuten des Tages Ihr Denkvermögen für den professionellen persönlichen Review und die Neuplanung einzusetzen. Es ist absolut vernünftig zu smoffen, besonders wenn Sie unter Druck stehen oder noch viele Jahre erwerbstätig sein wollen oder müssen. Das tägliche Smoffen ist ein guter Vorsatz ohne die üblichen Hemmnisse für die Umsetzung. Denn bei diesem Vorsatz muss auf nichts verzichtet werden. Wer weniger raucht, weniger trinkt oder weniger isst, muss auf Genuss und soziale Nähe verzichten. Das macht es schwer, solche Vorsätze, gerade auf Dauer, durchzuhalten. Wenn Sie sich vornehmen, mehr Sport zu treiben, um gesünder zu leben, kostet Sie das erst einmal viel Zeit und Mühe. Eine erkennbare Wirkung tritt wenn überhaupt erst später ein. Im Gegensatz dazu ist beim Smoffen die Wirkung sofort spürbar, und Sie gewinnen Zeit, weil Sie geplanter und damit effizienter sowie effektiver vorgehen. Um zu smoffen, müssen Sie nur für wenige Minuten am Tag auf die Interaktion mit Ihrer Umgebung, auf Smartphone-Nutzung und auf Medienkonsum verzichten.

Manche Gewohnheiten sind für Sie persönlich sehr vorteilhaft, aber Ihre Vorteile gehen zulasten der Allgemeinheit und einzelner Mitmenschen. Auf der Autobahn aus Gewohnheit auf der Überholspur zu bleiben, wäre ein Beispiel. Stur auf der linken Spur zu bleiben, ist für Sie zwar persönlich optimal, aber für alle eine Behinderung, die es eiliger haben als Sie. Fänden Sie viele Nachahmer, würde die Verkehrskapazität der Autobahnen massiv reduziert: Alle würden langsamer. Bei der guten Angewohnheit zum Smoffen hat niemand einen Nachteil. Ganz im Gegenteil: Alle profitieren, wenn weniger berufliche Mitmenschen plan- und kopflos durch den Arbeitstag gehen. Wenn Sie selbst den Tag besser vorbereitet und Ihre Arbeit geplant angehen, läuft es für Sie und auch für die anderen, die auf Ihre Zuarbeit angewiesen sind, spürbar besser. Wenn Ihre beruflichen Kontaktpersonen smoffen, nützt es auch Ihnen, weil Reflexion und Planung gute Zusammenarbeit fördert. Da Sie beim Smoffen richtungsweisende Entscheidungen für Ihre kurz-, mittel- und langfristige Zukunft treffen und in der Umsetzung auch nachverfolgen, ist die Wirkung dauerhaft und Life-Changing zugleich.

Mehr aus Vorhandenem machen bedeutet weniger Aufwand – weniger Geschäft

Alles spricht dafür, smoffen zum Teil Ihrer persönlichen Arbeitskultur machen, und nichts spricht dagegen. Es ist unglaublich einfach und wirksam. Und dennoch ist es nicht verbreitet und in der heutigen Arbeitswelt noch völlig außergewöhnlich.

Die Kernidee von professioneller persönlicher Planung und Selbstmanagement besteht darin, mehr aus den vorhandenen Ressourcen, Mitteln und Möglichkeiten zu machen, indem das Denkvermögen einige Minuten pro Tag zielführend dafür eingesetzt wird. Das ist so einfach wie revolutionär. Mehr aus dem Vorhandenem zu machen, gilt auch als die große Herausforderung der Welt des 21. Jahrhunderts. Es passt damit in die Zeit. Jedoch steht das Smoffen den Interessen der bisher üblichen Geschäftsmodelle entgegen. Je mehr Aufwand ein Kunde für die Lösung eines Problems oder einer angestrebten Verbesserung betreibt, umso besser. Wenn trotz des großen Aufwands das Problem immer noch da ist oder sogar eine Verschlechterung eingetreten ist, sind gute Geschäfte dauerhaft gesichert. Das Geschäft der Kosmetikindustrie mit den Faltencremes läuft so ähnlich. Als Konsument wird nichts unversucht gelassen, und im ersten Moment fühlt es sich gut an. In der Arbeitswelt werden viele Probleme eher geschönt als gelöst, und viele angebliche Lösungen verschlimmern die Lage noch. Das ist nicht beabsichtigt, sondern ergibt sich einfach so mangels besserer Alternativen, siehe Faltencreme.

Probleme der Arbeitswelt werden mit mehr Technik, besserer Technik und neuerer Technik „gelöst". Ergänzend zur Technik wird der Arbeitsalltag in Unternehmen mit mehr Beratung und mehr Schulungen gestaltet. Das Ergebnis ist die heutige Arbeitswelt mit Stress, Hektik und Durcheinander. Erkrankungen psychischer Art werden immer mehr zur Normalität und damit zum Problem der Sozialsysteme sowie zur Zusatzbelastung für Kollegen, die einspringen müssen. Eine Abhilfe wäre also nötig und für die Betroffenen sowie die Gesellschaft sinnvoll. Die wirksame Abhilfe wäre, smoffen und professionelle persönliche Planung zur Normalität der Arbeitswelt zu machen. Das ist jedoch gegen das Geschäftsinteresse vieler professioneller „Faltencreme"-Anbieter. Diese Anbieter werden keine Freude haben, wenn weniger Bedarf an Schulungen, Beratung und neuer Technik besteht. Das wirkt sich für sie geschäftsschädigend aus. Die mit diesen Anbietern verbundenen Kräfte aus Lehre und Medien haben kein Interesse daran, wenn der Bedarf an Faltencremes zurückgeht. Da kann ich kaum Unterstützung für die Verbreitung des Smoffens erwarten, ganz im Gegenteil: Wer gut von unwirksamen Mitteln und Wegen lebt, wird eher mit Zweifel und Bedenken das natürliche Beharrungsvermögen von Menschen stärken und damit das „Weiter so" wie bisher fördern. Das ist verständlich und legitim. Ich muss andere Wege gehen und auf andere Mechanismen setzen, um das Smoffen zu verbreiten und als neue Normalität in der Arbeitswelt zu etablieren. Das vorliegende Buch ist eine notwendige, aber nicht hinreichende Grundlage dafür. Es braucht auch Sie dafür.

Professionell soziales Verhalten bei der Arbeit

Um Menschen zum Smoffen und zu professioneller persönlicher Planung zu bringen, setze ich auf die wunderbaren Eigenschaften der Menschen als soziale Wesen. Diese Eigenschaften wirken in Zeiten des Social Distancing sogar stärker als in der vorher ganz selbstverständlichen räumlichen Nähe. Menschen sind als soziale Wesen zu wunderbarer menschlicher Unvernunft fähig. Sie helfen einander auch ohne monetäre Gegenleistung, nur weil es wichtig ist und es sich gut anfühlt.

Es fühlt sehr gut und richtig an, positive Erfahrungen wie das Smoffen und wertvolle Fähigkeiten wie professionelle Planung mit anderen zu teilen. Etwas Gemeinsames tun, etwas gemeinsam zu haben, das verbindet. Es schafft wohltuende soziale Nähe in einer Arbeitswelt, die eher zu mehr Distanz und Entfremdung tendiert.

Abb. 6.3 Hilfestellung. Oft keine große Sache, aber mit großer Wirkung.

Ich setze bei der Verbreitung des Smoffens auf den Willen und die Bereitschaft von Menschen, anderen zu helfen und Gutes zu tun. Ich zähle auf einen viralen Effekt von Mensch zu Mensch, nur eben im positiven Sinn. Isolierte Hotspots in Form von Unternehmen, die Smoffen schon vor einigen Jahren standardisiert haben, existieren bereits. Mit dem vorliegenden Buch wird die Verbreitung in der Fläche möglich.

Stellen Sie sich vor, Sie fördern das Wohlergehen von Kollegen oder guten Bekannten, indem Sie sie zum Smoffen bringen und bei ihrer professionellen persönlichen Planung unterstützen. Dann wirken Sie wie ein Mentor. Das ist der Nachweis Ihrer hohen sozialen und professionellen Kompetenz. Ihr Umfeld sieht und spürt das. Solche Kollegen und Freunde wie Sie tun jedem gut, und Menschen, die einem guttun, möchte jeder haben. Dadurch steigt ganz natürlich Ihre Führungskompetenz, weil Ihnen andere mehr vertrauen.

Bei dem persönlichen Review und der Planung ist Vertrauen erforderlich. Und dieses Vertrauen entsteht leichter und ist tragfähiger innerhalb eines entsprechenden Rahmens. Diesen Rahmen gibt die Smoffen-Mentoring-Plattform (www.smoff.ch). Sie ist auf die virale Verbreitung des Smoffens über Empfehlung und Anleitung eingerichtet. Um einen guten Kollegen oder Freund zum Smoffen und zu professionellerer persönlicher Planung zu bringen, ist die Nutzung der Smoffen-Mentoring-Plattform und der notwendigen Medien kostenlos. Finanzielle Überlegungen sollten Sie nicht davon abhalten, anderen aus professionell sozialer Motivation heraus zu helfen, wie das folgende Beispiel einprägsam zeigt.

Freunden und Bekannten unglaublich gut helfen können – ein realer Fall

Stellen Sie sich einmal vor, Sie trinken am Feierabend nach längerer Zeit wieder einmal mit einem guten alten Freund ein Bier. Er ist beruflich hoch bis an seine Grenze belastet. Er hat es zum Regionalmanager für einen US-Milliardenkonzern gebracht und führt an einer der renommiertesten Geschäftsadressen Berlins ein eigenes Team. Geschäftlich ist er oft unterwegs. Als Single konnte er sich viele Jahre voll auf seine Karriere konzentrieren. Nun ist er über dreißig und hat seit Kurzem eine junge Familie mit zwei Kindern im Kinderkrippenalter. Seine Ehefrau ist in der Elternzeit viel zu oft allein zu Hause.

Beruflich und privat kommt da viel zusammen. Ihr Freund ist überlastet und kommt wenig zur Ruhe. Und er hat im beruflichen Leben noch viel mehr vor. Er will noch weiterkommen und seinen Ehrgeiz ausleben. Wie soll das alles zusammen funktionieren? Er weiß es nicht. Und das vertraut er Ihnen beim abendlichen Bier an. Was machen Sie nun? Wie reagieren Sie darauf? Können Sie Ihrem guten Freund helfen? Oder sind auch Sie hilflos und können bestenfalls Mitgefühl aussprechen oder ihm gegebenenfalls Ihr eigenes „Leid" mit chronischer Überlastung klagen im Sinne von: Geteiltes Leid ist halbes Leid. Sie könnten ihm auch empfehlen, einfach beruflich kürzer zu treten und seine Ambitionen fürs Leben zu zügeln.

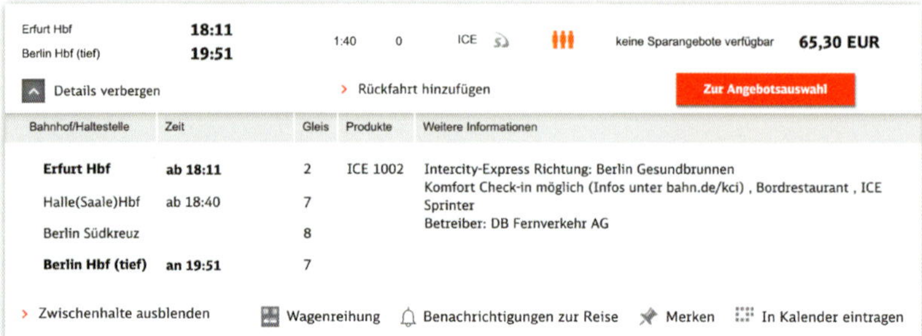

Abb. 6.4 In diesem Zug habe ich am Abend des 5.11.2019 einem hilfsbedürftigen Mitfahrer zwischen Halle und Berlin Hbf die Anleitung und Mittel zur professionellen persönlichen Planung gegeben.

In der Situation wäre es schön, für den Freund etwas zu tun, das ihm wirklich hilft und die freundschaftliche Beziehung stärker macht. Jetzt wäre es schön, wenn Sie ihm anbieten könnten, ihm als Mentor zu mehr Ruhe und professionellerer persönlicher Planung zu verhelfen. Das wirkt speziell in Drucksituationen sehr schnell und ist dauerhaft „Life-Changing“.

Genau das habe ich einem Mitfahrer im 6er-Abteil des abendlichen ICE 1002 zwischen Halle und Berlin Hauptbahnhof am 5.11.2019 empfohlen. Ich war auf dem Weg zu einem Smoffen-Workshop in Berlin und bereitete im Zug die Smoff-Books mit den 2ease SMan-Timelines vor. Der Mitfahrer war neugierig, was ich da mache. Der mir vorher fremde Mensch beschrieb mir die Sicht seines Arbeitslebens genauso wie oben der Freund in meinem Gedankenspiel. Ich ermutigte ihm zum Smoffen, gab ihm das PDF-File meiner Workshopunterlagen, ein einfaches SmoffBook mit den 2ease SMan-Timeline-Planungsvorlagen für den Rest des Jahres. Eine halbe Stunde bevor der Zug in seinen Endbahnhof einfuhr, gab ich ihm noch die Anleitung zur professionelleren persönlichen Planung. Zum Abschied im Berliner Hauptbahnhof versprach ich ihm, aus der Ferne via Smoffen-Mentoring-Plattform (www.smoff.ch) bei seiner täglichen und wöchentlichen Planung methodisch beratend zur Seite zu stehen. Ich bot einem Fremden, der hilfsbedürftig war, Hilfe an, ohne jede Vorbedingung. Es brachte mir das Vertrauen und Dankbarkeit eines sympathischen, dynamischen Menschen. Und einen überzeugten neuen Fan des Smoffens und der professionellen Tages-/Wochenplanung. Er hat inzwischen auch seine Chefin dafür begeistert, Smoffen weiter im Unternehmen zu etablieren.

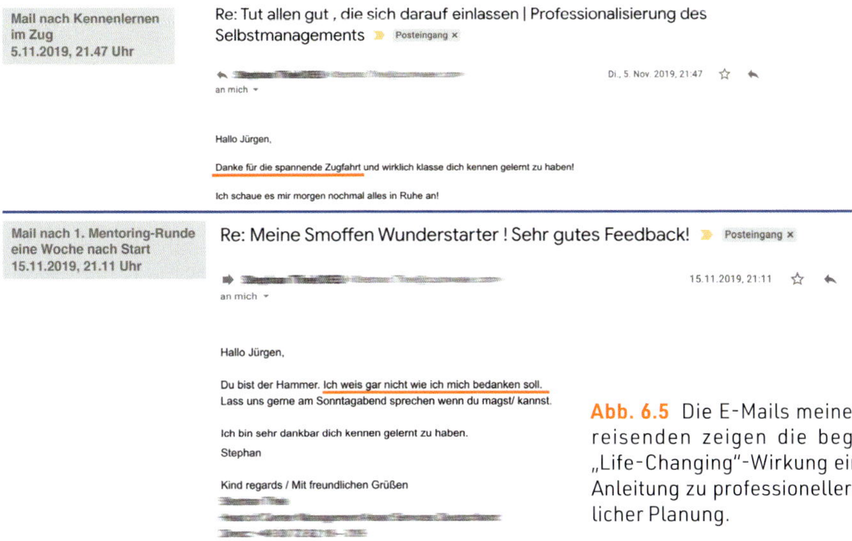

Mail nach Kennenlernen im Zug
5.11.2019, 21.47 Uhr

Re: Tut allen gut , die sich darauf einlassen | Professionalisierung des Selbstmanagements Posteingang ×

Di., 5. Nov. 2019, 21:47

an mich

Hallo Jürgen,

Danke für die spannende Zugfahrt und wirklich klasse dich kennen gelernt zu haben!

Ich schaue es mir morgen nochmal alles in Ruhe an!

Mail nach 1. Mentoring-Runde eine Woche nach Start
15.11.2019, 21.11 Uhr

Re: Meine Smoffen Wunderstarter ! Sehr gutes Feedback! Posteingang ×

15.11.2019, 21:11

an mich

Hallo Jürgen,

Du bist der Hammer. Ich weis gar nicht wie ich mich bedanken soll.
Lass uns gerne am Sonntagabend sprechen wenn du magst/ kannst.

Ich bin sehr dankbar dich kennen gelernt zu haben.
Stephan

Kind regards / Mit freundlichen Grüßen

Abb. 6.5 Die E-Mails meines ICE-Mitreisenden zeigen die begeisternde „Life-Changing"-Wirkung einer kurzen Anleitung zu professionellerer persönlicher Planung.

Es ist sicher nicht alltäglich, im ICE einen Fremden zu treffen, der Hilfe benötigt und schätzt wie mein Mitfahrer damals am 5.11.2019. Aber Sie werden in Ihrem Arbeitsalltag auf viele Menschen treffen, die gestresst, unzufrieden, überlastet, überfordert, durcheinander, vergesslich oder einfach schlecht drauf sind. Entsprechend groß ist der Bedarf an Hilfe. Das können Sie für sich nutzen, wenn Sie selbst smoffen und die professionelle Planung mit dem SMan-System beherrschen. Dann könnten Sie auch Mentor für andere machen. Das eröffnet interessante neue Möglichkeiten für Ihr Arbeitsleben.

RE: US Konzern macht Personal-Führungskräfte Entwicklung
Posteingang ×

18.08.2020, 10:53

an mich

Hallo lieber Jürgen,

danke für deine Nachricht. Oh man bei mir ist sooo viel passiert – das muss ich dir erzählen...

Kurz zusammengefasst: meine Chefin ist langzeitkrank und ich habe jetzt die Gesamtabteilung kommisarisch übernommen. Eine Mammutsaufgabe, die ohne meine tägliche Planung gar nicht mehr gehen würde... Ich bin immer noch sehr froh mit dir Zug gefahren zu sein. Mit meiner Frau plane ich nunmehr auch immer 14 Tage vor und jeden Sonntag ist Feedbackrunde...

Kind regards / Mit freundlichen Grüßen

Head of Center Management Asset Services Germany

Abb. 6.6 Mit professioneller persönlicher Planung und Smoffen bewältigt mein ICE-Mitfahrer inzwischen sogar den Job seiner Chefin mit und verbessert damit auch sein privates Leben.

Mit Smoffen zu mehr und wertvolleren Beziehungen

In der Arbeitswelt des 21. Jahrhunderts existieren immer mehr Bekanntschaften. Sie kommen bei der Arbeit mit vielen Menschen in Kontakt. Die beruflichen „sozialen" Netzwerke wie LinkedIn und XING ermöglichen Ihnen, mit all diesen Menschen für immer in Kontakt zu bleiben. Und die Plattformbetreiber sorgen dafür, dass „Ihr" berufliches Netzwerk auch noch mit Menschen anwächst, mit denen Sie nie etwas zu tun hatten, die Sie nie trafen und wohl auch nie treffen werden. Hunderte von Menschen im sozialen Netzwerk zu haben, gibt ein gutes Gefühl. Die Anteilnahme an Geburtstagen, Jahrestagen und Jobwechseln tut gut, selbst wenn die gezeigte Aufmerksamkeit halb automatisiert von der sozialen Plattform ausgeht. Aber wie belastbar ist Ihr digitales soziales Netzwerk, wenn es darauf ankommt? Was nützt es Ihnen? Bekommen Sie damit mehr Unterstützung? Ist es wichtig für Ihr Wohlergehen? Wer aus dem Netzwerk würde Ihnen aus der Patsche helfen? Wer macht etwas für Sie? Wer gibt Ihnen einen guten Rat? Wem sind Sie wichtig? Wer bringt Sie weiter und fördert Sie?

Aus meiner Erfahrung ist die Menge an Kontakten und deren Querverbindungen keine Gewähr dafür, Hilfe zu bekommen, wenn sie nötig ist. Ich glaube nicht an die Tragfähigkeit digitaler professioneller Netzwerke, die sich recht mühelos aufbauen und wie von allein wachsen. Beziehungen, auf die Verlass ist, entstehen nicht von allein und nicht mühelos. In den Aufbau von wertvollen menschlichen 1:1-Beziehungen muss man investieren, und es bedarf Pflege, um ihren Wert zu erhalten. Vertrauens- und Einander-helfen-Beziehungen zu Menschen zu entwickeln und bestehende Beziehungen zu pflegen, ist in Zeiten des Social Distancing schwerer als je zuvor. Gleichzeitig sind das bewusste Entwickeln und Pflegen solcher wertvoller Beziehungen wichtiger denn je, weil weniger Gelegenheiten dafür bestehen.

Die gesichert dauerhaften Beziehungen mit dem Vitamin-B (Beziehung)-Effekt werden tendenziell weniger, weil die Familien und damit die Verwandtschaften immer kleiner werden. Wenn Ihnen gute persönliche Beziehungen wichtig sind, sollte deren Ausbau und Erhalt integraler Teil Ihrer professionellen persönlichen Planung und Ihres Selbstmanagements sein. Damit machen Sie systematisch mehr aus dem Vorhandenen, das heißt aus Ihren alten Beziehungen, und erhalten die

Chance, neue wertvolle Beziehungen zu entwickeln. Mit der Kombination SMan-Master-, Wochen- und Tagesplanung habe ich mein Beziehungsportfolio schon seit Langem entsprechend meinen Zielen und Risiken verändert und ausgebaut. Schon in der exponierten CEO-Position habe ich über Jahre hinweg Beziehungen entwickelt, die mir aus dem „Loch" helfen, wenn mich die typischen beruflichen Schicksalsschläge wie eine feindliche Übernahme treffen. Mir war das Risiko dafür sehr bewusst.

Abb. 6.7 Mit professionellem Selbstmanagement können Sie Ihr Beziehungsportfolio entwickeln und pflegen. Als Mentor können Sie Menschen helfen, die dann auch Ihnen sicher bei Bedarf helfen werden. Mit Mentoring investieren Sie gezielt in tragfähige, wertvolle Beziehungen zu Ihren Mitmenschen.

Bei der Vorarbeit für dieses Buch habe ich die Kompetenz in professioneller persönlicher Planung und Selbstmanagement testweise eingesetzt, um tragfähige Vertrauens- und Einander-helfen-Beziehungen mit Fremden aufzubauen. Ein Beispiel ist die Berliner Zufallsbekanntschaft aus dem Zug. Der Herr hat mir von selbst Unterstützung beim geplanten Berliner Praktikum meines Sohnes angeboten in einer Art, die man nicht kaufen kann. Eine Art Hilfe, die unbezahlbar ist. Ich habe der Zufallsbekanntschaft im Zug ohne jede Vorbedingung zum Smoffen und zur professionelleren Planung verholfen. Ohne Erwartung von Gegenleistung habe ich ihm etwas von meiner Zeit und Aufmerksamkeit gegeben, weil es ihm nützte und guttat. Das ist professionelles soziales Verhalten. Erst anderen helfen, damit Ihnen auch einmal geholfen wird. Das Verhelfen zur besseren persönlichen Planung und Selbstmanagement ist für den Aufbau wertvoller Vertrauens- und Einander-helfen-Beziehungen besonders gut geeignet. Die folgenden Punkte sprechen dafür.

- **Persönliche Nähe ist zwangsläufig:**
  Das Thema persönliche Planung und Selbstmanagement bringt menschliche Nähe. Es erfordert Vertrauen und bildet Vertrauen.

- **Zusammenarbeiten, um das Ziel zu erreichen:**
  Es verbindet Menschen, gemeinsam etwas zu tun und zu erreichen. Das Professionalisieren persönlicher Planung und Smoffen zu einer neuen Gewohnheit zu machen, sind gute Ziele.

- **Das Helfen selbst ist sehr effizient und effektiv:**
  Anderen als Mentor zu professioneller persönlicher Planung zu verhelfen, erfordert nur wenig zeitlichen Aufwand und lässt sich gut in den Arbeitsalltag einfügen. Die Mentees spüren schnell eine begeisternde Wirkung. Sie werden sich den „Rest" ihres Arbeitslebens an Sie und Ihre Hilfestellung erinnern – jeden Morgen beim Smoffen.

- **Dauerhafte Mentor-Mentee-Beziehung:**
  Bei der Navigation durch das Arbeitsleben ist es immer gut, jemanden zu haben, der ein Auge auf einen hat. Via Smoffen-Mentoring-Plattform können Sie sehr effizient und effektiv Verbindung zu Mentees halten. Das ermöglicht mehr wertvolle und dauerhafte Beziehungen.

Nachfolgend finden Sie noch drei Beispiele für den Aufbau von Vertrauens- und Einander-helfen-Beziehungen mithilfe des Smoffens und des SMan-Planungssystems. Allen drei Personen habe ich als Mentor zur professionelleren persönlichen Planung verholfen. Anfänglich war ich jeweils nur als Smoff-Time-Mentor aktiv und habe die Mentees zum täglichen Smoffen gebracht. Dafür reicht mit der Smoffen-Mentoring-Plattform www.smoff.ch eine Stunde Zeitaufwand vollständig aus. Anschließend habe ich in einem Café eine Stunde Einweisung als Starthilfe gegeben und via Smoffen-Mentoring-Plattform die täglichen beziehungsweise wöchentlichen persönlichen Reviews und Neuplanungen begleitet. Für die

Masterplanung sind dann noch jeweils ein (Web-)Meeting und 3-4 E-Mails zur Abstimmung erforderlich. Verteilt über ein halbes Jahr, habe ich 3-4 Stunden in den Aufbau einer tragfähigen Beziehung investiert und hatte jeweils auch viel Freude dabei.

BEISPIEL 1

Beziehungsaufbau in die Ostschweiz und in die Welt der Managementausbildung: M. K. ist über 60 und hatte mich über die Google-Suche gefunden.

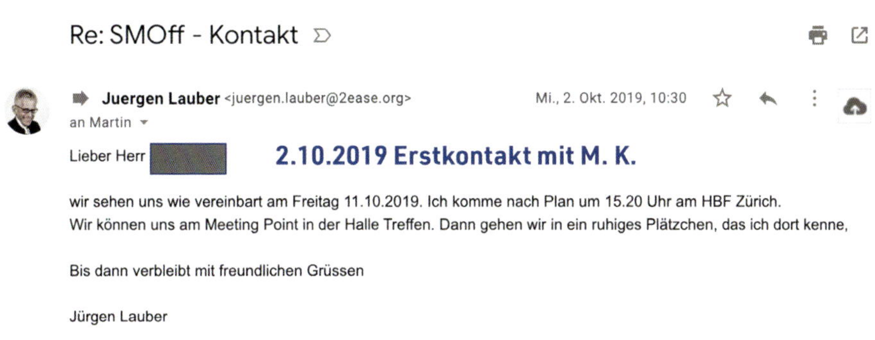

Re: SMOff - Kontakt

Juergen Lauber <juergen.lauber@2ease.org> Mi., 2. Okt. 2019, 10:30
an Martin

Lieber Herr ██████ **2.10.2019 Erstkontakt mit M. K.**

wir sehen uns wie vereinbart am Freitag 11.10.2019. Ich komme nach Plan um 15.20 Uhr am HBF Zürich.
Wir können uns am Meeting Point in der Halle Treffen. Dann gehen wir in ein ruhiges Plätzchen, das ich dort kenne,

Bis dann verbleibt mit freundlichen Grüssen

Jürgen Lauber

Abb. 6.8 Nach der Anfrage von M. K. habe ich mir über die Google-Suche ein Bild von ihm gemacht und beschlossen, in die Beziehung zu ihm zu investieren.

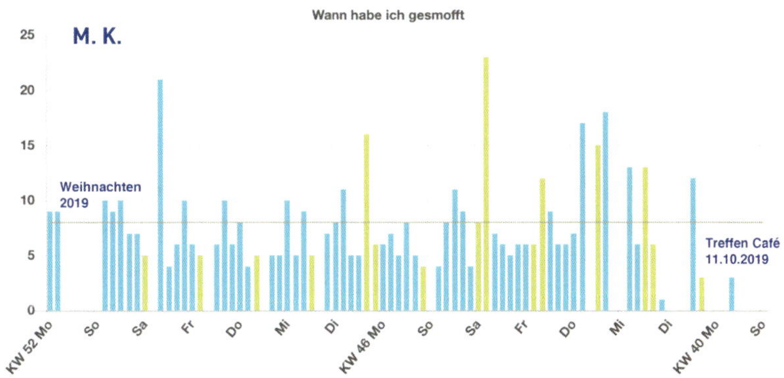

Abb. 6.9 Das Smoff-Time-Profil von M. K. Ende 2019. Anfang 2020 hat er neben der SMan-Tages- und Wochenplanung auch eine Masterplanung erstellt. Er befindet sich auf Mentorniveau.

BEISPIEL 2

Ein ehrgeiziger junger Mann, der mich von meinen publizistischen Aktivitäten gegen Bad Governance kannte, hat bei mir per Mail um ein Mentoring bei der Entwicklung seiner Karriere als Selbstständiger angefragt. Das habe ich ihm zugesagt, wenn er seine Planung auf der Basis SMan erstellt und täglich smofft. Interessant an der Beziehung zu Martin sind sein Standort in München, weit entfernt von mir, und sein Engagement für bessere Technik in Gebäuden. Das finde ich gut und unterstützungswert.

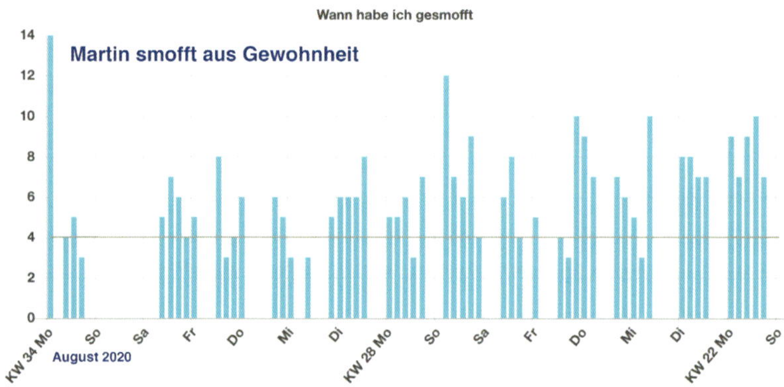

Abb. 6.10 Das 13-Wochen-Smoff-Time-Profilbild von Martin am 24.8.2020. Anfang 2020 hatte ich ihn per Webmeeting zur Masterplanung 2020 gebracht und seither nicht mehr gesprochen. Ich habe nur via Smoffen-Mentoring-Plattform ein Auge auf ihn. Das weiß er auch.

SMan Start Ausrüstung

Juergen Lauber <juergen.lauber@2ease.org> — Fr., 11. Okt. 2019, 13:41
an Martin

Start SMan in Rosenheim am 11.10.2019

Hallo Herr
war gut heute Morgen. Damit sie sich selbst systematisch besser führen können, nun Start SMan. Ich habe die Mentorfunktion nun freigeschaltet. Wir können uns gegenseitig über die Schulter schauen.
Anbei finden Sie die Unterlagen meiner normalen Starter Workshops zu Anleitung.
Schicken Sie mir doch mal was Sie aus meinen Anregungen heute morgen machen.

Liebe Grüsse von

Jürgen Lauber

Abb. 6.11 Am Morgen in einem Café in Rosenheim erfolgte eine kurze Einweisung, bevor ich den Zug in Richtung Zürich nahm, um nachmittags M. K. die gleiche Anleitung zum Smoffen zu geben.

Abb. 6.12 Bei Martin war ich seit Anfang 2020 nicht mehr als Mentor aktiv. Ich habe ihn allein gelassen. Etwas Mentoring wäre für ihn nötig, damit er auch einen ausgeprägten Wochenreview und Wochenplanung durchführt.

BEISPIEL 3

Susanna war für mich eine sehr gute Ideen- und Feedbackgeberin für mein Engagement in meiner Sabbatical-Auszeit mit Mitte 50. Sie brachte den Schweizer Blickwinkel und die Sicht des Facility Managements darin ein. Aus strategischen Gründen wollte ich mir für 2020 in Zürich eine weitere Aktivreferenz und einen potenziellen SMan-Mentor aufbauen. Da habe ich Susanna gefragt, ob sie Interesse hat, ihr persönliches Planungs- und Selbstmanagement zu professionalisieren. Sie war zuerst nicht richtig begeistert. Für sie lief es beruflich auch so schon gut. Sie hatte keinen Veränderungsdruck. Am 21.6.2019 ließ Sie sich dennoch aus Neugier und um mir einen Gefallen zu tun, bei einem Kaffee in die SMan-Tages- und Wochenplanung einweisen. Sie hat sich auf das Smoffen und das SMan-Planungssystem eingelassen. Es hat ihr überraschend gutgetan. Sie hat dann auch die Masterplanung gemacht. Sie beherrscht das SMan-Planungssystem durchgängig auf Mentorniveau und nutzt es jeden Tag.

24.8.2020 Nutzer-Datenbericht

Susanna aus ZH

Periode		Gesamtzeit	Zeit/Woche	Anzahl Smoff Tage
Vorwoche	100% ↓	00:30:39	00:30:39	5
5 Vorwochen	116%	03:19:04	00:39:49	29
13 Vorwochen	114%	08:15:10	00:38:05	74
52 Vorwochen	84%	23:18:23	00:26:54	218

Abb. 6.13 Der Smoffen-Bericht von Susanna mehr als ein Jahr nach dem Start. Sie ist eine hochengagierte fachliche Führungskraft, Mitte 50, ohne Personalverantwortung. Die knapp 40 Minuten Smoff-Time pro Woche passen dazu. Mehr Zeit für professionelle persönliche Planung bedarf es in ihrer Situation nicht.

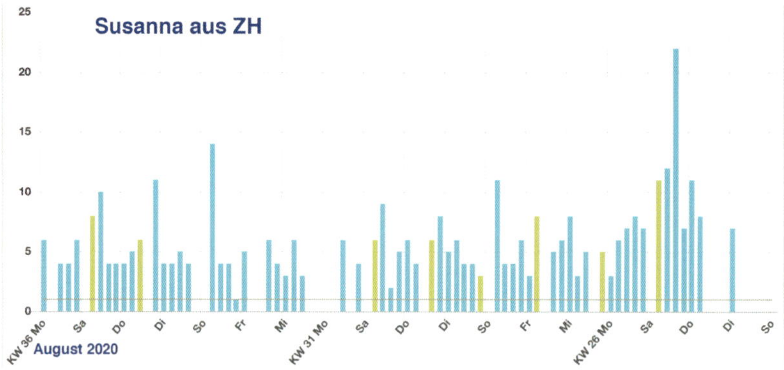

Abb. 6.14 An normalen Tagen genügen weniger als 5 Minuten Smoff-Time und ab und zu eine längere Smoff-Time, um etwas weiter im Voraus oder taktischer zu planen.

Soziales Verhalten steht für Leadership des 21. Jahrhunderts

Abb. 6.15 Anderen ohne Vorbedingungen zu helfen, ist nicht nur für die Entwicklung von engeren Beziehungen wichtig, sondern es bringt auch viel Ansehen und Good-Will bei jedem, der davon weiß.

Als Mentor anderen Menschen zum Smoffen und zu professionellerer persönlicher Planung zu verhelfen, bringt mehr als nur neue tragfähige und dauerhafte Beziehungen. Es bringt Ihnen auch viel Good-Will und Wertschätzung aller Menschen, die von Ihrem Mentoring wissen. Wenn Sie als Mentor positiv für andere wirken, indem Sie bei ihnen für Veränderungen zum Besseren sorgen, zeigen Sie Führungskraft. Als Mentor zu wirken, ist ein Beleg für persönliche Reife und Souveränität. Wenn Menschen ihre persönliche Planung und Ziele mit Ihnen teilen, ist das ein Zeichen Ihrer Vertrauenswürdigkeit. Helfen Sie beruflichen Mitmenschen ohne Vorbedingungen und spezielle Bezahlung, sich besser zu fühlen und besser zu sein. Das ist ein ausgesprochen soziales Verhalten, das Ihnen viel Achtung bringt.

Wie das Smoffen selbst ist auch Mentoring etwas rational Sinnvolles und Erstrebenswertes. Die 2ease AG erleichtert (to ease) und fördert systematisch, das rational Sinnvolle und Erstrebenswerte im Arbeitsalltag und Arbeitsleben auch zu tun. Die 2ease-Smoffen-Mentoring-Plattform unterstützt das Smoffen und das Mentoring. Es macht Mentoring effektiv, effizient und angenehm, gerade auch aus der Ferne. Im Jahr 2019 habe ich das mit vielen verschiedenen Personen selbst getestet. Aus den Erfahrungen mit neuen Mentorbeziehungen auf Leitungsebene von Konzernen und stark regulierten Branchen hat sich die Notwendigkeit für einen gesicherten vertraulichen Rahmen der Interaktion gezeigt. Entsprechend wurden die Funktionen, Datenschutz- und Nutzungsbedingungen angepasst. Es ist auch möglich, seine Einstufung und sein Wirken als Mentor über die Plattform zu dokumentieren. Wer anderen als Mentor guttut, kann es auch zeigen und für später belegen.

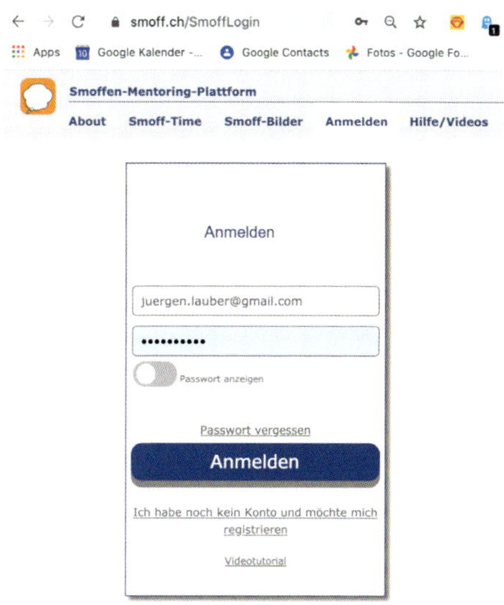

Abb. 6.16 Die 2ease Smoffen-Mentoring-Plattform ist seit 2016 im operativen Dauerbetrieb und wird seither laufend mit attraktiven Web-Apps erweitert. Mitte 2020 befinden sich circa 300 aktive User auf der Plattform, und die Server wurden in die Microsoft Azure Cloud transferiert. Das sichert eine schnelle Skalierung und hohe Sicherheitsstandards.

Smoffen so ansteckend wie gute Laune

Hinter dem Begriff smoffen steht kein etabliertes profitables Geschäftsmodell und damit auch kein Mainstream. Es wird nicht von Geld und bezahlten Meinungsmachern gepusht. Hinter dem Smoffen steht nur professionelles Selbstmanagement: mein eigenes Selbstmanagement und der Menschen, die mit ihren eigenen Selbstmanagementfähigkeiten die virale Verbreitung des Smoffens unterstützen.

Damit ist die Verbreitung des Smoffens ein realer Testfall für die Wirkung von professionellem Selbstmanagement. Die gefühlt positive Wirkung auf die einzelnen Menschen ist stark. Das zeigen die vielen Beispiele und die unmittelbare Eigenerfahrung. Was dabei weniger deutlich wird, ist die Wirkung von professionellem Selbstmanagement auf die Verfolgung und Erreichung anspruchsvoller und langfristiger Ziele. Die Verbreitung des Smoffens als fester Bestandteil der Arbeitswelt und als Selbstverständlichkeit des täglichen professionellen Lebens ist sicher ein anspruchsvolles und langfristiges Ziel. Es ist damit ein idealer Testfall für die strategisch-taktische Zielverfolgung. Und es ist ein begeisterndes Ziel, das Smoffen morgens bei der Arbeit so selbstverständlich zu machen wie den Gang ins Badezimmer, bevor man das Haus verlässt. Beides muss nicht unbedingt sein, es geht auch ohne. Die anderen merken das, sagen aber nichts. Darum sollte es tägliche Gewohnheit und über die Zeit ein Bedürfnis sein.

Wir werden anschließend die Verbreitung des Smoffens mit den Konzepten und Ideen betrachten, die in Kapitel 3 beschrieben sind.

Gute Gewohnheiten am Morgen

Abb. 6.17 Sich bereit machen für einen weiteren guten Tag im Leben. Wenige Minuten machen einen großen Unterschied für Sie und alle, mit denen Sie zu tun haben.

6.2 STRATEGISCHES ZIEL – SMOFFEN SO BEKANNT WIE GOOGELN

Mein Arbeitsleben ist so gut verlaufen, dass ich mich mit 53 Jahren fast zwei Sabbatical-Jahre lang einmal etwas ganz anderem widmen konnte als dem Wohl meines Arbeitgebers. Statt als Firmenchef mit einer 60-Stunden-Woche viel Geld zu verdienen, habe mich ich als Publizist und Speaker persönlich im Sinne des Gemeinwohls engagiert. Ich hatte mir die Freiheit erarbeitet, ein strategisches und damit auch langfristiges Ziel zu verfolgen. Meine Tage und Wochen waren nicht mehr durch die Notwendigkeit bestimmt, Geld verdienen zu müssen. Ich besaß volle Gestaltungsfreiheit. Das ist ein gutes Gefühl. Für fast zwei Jahre verfolgte ich das Ziel „Good Public Governance". Da gibt es so viel zu tun, dass ich diesen bürgerschaftlichen Engagements langfristig treu bleiben werde – nebenberuflich. Mein globales Engagement für „Good Public Governance" hatte ich damals mit dem strategischen Ziel „Abhilfe gegen Deutsches BauUnwesen" (www.bauwesen.co) als Musterbeispiel von Bad Governance konkretisiert. Damit wurde die Sache greifbarer und für Dritte motivierender. Schon in Kapitel 3 habe ich aufgeführt, wie wichtig die Formulierung von strategischen Zielen ist. Zudem ist es wichtig, ein möglichst attraktives, inspirierendes strategisches Ziel zu verfolgen. Das kann wie eine unerschöpfliche Energiequelle für die Zielverfolgung wirken.

In den vergangenen Jahren habe ich meine strategische Freiheit dazu genutzt, das strategische Ziel zu verfolgen, die Arbeitswelt des 21. Jahrhunderts im Sinne aller Beteiligten besser zu machen. Das ist ein pauschales Ziel und kaum zu greifen. Damit entwickelt es wenig Zugkraft. Ein Ziel sollte gemäß Kapitel 3 attraktiv formuliert sein. Die Arbeitswelt für Arbeitnehmer besser zu machen, indem die immer weiter klaffenden Planungslücken in Unternehmen geschlossen werden, ist schon ein konkreteres Ziel, aber nicht so richtig griffig. Das Wichtigste bei der Wahl und der Formulierung eines strategischen Ziels sind die Orientierung, die Motivation und das Durchhaltvermögen, das es einem gibt. Es ist sekundär, ob es am Ende auch tatsächlich erreicht wird. Ein strategisches Ziel soll dauerhaft möglichst viel Energie, das heißt Schaffenskraft, freisetzen. Dafür ist es sinnvoll, auch Fortschritte zu erkennen. Die Welt ohne Maßstab besser zu machen, besitzt wenig Zugkraft.

In diesem Sinne ist das Ziel, „die Arbeitswelt für Arbeitnehmer besser zu machen, indem die immer weiter klaffenden Planungslücken in Unternehmen geschlossen werden", nicht gut. Die Lücke ist nicht direkt messbar. Es ist geschickter, ein Ziel zu verfolgen, das damit direkt verbunden ist, aber eben konkreter und greifbarer ist. Deshalb ist mein strategisches Ziel, in der Arbeitswelt den Begriff smoffen genauso bekannt und geläufig zu machen wie den Begriff googeln.

Abb. 6.18 Die Smoff-Time-Web-App soll wie das Google-Logo auf den Screens der Arbeitswelt des 21. Jahrhunderts heimisch werden. Das Smoffen soll wie das Googeln ganz normal zum Arbeitsalltag dazugehören. Beides benötigt nur wenig Zeit, beides ist sehr hilfreich. Smoffen steht für Navigation durch den Tag und Googeln für Navigation durch das Word-Wide-Web.

Meine Kurzform für dieses strategische Ziel lautet: „Zum Googeln machen!". Das Googeln führt Sie zu nützlichen Informationen und Ressourcen. Das Smoffen führt Sie zu interessanten Erkenntnissen, Zielen und Vorhaben. Beides sind Führungshilfen und benötigen nur wenig Zeit.

Wenn Unternehmen in die Standardkonfiguration der PCs und Smartphones die Smoff-Time Web-App auf den Homescreen legen, ist das ein klares Statement: Diese Unternehmen möchten, dass ihre Mitarbeiter ihren Arbeitstag mit einer ruhigen Phase der persönlichen Review- und Neuplanung beginnen. Und es ist nicht in Ordnung, ungeplant den Tag anzugehen. Wenn in Medien und Kollegengesprächen der Begriff smoffen benutzt und als bekannt vorausgesetzt wird, hat sich in der Arbeitswelt etwas zum Positiven verändert. Wenn sich das ändert, was sprachlich normal ist, ändert sich auch das Bewusstsein und damit auch, was im operativen Alltag normal ist. Das Arbeitsumfeld und damit auch Arbeitskultur in Unternehmen ändern sich damit ebenfalls.

Zielzerlegung in Stränge und Etappen

Um komplexe, anspruchsvolle Ziele zu verfolgen, habe ich Ihnen in Kapitel 3 empfohlen, diese in die Verfolgung von Teilzielen zu zerlegen, die idealerweise nicht mehr wechselseitig voneinander abhängig sind. Bei langfristigen

Entwicklungszielen bilden Teilziele jeweils Stränge von vielen Etappenzielen. Jeder Strang kann sich über Jahre erstrecken.

Um das Smoffen in der Arbeitswelt der Hinter-dem-Bildschirm-Arbeiter genauso bekannt zu machen wie das Googeln, habe ich seit 2014 mit meiner Masterplanung viele unterlagerte strategische Teilziele verfolgt.

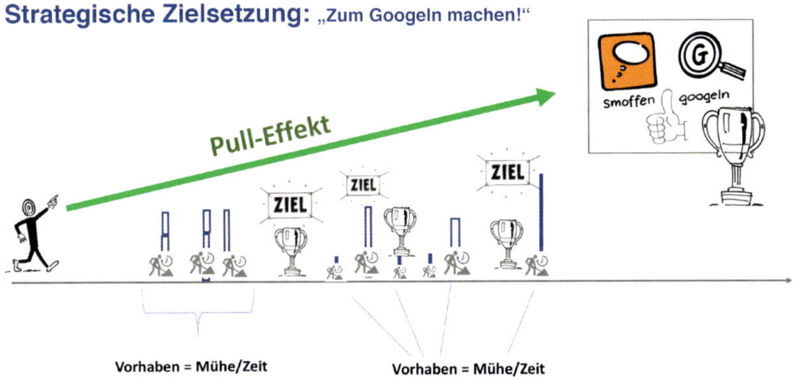

Abb. 6.19 Ein begeisterndes, großes Ziel erzeugt dauerhaft viel Motivation und Orientierung für die tägliche Arbeit. „Zum Googeln machen!" ist die verkürzte Beschreibung einer strategischen Zielverfolgung: die Arbeitswelt besser machen.

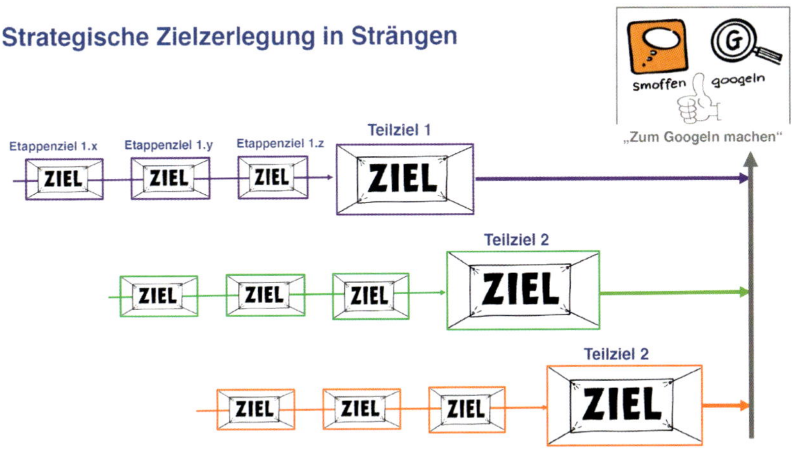

Abb. 6.20 Es bedarf viel Vorarbeit und professionellen Selbstmanagements, um ein sehr ungewöhnliches und anspruchsvolles Ziel zu erreichen. Es ist dazu auch Glück erforderlich. Aber mit Glück und Geld allein geht es nicht. Ohne kurz-, mittel- und langfristige professionelle persönliche Planung ist eine Zielerreichung aussichtslos.

Sieben Stränge zum strategischen Smoffen-Ziel

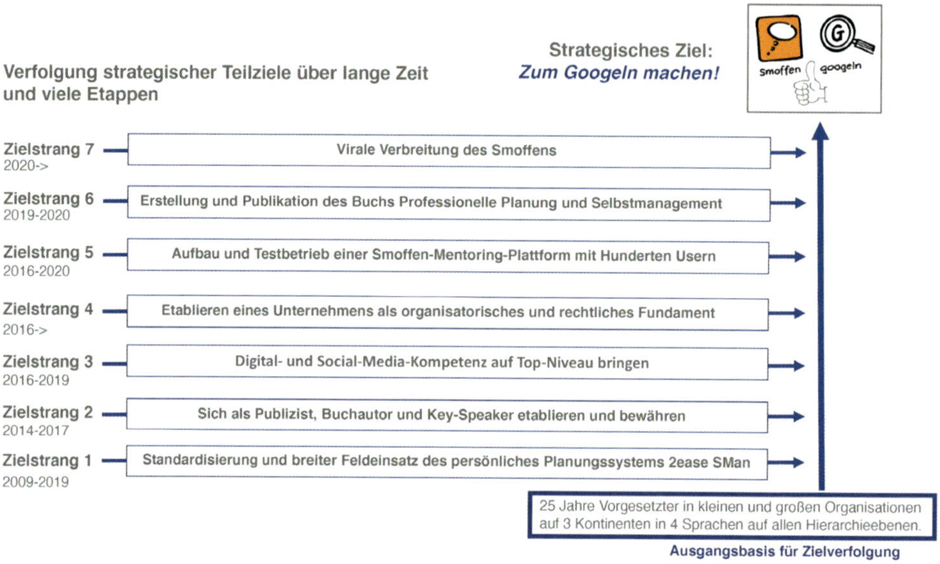

Abb. 6.21 Übersicht über die Zielverfolgungsstränge, die zum strategischen Ziel „Zum Googeln machen!" führen.

Der Zielstrang 1 ist die Entwicklung eines persönlichen Planungssystems für jedermann, das nur wenige Minuten Zeit pro Tag erfordert. Das bildet die strukturelle Führung fürs effektives Smoffen. Das Angebot eines Planungssystems macht das Smoffen einfach und nützlicher.

In fünf Jahren, zwischen 2009 und 2014, ist das System entstanden und wurde im Dauerbetrieb in einem Unternehmen, dessen Chef ich war, international erprobt. Anschließend hat es sich in mehreren Unternehmen bewährt. Ab 2018 wurde es so weit standardisiert und dokumentiert, dass es sich auch Einzelpersonen ohne Förderung durch ihre Unternehmen aneignen und dauerhaft täglich praktizieren konnten.

Der Zielstrang 2 ist es, ein bekannter Publizist, Buchautor und Key-Speaker zu werden. Das ist notwendig, um das Smoffen weitbekannt und geschätzt zu machen. Mit dem Themenfeld Public Governance habe ich einen medialen Zugang zu einem Millionenpublikum bekommen. An diesem Strang arbeite ich in 2021 mit einem weiteren, aufsehenerregenden Buch weiter. Wer nach mir googelt oder bei Amazon nach mir sucht, stößt automatisch auf dieses Buch und damit nebenbei auch auf das Thema Smoffen (www.bauwesen.co/lobbyarbeit-gemeinwohl).

Der Zielstrang 3 ist der Digital- und Social-Media-Kompetenzstrang. Um das Smoffen bekannt zu machen und zu verbreiten, wollte ich die Möglichkeiten der digitalen Welt beherrschen und effektiv nutzen können. Entsprechend habe ich meine Fähigkeiten und Erfahrungen ausgebaut. Bei Twitter habe ich es auf 800 Follower gebracht. Ich kann das Social Medium effektiv nutzen und verfüge damit über eine gute Ausgangsbasis, um das Smoffen auch über das Internet zu verbreiten (www.2ease.org/digitalkompetenz).

Der Zielstrang 4 ist das Etablieren eines Unternehmens (2ease AG), das ein rechtliches, organisatorisches und personelles Fundament für die Verbreitung des Smoffens bereitstellt. Da persönliche Planung und Selbstmanagement nicht nur die 8 Arbeitsstunden eines einzelnen Tages, sondern auch den gesamten Arbeitsalltag und auch das zukünftige Arbeitsleben umfassen, bedarf es einer Organisation, die für Glaubwürdigkeit und Vertraulichkeit steht und die einen Ruf und damit ihren eigenen Wert zu verlieren hat. Sie muss stark genug sein, um gewisse Regeln beim Mentoring auch durchzusetzen.

Der Zielstrang 5 ist der Aufbau einer Smoffen-Mentoring-Plattform, die durch automatisiertes und persönliches Mentoring Menschen zu professionellerer persönlicher Planung und Selbstmanagement verhilft. Durch Einsicht in periodische Reviews und Neuplanung via Web sind Feedback, Motivation und Weiterentwicklung auch ohne persönliche Treffen und Events möglich.

Der Zielstrang 6 ist die Erstellung und Publikation dieses Buchs. Es sind Motivation, Orientierung und Anleitung für die Veränderung zum Besseren. Es ist der Bezugspunkt für mediale Berichterstattung und Diskussion. Das benötigt ein veröffentlichtes Buch als Grundlage. Damit wird Wissen dauerhaft und allen zugänglich gemacht, via Bibliotheken auch kostenlos. Es gibt keine Bezahlschranken und kein Verfallsdatum. In der deutschen Nationalbibliothek in Leipzig sind das Buch und sein Inhalt „für immer“ aufzufinden und greifbar.

Der Zielstrang 7 ist die Skalierung über die virale Verbreitung. Diese Zielverfolgung beginnt erst mit der Publikation des Buchs. Es nutzt die Smoffen-Mentoring-Plattform als Verbreitungsmedium. Darüber werden Medien bereitgestellt und Mentor-Mentee-Beziehungen geknüpft und gepflegt.

Zielsynergien nutzen

Wertvolle professionelle Ziele zu verfolgen und zu erreichen, ist Wertschöpfung. Im 20. Jahrhundert waren diese Ziele eben ein vorgegebener Ausstoß eines bestimmten Produkts mit klar definierter Qualität. Im 21. Jahrhundert der Hinter-dem-Bildschirm-Arbeit sind die Ziele eben nicht mehr greifbar. Dennoch existiert eine Produktivität. Sie hängt vom Aufwand zur Zielerreichung ab. Ein Vorhaben, mehrere Ziele zu erreichen, das heißt, über Synergien zu verfügen, steigert die persönliche Produktivität. Mit anderen Worten: mehrere Fliegen mit einer Klappe schlagen.

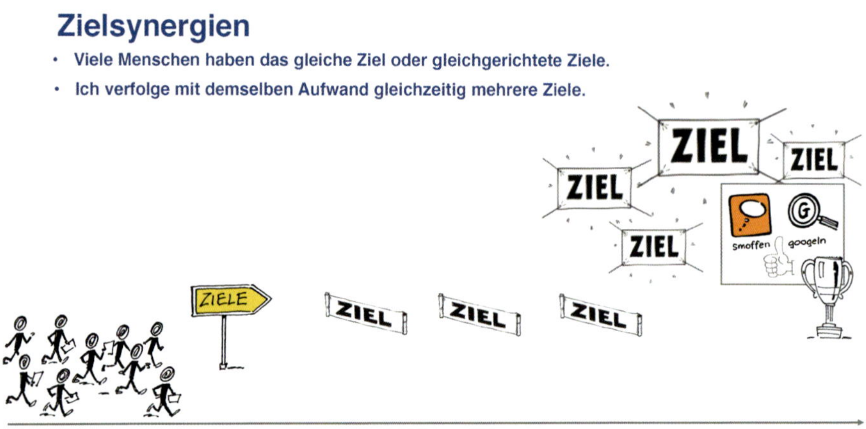

Abb. 6.22 Ein gemeinsames Ziel verfolgen. Gemeinsam seine Ziele verfolgen. Zusammen Fortschritte erzielen. Das ist aussichtsreicher und macht mehr Spaß als allein.

Im Fall meines strategischen Ziels „Zum Googeln machen!" bestehen Synergien zwischen dem Kerngeschäft meiner 2ease AG – Arbeitsplanungs- und Führungssysteme für Unternehmen und meinem bürgerschaftlichen Non-Profit-Engagement für bessere „Public Governance". Über das Thema Planungs- und

Führungssysteme erreiche ich Menschen, die an der Spitze von Organisationen einen bestimmenden Einfluss auf viele Menschen ausüben. Über das Thema Public Governance kann ich Bürger und Entscheider des Staatswesens erreichen, die sicher auch interessiert, was ich beruflich mache. Damit stoßen Sie sicher auf das Smoffen und das Thema professionellere persönliche Planung.

Die wichtigsten Zielsynergien bestehen in deckungsgleichen Interessen mit anderen Menschen. Das müssen nicht die exakt gleichen Interessen sein. Aber sie müssen in die gleiche Richtung gehen. Die Hauptmotivation kann eine andere sein, aber was jemand tut, bringt mich meinem Ziel etwas näher. Im konkreten Fall der viralen Verbreitung des Smoffens über Mentoren an Mentees kann die Hauptmotivation darin bestehen, einem Freund aus einer Krise zu helfen, engere Vertrauensbeziehungen innerhalb des Unternehmens aufzubauen oder sich tragfähige persönliche Beziehungen in anderen Unternehmen, Branchen oder Berufszweigen aufzubauen. Auch die Profilierung als Führungskraft kann eine Hauptmotivation beziehungsweise ein Ziel sein. Wer als Smoffen-Mentor erfolgreich ist, kann Menschen auch ohne disziplinarische Macht ideell führen. Er muss vertrauenswürdig sein und seine eigene Arbeit so souverän im Griff haben, dass er sich auch um andere kümmern kann. So jemand ist die ideale Führungskraft und reif für eine Beförderung.

Auch Organisationen des Gesundheitswesens und der Wirtschaft sind potenzielle Unterstützer für die Zielverfolgung, das Smoffen so bekannt wie das Googeln zu machen. Smoffen tut allen Erwerbstätigen gut. Und das geplantere Vorgehen der Erwerbstätigen macht ein Unternehmen beziehungsweise die Wirtschaft insgesamt produktiver.

6.3 ZIELFÜHREND ODER NICHT – MENTEE SEIN UND MENTOR WERDEN

Ein weiterer Schlüsselbegriff in Kapitel 3 ist „zielführend". Alle Aktivitäten sollten daran gemessen werden – zielführend oder nicht. Das tun wir auch im Sinne des strategischen „Zum-Googeln-machen"-Ziels. Was ist „zielführend" oder was ist das Gegenteil von „zielführend"? Aus diesen Überlegungen wird dann die Taktik der Zielverfolgung abgeleitet. Daraus können Sie erkennen, warum ich Sie nach der Lektüre des Buchs bei der Nutzung des Inhalts für Ihren eigenen Arbeitsalltag und Arbeitsleben unterstützen werde, weil das zielführend für mich ist.

Das Gegenteil von zielführend – ohne Lust und ohne Bedarf probieren

Wenn Sie völlig satt und zufrieden sind und noch zu einem Nachtisch genötigt werden, wird der Nachtisch eine Qual für Sie sein, egal wie gut er ist. Wenn Ihnen speiübel ist, wird auch ein Nachtisch schlecht bei Ihnen ankommen. Sie werden ihn als Erstes ausspeien, und er wird Ihnen negativ in Erinnerung bleiben. Mit dem Smoffen und persönlicher Planung ist es wie mit dem Nachtisch. Wer nichts mehr vorhat in seinem Arbeitsleben, wer jeden Tag selbstzufrieden nach Hause geht und weder vom Chef noch von den Kollegen Druck hat, sollte sich besser nicht vornehmen zu smoffen. Er sollte es besser erst gar nicht probieren. Wer weder Ehrgeiz und noch einen Verbesserungswillen besitzt, hat einfach keinen Bedarf dafür. Wer es dennoch lustlos probiert, wird damit kein Erfolgserlebnis haben. Am Ende kommt dann für das Smoffen nur eine negative Werbung heraus. Wenn Sie zu dieser Kategorie gehören, verschenken Sie das Buch lieber weiter an eine Person, die entsprechenden Bedarf hat, oder warten Sie mit dem Start, bis Sie „hungrig" sind.

Professionell speiübel ist Menschen zumute, die ihre Tage in einer völlig unsinnigen und chaotischen Arbeitsumgebung verbringen müssen. Sie haben am Feierabend das Bedürfnis, sich im übertragenen Sinne regelrecht „auszukotzen". In dieser Situation hilft Smoffen für sich allein nicht viel. Fangen Sie in einer solchen Lage das Smoffen bitte nicht ohne einen Mentor an. Sich jeden Morgen seine missliche Lage bewusst zu machen und auf einen chaotischen Tag zu blicken, kann sich negativ auf Sie auswirken. Da ist komplettes Ausblenden und bewusstes Nicht-darüber-Nachdenken eine kluge Strategie. Wenn Sie Ihre Lage oder Ihre Einstellung jedoch zum Besseren verändern wollen und als Unterstützung einen Mentor dafür haben, ist das Smoffen genau das passende Hilfsmittel.

Absolut zielführend – begeisterte Selbststarter und begleitete SMan-Starter

Wenn Sie besser werden und/oder sich besser fühlen wollen, dann sollten Sie los-smoffen. Mit dem automatisierten eMentoring der Smoffen-Mentoring-Plattform ist das für mehr als 90 Prozent der Selbststarter möglich. Sie machen sich das morgendliche Smoffen zur neuen Gewohnheit und navigieren sich damit systematisch besser durch den Arbeitsalltag. Solche Menschen stellen eine positive Referenz für das Smoffen dar und empfehlen es weiter. Das ist für mich zielführend bezüglich des „Smoffen-Googeln" Ziels.

Alles, was dafür erforderlich ist, ist die Anmeldung auf der 2ease-Smoffen-Mentoring-Plattform www.smoff.ch, und schon geht es am nächsten Tag los. Für drei Monate ist das kostenlos. Wollen Sie längerfristig den Smoffen-Support der Plattform nutzen, kostet Sie das etwas: entweder in Form von Geld, etwa so viel wie jeden Monat einen Kaffee, oder in Form von Zeit, die erforderlich ist, um für andere ein Smoffen-Mentor zu sein. Das bedeutet, dessen Smoff-Time-Profilbild im Auge zu behalten und ihm gegebenenfalls wohlwollend mit Motivation oder Tipps beizustehen, damit das Smoffen genauso zu einer guten Gewohnheit wird wie die morgendliche Tagesvorbereitung vor dem Badspiegel. Dem Smoffen-Mentor ist es wichtig, dass seine Mentees im übertragenen professionellen Sinn eben nicht ungekämmt, ungewaschen und ohne Zähneputzen den Tag angehen.

Ziel- und weiterführend – ein neues persönliches Navigationssystem

Damit die kurze tägliche Smoff-Time möglichst effizient und effektiv ist, empfehle ich Ihnen, das professionelle 2ease SMan-Planungssystem aus Kapitel 4 zu nutzen. Dafür finden Sie im Nachspann die Planungsvorlagen für die SMan-Tagesplanung zum Kopieren für Ihre persönliche Nutzung als Besitzer dieses Buchs. Damit können Sie einfach einmal ausprobieren, wie sich diese Art der professionellen Planung anfühlt und was sie für Sie bewirkt. Über www.smoffen-support.de finden Sie noch weitergehende Hinweise und mehr Hilfestellung. Sie bekommen reale Beispiele als Vorbild und Zugang zu Übungen und Medien. Das steht aber nur für Personen zur Verfügung, die explizit die Datenschutz- und Nutzungsbedingungen des 2ease-Smoffen-Mentoring-Portals annehmen. Dafür ist ein Nutzerkonto auf der Smoffen-Mentoring-Plattform (www.smoff.ch) erforderlich. Es gibt Ihnen Zugang zu nicht öffentlichen und vertraulich zu behandelnden Informationen. Sie bekommen auch die Möglichkeit für einen Download eines PDF-Files

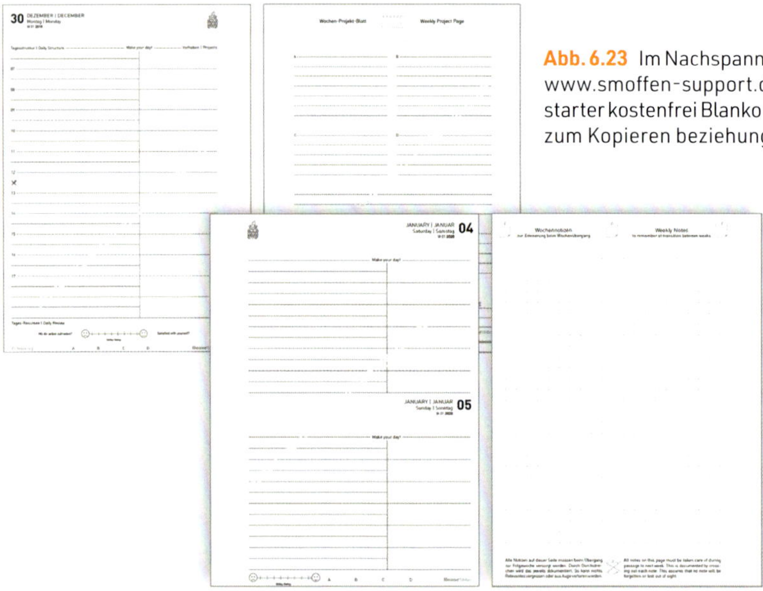

Abb. 6.23 Im Nachspann beziehungsweise auf www.smoffen-support.de bekommen Selbststarter kostenfrei Blanko-SMan-Systemblätter zum Kopieren beziehungsweise Ausdrucken.

der 2ease SMan-Timeline-Planungsvorlagenblätter für eine komplette Woche zum Ausdrucken von Planungsvorlagen. Wenn Sie bereit sind, Geld auszugeben, können Sie die 2ease SMan-Timeline Systemblätter für 3 bis 12 Monate im DIN-A5-Format gedruckt für handelsübliche 6- und 2-Loch-Systeme bestellen. Entweder über Buchhandel, Amazon oder über www.smoffen-support.de.

Sie haben nun das vorliegende Buch, die automatisierten eMentoring-Funktionen von www.smoff.ch, die digitalen Support-Medien und die SMan-Planungsvorlagenblätter als Grundlage für Ihre Veränderung zum Besseren vorliegen. Aber Sie sind immer noch auf sich allein gestellt. Es kümmert sich noch niemand um Sie. Das ist sicher suboptimal. Sie werden leichter Opfer Ihres inneren Schweinhunds. Sie werden mehr missverstehen, überhören und überlesen, was für das Professionalisieren Ihrer persönlichen Planung wichtig ist. Sie werden das gar nicht oder erst sehr spät merken. Deshalb haben Sie auf sich allein gestellt immer einen etwas schwereren, holprigeren Start, kommen langsamer voran und nicht so weit wie mit individuellem Mentoring. Mit einer erfahrenen, vorbildlichen Person, die auch über einen Zugang zu speziellen Hilfsmitteln und Funktionen für persönliches Mentoring verfügt, geht es mit der Veränderung leichter, schneller und sicherer.

Zwei Standardversionen von 2ease SmoffBooks

Abb. 6.24 So sehen persönliche Navigationssysteme für den Arbeitsalltag aus, wenn ein Buchbinder sie nach individuellem Wunsch fertigt: schlank und schick. Alles, was für die persönliche Planung von Tagen und Wochen erforderlich ist.

Wenn Sie die Unterstützung eines Mentors wünschen, fragen Sie einfach www.smoffen-support.de nach Unterstützung. Ihnen wird dann ein passender Mentor vermittelt. Wenn Sie dafür kein Geld ausgeben wollen oder können, besteht die Alternative, stattdessen Ihre Zeit einzubringen, natürlich erst später, wenn Sie selbst auf Mentor-Niveau in puncto professioneller persönlicher Planung (PPP) sind. Um selbst kostenlos persönliche Hilfe zu bekommen, erklären Sie sich bereit, selbst bei drei Neustartern das eMentoring zu übernehmen. Das sorgt für virale Verbreitung des Smoffens im Sinne des „Zum-Googeln-machen“-Ziels.

Es braucht nicht immer und nicht jeder eine SMan Masterplanung

Die nächste Stufe nach der taktisch-operativen Planung über Zeiträume von Tagen und Wochen hinweg ist die strategisch-taktische Planung, welche die kommenden Monate und Quartale abdeckt. Das ist der Kern der Selbstmanagement-Masterplanung. Das ist recht anspruchsvoll und braucht Reflexion beziehungsweise das Hinterfragen einer wohlwollenden, interessierten Person, das heißt eines Mentors. Deshalb macht ein Selbststart wenig Sinn. Das werden meist nur frustrierende Fehlstarts. Deshalb ist sind die Medien und Hilfsmittel auch nicht publiziert. Hier sind die Anleitung und Begleitung eines Mentors speziell für die Erstellung des ersten Masterplans nötig. Der einmalige Zeitaufwand ist im Verhältnis zur Bedeutung der Planung nicht hoch, aber eben doch substanziell im Kontext des normalen Arbeitsalltags.

Bei günstigen Umständen können für ein Masterplan-Mentoring 3-4 E-Mails und ein 1-2 stündiges (Web-)Meeting schon reichen. Aber in komplexen, unübersichtlichen Situationen mit großen Unsicherheiten können für die erste komplette Masterplanung auch einmal 3 (Web-)Meetings und 8-12 E-Mails erforderlich sein, bis im Kopf alles wohlgeordnet ist, die Perspektiven klar sind und die persönliche mittel- und langfristige Planung konsistent und plausibel ist. Wer mit seinem Masterplan-Mentor im Lauf eines Jahres nach dem Start noch 2–3 Review- und Neuplanungen gemeinsam macht, hat seine persönliche strategisch-taktische Masterplanung am Ende voll im Griff. Er kann dann selbst den Mentor für andere übernehmen. Er benötigt selbst keinen Mentor mehr. Es wird ihm aber weiter guttun, mit der

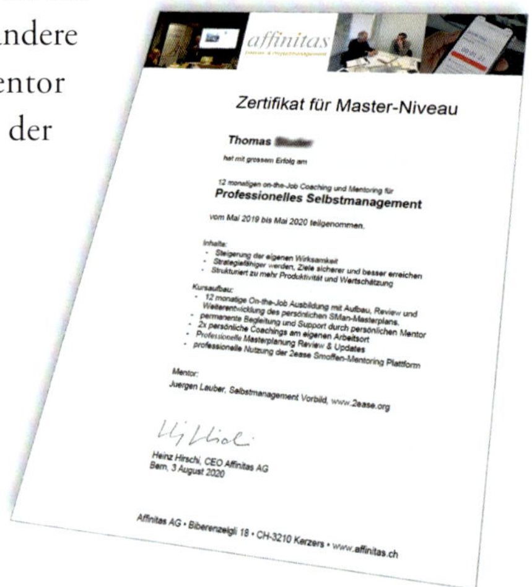
affinitas

Zertifikat für Master-Niveau

Thomas

hat mit grossem Erfolg am

12 monatigen on-the-Job Coaching und Mentoring für

Professionelles Selbstmanagement

vom Mai 2019 bis Mai 2020 teilgenommen.

Inhalte:
- Steigerung der eigenen Wirksamkeit
- Strategiefähiger werden, Ziele sicherer und besser erreichen
- Strukturiert zu mehr Produktivität und Wertschätzung

Kursaufbau:
- 12 monatige On-the-Job Ausbildung mit Aufbau, Review und Weiterentwicklung des persönlichen SMan-Masterplans.
- permanente Begleitung und Support durch persönlichen Mentor
- 2x persönliche Coachings am eigenen Arbeitsort
- Professionelle Masterplanung Review & Updates
- professionelle Nutzung der 2ease Smoffen-Mentoring Plattform

Mentor:

Juergen Lauber, Selbstmanagement Vorbild, www.2ease.org

Heinz Hirschi, CEO Affinitas AG
Bern, 3 August 2020

Affinitas AG • Biberenzelgli 18 • CH-3210 Kerzers • www.affinitas.ch

Abb. 6.25 Zertifikat über erreichtes Masterniveau bei professionellem Selbstmanagement. Dieses Niveau benötigen engagierte Führungskräfte auf der 1. und 2. Führungsebene oder ehrgeizige Nachwuchskräfte.

Masterplanung nicht allein gelassen zu sein. Es ist immer von Vorteil, jemanden als Mentor an der Seite beziehungsweise hinter sich zu haben. Die Smoffen-Mentoring-Plattform vermittelt gerne einen passenden Mentor auf Basis von Gegenseitigkeit oder eben gegen Entgelt. Bei der Masterplanung ist gratis beziehungsweise ohne Gegenleistung nicht gut. Für die Masterplanung ist eine hohe Motivation nötig. Die Bereitschaft, etwas dafür zu geben, ist ein Zeichen dafür.

Die Masterplanung ist zeitlich recht aufwendig. Für einen professionellen Review von 10–12 Wochen sind 1–2 Stunden erforderlich. Eine Grobplanung und Profilierung der nächsten Monate sowie Quartale benötigen circa eine weitere Stunde. Und die Überarbeitung der Arbeitsplanung und Projektierung der Verfolgung langfristiger Ziele kann dann auch noch 1–2 Stunden in Anspruch nehmen. Als Geschäftsbereichsleiter oder Hauptabteilungsleiter 3 Stunden für das Masterplan-Update aufzuwenden, ist normal. In ruhigen Zeiten können auch 2 Stunden ausreichend sein. 3 Stunden Smoff-Time für das Masterplan-Update nach dem Jahreswechsel, nach Ostern, nach dem Sommer und den Herbstferien machen – umgerechnet auf den Arbeitstag – nur 2 Minuten aus. Zusammen mit den wenigen Minuten für die Tages- und Wochenplanung setzen Sie sehr wenig Zeit systematisch zielführend für Ihr Wohlergehen ein. Es erfordert relativ wenig Zeit im Vergleich zu Ihren Mediennutzungs- oder Meetingzeiten, in denen Sie den Gedanken anderer folgen und nicht dazu kommen, sich eigene Gedanken zu machen.

Wenn Sie auf der Smoffen-Mentoring-Plattform www.smoff.ch ein Nutzerkonto haben, können Sie reale Masterplanungen einsehen und das praktische Vorgehen bei der Masterplanbearbeitung an praktischen Beispielen nachvollziehen. Das erleichtert Ihre Entscheidung, selbst Masterplanungen zu erstellen oder eben nicht. Verfügt ein Unternehmen über eine starke übergeordnete Planung auf Organisationsebene und ist Ihr Leben in einer stabilen, gesicherten Phase, können Sie auch für ein paar Jahre auf eine Masterplanung während des Jahres verzichten. In dem Fall empfehle ich, nur eine Jahresmasterplanung zum Jahreswechsel zu erstellen.

Ehepaare mit wohlhabenden Eltern, mit sicheren Jobs, zwei Kindern im Vorschulalter und frisch bezogenem eigenen Haus bedürfen keiner Masterplanung unter dem Jahr. Da gibt es wenig Bedarf und Spielraum für strategisch-taktische

Planung. Da genügt eine persönliche Tages- und Wochenplanung völlig, um Peace-of-Mind zu haben und das Leben bestmöglich auszukosten. Die Jahresmasterplanung ist in dieser Phase hilfreich, damit das Leben trotz aller Widrigkeiten und Versuchungen weiter sso gut wie bisher bleibt.

6.4 IHNEN ERLEICHTERN, DAS RATIONAL SINNVOLLE UND ERSTREBENSWERTE ZU TUN

Wir sind am Ende eines Buchs angekommen, in dem es um ganz wenig und ganz viel geht. Es ging darum, wie Sie wenigen Minuten am Tag Ihr Denkvermögen systematisch zielführender für Ihr Wohl einsetzen können. Es ging auch darum, wie es Ihnen im Arbeitsalltag in der Arbeitswelt des 21. Jahrhunderts ergeht. Es geht jetzt darum, was Sie selbst aus Ihrem Arbeitsleben machen. Es geht um sehr viel für Sie.

Wie gut Ihr Arbeitsleben ist, hängt von jedem einzelnen Tag ab. Denn das Arbeitsleben ist die Summe Ihrer vielen Arbeitstage. Und jede Entscheidung, die Sie an einem Tag treffen oder nicht treffen, was Sie tun oder unterlassen, kann Ihr Arbeitsleben für immer verändern – jeder Tag macht Ihr Leben aus und jeder Tag kann Life-Changing bedeuten. Darum ist es wichtig, keinen Tag unüberlegt anzugehen, sondern jeden Tag mit wenigen Minuten Smoff-Time zu initialisieren. Darum ist es wichtig, Tage und Wochen möglichst gut geplant anzugehen, damit Sie sich selbst souverän gut durch den Arbeitsalltag navigieren können, weil Sie Ihren Weg und Ziel kennen.

Sich selbst durch Arbeitsalltag und Arbeitsleben zu navigieren, ist gleichbedeutend mit professioneller persönlicher Planung und Selbstmanagement. Wie Sie das tun, hängt nur von Ihnen ab. Sie können das selbst entscheiden. Die persönliche Planung kann Ihnen auch niemand abnehmen. Sie müssen es wollen und Sie müssen es tun. Mit diesem Buch versuche ich, Ihnen deutlich zu machen, warum Sie sich für professionellere persönliche Planung und Selbstmanagement entscheiden sollten und was diese Entscheidung bedeutet. Mit Hunderten

Bildern und motivierenden Beispielen habe ich versucht, Ihnen die Entscheidung dafür leicht zu machen.

Mit den Hilfsmitteln, die ich Ihnen via mein Unternehmen 2ease AG auch kostenlos bereitstelle, möchte ich Ihnen es so leicht (easy) wie irgend möglich machen, professionelle persönliche Planung und Selbstmanagement auch täglich zu tun. Denn das ist rational sinnvoll und erstrebenswert.

Nur wenn möglichst viele Menschen die wohltuende Wirkung spüren und davon begeistert sprechen, kann ich mein strategisches Ziel erreichen: „Zum Googeln machen!" Deshalb können Sie auf meine Hilfestellung bei Ihrer Veränderung zum Besseren für alle zählen (www.smoffen-support.de).

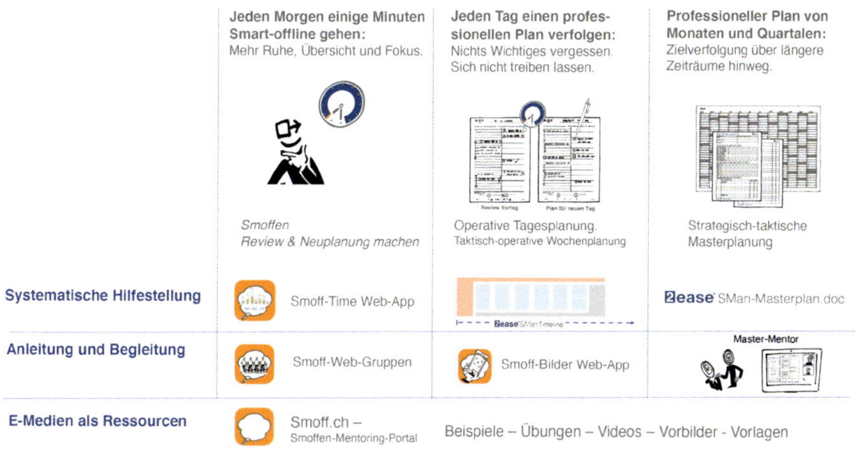

Abb. 6.26 Diese Hilfsmittel erleichtern es Ihnen, das rational Sinnvolle und Erstrebenswerte in Bezug auf persönliche Planung und Selbstmanagement auch tatsächlich zu tun. Sie führen zu einer besseren Navigation durch Arbeitsalltag und Arbeitsleben in Richtung mehr Wohlergehen, für Sie selbst und für alle, die Ihnen wichtig sind.

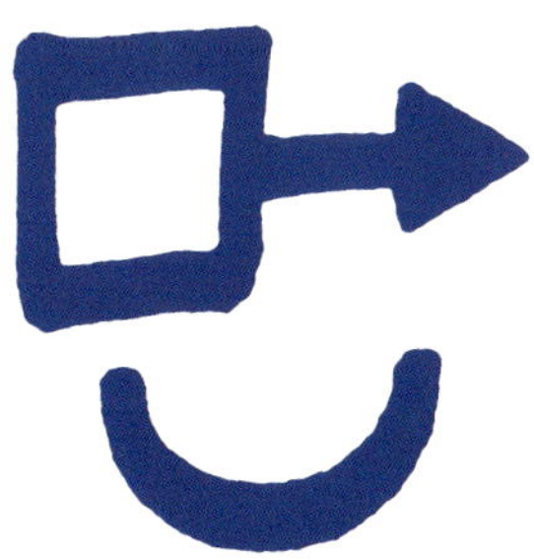

Abb. 6.27 Mehr Wohlergehen durch professionell geplanteres Vorgehen.

EPILOG

Inhalt

E1 DAS BUCH, DIE SMAN PLANUNGSBLÄTTER UND EIN 19-JÄHRIGER MENTOR VIA WEB

Wie wirkt das Buch auf seine Leser? Wie anspruchsvoll ist es, mithilfe der Smoffen-Mentoring-Plattform jemand zu professionellerer Planung zu bringen, ohne ihn persönlich zu kennen und zu treffen?

Das nachfolgende Beispiel beantwortet diese beiden Fragen. Die Protagonisten sind als Mentee ein gestandener Service- und Supportmanager (Ralf Petry), um die 50 Jahre alt, und als Mentor ein 19-jähriger Abiturient. Dieser Abiturient hatte sich während des COVID--Lockdowns im Frühling 2020 über die Smoffen-Mentoring-Plattform eine professionelle persönliche Planung und Selbstmanagement angeeignet. Ich war der Selbstmanagement-Mentor für den jungen Mann, der 330 Kilometer von mir entfernt wohnt.

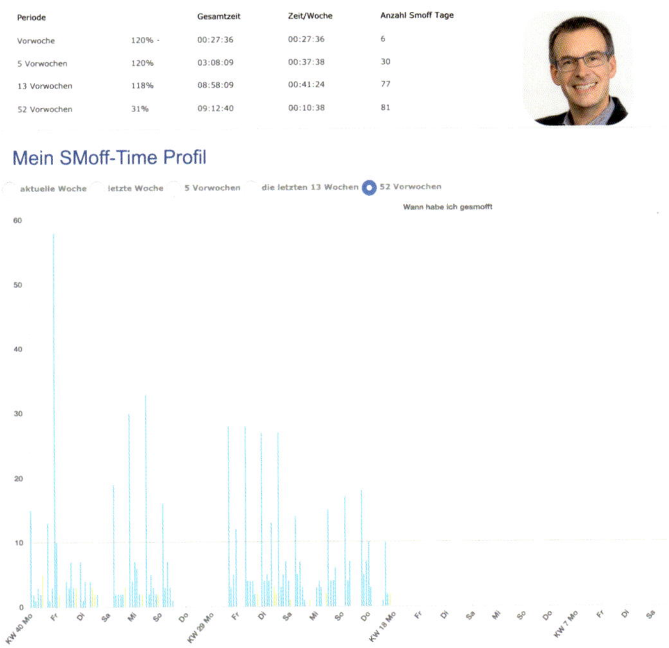

Abb. 1 Das Smoff-Time-Profilbild von Ralf zeigt einen gesunden Rhythmus von längeren Zeiten bei den Wochenübergängen und nur wenige Minuten morgendliche Smoff-Time an den Wochenarbeitstagen.

Während des COVID-Lockdowns hatte ich das erste Manuskript des Buchs erstellt und Ralf Petry dazu motiviert, es als „Beta-Tester“ zu lesen. Er war einer der wenigen Führungskräfte, die in der Organisation der Saia-Burgess Controls AG arbeiteten, sich aber auch durch den Druck von mir als CEO partout nicht dazu bringen ließen, ihre professionelle persönliche Planung gemäß dem SMan-System zu machen. Er setzte für seine Planung und Selbstmanagement voll auf digitale Hilfsmittel.

Seit meiner Abschiedsfeier von der Saia-Burgess Controls AG in Frankfurt im März 2014 hatte ich mit Ralf Petry keinen Kontakt mehr, bis ich ihm Ende April 2020 anbot, Beta-Tester als Leser und Mentee eines 19-Jährigen zu werden.

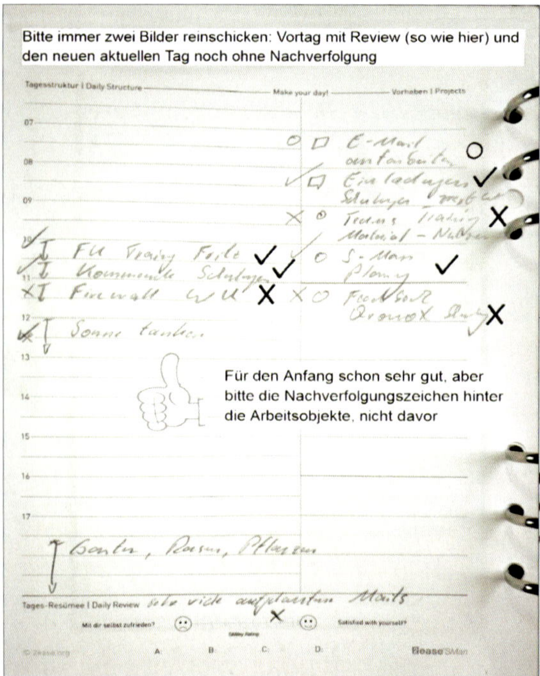

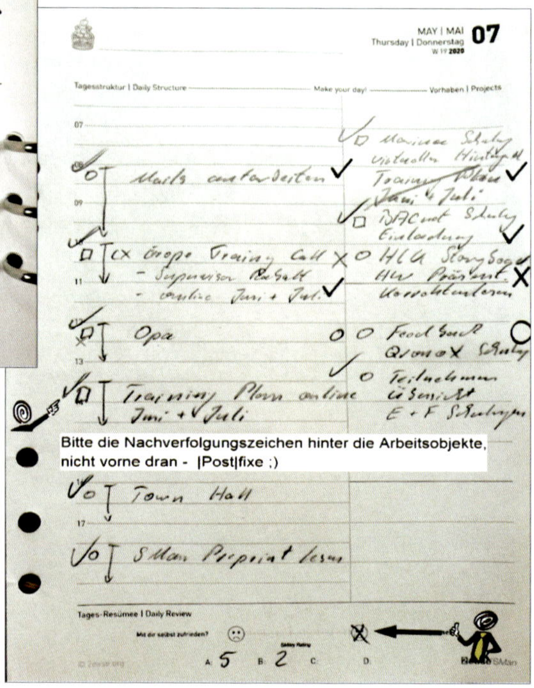

Abb. 2 So sehen die ersten beiden Tagesplan-Reviews von Ralf mit den Kommentaren seines SMan-Mentors in der Smoff-Bilder Web-App der Smoffen-Mentoring-Plattform www.smoff.ch aus

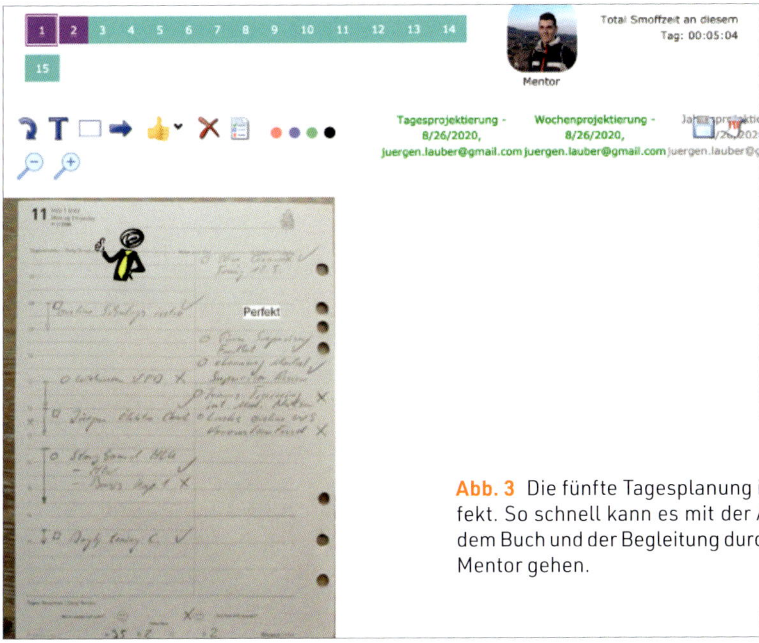

Abb. 3 Die fünfte Tagesplanung ist schon perfekt. So schnell kann es mit der Anleitung aus dem Buch und der Begleitung durch einen SMan Mentor gehen.

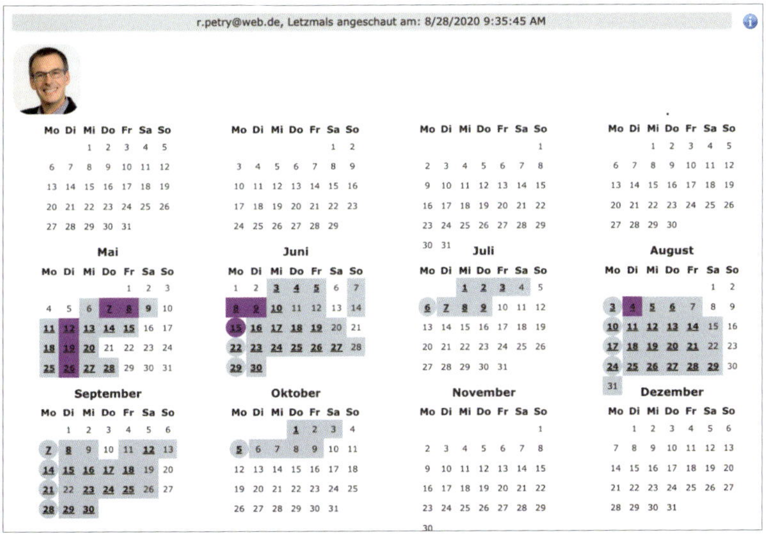

Abb. 4 Bis Ralf auch die SMan Wochenplanung voll beherrschte, hat ihm sein Mentor fünfmal über die Smoffen-Mentoring-Plattform Feedback gegeben. Seitdem benötigt er keinen Mentor für SMan mehr an seiner Seite.

Nachfolgend die Erfahrungen von Ralf Petry, sich als Beta-Tester mit dem ersten Buchmanuskript und dem kontaktlosen eMentoring professionellere Planung und Selbstmanagement anzueignen.

Meine Erfahrungen mit dem SMan Start

Mein Ausgangspunkt als Beta-Tester dieses Buches war, dass ich die Ursprungsversion der SMan Planung aus Jürgen Laubers Zeit als Chef der Saia-Burgess Controls AG her kannte. Diese Urversion hat mich seinerzeit aber nicht überzeugt. Mir fehlten darin einfach einige Aspekte.

So habe ich im Verlauf der Zeit versucht, den Geist von SMan mitzunehmen, diesen aber in digitalen Tools abzubilden beziehungsweise zu optimieren, was mir jedoch nicht zufriedenstellend gelungen ist. Die Ursache liegt darin, dass keines der verwendeten Tools alle erforderlichen Aspekte abdeckt, wodurch sich ein Sammelsurium an unterschiedlichen Tools einstellt. Der Knackpunkt bei so einem Konstrukt besteht darin, dass zwar jedes Tool seinen eigenen Workflow mitbringt, diese unterschiedlichen Workflows sich aber in der Durchführung gegenseitig behindern. Diesen für mich gordischen Knoten habe ich nun zerschlagen mit dem Effekt, dass ich jetzt mit meiner Planung zufrieden bin, da ich dies mit geringem täglichen Zeitaufwand einfach erledigen kann. Mit dem Feedback über die Smoffen-Mentoring-Plattform lässt sich die Systematik sehr schnell erlernen.

Das Highlight am SMan ist für mich der Smiley im Tages-/Wochenreview. Warum? Auf den ersten Blick ist das doch nur ein Gimmick. Jeder kennt sicherlich die Tage, an denen die Welle mit unvorhergesehenen Tasks über einem zusammenbricht. Man versucht zwar noch, seine Planung irgendwie zu retten, aber es gelingt nicht. Am Ende des Tages ist man fix und fertig und vor allem unglücklich, da man nur einen Bruchteil seiner eingeplanten Arbeit erledigt hat.

Wenn man sich nach so einem Tag im Review aber systematisch vor Augen führt, wie gut man dem „Tsunami" standgehalten hat und welche Aufgaben doch noch erledigt wurden, erzeugt das ein sehr gutes Gefühl. Aus einem gefühlt verlorenen Tag wird so ein erfolgreicher Tag. Die unerledigten Aufgaben werden dann einfach neu geplant. Zurück bleibt das gute Gefühl, alles im Griff zu haben.

Ralf Petry, 15.10.2020

E2 DER ÜBLICHE MISSBRAUCH DIGITALER KALENDER-APPS FÜR DIE PERSÖNLICHE PLANUNG

Wie kann es sein, dass ein 19-jähriger Abiturient als SMan Mentor via Web mit so wenig Aufwand eine solche bleibende positive Wirkung auf eine gestandene 50-jährige Führungskraft haben kann? Das ist banal einfach: Er bringt seinen Mentee einfach dazu, das rational Sinnvolle, Naheliegende und Professionelle zu tun. Den Tag mit wenigen Minuten persönlichen Review und Neuplanung, das heißt smoffen, zu beginnen und bei seiner Planung und Selbstmanagement auf Stift und Papier zu setzen. Das gilt im digitalen 21. Jahrhundert als veraltet. Wer das noch macht, gilt als von gestern und zurückgeblieben.

Deshalb hat Ralf seine Planung bisher mit Outlook durchgeführt. Das gilt heute in der Arbeitswelt als normal, obwohl die Outlook-Kalender-App dafür gar nicht gemacht ist und von Microsoft dafür auch nicht beworben wird. Der Versuch, seine Arbeit in Halbstundenraster zu terminieren, ist im heutigen unvorhersehbaren Arbeitsalltag zum Scheitern verurteilt beziehungsweise völlig unvollständig. Das Smartphone als Planungs- und Selbstmanagementmedium mit den vielen Ablenkungen, dem kleinen Bildschirm und der ineffizienten Informationseingabe (Texte/Skizzen) ist denkbar ungeeignet und dennoch üblich, das heißt voll im Trend. Weil damit kaum jemand zurechtkommt, existieren unendlich viele Schulungsangebote, wie es dennoch gehen soll. Jeder beginnt dann, an sich selbst zu zweifeln, und fühlt sich völlig unnötig schlecht. In der Verzweiflung wird die Outlook-App mit weiteren Apps ergänzt, die das Problem beheben oder lindern sollen. So hatte es auch Ralf zum Beispiel erfolglos mit der recht weitverbreiteten App Trello probiert.

Abb. 5 Für professionelle Planung und Selbstmanagement ist Outlook nicht gemacht. Es ist ein sehr gutes Kalender- und E-Mail-System, welches mangels Alternative beziehungsweise Bequemlichkeit als Planungstool «missbraucht» wird.

E3 DIE PLANUNGSNORMALITÄT IM JAHR 2020 MIT KALENDER-APPS

Die Erfahrungen mit Hunderten Mentees zeigen, dass Ralf kein Einzelfall, sondern in den 2010er-Jahren der Normalfall geworden ist. Je mehr Menschen sich von Papier und Stift abbringen lassen und sich für ihre persönliche Planung und Selbstmanagement der digitalen Technik verschreiben, desto schlechter fühlen sie sich. Die Verlockung, diesen Weg zu verfolgen, ist groß. Wenn es so viele tun und es auf allen Kanälen beworben wird, kann es doch nicht falsch sein. Und doch ist es ein Irrweg. Um von ihm herunterzukommen, ist ein Mentor sehr hilfreich. Er führt Sie nicht zurück auf den alten Weg aus dem vergangenen Jahrhundert, sondern auf einen neu geschaffenen Weg für das 21. Jahrhundert. Er besteht aus einem hybriden System, das die Stärken der digitalen Technik mit der analogen menschlichen Welt kombiniert. Mit der Ermutigung durch einen Mentor fällt es einfacher, sein mühsam aufgebautes Outlook-basiertes Selbstmanagement-Konstrukt aufzugeben.

Wie dieses Aufgeben und dieser Neuanfang aussehen, wird nachfolgend anhand eines Geschäftsführers eines KMUs illustriert, der im September 2020 die Kapitel dieses Buches und einen Satz SMan Planungsvorlagen bekommen hat. Er benutzte bis dahin auch eine Kalender-App wie Outlook als Kern seiner persönlichen Planung.

Er hat – wie heute üblich – seine Kalender fortlaufend mit Terminen aufgefüllt und To-dos im Halbstundenraster für den Tagesverlauf terminiert. So war am Morgen eines jeden Tages der Outlook-Kalender schon prall gefüllt. Der Tag musste gar nicht mehr geplant werden. Ein Arbeitsalltag füllt sich im Lauf der Zeit automatisch ohne viel Überlegung wie von selbst aus. Gibt es bei Arbeitsbeginn noch unverplante Zeit, bis der erste Termin ansteht, wird diese mit Beschäftigung mit dem E-Mail-Eingang überbrückt. Da gibt es immer viele interessante Sachen.

Tagesplanung eines Geschäftsführers eines mittelständischen gewerblichen Unternehmens

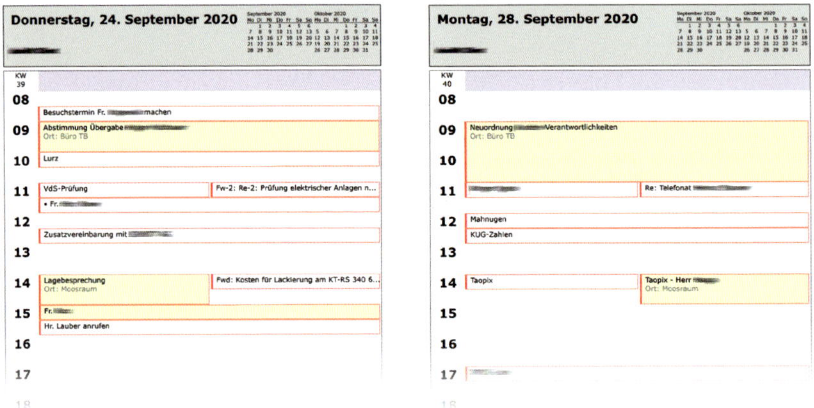

Abb. 6 Die typische PC-Ansicht einer Tagesplanung mit Kalender-App.

Fortschritte in persönlicher Tagesplanung mit Kalender-App oder 2ease SMan

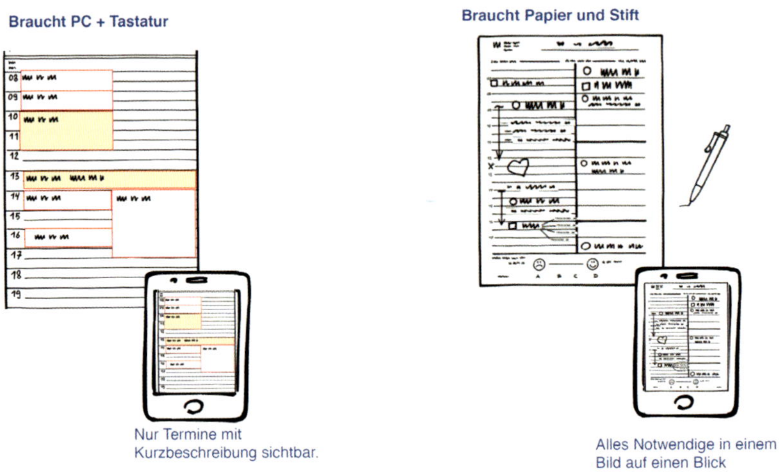

Abb. 7 Es ist erstaunlich, wie schnell und grundlegend sich die persönliche Tagesplanung durch Bleistift und SMan Planungsformblätter ändert. Der Fortschritt ergibt sich ganz automatisch beim Tun. Diese bessere Planung und Vorbereitung eines Arbeitstages werden Sie nicht mehr vermissen wollen. In der Kalender-App bleiben nur noch die gemeinsamen Terminabsprachen mit Kollegen oder Geschäftspartnern.

Wochenplan eines Geschäftsführers mit Kalender-App und mit 2ease SMan Timeline

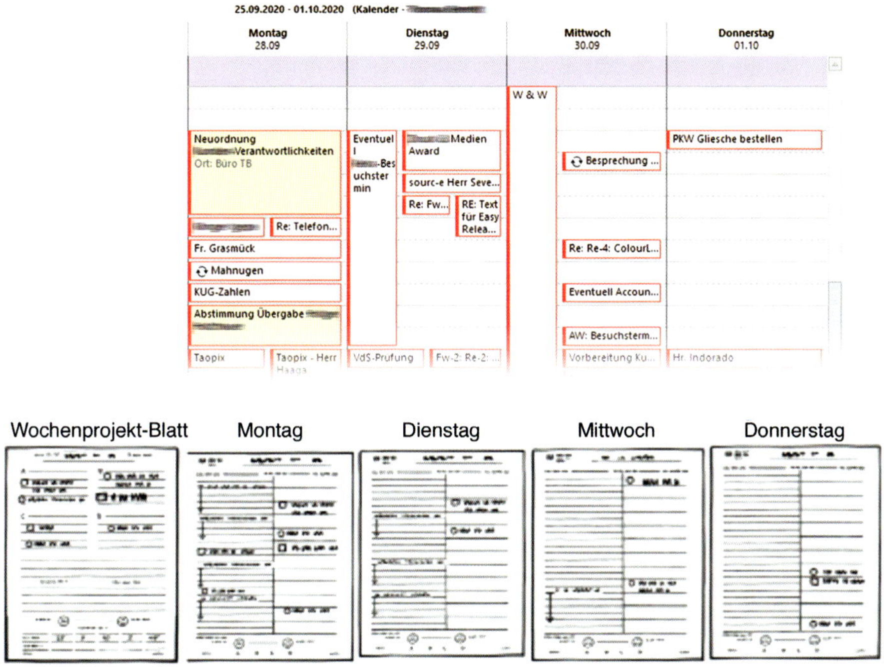

Abb. 8 Der Unterschied zwischen einer persönlichen Wochenplanung am Start der Woche mit Kalender-App und 2ease SMan Timeline-Formblättern.

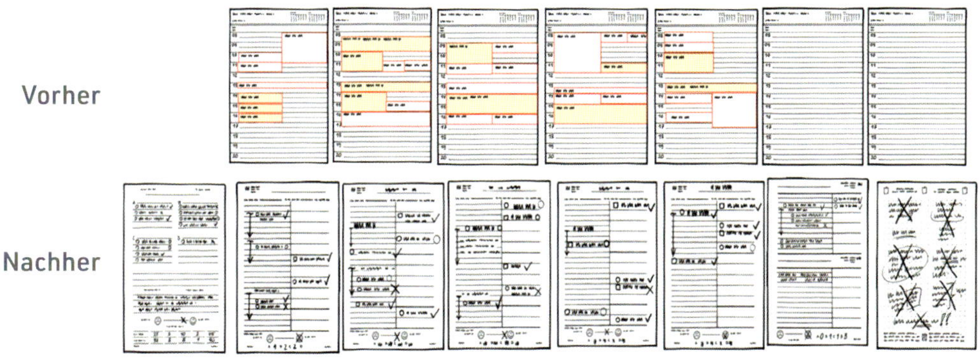

Abb. 9 Persönlicher Wochenreview von Führungskräften: oben mit Kalender-App als Planungs-system (oben) und unten mit 2ease SMan.

E4 BEGEISTERNDE ENTWÜRFE VON TAGESPLÄNEN – HYBRIDE ARBEITSMETHODIK

Zum Abschluss ein exemplarisches Tagesplanungsblatt der Führungskraft eines US-Industriekonzerns. Wie in ihrem Arbeitsumfeld üblich, hat sie bis zum 22.9.2020 ihre Arbeitsplanung auf Outlook basiert. An diesem Tag hat sie ein SmoffBook mit der 2ease SMan Timeline, ein Smoffen-Mentoring-Konto, das Kapitel 4 dieses Buches und einen SMan Mentor für die Planungsbegleitung via Web bekommen. Innerhalb einer Woche hat sie sich selbst eine begeisternde Art des bildhaften Entwurfs und Vorbereitung ihrer Arbeitstage angeeignet. Nach zwei Wochen beherrschte sie bereits die professionelle Wochenplanung auf sehr hohem Niveau.

Eine Kollegin, die mit ihr gleichzeitig gestartet ist, meldete nach wenigen Tagen der überraschenden Selbsterfahrung, wie gut es tut, ihre Gedanken mit Stift auf Papier festzuhalten.

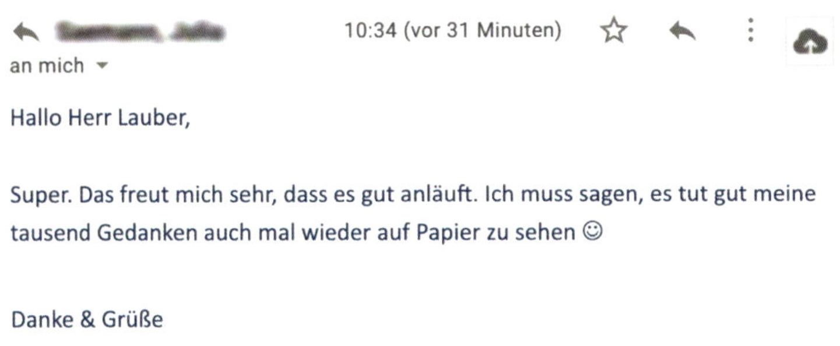

10:34 (vor 31 Minuten)

an mich

Hallo Herr Lauber,

Super. Das freut mich sehr, dass es gut anläuft. Ich muss sagen, es tut gut meine tausend Gedanken auch mal wieder auf Papier zu sehen ☺

Danke & Grüße

Abb. 10 Rückmeldung einer Führungskraft, wenige Tage nachdem mit SMan Planungsformblättern und Stift gestartet wurde.

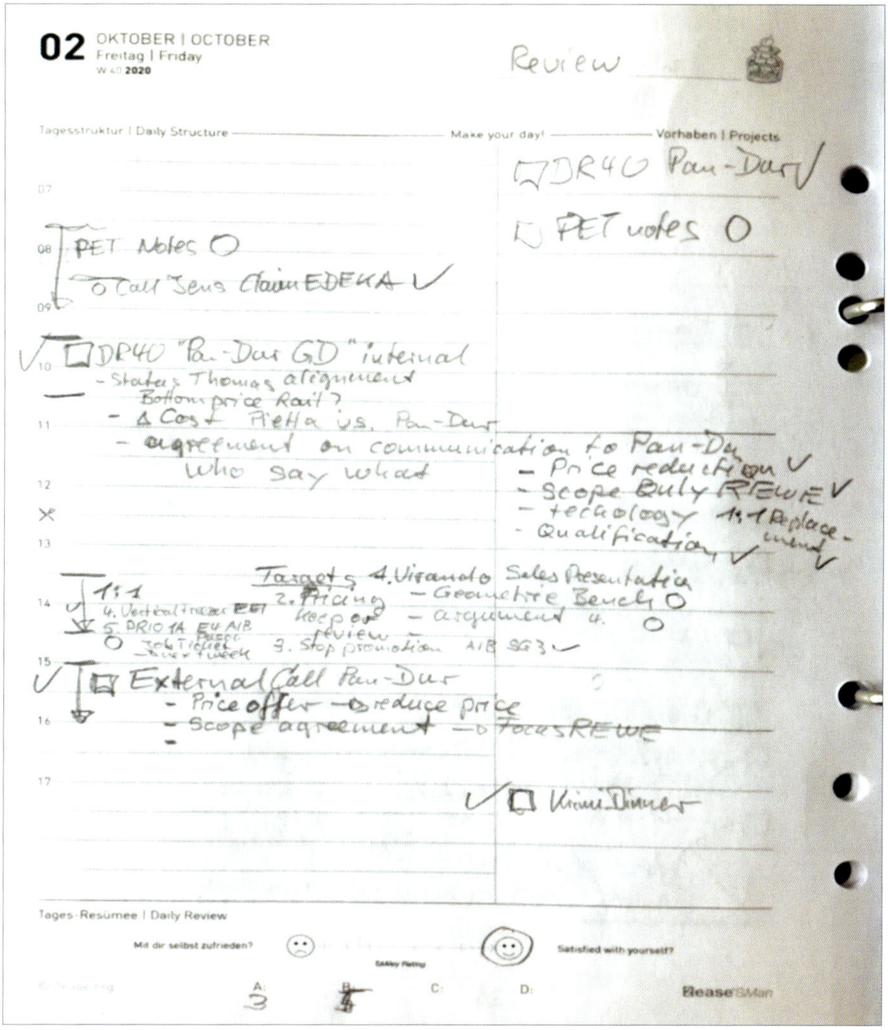

Abb. 11 Tagesplanung eines Abteilungsleiters eines internationalen Industrieunternehmens in der zweiten Woche nach dem Start mit dem 2ease SMan-System. Er hat nun alles auf einem Blatt geplant und vorbereitet, was erforderlich und sinnvoll ist, um den Tag möglichst zielführend zu nutzen. Er selbst, seine Mitarbeiter und sein Chef sind von der positiven Wirkung professionellerer Planung begeistert. Tut allen gut!

Die nächsten 8 Seiten machen Ihnen das sofortige Starten leicht.

Undatierte Planungsformblätter einer vollen Woche

2ease® SMan Woche

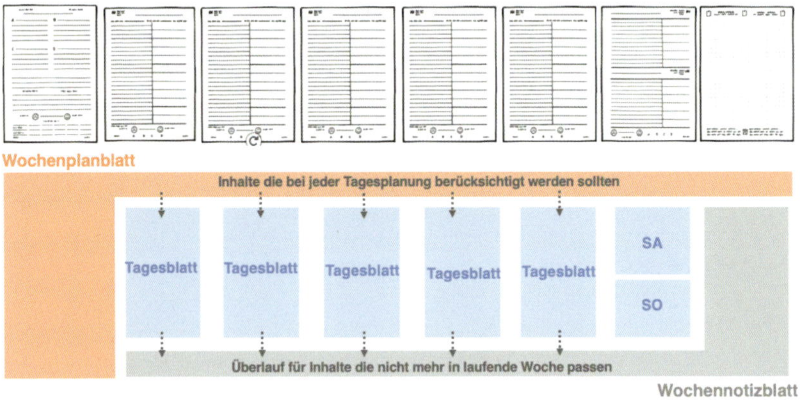

WOCHENPLAN-BLATT | MUSTER SAMPLE | WEEKLY-PLANNING-SHEET

A

B

C

D

WOCHENABSCHLUSS | CLOSING OF THE WEEK

Wie war die Woche? Was war bemerkenswert? | How was the week? What was remarkable?

SMiley Rating

Mit dir selbst zufrieden? ☹ → ☺ Satisfied with yourself?

Zeitnutzung (h) | Time Use (h)

	A	B	C	D	Σ
Erwartet | Expected					
Tatsächlich | Actual					

ISBN 978-3-906749-21-1

MONTAG | MONDAY

Muster | sample

W01 **2021**

Tagesplanung und Arbeitsvorbereitung | Day planning and work preparation

07

08

09

10

11

12

13

14

15

16

17

ISBN 978-3-906749-21-1

TAGES-REVIEW | DAY REVIEW

SMiley Rating

Mit dir selbst zufrieden? | Satisfied with yourself?

Zeitnutzung | Time use A: B: C: D: ∑:

DIENSTAG | TUESDAY

Muster | sample

W01 **2021**

Tagesplanung und Arbeitsvorbereitung | Day planning and work preparation

07

08

09

10

11

12

13

14

15

16

17

ISBN 978-3-906749-21-1

TAGES-REVIEW | DAY REVIEW

SMiley Rating

Mit dir selbst zufrieden? | Satisfied with yourself?

Zeitnutzung | Time use A: B: C: D: ∑:

MITTWOCH | WEDNESDAY

Muster | sample

W01 **2021**

Tagesplanung und Arbeitsvorbereitung | Day planning and work preparation

07

08

09

10

11

12

13

14

15

16

17

ISBN 978-3-906749-21-1

TAGES-REVIEW | DAY REVIEW

SMiley Rating

Mit dir selbst zufrieden? | Satisfied with yourself?

Zeitnutzung | Time use A: B: C: D: ∑:

DONNERSTAG | THURSDAY

Muster | sample

W01 **2021**

Tagesplanung und Arbeitsvorbereitung | Day planning and work preparation

07

08

09

10

11

12

13

14

15

16

17

ISBN 978-3-906749-21-1

TAGES-REVIEW | DAY REVIEW

SMiley Rating

Mit dir selbst zufrieden? | Satisfied with yourself?

Zeitnutzung | Time use A: B: C: D: ∑:

Tagesplanung und Arbeitsvorbereitung | Day planning and work preparation

07

08

09

10

11

12

13

14

15

16

17

ISBN 978-3-906749-21-1

TAGES-REVIEW | DAY REVIEW

SMiley Rating

Mit dir selbst zufrieden? | Satisfied with yourself?

Zeitnutzung | Time use A: B: C: D: ∑:

SAMSTAG | SATURDAY

Muster | sample

W01 **2021**

SONNTAG | SUNDAY

Muster | sample

W01 **2021**

ISBN 978-3-906749-21-1

SMiley Rating

A: B: C: D: ∑:

2ease SMar

WOCHEN-NOTIZBLATT
Bei Wochenübergang muss das Blatt komplett geleert werden. Alle Notizen sind dann durchgestrichen.

MUSTER
SAMPLE

WEEKLY NOTEPAD
At the end of the week, the page must be completely emptied. All notes are then crossed out.

ISBN 978-3-906749-21-1

Die professionelle Alternative zum Kopieren oder Selberdrucken der vorhergehenden acht Formblattseiten

2ease SMan Planungsformblätter

z.B. 2021 Jahressatz an Planungsblätter auf 434 A5 Seiten für 2 und 6 Ringsysteme

ISBN: 978-3-906749-51-8

Erhältlich im Buchhandel, bei Amazon oder direkt bei **www.smoffen-support.de**

Attraktive Alternative zu handelsüblichen 2-Ring-Ordnern und dicken Organiser-Handmappen mit 6-Ring-System.

Elegantes 2ease SmoffBook

- Schlankes 15 mm 2-Ringsystem
- Stifthalter
- Verschlussgummiband
- Lesebändchen

Erhältlich bei **www.smoffen-support**.de oder Amazon

WAS QUALIFIZIERT IHN FÜR DIESES BUCH?

Jürgen Lauber hat selbst mit voller operativer Verantwortung mehr als 25 Jahre lang Menschen in unterschiedlichsten Organisationen und Ländern geführt, auf dem Niveau Teamleiter genauso wie jahrzehntelang als Geschäftsführer (www.JLauber.com). Sein Erfolg beruhte auf der Fähigkeit, seine Mitarbeiter dauerhaft zu professionellerer Planung und Selbstmanagement zu bringen. In einer Weise, dass sie auch selbst diese Fähigkeit an ihre Kollegen und Mitarbeiter weitergaben und jeden Tag mit Begeisterung praktizierten.

Im Jahr 2015 hat er sich mit Mitte 50 selbstständig gemacht und mit 2ease AG ein Unternehmen gegründet, das möglichst vielen Menschen zu professionellerer persönlicher Planung und Selbstmanagement verhelfen soll. Dieses Buch ist dafür von besonderer Bedeutung.

Bereits seine beiden ersten Bücher haben viel Resonanz gefunden. Mit professioneller Planung und Selbstmanagement hat sich Jürgen Lauber zum anerkannten Autor und Publizist entwickelt, und zwar auf einem Gebiet, in dem er gar nicht zu Hause war.

Kontakt zum Autor:

E-Mail juergen.lauber@gmail.com
Twitter @JuergenLauber
Website www.JLauber.com

WAS QUALIFIZIERT IHN ALS BUCHAUTOR UND PUBLIZIST?

Jürgen Lauber hat als Vorübung für dieses Buch bereits 2014 und 2015 zwei Bücher verfasst, die in den Medien und im Leserfeedback sehr gut ankamen. Er hat dabei bewusst ein Themenfeld gewählt, in dem er noch gar nicht etabliert war. Seine ersten beiden Bücher waren auf eine Branche und ein Gebiet ausgerichtet, für die er sich die notwendigen Expertisen und das notwendige Netzwerk erst noch erarbeiten musste – mithilfe der professionellen persönlichen Planung und des Selbstmanagements, die er in diesem Buch beschreibt und zu denen er auch Ihnen verhelfen möchte.

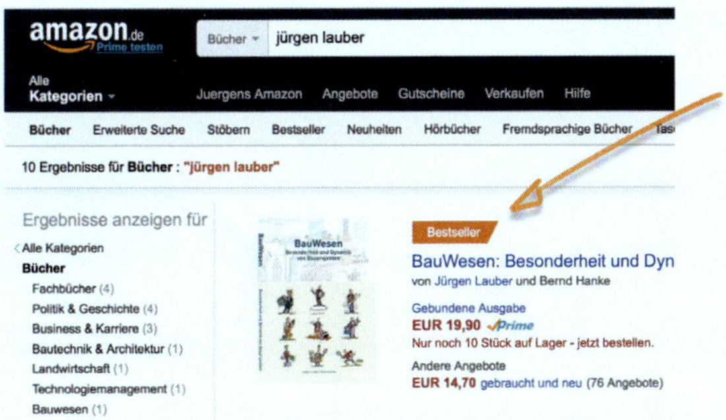

BauWesen / BauUnwesen: Warum geht Bauen in Deutschland schief ?

(Deutsch) Gebundene Ausgabe – 21. Juli 2014

von Jürgen Lauber (Autor), Hans Kranz (Autor), Bernd Hanke (Autor), Benjamin Schnepp (Illustrator), & 2 mehr

★★★★★ 11 Sternebewertungen

BauWesen: Besonderheit und Dynamik von Bauprojekten (Deutsch)

Gebundene Ausgabe – 15. Juni 2015

von Jürgen Lauber (Herausgeber, Autor), Bernd Hanke (Autor)

★★★★★ 10 Sternebewertungen

Bücher, die eine positive Wirkung erzielen und gut ankommen, gerade weil sie nicht von professionellen Schriftstellern, Akademikern oder Beratern geschrieben wurden. Authentisch mit Kanten und eben nicht perfekt rund geschliffen.

IMPRESSUM

Buchwebsite:
www.selbstmanagement.co

Herausgeber und Autor
Jürgen Lauber, CH-Murten
juergen.lauber@gmail.com
www.JLauber.com
@JuergenLauber

Lektorat
Daniel Lauber, Bruchsal
www.DanielLauber.info

Dr. Andreas Berger, Karlsruhe
www.wortundmedia.de

1. Auflage 2021,
ISBN 978-3-906749-21-1

Cartoons
Walter Hollenstein, CH-Murten
www.hollenstein-cartoons.ch

Gestaltung und Satz
b2 mediadesign,
Stefan Beyer, Hanau
www.b2design.info

Fuchs & Otter,
Benjamin Schnepp, Heidelberg
www.fuchsundotter.de

Druck
NINO Druck,
Neustadt/Wstr.
www.ninodruck.de

ISBN 978-3-906749-21-1
9 783906 749211